高等院校计算机教育系列教材

IPv6 技术与应用(第 2 版)

余　琨　伍孝金　编　著

清华大学出版社
北　京

内容简介

本书包含 IPv6 技术的概念、基本原理及主要的理论知识，阐述了 IPv6 技术的特点；同时在实践应用方面，依托于校园网组建的 IPv6 实验室进行一系列的实验，论述 IPv6 技术的一些具体应用的实现方法。

全书共分 8 章，内容包括 IPv6 基础知识、ICMPv6 及邻居发现协议、IPv6 路由技术和路由协议、套接字编程、IPv6 过渡机制、IPv6 的基本应用、IPv6 的安全机制和移动 IPv6。特别要注意的是，每章都附有 IPv6 的实验和应用，这些实验和应用都是基于 Linux 平台的，具有开放性和扩展性，可以满足读者进一步学习和研究的需要。

本书不仅理论翔实，同时注重实践应用，适合从事计算机网络、IPv6 网络技术的高校师生和工程技术人员阅读，对于正在从事 IPv6 相关研究和开发的工程技术人员，本书也具有较高的参考价值。

图书在版编目(CIP)数据

IPv6 技术与应用/余琨，伍孝金编著. —2 版. —北京：清华大学出版社，2020.6（2022.6 重印）
高等院校计算机教育系列教材

ISBN 978-7-302-55686-2

Ⅰ. ①I… Ⅱ. ①余… ②伍… Ⅲ. ①计算机网络—通信协议—高等学校—教材 Ⅳ. ①TN915.04
中国版本图书馆 CIP 数据核字(2020)第 103267 号

责任编辑：章忆文 李玉萍
装帧设计：李 坤
责任校对：王明明
责任印制：杨 艳
出版发行：清华大学出版社
网 址：http://www.tup.com.cn, http://www.wqbook.com
地 址：北京清华大学学研大厦 A 座 邮 编：100084
社 总 机：010-83470000 邮 购：010-62786544
投稿与读者服务：010-62776969, c-service@tup.tsinghua.edu.cn
质量反馈：010-62772015, zhiliang@tup.tsinghua.edu.cn
课件下载：http://www.tup.com.cn, 010-62791865
印 装 者：北京嘉实印刷有限公司
经 销：全国新华书店
开 本：185mm×260mm 印 张：22.25 字 数：540 千字
版 次：2010 年 4 月第 1 版 2020 年 7 月第 2 版 印 次：2022 年 6 月第 4 次印刷
定 价：58.00 元

产品编号：064569-01

前　言

IPv6 取代 IPv4 已进入全面部署落实阶段。国际上，互联网数字分配机构(IANA)在 2016 年已向国际互联网工程任务组(IETF)提出建议，要求新制定的国际互联网标准只支持 IPv6，不再兼容 IPv4。在我国，中办、国办于 2017 年发文推进互联网协议第六版规模部署。2018 年 6 月，三大运营商联合阿里云宣布，将全面对外提供 IPv6 服务，并计划在 2025 年前助推中国互联网真正实现 IPv6 Only。2018 年 8 月 3 日，工信部通信司在北京召开 IPv6 规模部署及专项督查工作全国电视电话会议，表示中国将分阶段有序推进规模建设 IPv6 网络，实现下一代互联网在经济社会各领域深度融合 。

正是在这种背景下，本书在《IPv6 技术与应用》(第 1 版)的基础上对 IPv6 过渡技术研究、部署和安全等方面的技术进行了较大的修订。主要修订内容有：删减了一些过时的理论内容，包括 Windows XP 环境下一些命令操作和环境配置等；全面更新升级实验和应用平台，选择由华为提供的免费的 eNSP，不仅可以模拟单台路由器和交换机的特性操作，还能够组成大规模网络进行实战演练；扩充了相应章节的实验，具体包括 IPv6 地址的实验与分析；ICMPv6 及邻居发现协议的实验设计；IPv6 路由技术的实验设计；GRE 隧道实验和 6to4 隧道实验等，这对于掌握 IPv6 甚至从事 IPv6 研究是很好的选择，也是本书最大的特色。针对近些年 IPv6 技术发展，增加了一些新的内容，具体包括 IPv6 在 Windows 7 环境下的命令操作与环境配置，ICMPv6 及邻居发现协议解析，IPv6 路由技术与路由协议分析，IPv4 过渡 IPv6 技术的研究与实现等。每章补充了课后习题并提供习题答案。

本书的再版编写历时 2 年多，原书作者伍孝金教授给予了大量指导意见，计算机工程学院的学生张卓、吕志才等参与了部分实验和书稿整理、校对等工作；北京交通大学电子信息学院的苏伟博士多次给作者发来 IPv6 相关的资料并就有关的技术问题进行了指点。谨通过此书向帮助和鼓励过本书作者的同事、朋友和编辑表达诚挚的谢意！

IPv6 技术涉及的知识面既广泛又专业，作者希望能够写出一本让读者感到满意的书籍，但由于能力所限，书中难免会存在一些疏漏之处，恳请读者批评指正。

编　者

目　录

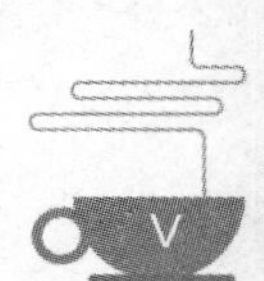

第1章 IPv6 基础知识

随着 Internet 的飞速发展，其所使用的 IPv4 协议尽管发挥了巨大的作用，但也暴露出了越来越多的问题，例如 IPv4 地址短缺、安全性缺乏和移动性差等。为了彻底解决 IPv4 存在的问题，互联网工程任务组(Internet Engineering Task Force，IETF)提出和设计了下一代互联网协议，即 IPv6 协议。

本章将介绍 IPv6 协议产生的背景、地址和数据报结构及其实验过程与分析；另外，也将介绍进行 IPv6 实验的一些常用软件。

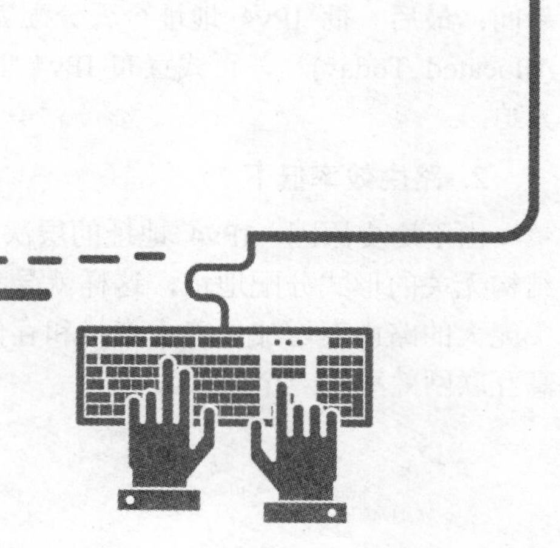

1.1　IPv6 概述

本节主要从 IPv6 协议产生的背景及其特点这两个方面对 IPv6 协议进行一个概括性的论述。

1.1.1　IPv6 产生的背景

IP 协议是 TCP/IP 协议族中最为核心的协议，所有的 TCP、UDP 和 ICMP 数据都是以 IP 数据报进行传输的。IP 协议属于 TCP/IP 体系结构的网络层，通过该协议使得互联网内的任意两台计算机无论相距多远都可以进行相互的通信。

现在使用的 IP 协议称为 IPv4 协议，是 1981 年 IETF 的 RFC791 标准发布实施的，并且广泛地融入到互联网的各项应用中。事实证明，IPv4 具有相当强盛的生命力，易于实现且互操作性良好，经受住了从早期小规模互联网络到如今全球范围 Internet 应用的考验。

但是由于其设计的先天不足，随着 Internet 的迅猛发展和各种应用的深入，IPv4 地址空间变得越来越匮乏，安全性的问题也越来越突出，已经使得 Internet 不堪重负。从总体上来说，IPv4 的不足主要表现在以下几个方面。

1. 地址匮乏

理论上 IPv4 可提供 2^{32}(即大约 43 亿)个 IP 地址。但在实际的使用中，要除去广播地址、划分子网的开销、路由器地址和保留地址等，又由于早期缺乏长远规划，地址分配不均衡，使用效率也不高，因而造成最后有效的地址数目比总数要少很多。

随着互联网上主机数目的迅速增加，地址空间将难以满足未来移动设备和消费类电子设备对 IP 地址的巨大需求。

正是由于 IPv4 地址的匮乏，迫使一些组织机构采用网络地址转换(Network Address Translation，NAT)技术，将大量的私有地址转换成单一的公有地址或地址池。虽然 NAT 可以在一定程度上缓解地址空间被耗尽的危机，但增加了 IP 网络的复杂性，并且破坏了 IP 协议的核心特性，尤其是限制了端到端的通信原则，影响了网络中一些应用的开展，因此不能从根本上解决 IPv4 所造成的地址短缺的难题。

2011 年 2 月 3 日，全球地址分配机构(IANA)将其最后的 468 万个 IPv4 地址平均分配到全球 5 个地区的互联网络信息中心，并在其官方网站发布了一条新闻：《一条载入历史新闻：最后一批 IPv4 地址今天分配完毕(One for the History Books: Last IPv4 Addresses Allocated Today)》，正式宣布 IPv4 地址分配完毕，也预示 IPv4 向 IPv6 的全面过渡更加紧迫。

2. 路由效率低下

由于历史原因，IPv4 地址的层次分配缺乏统一的分配和管理，它主要采用与网络拓扑结构无关的形式分配地址，这样就导致了骨干路由器中存在大量的路由表项，骨干路由器中庞大的路由表增加了路由查找和存储的开销，降低了互联网服务的稳定性，成为目前提高互联网效率的一个瓶颈。

3. 安全性差

早期的互联网主要用于科学研究，安全问题不突出。随着互联网的商用化，现有 IPv4 网络暴露出越来越多的安全缺陷，各种网络安全事件层出不穷。其中一个重要原因是：在 IPv4 网络，人们认为安全性在网络协议栈的底层并不重要，安全性的责任应交给应用层。在这种情况下，安全性就意味着只对净荷数据加密。但即使应用层数据本身是加密的，携带它的 IP 数据仍会泄露给其他参与处理的进程和系统，这样就使得 IP 数据包容易受到诸如信息包探测、IP 欺骗、连接截获等手段的攻击。需要说明的是，尽管用于网络层加密与认证的 IPsec(IP Security)协议可以应用于 IPv4 中，保护 IPv4 网络层数据的安全，但 IPsec 只是作为 IPv4 中的一个可选项，没有任何强制性措施用以保证 IPsec 在 IPv4 中的实施。

4. 缺乏服务保证

IPv4 为保证服务质量而提供的服务类型字段(Type of Service，ToS)虽然可以为不同业务流选择合适的路由，却从来没能在实际应用中真正实现。一方面，这需要路由协议彼此协作，除提供基于开销的最佳路由外，还要提供可选路由的延时、吞吐量和可靠的数值；另一方面，需要应用开发者实现一个功能，使其可以提出可能影响性能的服务请求。ToS 是一种选择，如果用户认为低延时对于其应用最重要，则应用的吞吐量或可靠性将受到影响。

另外，IPv4 对互联网上涌现的新的业务类型缺乏有效的支持，比如实时和多媒体应用，这些应用要求提供一定的服务质量保证，比如带宽、延迟和抖动。

IPv4 本身的局限性决定了它只能是一种尽力而为的运行方式。随着 IP 网络的发展，人们迫切要求数据报包括带宽、预留、多媒体传输、特殊的安全性等多方面服务，而 IPv4 很难充分地满足这些需要。

5. 移动性支持不够

IPv4 诞生时，互联网的结构还是以固定和有线为主，所以 IPv4 没有考虑对移动性的支持。但到了 20 世纪 90 年代中期，各种无线、移动业务的发展要求互联网能够提供对移动性的支持。因此，研究人员提出移动 IPv4 来解决这些问题。但由于 IPv4 本身的缺陷，造成移动 IPv4 存在着诸多弊端，如三角路由问题、安全问题、源路由过滤问题、转交地址分配问题等。事实上，移动 IPv4 没有得到大规模应用也是由这些问题造成的。

正是在这种背景下，为了解决 IPv4 协议所带来的上述问题及相关的问题，IETF 工作组于 1993 年下半年专门成立了 IPng(the Next Generation Internet Protocol)工作组来负责制定下一代互联网的 IP 协议。

IPng 工作组在 1994 年 9 月加拿大的多伦多举行的 IETF 会议上提出了一个正式草案 The Recommendation for the IP Next Generation Protocol，其标准文档为 RFC1752，正式的 IPv6 规范是由 S. Deering 和 R. Hinden 于 1995 年 12 月在 RFC1883 中公布的建议标准(Proposal Standard)，1996 年 7 月和 1997 年 11 月先后公布了版本 2 和版本 2.1 的草案标准(Draft Standard)，1998 年 12 月发布了 IPv6 标准 RFC2460(Internet Protocol version 6(IPv6) Specification)，即下一代互联网协议 IPv6。

2012 年 6 月 6 日是 IPv6 的启动日期。从谷歌统计的用户信息来看，截至 2019 年 12

月 31 日，全球 IPv6 的普及率已经达到了 30%左右。

1.1.2 IPv6 的特点

IPv6 是为了解决 IPv4 所存在的一些问题和不足而提出的，同时它还在许多方面提出了改进，例如路由、自动配置和安全等。经过一个较长的 IPv4 和 IPv6 共存的时期，IPv6 最终将会完全取代 IPv4，在互联网上占据统治地位。

与 IPv4 相比，IPv6 有如下一些特点。

1. 巨大的地址空间

IPv6 的地址长度采用了 128 位，按位数衡量比 IPv4 的 32 位扩大了 3 倍，理论上可以提供 2^{128}(即 340282366920938463463374607431768211456)个 IPv6 地址，换算成十进制约为 3.4×10^{38} ，假如地球总表面积为 5.1×10^{14} 平方米，则相当于为地球表面每平方米的面积提供了 6.67×10^{23} 个地址。这个数据如此巨大，以至于有的人曾说这个数目足够为地球上每一粒沙子提供一个独立的 IPv6 地址。

由于 IPv6 形成了一个巨大的地址空间，在可预见的很长时期内，它能够为所有可以想象出的网络设备提供一个全球唯一的地址，真正能保障端到端的通信原则。

2. 简化的报头

在 IPv4 中，其报头包含至少 12 个不同字段，且长度在没有选项时为 20 字节，如果包含选项时可达 60 字节。而 IPv6 对数据报头做了简化，使用了总长为 40 字节固定格式的报头，减少了需要检查和处理的字段数量，这将使得路由的效率更高。

3. 对移动性和安全性的更好支持

在 IPv4 中，可以在 IP 报头的尾部加入选项。与此不同，IPv6 把选项加在单独的扩展报头中。通过引入扩展报头，可以大大增强 IPv6 协议的可扩展性，更好地支持网络的移动性和安全性等。例如，在移动 IPv6 中，通过对 IPv6 协议进行扩展和定义新的扩展报头如移动报头、家乡地址选项和第二类路由报头等，使 IPv6 实现了对移动 IPv6 全面的支持；在安全性支持方面，IPv6 协议通过定义封装安全有效载荷(Encapsulating Security Payload，ESP)和认证报头(Authentication Header，AH)这些扩展报头，保证了 IPv6 网络层的安全。

4. 服务质量的满足

在 IPv4 中，只有一种简单的服务质量，从原理上讲其服务质量(QoS)是无保障的。文本传输、静态图像等传输对 QoS 并无要求，而随着 IP 网络上多媒体业务的增加，如 IP 电话、IPTV 和视频会议等实时应用的出现，对传输延时和延时抖动均有严格的要求。

针对 IPv4 在服务质量保证上的不足，IPv6 数据报头中增加了两个新的字段——流量类别和流标签。有了它们，在传输过程中，中间的各节点就可以识别和分开处理任何 IPv6 数据包。

5. 支持地址的自动配置

IPv6 支持无状态和有状态两种地址自动配置的方式，用户可以非常方便地接入 Internet 网络，实现即插即用的功能，这样用户不论在数据链路层的哪个接入点接入网络，都能与 Internet 网络上的其他接入点进行通信。

1.2 IPv6 地址结构

IPv6 地址结构最早是在 1995 年发布的 RFC1884 文档中进行规范的，1998 年 RFC1884 被 RFC2373 所取代并废除，2003 年 RFC2373 又被 RFC3513 所废除。RFC3513 中对 IPv6 的地址结构、表示方式和地址类型进行了解释，RFC3587 专门规范了全局单播地址的格式，2006 年 RFC4291 对 RFC3513 进行了一些更新。

本节将以这些 RFC 文档为基础对 IPv6 地址结构等内容加以介绍。

1.2.1 IPv6 地址的表示

IPv6 地址长度为 128 位，如果要人们使用二进制直接书写或记忆如此长的网络地址是非常不方便甚至是很困难的。类似于 IPv4 中使用点分十进制表示方法，IPv6 制定了冒分十六进制表示法，用以表示 IPv6 的 128 位地址。这种方法将 128 位的地址分成 8 组，每组由 4 个十六进制数表示，其取值范围是 0000～FFFF，每组之间用冒号(:)隔开，这样 IPv6 地址的表示形式是“X:X:X:X:X:X:X:X”，其中每个 X 代表 4 个十六进制数。

根据以上 IPv6 地址表示的方法，下面列举几个 IPv6 地址示例，并在此基础上介绍 IPv6 零压缩法和网络前缀。

1. IPv6 地址示例

下面是几个 IPv6 地址：

- 2001:250:4005:1000:1235:abcd:0025:1011
- aedc:fa20:7484:32b0:aefc:bc91:2645:3214

从以上两个地址可以清楚地看到手工管理 IPv6 地址的难度，同时也说明了动态主机配置协议(Dynamic Host Configuration Protocol，DHCP)和域名系统(Domain Name System，DNS)的重要性。

2. IPv6 零压缩法

IPv6 地址采用冒分十六进制表示的同时，对于一些含有零的地址还可以采用一种零压缩法的简化方式来表示。比如，对于以下地址：

- abcd:0000:0000:0000:0008:0800:800c:417c
- 0000:0000:0000:0000:0000:0000:0b00:0001

就可以采用零压缩法的方法进行简化表示，具体是没有必要书写每一组数值前面的 0。例如，可以用 0 来代替 0000，用 1 来代替 0001，用 20 来代替 0020，用 300 来代替 0300，依此类推。如果使用了这种零压缩的方法，上面的两个地址就会变成下面的形式：

- abcd:0:0:0:8:800:800c:417c
- 0:0:0:0:0:0:b00:1

按照 RFC 的规范，零压缩法还可以使用双冒号“::”做更进一步的简化，它代表一系列的 0。使用了这种简化之后，上面的两个地址将会变成下面的形式：

- abcd::8:800:800c:417c

- ::b00:1

> 注意：上述简化对每个地址只能使用一次，由于 IPv6 地址的长度是一定的，因此可以计算出省略了多少个 0。这种简化可以用在地址的中间，也可以用在地址的开始或者地址的结尾。

3. IPv6 网络前缀

IPv6 前缀的表示方式与 IPv4 地址前缀在无类别域间路由 CIDR 中的表示方式很相似。一个 IPv6 地址前缀通常可以表示为 IPv6-address/prefix-length 的形式，这里 IPv6-address 是上面描述的任何形式的地址，而 prefix-length 表示前缀的长度，一般以位为单位，用十进制数表示。

IPv6 前缀表示法可以用于表示一个子网。例如，为了表示一个具有 80 位前缀的子网，可使用下面的格式：

2040:0:0:0:8::/80

> 注意：在这个例子中，中间的 3 个 0 不能省略，因为“::”已经用来表示结尾的 0 了。

例如，对于一个 64 位长的前缀 82ab00000000cd30，下面的表示都是合法的：

- 82ab:0000:0000:cd30:0000:0000:0000:0000/64
- 82ab:0:0:cd30:0:0:0:0/64
- 82ab::cd30:0:0:0:0/64
- 82ab:0:0:cd30::/64

但是，“82ab:0:0:cd3::/64”这样的表示是不合法的。因为在任何一个 16 位的地址块中，可以省略前面的 0，但是不能省略结尾处的 0。

对于 82ab:0:0:cd30::/64，其前缀展开为 82ab:0000:0000:cd30；而对于 82ab:0:0:cd3::/64，其前缀展开为 82ab:0000:0000:0cd3。由此可见，展开后的地址结构是不一样的。

除了表示一个子网，IPv6 前缀表示法还可以将节点地址和它的前缀结合起来以表示一个节点地址，如下所示。

- 节点地址：82ab:0:0:cd30:456:4567:89ab:cdef
- 前缀：82ab:0:0:cd30::/64

可以合并成为 82ab:0:0:cd30:456:4567:89ab:cdef/64。

1.2.2 IPv6 地址的类型

按寻址方式和功能的不同，IPv6 地址有 3 种基本类型，分别是单播地址(Unicast Address)、任播地址(Anycast Address)和多播地址(Multicast Address)。

1. 单播地址

单播地址是单个网络接口的标识，以单播地址为目的地址的数据报将被送往由其标识的唯一的网络接口上。单播地址的层次结构在形式上与 IPv4 的 CIDR 地址结构十分相似，它们都有任意长度的连续地址前缀。

IPv6 单播地址又具有如下几种形式：

- 全局单播地址(Global Unicast Addresses)，也称全球单播地址。
- 不确定地址(Unspecified Address)。
- 回环地址(Loopback Address)。
- 内嵌 IPv4 地址的 IPv6 地址(IPv6 Addresses with Embedded IPv4 Addresses)。
- 链路本地地址(Link-Local Addresses)。
- 站点本地地址(Site-Local Addresses)。

下面将对上面的几种地址做较为详细的介绍。

(1) 全局单播地址。

全局单播地址是 IPv6 中使用最广泛的一种地址，一个典型的 IPv6 地址结构由 3 部分组成，具体为全局路由前缀(Global Routing Prefix)、子网标识符(Subnet ID)和接口标识符(Interface ID)，如图 1.1 所示。

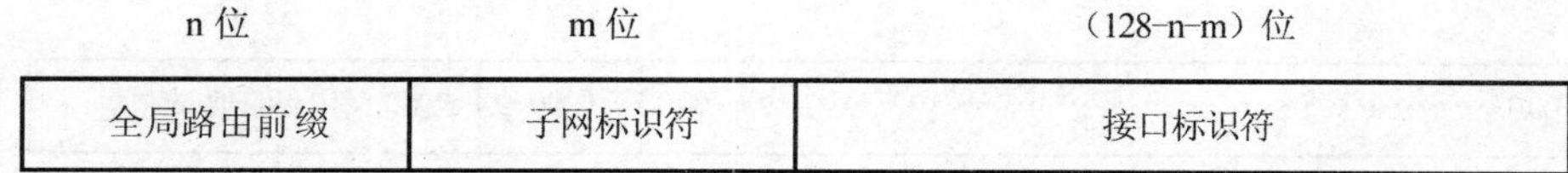

图 1.1　IPv6 全局单播地址的结构

在图 1.1 中，全局路由前缀具有层次结构，是分配给一个站点的前缀标识值；子网标识符用来识别站点中的某个链接；接口标识符用来标识链路上的某个接口，并且接口标识符在该链接上必须是唯一的。

除了以 000(二进制表示)为前缀的地址外，RFC3513 建议所有单播地址的接口标识符都是 64 位，并采用修改了的 EUI-64 格式，即建议 n+m=64。为进一步明确 IPv6 全局单播地址的格式，RFC3587 在 RFC3513 的基础上给出了全局单播地址新的格式，如图 1.2 所示。

n 位	（64-n）位	64 位
全局路由前缀	子网标识符	接口标识符

图 1.2　具有 64 位接口标识符的全局单播地址

目前 IANA 正在分配以 2000::/3 为前缀的全局单播地址，按照上面的要求，其格式如图 1.3 所示。

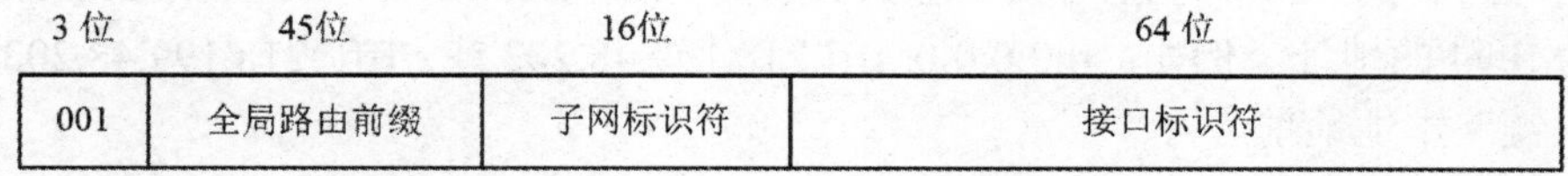

图 1.3　当前正在分配的全局单播地址

(2) 不确定地址。

0:0:0:0:0:0:0:0 或::地址称为不确定地址，该地址不能分配给任何节点，它的一个应用示例是初始化主机时，在主机未取得自己的地址以前，可在它发送的任何 IPv6 数据包的源地址字段放上不确定地址。不确定地址不能在 IPv6 包中用作目的地址，也不能用在 IPv6

路由报头中，IPv6 路由器不会转发含有不确定地址的 IPv6 数据包。

(3) 回环地址。

0:0:0:0:0:0:0:1 或::1 的地址称为回环地址，节点用它来向自身发送 IPv6 数据包，它不能分配给任何物理接口，它相当于 IPv4 的回环地址 127.0.0.1。发向回环地址的数据报不会在一个链路上发送，也不会被 IPv6 路由器转发。

(4) 内嵌 IPv4 地址的 IPv6 地址。

为了支持 IPv4 向 IPv6 过渡，在 IPv6 相关的 RFC3513 和 RFC4291 文档中定义了两种内嵌 IPv4 地址的 IPv6 地址：一种称作兼容 IPv4 的 IPv6 地址(IPv4-compatible IPv6 Address)；另一种称作映射 IPv4 的 IPv6 地址(IPv4-mapped IPv6 Address)。

① 将 96 位 0 的前缀加在 32 位的 IPv4 地址前就构成了兼容 IPv4 的 IPv6 地址，该地址的前 80 位都是 0，第 81～96 位是 0000，最低 32 位是 IPv4 地址，其格式如图 1.4 所示。

80 位	16 位	32 位
000……………………………………000	0000	IPv4的地址

图 1.4 兼容 IPv4 的 IPv6 地址的格式

兼容 IPv4 的 IPv6 地址通常将两个冒号和 IPv4 的点分十进制记法结合，将地址表示成::a.b.c.d 的形式，其中 a.b.c.d 为 IPv4 的地址，例如：0:0:0:0:0:0:218.199.48.202 或::218.199.48.202。

注意：在这个兼容 IPv4 的 IPv6 地址中，IPv4 地址必须是全球唯一的单播地址。

由于目前 IPv6 过渡机制不再使用这类地址，因而在 RFC4291 中提出不赞成使用这类地址。

② 映射 IPv4 的 IPv6 地址用于把 IPv4 地址映射为 IPv6 地址，它的格式与兼容 IPv4 的 IPv6 地址的格式类似，只是第 81～96 位是 ffff，其格式如图 1.5 所示。

80 位	16 位	32 位
000……………………………………000	ffff	IPv4的地址

图 1.5 映射 IPv4 的 IPv6 地址的格式

映射 IPv4 的 IPv6 地址的表示形式常常是 0:0:0:0:0:ffff:a.b.c.d 或::ffff:a.b.c.d，其中 a.b.c.d 为 IPv4 的地址。例如：0:0:0:0:0: ffff:218.199.48.202 或:: ffff :218.199.48.202。

(5) 链路本地地址。

链路本地地址用于同一链路上的邻居之间的通信，由格式前缀 1111 1110 10 即 fe80::/10 标识，它的作用域是本地链路，其格式如图 1.6 所示。

链路本地地址对于邻居发现过程是必需的，并且总是自动配置的，甚至在没有其他任何单播地址时也是如此。

链路本地地址总是以 fe80 开始。因为有 64 位的接口标识符，所以链路本地地址的前缀总是 fe80::/64。IPv6 路由器不会转发含有链路本地地址的源或目的地址的数据包到其他

链路。

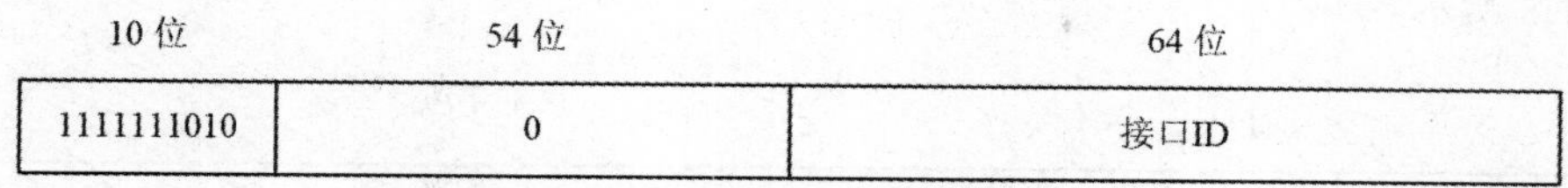

图 1.6　链路本地地址的格式

(6) 站点本地地址。

站点本地地址用于同一机构中的节点之间的通信，其地址由格式前缀 1111 1110 11 来标识，如图 1.7 所示。

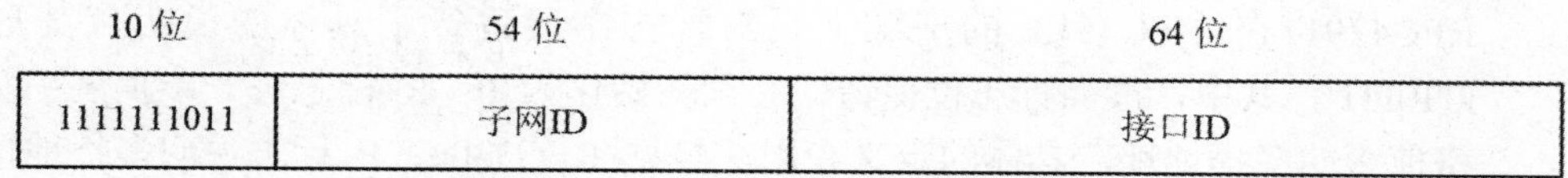

图 1.7　站点本地地址的格式

站点本地地址相当于 IPv4 的私有地址空间(10.0.0.0、172.16.0.0 和 192.168.0.0)。这样，没有直接连接到 IPv6 Internet 路由的私有内部网就可以使用本地站点地址，从而不会与全球地址发生冲突。站点本地地址对于外部站点是不可达到的，并且路由器不能把本地站点的数据包转发到此站点以外。站点本地地址的作用范围是该站点内部。

与链路本地地址不同，站点本地地址不是自动配置的，它必须通过无状态或有状态的地址自动配置方法来进行指派。

2. 任播地址

任播地址分配给属于不同节点的多个接口。以任播地址为目的地址的数据包将送往由该地址标识的，而且是被路由协议认为距离数据包源节点最近的一个接口上。可以这样理解：单播地址实现了从一个源节点发送数据包到另一个目的节点的通信方法，属于一对一通信，接下来要讲的多播地址实现的是一种一对多的通信，而任播地址实现的是一种一到最近点的通信机制。

任播地址取自单播地址空间，仅从语法上来说，任播地址与单播地址是无法区分的，当一个单播地址被分配给多个接口时，这样将其转换成了一个任播地址，获得该地址的节点必须明确知道这个地址是一个任播地址。

对于任何一个任播地址，都有一个最长的前缀 P 标识出该地址所处的拓扑区域。在这个用前缀 P 标识出的区域内，这个单播地址在路由系统中被允许作为一个单独的主机路由记录存在；在这个区域外，这个任播地址必须被类聚在前缀 P 所标识的路由记录中。

3. 多播地址

多播地址用于标识多个网络接口，而这些接口通常分属于不同节点。如果向一个多播地址发送数据报，那么包含在该多播地址中的所有接口(节点)都能收到该数据报。

IPv6 多播地址采用了 11111111 的格式前缀，即总是以 ff 开始的，凡具有格式前缀为 11111111 都属于多播地址，多播地址不能被用做源地址或者路由器报头中的中间目的地址。

除了其格式前缀外，多播地址还包括标志、作用域的范围和组 ID 等字段，其具体结构如图 1.8 所示。

8 位	4 位	4 位	112 位
1111 1111	标志	范围	组ID

图 1.8　IPv6 多播地址的结构

对多播地址中后面 3 个字段解释如下。

- 标志(Flags)：该字段表示在多播地址上设置的标志。该字段的大小为 4 位。RFC4291 在 RFC3513 的基础上，对标志字段进行了具体的说明，其形式为 |0|R|P|T|，其中，最高标志位保留，必须初始化为 0；R 标志进一步扩展了基于网络前缀的多播地址，具体的定义和用法参见 RFC3306；P 标志说明多播地址是否是基于某个网络前缀分配的，具体的定义和用法参见 RFC3956；T 标志说明了多播地址是永久分配还是临时分配的，当 T=0 时，表示该多播地址是由 IANA 永久分配的多播地址，当 T=1 时，表示该多播地址是临时分配的多播地址。
- 范围(Scope)：该字段用来表示多播地址的作用范围，字段的大小为 4 位。当前定义的多播地址的范围如表 1.1 所示。
- 组 ID(Group ID)：该字段标识一个多播组，字段的大小为 112 位。组 ID 分为永久分配的组 ID 和临时组 ID，永久分配的组 ID 独立于范围之外，临时组 ID 仅与特定的范围有关。

表 1.1　RFC4291 文档中定义的范围

值	范　围	说　明
0	保留	
1	接口本地	局限于接口，并且用于接口所属的节点内部多播数据包的回环传输
2	链接本地	
3	保留	
4	管理本地	定义了包含非自动管理配置的最小范围
5	站点本地	
6	未分配	
7	未分配	
8	组织本地	涵盖了属于同一组织的多个站点
9	未分配	
A	未分配	
B	未分配	
C	未分配	
D	未分配	
E	全局	
F	保留	

在 RFC3513 和 RFC4291 等文档中，定义了一些特殊的多播地址，分别为所有节点多

播地址(All-nodes Multicast Addresses)、所有路由器多播地址(All-routers Multicast Addresses)和请求节点多播地址(Solicited-node Multicast Address)。

所有节点多播地址标识了所有节点所属的组，用于接口本地和链接本地。所有节点多播地址为：

- ff01::1——节点本地作用域所有节点地址。
- ff02::1——链接本地作用域所有节点地址。

所有路由器多播地址标识了所有路由器所属的组，用于节点本地、链接本地和站点本地。所有路由器多播地址为：

- ff01::2——节点本地作用域所有路由器地址。
- ff02::2——链接本地作用域所有路由器地址。
- ff05::2——站点本地作用域所有路由器地址。

请求节点多播地址的前缀为 ff02:0:0:0:0:1:ff00::/104。请求节点多播地址是通过获得单播或任播地址的低 24 位，并将其附加在请求节点多播地址前缀后面而构成的。例如，如果一个单播地址为 2001:db8:7654:3210:fedc:ba98:7654:3210，那么，相应的请求节点多播地址为 ff02:0:0:0:0:1:ff54:3210。

1.2.3　IPv6 接口标识符

IPv6 单播地址中的接口标识符用来标识链路上的某个接口，并且接口标识符在该链接上必须是唯一的。

RFC4291 中规定所有的单播地址，除了那些以前缀 000(::/3)开始的单播地址外，其接口标识符都是 64 位，而且都具有修改了的 EUI-64 格式，也就是说 IPv6 接口标识符是以 EUI-64 为基础，通过修改 EUI-64 而得到的。

EUI-64 是 IEEE 定义的一种网络接口寻址的新标准，它类似于 48 位网卡的 MAC 地址或 IEEE 802 地址，不同之处在于公司 ID 仍然是 24 位，但扩展 ID 是 40 位而不是 24 位。这给网络适配器制造商提供了巨大的地址空间。

EUI-64 可以通过 IEEE 802 地址映射获得，具体方法是：首先将 IEEE 802 地址的最左边的 24 位，置于接口 ID 的最左边 24 位，然后取 24 位的扩展 ID(以太网地址的最右边 24 位)，将其置于接口 ID 的最右边 24 位，最后将接口 ID 中间剩下的 16 位置为 11111111 11111110，即十六进制值 FFFE，就得到了 EUI-64。

IPv6 接口标识符或者称为修改了的 EUI-64 是在 EUI-64 地址的基础上反转形成的，具体为：将左边第 7 位从 0 改为 1，即得到修改了的 EUI-64 地址，也就是 IPv6 接口标识符。具体转换过程如图 1.9 所示。

在图 1.9 中，MAC 地址为 00-60-97-8F-6A-4E，取 00-60-97，即标识的前 24 位，置于地址的前(最左边)24 位。扩展 ID 部分 8F-6A-4E 成为标识的最后 24 位，然后将中间 16 位置为 FF-FE，即得到 EUI-64，再将第 7 位由 0 改为 1，这样第 1 个 8 位组由 00 变为 02。

最后获得的 IPv6 接口标识符为 02-60-97-FF-FE-8F-6A-4E，以 IPv6 冒分十六进制表示为 0260:97FF:FE8F:6A4E。

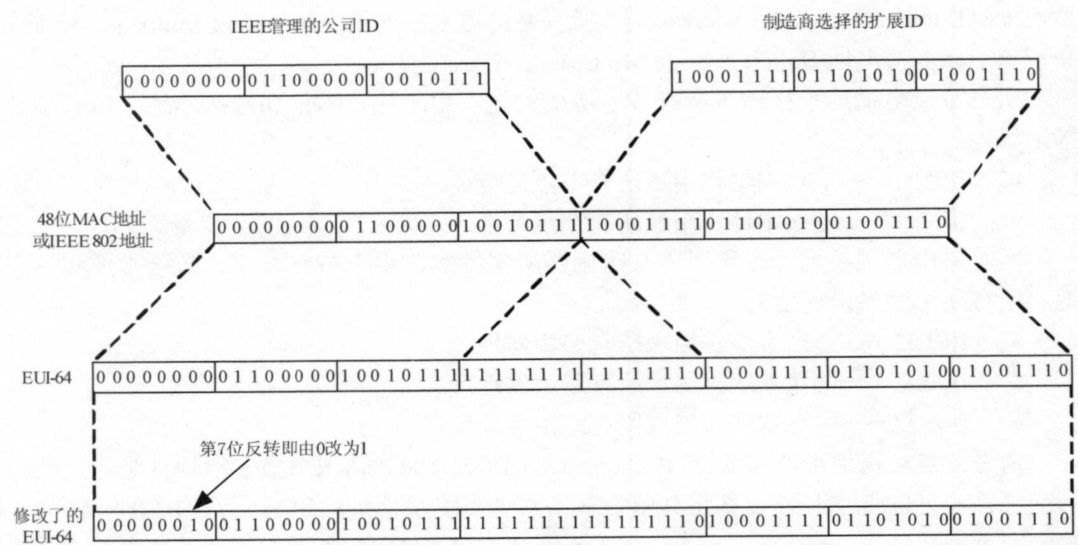

图 1.9　IPv6 接口标识符或修改了的 EUI-64 标识创建过程

关于 IPv6 接口标识符更多的了解，请参见 RFC3513、RFC4291、RFC4941 和 RFC5072 等相关规范。

1.2.4　IPv6 地址的配置方式

所谓 IPv6 地址配置，是指为终端和节点分配 IPv6 地址，其配置方式可以分为手动配置地址和自动配置地址两种。手动配置由网络管理员根据所规划的地址进行手工配置完成，而自动配置地址是指当主机和网络节点从物理上接入网络之后，自动配置其网络接口的过程，这种自动配置的方式可以分为有状态地址自动配置(Stateful Address Autoconfiguration)和无状态地址自动配置(Stateless Address Autoconfiguration)两种。

- 有状态地址自动配置模式主要是以 IPv6 动态主机配置 DHCPv6 协议为基础，具体是一个 DHCPv6 服务器拥有一个 IPv6 的地址池，主机通过 DHCPv6 服务器上获得其 IPv6 地址和一些有关的配置信息及网络参数(如默认网关、DNS 服务器等)，由此达到自动设置主机 IPv6 地址的目的。这种自动配置 IP 地址的方式与 IPv4 网络中所采用的动态主机配置协议(Dynamic Host Configuration Protocol，DHCP)原理是一样的。关于有状态自动配置模式的详细说明，请参见 RFC2462(IPv6 Stateless Address Autoconfiguration)、RFC3315(Dynamic Host Configuration Protocol for IPv6 (DHCPv6))和 RFC3736(Stateless DHCP Service for IPv6)等相关规范。
- 无状态地址自动配置不需要主机手工配置地址，也不需要额外的服务器，主要利用了 ICMPv6 数据报中的路由请求报文(Router Solicitation，RS)、路由通告报文(Router Advertisement，RA)、邻居请求报文(Neighbor Solicitation，NS)和邻居通告报文(Neighbor Advertisement，NA)来完成其地址自动配置。

无状态地址自动配置的具体过程如下。

(1) 在无状态自动配置过程中，当主机入网时，首先将网卡 MAC 地址附加在链路本地地址前缀 1111111010 之后，产生一个临时链路本地广播地址；接着主机向该地址发出一个被称为邻居请求的报文，以验证地址的唯一性。如果请求没有得到响应，则表明主机自我设置的临时链路本地地址是唯一的，则正式赋予该主机。否则，主机将使用一个随机产生的接口 ID 组成一个新的链路本地地址。

(2) 然后，以该地址为源地址，主机向本地链路中所有路由器多点广播一个路由器请求报文，路由器接收到该报文后，以包含一个全局单播地址前缀和其他相关配置信息的路由器通告报文来响应该请求报文。主机用从路由器得到的全球地址前缀加上自己的接口 ID，自动配置全局地址。

(3) 一旦测试所配置的地址是唯一的，主机就能够使用它作为源或目的地址进行通信。路由器还必须定期发送路由通告报文 RA 对该地址进行维护管理。

关于无状态地址自动配置的详细配置情况，请参见 2.4 节。

1.3　IPv6 数据报的格式

数据报是指在网络中进行传输的基本的数据单元，常称为数据报、数据包或分组。IPv6 数据报相对于 IPv4 数据报作了一些简化和改进。本节将对 IPv6 数据报的格式进行介绍。

1.3.1　IPv6 数据报的结构

IPv6 数据报由一个 IPv6 报头、零个或多个扩展报头和一个上层协议数据单元组成。IPv6 数据报的结构如图 1.10 所示。

图 1.10　IPv6 数据报的结构

图 1.10 中，IPv6 数据报各组成部分的含义如下。

- IPv6 报头(IPv6 Header)：在 IPv6 数据报中，都包含了一个 IPv6 报头，其长度固定为 40 字节。
- IPv6 扩展报头(Extension Headers)：IPv6 数据报中可以包含零个或多个扩展报头，这些扩展报头可以具有不同的长度。IPv6 报头中的下一个报头字段，指向第一个扩展报头。每个扩展报头中，都又包含下一个报头字段，用于指向下一个扩展报头。最后一个扩展报头指示出上层协议数据单元中的上层协议的报头，上层协议可以是 TCP 协议、UDP 协议或者 ICMPv6 协议等。IPv6 报头或扩展报头代替了现有的 IPv4 报头及其选项。新的扩展报头增强了 IPv6 的功能，使其可以支持未来的需求。与 IPv4 报头中的选项不同，IPv6 扩展报头没有最大长度的限制，因此可以容纳 IPv6 通信所需要的所有扩展数据。
- 上层协议数据单元(Upper-Layer Protocol Data Unit)：该字段一般由上层协议报头和它的有效载荷(有效载荷可以是一个 ICMPv6 数据报、一个 TCP 数据段，或者

一个 UDP 数据报)组成。

1.3.2 IPv6 数据报的报头

IPv6 的报头相对于 IPv4 的报头来说，一个重要的改进是简化了 IP 协议的报头，去掉了不需要的或很少使用的字段，使用固定长度的报头(40 字节)，不再处理 IP 分段的相关信息，去掉了校验和等字段，而增加了类似 IPv4 中的协议字段的“下一个报头”字段和能更好地支持实时通信的几个字段。RFC2460 中定义的 IPv6 报头结构如图 1.11 所示。

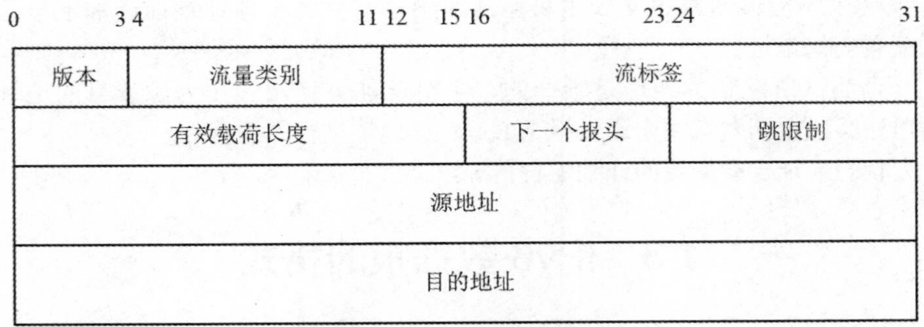

图 1.11　IPv6 数据报头

下面对图 1.11 中 IPv6 报头的各个字段进行说明。

- 版本(Version)：该字段规定了 IP 协议的版本，在 IPv6 中，其值为 6，表示该数据包是 IPv6 数据包，其字段长度为 4 位。
- 流量类别(Traffic Class)：此字段表示 IPv6 数据包的不同类型或优先级，其字段的长度是 8 位。通过使用此字段，源节点或转发路由器可以确定并且区分不同类型或者不同优先级的 IPv6 数据包，它类似于 IPv4 的服务类型字段。该字段的详细用法请参见 RFC2474 和 RFC3168。
- 流标签(Flow Label)：该字段表示这个数据包属于源节点和目标节点之间的一个特定数据包序列，它需要由中间 IPv6 路由器进行特殊处理，这个字段的长度为 20 位。流标签用于非默认的 QoS 连接，如实时数据(音频和视频)的连接。对于默认的路由器处理，流标签字段的值为 0。在源节点和目标节点之间，可能有多个流，它们以不同的非零流标签来彼此区分。
- 有效载荷长度(Payload Length)：该字段表示 IPv6 有效载荷的长度，其长度是 16 位，包括扩展报头长度和上层 PDU 的长度之和。用这 16 位，可以表示最大长度为 65535 字节的有效载荷。如果有效载荷的长度超过 65535 字节，则会将有效载荷长度字段的值置为 0。
- 下一个报头(Next Header)：该字段用于指明紧跟在 IPv6 报头后面的扩展报头的类型。此字段的长度为 8 位。常见的下一个报头字段的值如表 1.2 所示。
- 跳限制(Hop Limit)：该字段表示 IPv6 数据包在被丢弃前可以通过的最大链路数。这个字段的长度是 8 位。在一个路由器中，当跳限制字段的值减为 0 时，路由器向源节点发送 ICMPv6 超时报文，并丢弃数据包。

表 1.2　常见的下一个报头字段的值

值(十进制)	报　头
0	逐跳选项报头
6	TCP
17	UDP
41	已封装的 IPv6 报头
43	路由报头
44	分段报头
50	封装安全载荷报头
51	身份验证报头
58	ICMPv6
59	没有下一个报头
60	目的选项报头

- 源地址(Source Address)：源地址字段表示源主机的 IPv6 地址。此字段的长度是 128 位。
- 目的地址(Destination Address)：目的地址字段表示当前目标节点的 IPv6 地址。此字段的长度是 128 位。在大多数情况下，目的地址字段的值为最终目的地址。然而，如果存在路由扩展报头，则目的地址字段的值可能为下一个中间目的地址。

1.3.3　IPv6 数据报的扩展报头

在 IPv4 的数据报中，可选部分是放在 IPv4 报头的“基本”部分中的，而且 IPv4 中的协议类型域总是指明一个高层协议。但在 IPv6 中，与 IPv4 可选项有关的字段，是通过在 IPv6 报头中的“下一个报头”与“扩展报头”来实现的，它们构成了一个由 IPv6 报头“下一个报头”开始并指向实际的高层协议报头的指针链表，如图 1.12 所示。

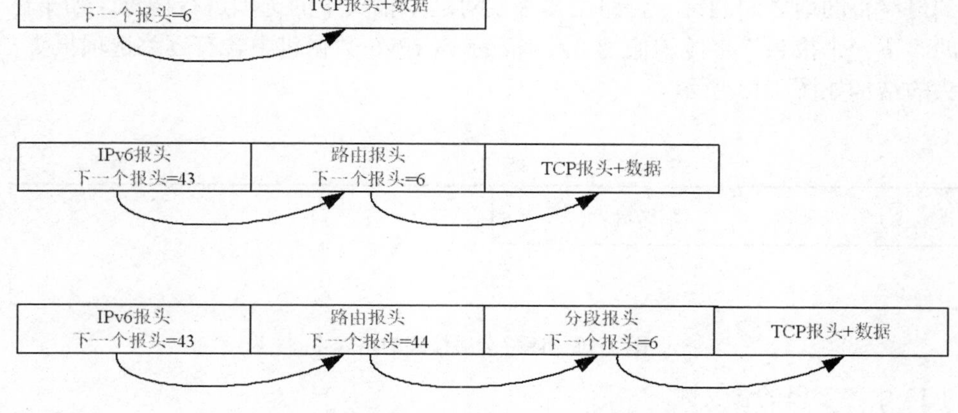

图 1.12　IPv6 报头中“下一个报头”所形成的指针链表

在一个 IPv6 报头中可以有 0 个或多个这样的扩展报头，目前，RFC2460 规定所有的 IPv6 节点必须支持的 IPv6 扩展报头有 6 种，分别为：

- 逐跳选项报头(Hop-by-Hop Options Header)。
- 目的选项报头(Destination Options Header)。
- 路由报头(Routing Header)。
- 分段报头(Fragment Header)。
- 认证报头(Authentication Header，AH)。
- 封装安全有效载荷报头(Encapsulating Security Payload Header，ESP)。

除认证报头和封装安全有效载荷报头之外，上面所有的 IPv6 扩展报头都在 RFC2460 中定义。

每个扩展报头必须以 64 位(8 个字节)为边界。有固定长度的扩展报头的长度必须是 8 字节的整数倍，而可变长度的扩展报头中包含了一个报头扩展长度字段，在需要的时候必须使用填充位，以确保扩展报头的长度是 8 字节的整数倍。

如果在一个 IPv6 的数据报中有多个扩展报头，RFC2460 建议 IPv6 报头之后的扩展报头以如下的排列顺序进行处理：

- 逐跳选项报头。
- 目的选项报头(当存在路由报头时，用于中间目标)。
- 路由报头。
- 分段报头。
- 认证报头。
- 封装安全有效载荷报头。
- 目的选项报头(用于最终目标)。
- 上层链路报头(Upper-layer Header)。

下面将对以上的几个 IPv6 的扩展报头进行较为详细的介绍。

1. 逐跳选项报头

逐跳选项报头用于传送那些在路径上的每个节点都需要检查的可选信息，也就是说从源地址到最终目的地之间的每一台路由器都要对这个报头中的选项进行检查。如果在 IPv6 报头中的“下一个报头”字段的值为 0，则表示该 IPv6 数据包中含有逐跳选项报头，逐跳选项报头的结构如图 1.13 所示。

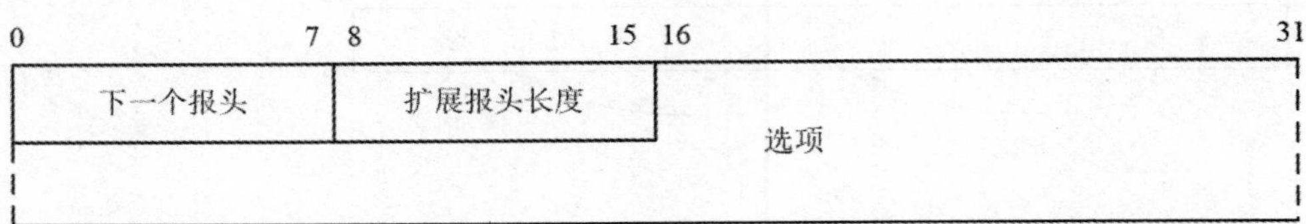

图 1.13 逐跳选项报头的格式

图 1.13 中各字段的含义如下。

- 下一个报头(Next Header)：该字段表明了逐跳选项报头所采用的类型。
- 扩展报头长度(Header Extension Length)：该字段的值是逐跳选项扩展报头中的 8

字节块的数量，其中不包括第一个 8 字节。因此，对于一个 8 字节的逐跳选项报头来说，其报头扩展长度字段的值为 0。填充选项用于确保 8 字节的边界。

- 选项(Options)：该字段可以包括一个或多个选项类型、选项数据长度和选项数据，采用了类型-长度-值(Type-Length-Value，TLV)的格式编码，这种格式通常用于 TCP/IP 的各协议中。

2. 目的选项报头

目的选项报头用于传送那些只需由目的节点检查的可选信息，如果 IPv6 报头中“下一个报头”字段的值为 60，表示下一个报头为目的选项报头。

目的选项报头的格式和逐跳选项报头完全相同，区别在于前者针对的是目的节点，而后者针对的是传送路径中的每个节点，其格式如图 1.14 所示。

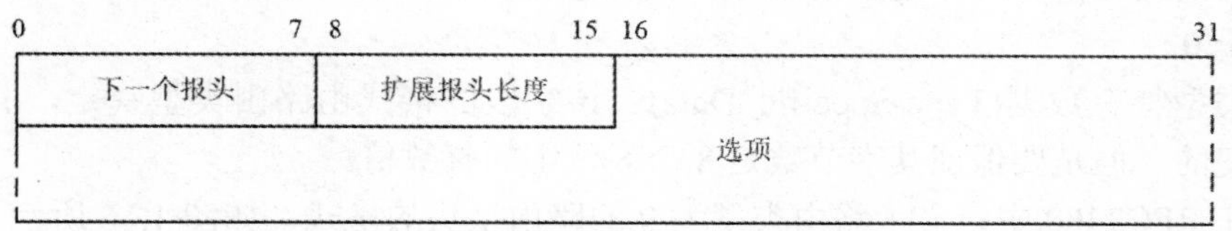

图 1.14 目的选项报头的格式

图 1.14 中各字段的含义说明如下。

- 下一个报头(Next Header)：该字段表明了紧跟在目的选项报头后面的下一个报头的类型。
- 扩展报头长度(Header Extension Length)：该字段表明了以 8 个 8 位组为单位，但不包括前 8 个 8 位组在内的目的选项报头的长度。
- 选项(Options)：包含了一个或多个类型-长度-值(Type-Length-Value，TLV)的格式编码，该域的长度是可变的，但要保证其能够使整个报头的长度是 8 个 8 位组的整数倍。

为了支持移动 IPv6，目的选项包含了与移动 IPv6 相关的选项，主要有绑定更新选项、绑定确认选项、绑定请求选项和家乡地址选项。关于它们的详细内容将在第 8 章进行介绍。

3. 路由报头

路由报头用于列出从源节点到目的节点的路径中必须经过的一个或多个中间节点，这些中间目标是数据包在通往最终目标的路径上所经过的。路由报头由前一个报头中的下一个报头字段的值 43 来标识。路由报头的结构如图 1.15 所示。

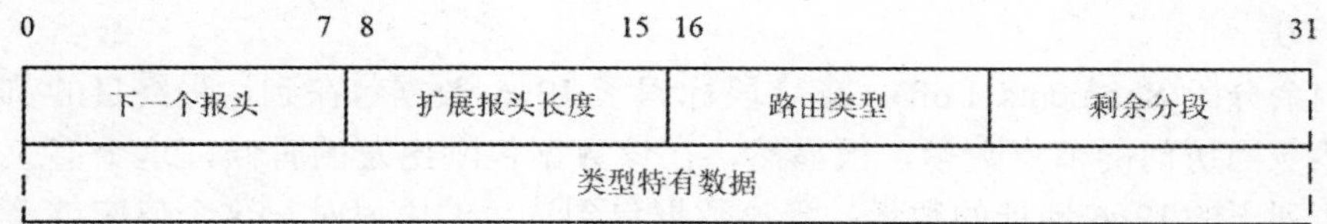

图 1.15 路由报头的格式

对图 1.15 中各字段的含义说明如下。

- 下一个报头(Next Header)：该字段表明紧跟在路由报头后面的下一个报头的类型。
- 扩展报头长度(Header Extension Length)：该字段表明以 8 个 8 位组为单位，但不包含前 8 个 8 位组在内的路由报头的长度。
- 路由类型(Routing Type)：这个 8 位字段记录了路由报头的类型编号。IPv6 中有好几种类型的路由报头，其中由 RFC2460 定义了路由类型为 0 的路由报头，下面将对其进行讨论。在移动 IPv6 的 RFC3775 规范中还定义了另一种路由报头：第二类路由报头(路由类型=2)，对它的详细说明请见 8.2.4 节。
- 剩余分段(Segments Left)：该字段标示了 IPv6 数据包在到达最终的目的节点之前仍然应当访问的节点数量，很显然，在该数据包刚出发的时候，这个值应该等于后面列出的 IPv6 地址的数量；当该数据包到达目的主机的时候，这个值应该等于 0。
- 类型特有数据(Type-Specific Data)：该字段的格式由路由类型决定，其长度是可变的，但是要保证其字节数是 8 个 8 位组的整数倍。
- 在 RFC2460 中定义了路由类型为 0 的路由报头的格式，如图 1.16 所示。

0　　　　7	8　　　　15	16	31
下一个报头	扩展报头长度	路由类型=0	剩余分段
保留			
地址[1]			
地址[2]			
⋮			
地址[n]			

图 1.16　路由报头是 0 的路由报头的格式

对图 1.16 中各字段的含义说明如下。

- 下一个报头(Next Header)：该字段表明紧跟在路由报头后面的下一个报头的类型。
- 扩展报头长度(Header Extension Length)：该字段表明以 8 个 8 位组为单位，但不包含前 8 个 8 位组在内的路由报头的长度。对于路由类型为 0 的路由报头来说，该值等于报头中地址数的两倍。
- 路由类型(Routing Type)：这个 8 位字段记录了路由报头的类型编号，该值等于 0。
- 剩余分段(Segments Left)：该字段标识了 IPv6 数据包在到达最终目的节点之前仍然应当访问的节点数量，很显然，在该数据包刚出发的时候，这个值应该等于后面列出的 IPv6 地址的数量；当该数据包到达目的主机时，这个值应该等于 0。
- 保留(Reserved)：该字段长度为 32 位，发送端将其初始化为 0，接收端将其忽略。

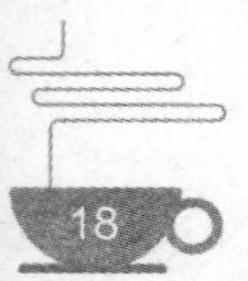

- 地址[1...n](Address[1...n])：IPv6 地址矢量，用 1～n 来标记。

多播地址不能出现在路由类型为 0 的路由报头中，如果有的数据报中路由报头的类型是 0，那么该数据报的 IPv6 目的地址也不能是多播地址。包含路由报头的数据报只有到达了 IPv6 报头的目的地址所指明的节点时，路由报头才会被检验和处理。

图 1.17 说明了路由报头中各个节点对路由报头的处理过程。

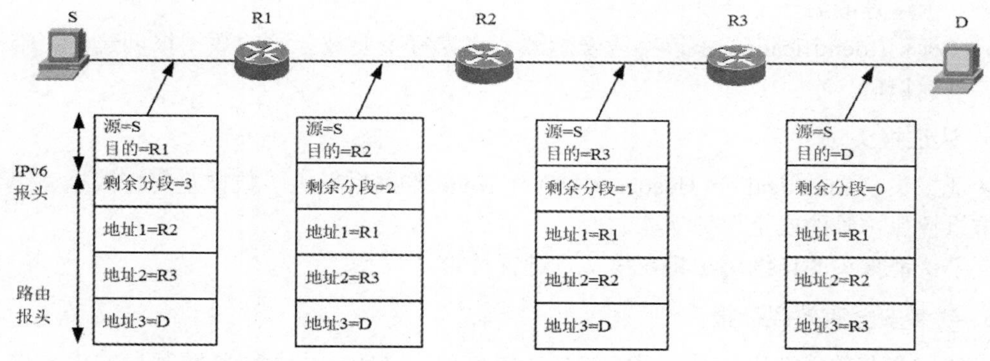

图 1.17　路由报头的处理过程

这些节点都包含在使用路由类型为 0 的路由报头的源路由选择中。源节点 S 按照 R1、R2 和 R3 的顺序指定了 3 个中间节点。IPv6 报头的目的地址字段被设置为第一个中间节点 R1 的地址，路由报头的剩余分段字段被设置为中间节点的个数 3。

- R1 将剩余分段字段的值减 1，并将目的地址与路由报头中的一个地址互换，然后数据包将分组转发给下一个中间节点 R2。
- R2 和 R3 重复 R1 相同的过程，然后，数据包抵达最终的目的节点 D，剩余分段字段为 0。由剩余分段数值表明，D 就是最后的接收者，所以 D 就接收了这个数据包。

4. 分段报头

分段报头用于 IPv6 的拆分和重组服务。当 IPv6 源地址发送的数据包比到达目的地址所经过的路径上的最小 MTU 还要大时，这个数据包就要被分成几段分别发送，这时就要用到分段报头。这个报头由前一个报头中的下一个报头字段的值 44 来标识。分段报头的格式如图 1.18 所示。

图 1.18　分段报头的格式

图 1.18 中各字段的含义解释如下。

- 下一个报头(Next Header)：该字段表明紧跟在分段报头后面的下一个报头的类型。
- 保留(Reserved)：该字段现在未被使用，但是发送时要初始化为 0，接收时忽略。

- 分段偏移值(Fragment Offset)：该字段的值是 13 位无符号的整数，表明以 8 个 8 位组为单位，报头后面的数据相对于原数据报中可分片部分的开始位置的偏移量。
- 保留(Reserved)：该字段的长度是 2 位，现在未被使用，但是发送时要初始化为 0，接收时忽略。
- M 标志(M Flag)：该字段长度为 1 位，M=1 时，表示后面还有分段，M=0 时，表示这是最后一个分段。
- 标识(Identification)：该字段表示源节点为每个要被分段的数据报创建一个唯一的标识值。

5. 认证报头

认证报头(Authentication Header，AH)为 IPv6 数据报提供了数据鉴定、数据完整性检测和抗重播保护等的安全保护功能。

关于认证报头的详细用法将在第 7 章进行讨论。

6. 封装安全有效载荷报头

封装安全有效载荷报头是在 RFC2406 中单独定义的，用于对紧跟其后的内容进行加密，通过使用某种加密算法，使得只有正确的目的主机才能读取数据报的净荷，通常情况下，封装安全有效载荷 ESP 报头会与认证 AH 报头一起使用，以同时达到验证发送方身份的目的。

关于封装安全有效载荷报头的详细用法，将在第 7 章进行讨论。

1.4 IPv6 地址及数据报的实验与分析

本节将在实验的基础上对 IPv6 地址与数据报进行分析，了解其具有的特点。首先介绍目前操作系统对 IPv6 的支持，然后通过实验的手段来分析 IPv6 地址和数据报的情况。

1.4.1 操作系统对 IPv6 的支持

随着 IPv6 应用的深入，不同的操作系统对 IPv6 的支持越来越友好，如目前一些主流的操作系统：Windows、Linux、Mac 和 Unix。这些操作系统对 IPv6 支持的程度各有不同，有的需要安装 IPv6 协议栈，有的已经嵌入在操作系统的内核中，不需要安装。下面以几种常用的操作系统为例来说明对 IPv6 的支持情况。

1. Windows 操作系统对 IPv6 的支持

微软在 2003 年之前发布的 Windows 版本如 Windows 2000、Windows XP 和 Windows Server 2003 默认情况下并不支持 IPv6 协议，需要安装 IPv6 功能模块才能支持 IPv6 协议。2005 年之后发布的 Windows 版本如 Windows Vista、Windows Server 2008、Windows 7、Windows Server 2008 R2、Windows 8、Windows Server 2012 和 Windows 10 等已经安装了 IPv6 协议并且默认是开启的，提供了命令行和图形化界面配置 IPv6 地址的方法，也支持 Netsh.exe 工具配置 IPv6 地址和显示 IPv6 信息。

下面介绍 Windows 7 操作系统配置 IPv6 地址的命令和方法。

(1)　IPv6 协议安装。

Windows 7 的 IPv6 协议栈是自动安装的，用户可以直接使用。

(2)　IPv6 地址和路由的配置。

在 Windows 7 下给某个接口添加或配置 IPv6 地址，是通过执行如下命令完成的：

```
netsh interface ipv6 add address interface
```

其中 interface 为某个接口的索引号。

例如，如果要给接口 4 添加 IPv6 地址 2001:250:4000:3000::1/64，则命令如下：

```
netsh interface ipv6 add address 4 2001:250:4000:3000::1
```

配置了 IPv6 地址之后，还必须指定子网掩码，而 IPv6 采用的是一种前缀表示法，在 Windows 7 下没办法配置子网掩码。

为了能将某个接口配置成属于哪一个子网，在 Windows 7 下是通过指定一条路由来完成的，具体命令为：

```
netsh interface ipv6 add route 2001:250:4000:3000::/64 4 2001::2
```

通过上面的这条命令就实现了将接口 4 配置成属于 2001:250:4000:3000::/64 这一子网。

(3)　查看接口配置 IPv6 地址的命令。

命令格式如下：

```
netsh interface ipv6 show address interface
```

在 Windows 7 中，所有的接口都是通过接口索引来标识的，执行 netsh interface ipv6 show address 命令，即可看到所有支持 IPv6 的接口及其相关信息(包括接口索引)。如果要查看接口 4 的信息，执行命令 netsh interface ipv6 show address 4 就可以了。

微软从 Windows Vista 开始的 Windows 版本，IPv6 协议在默认状态下都已经安装并启用，无须额外配置。用户可以直接通过图形用户界面或命令行的方式来配置 IPv6 地址和其他参数。下面以 Windows 7 为例来说明配置 IPv6 地址的过程。

①　使用图形用户界面配置 IPv6 地址。

在 Windows 7 的控制面板上，按照“控制面板->网络与 Internet->网络和共享中心->更改适配器设置->本地连接”顺序打开【本地连接 属性】窗口，选择【Internet 协议版本 6(TCP/IPv6)】并双击，打开【Internet 协议版本 6(TCP/IPv6)属性】窗口，如图 1.19 所示。

在图 1.19 中，提供了配置 IPv6 地址的图形界面，与 IPv4 配置地址不同的是：IPv6 没有子网掩码的概念，代替它的是子网前缀，所以必须填写子网前缀长度，子网前缀长度为 64。

②　命令行配置 IPv6 地址。

用户还可以通过在命令行中使用 netsh.exe 工具来配置 IPv6 地址和显示 IPv6 其他信息。

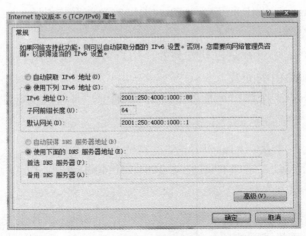

图 1.19　Windows 7 操作系统下的 IPv6 地址配置界面

比如，配置 IPv6 地址可以使用命令 netsh interface ipv6 add address 来实现，该命令语法如下：

```
netsh interface ipv6 add address [[interface=]String]
[address=]IPv6Address [[type=]{unicast | anycast}]
[[validlifetime=]{Integer | infinite}] [[preferredlifetime=]{Integer |
infinite}] [[store=]{active | persistent}]
```

其中的参数含义如下。

- [[interface=]String]：指定连接或适配器的接口名称或索引。
- [address=]IPv6Address：指定要添加的 IPv6 地址，必需。
- [[type=]{unicast | anycast}]：指定是添加单播地址 (unicast) 还是任播地址 (anycast)。默认选择为 unicast。
- [[validlifetime=]{Integer | infinite}]：指定地址有效的生存时间。默认值为 infinite。
- [[preferredlifetime=]{Integer | infinite}]：指定地址处于首选状态的生存时间。默认值为 infinite。
- [[store=]{active | persistent}]：指定更改是仅持续到下次启动为止 (active)，还是始终保持 (persistent)。默认选择为 persistent。

例如，将 IPv6 地址 FE80::2 添加到名为 Private 的接口，命令如下：

```
add address "Private" FE80::2
```

关于 netsh 命令的其他用法，不再赘述。

其他如 Windows Vista、Windows Server 2008、Windows Server 2008 R2、Windows 8、Windows Server 2012 和 Windows 10 操作系统，配置 IPv6 地址方法与 Windows 7 相同，不再赘述。

2. Linux 操作系统对 IPv6 的支持

与 Windows 操作系统相比，Linux 对 IPv6 的支持更好。一般基于 2.4 内核的 Linux 发

行版本都可以直接使用 IPv6。

为了确定所使用的 Linux 系统是否加载了 IPv6 模块，可以使用命令 ifconfig 来查看，如果查看的结果中含有以 fe80::开头的链路本地地址，则说明该 Linux 已经能支持 IPv6；如果没有的话，可以使用命令手工加载，方法如下。

(1) 以 root 用户登录后，运行命令 insmod ipv6 或者 modprobe IPv6 加载 IPv6 模块。然后用命令 lsmod 可以查看系统已加载的模块列表，如果看到 IPv6，则表示模块已经加载成功。

(2) 用命令 rmmod ipv6 可以删除 IPv6 模块。也可以让系统在网络启动时自动加载 IPv6 模块，方法是编辑/etc/sysconfig/network 文件，加入新的一行 NETWORKING_IPV6=YES，然后重新启动服务，命令为：

```
service network restart
```

通过以上的方法就可完成对 IPv6 的支持。

Linux 操作系统下配置 IPv6 地址的命令有如下几种。

(1) 在命令行模式使用 ifconfig 命令配置，具体为：

```
ifconfig eth0 add 2001:250:4005::2/64
```

但这种配置方式会因为系统或服务的重启，导致配置的 IPv6 地址丢失。

(2) 在接口的脚本文件中配置 IPv6 地址，具体为：

```
vi /etc/sysconfig/network-scripts/ifcfg-eth0
IPV6INIT=yes
IPV6ADDR=2001:250:4005::2
```

将以上配置保存并重启服务，该地址即可生效，而且不会随系统或服务重启动而丢失。

IPv6 默认网关的配置是通过编辑/etc/sysconfig/network 文件来完成的，具体如下：

```
NETWORKING_IPV6=YES
IPV6_DEFAULTGW=2001:250:4005::1%eth0
```

将以上配置保存，并重启服务。

3. FreeBSD 操作系统对 IPv6 的支持

FreeBSD 在版本 4.0-RELEASE 后，已集成 KAME IPv6 协议栈，默认情况下就支持 IPv6，所需要做的工作就是在/etc/rc.conf 文件中加入下列配置文本：

```
ipv6_enable="YES"
```

FreeBSD 配置 IPv6 地址的方法与 Linux 类似。

4. Mac 操作系统对 IPv6 的支持

Mac 操作系统本身也集成了 IPv6 的协议栈，并且提供了设置地址和更简单的自动配置方法。

在默认情况下 IPv6 会自动配置，并且默认设置也足以支持需要使用 IPv6 的大部分电脑。用户也可以通过图形化界面来配置 IPv6，配置方式如下。

在 Mac 系统界面上打开苹果菜单选择“系统偏好设置”|“网络”命令。在打开的网络界面里选择想要配置 IPv6 的网络服务。然后单击“高级”选项，选择 TCP/IP；再单击“配置 IPv6”选项，选择“手动”，然后就可以配置 IPv6 的地址了。

1.4.2 使用 eNSP 进行 IPv6 实验环境的搭建

1.eNSP 软件介绍

eNSP(Enterprise Network Simulation Platform)是一款由华为提供的免费的、可扩展的、图形化操作的网络仿真工具平台，主要对企业网络路由器、交换机进行软件仿真，完美呈现真实设备实景，支持大型网络模拟，让广大用户有机会在没有真实设备的情况下能够模拟演练，学习网络技术。

2.下载 eNSP 软件

华为官网 https://www.huawei.com/cn/上面提供了 eNSP 软件的免费下载。在下载前，需要注册一个免费的账号，然后利用这一账号登录。登录成功之后，单击“解决方案&服务”栏，进入培训与认证中的工具专区，单击 eNSP 即可进入 eNSP 的下载页面，该页面提供了 Windows 的安装版本，并提供了软件安装指南。

3.安装 eNSP 软件

找到下载的 eNSP 安装文件 eNSP V100R002C00B510 Setup.exe，双击，打开程序安装向导界面，选择“中文(简体)”，单击“确定”按钮，再单击界面上的“下一步(N)”按钮，在接下来出现的协议许可界面上，选择“我愿意接受此协议”选项，选择合适的路径保存安装文件，单击“下一步(N)”按钮，出现选择安装其他程序的界面，如图 1.20 所示。将“安装 WinPcap 4.13”“安装 Wireshark”“安装 VirtualBox 5.1.24”复选框全部选中，单击“下一步”按钮，最后单击“安装”按钮，等待程序安装完成即可使用。

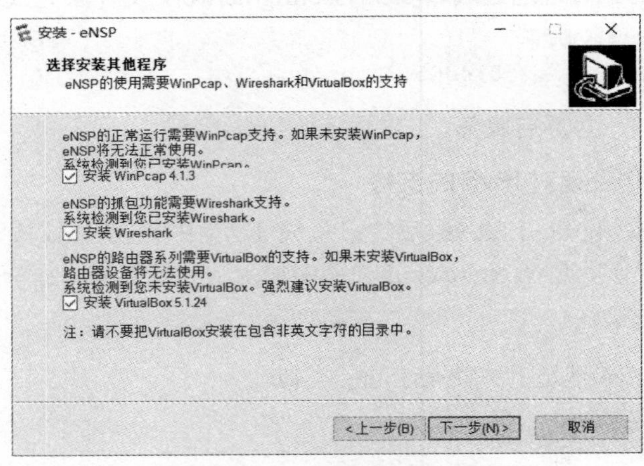

图 1.20　选择安装其他程序界面

4. 使用 eNSP 软件

(1) 基本界面如图 1.21 所示。

(2) 选择设备，eNSP 在左侧的网络设备库中提供了各种各样的网络设备，可以选中

某台设备后拖入工作区中并且选择合适的线型将设备互连起来，建立好连接之后在上方的工具栏中单击“启动设备”按钮即可，如图 1.22、图 1.23 所示。

图 1.21　eNSP 基本界面

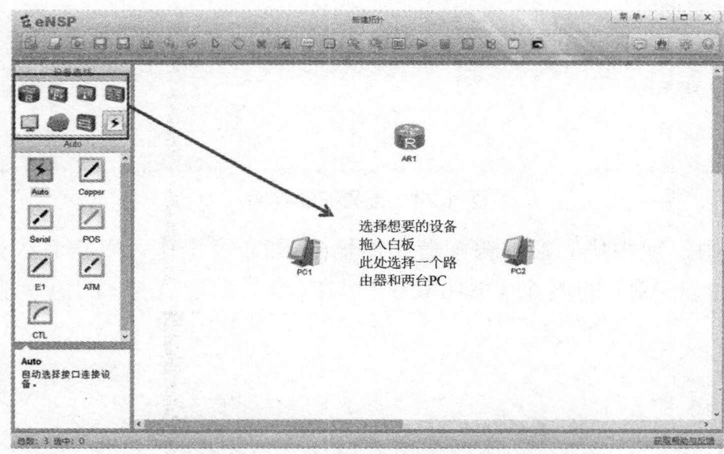

图 1.22　选择合适的设备

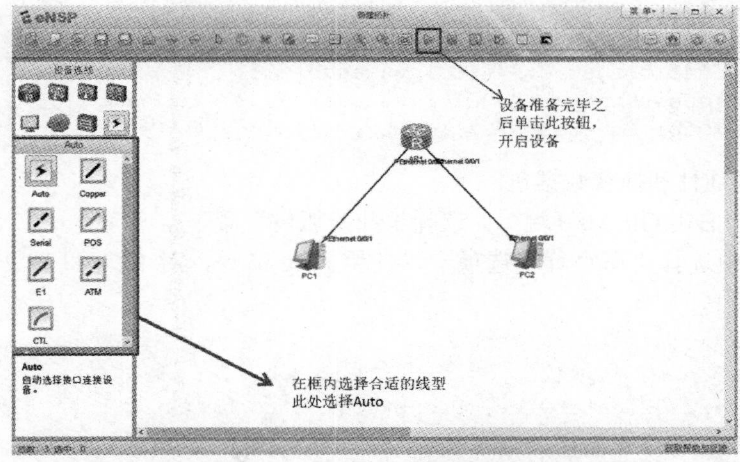

图 1.23　选择合适的线型并开启设备

(3) 双击设备可以打开配置窗口。在配置窗口中，可以为设备添加主机名，IPv4、IPv6 的地址以及网关等信息。这里我们配置 PC1 的 IPv6 地址为 2001::2/64，网关为 2001::1；PC2 的地址为 2002::2/64，网关为 2002::1；路由器 AR1 的 GE0/0/0 端口的地址为 2001::1/64，GE0/0/1 的端口地址为 2002::1/64，如图 1.24 所示。

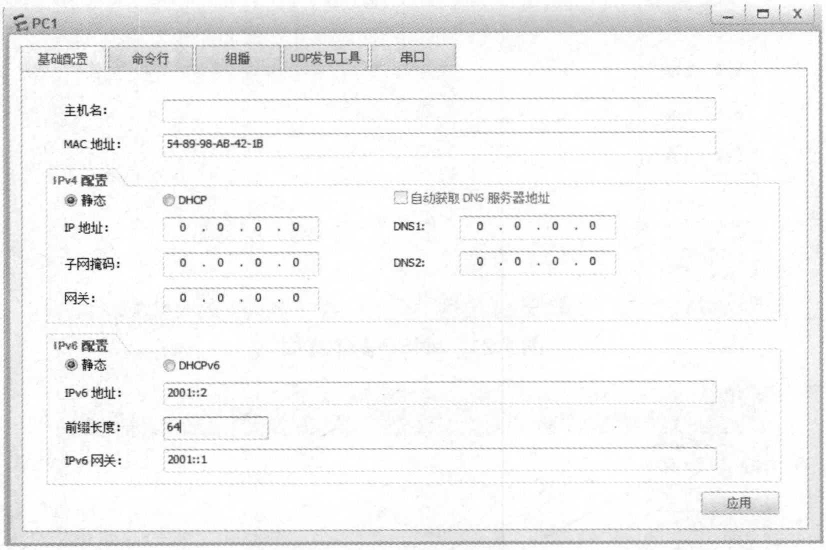

图 1.24　配置 PC 界面

在配置界面中，使用华为命令来配置路由器(详细命令操作可以查看华为官网的配置手册)。首先给路由器 AR1 的两个 GE 0/0/0 和 GE0/0/1 来配置接口 IPv6 地址，配置命令如下：

```
<Huawei>sys
[Huawei]ipv6
[Huawei]interface GigabitEthernet 0/0/0
[Huawei -GigabitEthernet0/0/0]ipv6 enable
[Huawei -GigabitEthernet0/0/0]ipv6 address 2001::1/64
[Huawei -GigabitEthernet0/0/0]quit
[Huawei]interface GigabitEthernet 0/0/1
[Huawei -GigabitEthernet0/0/1]ipv6 enable
[Huawei -GigabitEthernet0/0/1]ipv6 address 2002::1/64
[Huawei -GigabitEthernet0/0/1]quit
```

(4) 测试连通性和捕获数据包。

在 1.23 图中右击 GE 0/0/0 端口，选择“开始抓包”命令。

在 1.24 图中选择“命令行”选项卡，使用 ping 命令，对 PC1 和 PC2 的连通性进行测试：

```
PC>ping 2002::2

Ping 2002::2: 32 databytes, Press Ctrl_C to break
From 2002::2: bytes=32 seq=1 hop limit=255 time=47 ms
From 2002::2: bytes=32 seq=2 hop limit=255 time=47 ms
From 2002::2: bytes=32 seq=3 hop limit=255 time=15 ms
```

```
From 2002::2: bytes=32 seq=4 hop limit=255 time=47 ms
From 2002::2: bytes=32 seq=5 hop limit=255 time=32 ms

--- 2002::2 ping statistics ---
  5 packet(s) transmitted
  5 packet(s) received
  0.00% packet loss
  round-trip min/avg/max = 15/34/78 ms
```

以上结果显示，PC1 和 PC2 经过路由器 AR1 可以通信，是连通的。最后，停止 Wireshark 数据捕获，打开数据捕获窗口，查看捕获的数据包内容，如图 1.25 所示。

```
File  Edit  View  Go  Capture  Analyze  Statistics  Telephony  Tools  Help
Filter:                                  Expression...  Clear  Apply
No.  Time       Source    Destination    Protocol Info
  1 0.000000   2001::2   ff02::1:ff00:1  ICMPv6 Neighbor solicitation for 2001::1
  2 0.047000   2001::1   2001::2         ICMPv6 Neighbor advertisement 2001::1 (r
  3 0.047000   2001::2   2002::2         ICMPv6 Echo (ping) request id=0x01ce, se
  4 0.094000   2002::2   2001::2         ICMPv6 Echo (ping) reply id=0x01ce, seq=
  5 1.108000   2001::2   2002::2         ICMPv6 Echo (ping) request id=0x01cf, se
  6 1.124000   2002::2   2001::2         ICMPv6 Echo (ping) reply id=0x01cf, seq=
  7 2.122000   2001::2   2002::2         ICMPv6 Echo (ping) request id=0x01d0, se

  0110 .... = Version: 6
  .... 0000 0000 .... .... .... .... .... = Traffic class: 0x00000000
  .... .... .... 0000 0000 0000 0000 0000 = Flowlabel: 0x00000000
  Payload length: 32
  Next header: ICMPv6 (0x3a)
  Hop limit: 255
  Source: 2001::2 (2001::2)
  [Source Teredo Server IPv4: 0.0.0.0 (0.0.0.0)]
  [Source Teredo Port: 65535]
  [Source Teredo Client IPv4: 255.255.255.253 (255.255.255.253)]
  Destination: ff02::1:ff00:1 (ff02::1:ff00:1)
Internet Control Message Protocol v6

0010  00 00 00 20 3a ff 20 01  00 00 00 00 00 00 00 00
0020  00 00 00 00 00 02 ff 02  00 00 00 00 00 00 00 00
0030  00 01 ff 00 00 01 87 00  0a 49 00 00 00 00 20 01
0040  00 00 00 00 00 00 00 00  00 00 00 00 00 01 01 01
```

图 1.25　数据捕获窗口

1.4.3　IPv6 地址的实验与分析

1. 实验的内容

实验内容主要包括对本地链路地址特点的认识、单播地址的配置以及数据包的捕获分析。

(1)　了解几种 IPv6 地址的特点。

(2)　了解 IPv6 地址的配置情况。

(3)　了解 IPv6 数据包的结构。

2. 实验拓扑结构

该实验由主机 A、主机 B 和交换机组成，在 eNSP 中模拟进行。其实验拓扑结构如图 1.26 所示。

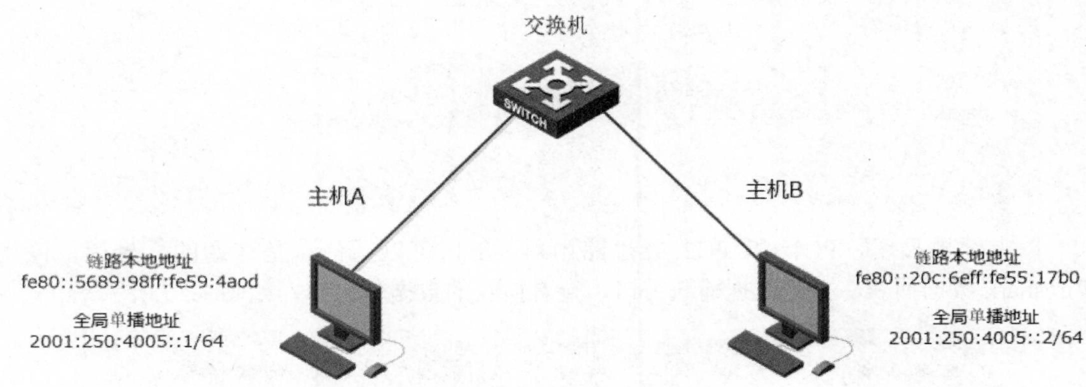

图 1.26　IPv6 地址实验与分析拓扑结构

3. 实验过程和分析

(1)　查看两台主机的 IPv6 信息。

在图 1.26 中，将交换机的电源断开，在 eNSP 中运行数据捕获软件 Wireshark，并进行数据捕获。启动交换机，保证网络是畅通的。然后在主机 A 上用命令 ipconfig 查看主机 A 的接口信息，主机 A 得到的信息如下：

```
PC>ipconfig

Link local IPv6 address..........: fe80::5689:98ff:fe59:4a0d
IPv6 address.....................: 2001:250:4005::2 / 64
IPv6 gateway.....................: 2001:250:4005::1
IPv4 address.....................: 0.0.0.0
Subnet mask......................: 0.0.0.0
Gateway..........................: 0.0.0.0
Physical address.................: 54-89-98-59-4A-0D
DNS server.......................:
```

通过对上面信息的分析，可得知主机 A 的本地链路地址为 fe80::5689:98ff:fe59:4a0d，以及物理地址(MAC)为 54-89-98-59-4A-0D，IPv6 地址为 2001:250:4005::2，前缀为 64，网关为 2001:250:4005::1。

在主机 B 中，使用 ipconfig 查看主机 B 的接口信息，其信息如下：

```
PC>ipconfig

Link local IPv6 address..........: fe80::5689:98ff:fef9:77b
IPv6 address.....................: 2001:250:4005::3 / 64
IPv6 gateway.....................: 2001:250:4005::1
IPv4 address.....................: 0.0.0.0
Subnet mask......................: 0.0.0.0
Gateway..........................: 0.0.0.0
Physical address.................: 54-89-98-F9-07-7B
DNS server.......................:
```

通过分析两台主机的 MAC 地址和链路本地地址，可以发现链路本地地址的后 64 位，即 IPv6 接口标识符采用了修改的 EUI-64 格式。

(2) 使用 ping 命令检查本地链路地址的连通性。

① 在主机 A 上 ping 主机 B，得到如下信息：

```
PC>ping fe80::5689:98ff:fef9:77b

Ping fe80::5689:98ff:fef9:77b: 32 data bytes, Press Ctrl_C to break
From fe80::5689:98ff:fef9:77b: bytes=32 seq=1 hop limit=255 time=94 ms
From fe80::5689:98ff:fef9:77b: bytes=32 seq=2 hop limit=255 time=31 ms
From fe80::5689:98ff:fef9:77b: bytes=32 seq=3 hop limit=255 time=31 ms
From fe80::5689:98ff:fef9:77b: bytes=32 seq=4 hop limit=255 time=47 ms
From fe80::5689:98ff:fef9:77b: bytes=32 seq=5 hop limit=255 time=47 ms

--- fe80::5689:98ff:fef9:77b ping statistics ---
  5 packet(s) transmitted
  5 packet(s) received
  0.00% packet loss
  round-trip min/avg/max = 31/50/94 ms
```

以上信息表示 A 到 B 是通的。

② 在主机 B 上 ping 主机 A，得到如下信息：

```
PC>ping fe80::5689:98ff:fe59:4a0d

Ping fe80::5689:98ff:fe59:4a0d: 32 data bytes, Press Ctrl_C to break
From fe80::5689:98ff:fe59:4a0d: bytes=32 seq=1 hop limit=255 time=47 ms
From fe80::5689:98ff:fe59:4a0d: bytes=32 seq=2 hop limit=255 time=47 ms
From fe80::5689:98ff:fe59:4a0d: bytes=32 seq=3 hop limit=255 time=15 ms
From fe80::5689:98ff:fe59:4a0d: bytes=32 seq=4 hop limit=255 time=47 ms
From fe80::5689:98ff:fe59:4a0d: bytes=32 seq=5 hop limit=255 time=32 ms

--- fe80::5689:98ff:fe59:4a0d ping statistics ---
  5 packet(s) transmitted
  5 packet(s) received
  0.00% packet loss
  round-trip min/avg/max = 15/37/47 ms
```

以上信息表示 B 到 A 也是通的。

这说明本地链路地址是用于同一链路上的邻居之间的通信。在一个没有路由器的单链路 IPv6 网络上，本地链路地址用于链路上各个主机之间的通信。本地链路地址对于邻居的发现过程是必需的，且总是自动配置的，其作用域是属于本地链路。

(3) 两台主机全局单播地址的手工配置。

全局单播地址主要用于 IPv6 网络之间的通信，类似于 IPv4 网络的公有地址。其配置方式有手工和自动配置两种，下面将介绍手工配置的方式。

在 eNSP 中的主机 A 上，打开主机 A 的“基础配置”界面，在“IPv6 配置”组中选择“静态”，并在“IPv6 地址”栏手动输入 IPv6 地址，并修改“前缀长度”为 64，如图 1.27 所示。

主机 B 也用相同的方法配置。配置完成后，在主机 A 上 ping 主机 B，信息如下：

```
PC>ping 2001:250:4005::3
```

```
Ping 2001:250:4005::3: 32 data bytes, Press Ctrl_C to break
From 2001:250:4005::3: bytes=32 seq=1 hop limit=255 time=47 ms
From 2001:250:4005::3: bytes=32 seq=2 hop limit=255 time=31 ms
From 2001:250:4005::3: bytes=32 seq=3 hop limit=255 time=31 ms
From 2001:250:4005::3: bytes=32 seq=4 hop limit=255 time=32 ms
From 2001:250:4005::3: bytes=32 seq=5 hop limit=255 time=31 ms

--- 2001:250:4005::3 ping statistics ---
  5 packet(s) transmitted
  5 packet(s) received
  0.00% packet loss
  round-trip min/avg/max = 31/34/47 ms
```

图 1.27　手动配置 IPv6 地址

上面的信息显示，发送了 5 个数据包，收到了 5 个数据包，主机 A 到主机 B 是连通的。

配置完成后，在主机 B 上 ping 主机 A，信息如下：

```
PC>ping 2001:250:4005::2

Ping 2001:250:4005::2: 32 data bytes, Press Ctrl_C to break
From 2001:250:4005::2: bytes=32 seq=1 hop limit=255 time=32 ms
From 2001:250:4005::2: bytes=32 seq=2 hop limit=255 time=31 ms
From 2001:250:4005::2: bytes=32 seq=3 hop limit=255 time=32 ms
From 2001:250:4005::2: bytes=32 seq=4 hop limit=255 time=31 ms
From 2001:250:4005::2: bytes=32 seq=5 hop limit=255 time=47 ms

--- 2001:250:4005::2 ping statistics ---
  5 packet(s) transmitted
  5 packet(s) received
  0.00% packet loss
  round-trip min/avg/max = 31/34/47 ms
```

上面的信息显示，发送了 5 个数据包，收到了 5 个数据包，主机 B 到主机 A 是连通的。

(4)　IPv6 数据报的分析。

在完成 ping 命令后，停止数据包的捕获，并将捕获的数据包保存以供分析。在图 1.28 中显示了捕获到的部分 IPv6 数据包的条目和结构。

No.	Time	Source	Destination	Protocol	Info
89	163.578000	2001:250:4005::3	ff02::1:ff00:2	ICMPv6	Neighbor solicitation for 2001:250:4005::2 from 54:89:98:f9:07:7b
90	163.578000	2001:250:4005::2	2001:250:4005::3	ICMPv6	Neighbor advertisement 2001:250:4005::2 (sol, ovr) is at 54:89:98:59:4a:0d
91	163.625000	2001:250:4005::3	2001:250:4005::2	ICMPv6	Echo (ping) request id=0x7745, seq=1
92	163.625000	2001:250:4005::2	2001:250:4005::3	ICMPv6	Echo (ping) reply id=0x7745, seq=1
93	164.609000	HuaweiTe_79:60:7f	Spanning-tree-(for-	STP	MST. Root = 32768/0/4c:1f:cc:79:60:7f Cost = 0 Port = 0x8001
94	164.672000	2001:250:4005::3	2001:250:4005::2	ICMPv6	Echo (ping) request id=0x7746, seq=2
95	164.672000	2001:250:4005::2	2001:250:4005::3	ICMPv6	Echo (ping) reply id=0x7746, seq=2
96	165.718000	2001:250:4005::3	2001:250:4005::2	ICMPv6	Echo (ping) request id=0x7747, seq=3
97	165.718000	2001:250:4005::2	2001:250:4005::3	ICMPv6	Echo (ping) reply id=0x7747, seq=3
98	166.734000	2001:250:4005::3	2001:250:4005::2	ICMPv6	Echo (ping) request id=0x7748, seq=4
99	166.734000	2001:250:4005::2	2001:250:4005::3	ICMPv6	Echo (ping) reply id=0x7748, seq=4
100	166.750000	HuaweiTe_79:60:7f	Spanning-tree-(for-	STP	MST. Root = 32768/0/4c:1f:cc:79:60:7f Cost = 0 Port = 0x8001
101	167.765000	2001:250:4005::3	2001:250:4005::2	ICMPv6	Echo (ping) request id=0x7749, seq=5
102	167.765000	2001:250:4005::2	2001:250:4005::3	ICMPv6	Echo (ping) reply id=0x7749, seq=5

图 1.28　捕获到的部分 IPv6 数据包的条目

图 1.28 中所显示数据包的条目，包含了从主机 A 启动到进行数据捕获的部分数据，其间主机要完成多播组的加入、地址检测等过程。这些将在第 2 章实验部分进行讲解。下面将选取图 1.28 中的几条报文对 IPv6 报文结构和扩展报头进行分析。

图 1.29 中，条目 91 和 92 是在主机 B 上 ping 主机 A 产生的请求报文和回复报文，其 IPv6 报文的详细结构如图 1.29 所示。

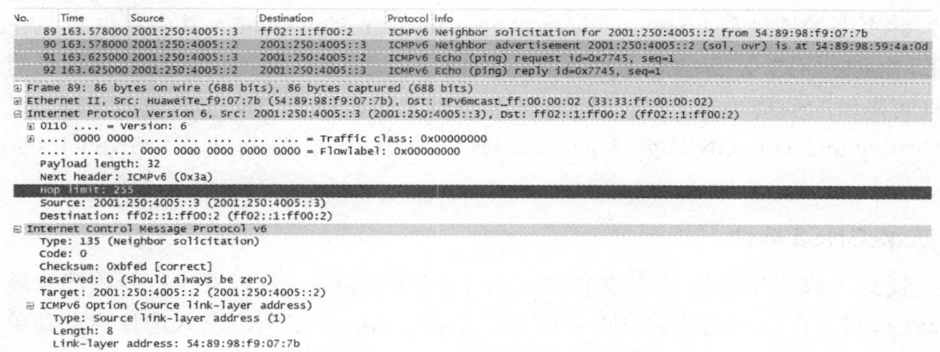

图 1.29　IPv6 报文的详细结构

图 1.29 中，显示了 IPv6 报文各字段的值，其中下一个报头字段的值为 ICMPv6，源地址为主机 B 的全局单播地址，目的地址为主机 A 的全局单播地址。

1.5　使用 GNS3 进行 IPv6 实验环境的搭建

GNS3 也是一款网络仿真工具平台。如果人们学习网络不借助于虚拟化技术和仿真模拟网络的软件，就需要花大量的钱购买路由器、交换机等网络设备和各种线材来建立网络实验室进行网络实验，但这样的条件不是每个人都能拥有的。随着虚拟化技术的发展和网络模拟软件的完善，人们能借助于这些技术来学习计算机网络的知识。这其中，GNS3 就是一款用于学习和设计网络最出色的网络模拟器。

本小节将介绍 GNS3 的安装和使用，本书将利用它进行一系列的 IPv6 实验。

1.5.1　GNS3 软件简要介绍

GNS3 是一款跨平台的具有图形化界面的网络模拟器，可以运行于 Windows、Linux 和 MacOS(OS X)等操作系统。老师和学生使用 GNS3 来进行计算机网络的实验，越来越多的人使用 GNS3 来练习思科网络工程师 CCNA、CCNP 和 CCIE 相关的实验模拟操作，从事网络的技术人员也经常使用 GNS3 来模拟现实网络，设计并测试网络。

注意：CCNA(Cisco Certified Network Associate)，思科认证网络工程师；CCNP(Cisco Certified Network Professional)，思科认证网络高级工程师；CCIE(Cisco Certified Internetwork Expert)，思科认证网络专家。

1.5.2 GNS3 软件的安装

GNS3 可以安装于 Windows、Linux 和 MacOS(OS X)等操作系统。下面介绍在 Windows 操作系统下 GNS3 的安装，其他操作系统安装 GNS3 可以参考 GNS3 的官网。

1. 下载 GNS3 软件

GNS3 官网 https://www.gns3.com/上面提供了 GNS3 软件的免费下载。在下载之前，需要注册一个免费账号，然后利用这一账号登录。登录成功之后，就会出现 GNS3 软件的下载页面，此页面的地址是 https://www.gns3.com/software/download，其中提供了 Windows、Linux 和 MacOS(OS X)等操作系统下 GNS3 的安装版本，并提供了安装指导说明。除了 GNS3 官网提供的免费下载之外，在 GitHub 官网上也提供了 GNS3 的免费下载，其下载地址为 https://github.com/GNS3/gns3-gui/releases。本次下载的版本是 GNS3-1.4.5- all-in-one.exe。

2. 安装 GNS3 软件

(1) 找到下载的 GNS3 安装文件 GNS3-1.4.5-all-in-one.exe，双击打开程序安装向导，单击 Next 按钮，在出现的协议许可界面上，单击 I Agree 按钮，进入选择启动菜单文件夹界面，单击 Next 按钮，出现选择安装组件界面，如图 1.30 所示。

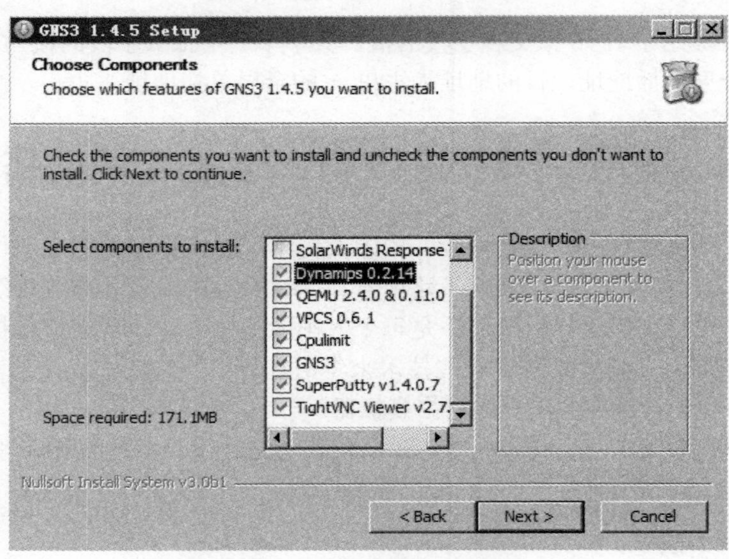

图 1.30 选择 GNS3 组件界面

(2) 在图 1.30 中，列表框提供的组件如表 1.3 所示。

高等院校计算机教育系列教材

表 1.3　组件列表

组件名称	组件功能
WinPCAP 4.1.3	windows packet capture，用于调用 Windows 底层网络，需安装，但如果已经安装，则可不勾选
Wireshark 2.0.1	网络数据包捕获和协议分析软件，俗称抓包软件。需安装，但如果已经安装，则可不勾选
SolarWindw Response Time Viewer	网络管理软件，同 Wireshark 一样，也具有捕获数据包的功能。可选安装
Dynamips 0.2.14	思科路由器模拟软件，用于加载 IOS 设备。必须安装
QEMU 2.4.0 & 0.11.0	一套由 Fabrice Bellard 所编写的模拟处理器的自由软件，可用于模拟防火墙、入侵检测等。必须安装
VPCS 0.6.1	简单的 PC 模拟
Cpulimit	Cpulimit 用于限制每个进程最高使用 CPU 的百分比，特别适用于控制各种作业的运行，比如用于计算 IOS 设备 IDLE-PC 值，以减少资源利用率。必须安装
GNS3	主程序。必须安装
SuperPutty v1.4.0.7	GNS3 自带的连接设备的软件。必须安装
TightVNC Viewer v2.7.10	Tightvnc Viewer 多平台远程软件。必须安装

在图 1.30 中，勾选要安装的组件，然后单击 Next 按钮。

(3) 在出现的选择安装路径的界面上，根据自己的需要选择安装的路径，然后单击 Install 按钮。安装完成后，单击 Next 按钮，结束 GNS3 的安装过程。

1.5.3　GNS3 软件的配置

GNS3 提供了几种模拟路由器等设备的方法，一种是装载真实的思科路由器的 IOS。IOS 全称为 Internetwork Operating System，即网际操作系统，思科路由器和交换机等设备只有安装了 IOS 操作系统才能运行工作，这就好像个人电脑上安装了操作系统 Windows 或 Linux 才能工作一样，不同的是 Windows 采用的是图形化界面对个人电脑进行操作，而 IOS 采用的是命令行界面对路由器或交换机进行操作。另一种是装载 Cisco IOU，IOU 即 IOS running in Unix，它最初是由思科内部人员开发，用来测试 IOS 的平台。GNS3 从 1.0 版本起开始整合了 IOU。IOU 的后端运行环境是基于 Unix 的操作系统，该系统可以运行在 Oracle VirtualBox 或者 VMware 的虚拟机上。由于它是把 IOU 镜像运行在 Unix 系统上，所以对物理机资源的占用非常低。

1. 装载真实的 IOS

(1) 打开 GNS3 程序，选择 Edit | Preferences 命令，打开首选项界面，如图 1.31 所示。

(2) 在图 1.31 中，选择左边列表框中的 Dynamips，在其右边显示了 Dynamips 常规设置和高级设置，主要是模拟器 Dynamips 可执行文件的安装路径，按默认配置即可。再选择 Dynamips 下的 IOS routers，并单击 New 按钮，打开选择 IOS 镜像文件的窗口，单击 Browse 按钮，选择 IOS 镜像文件，如图 1.32 所示，本次导入的 IOS 镜像文件是思科 3725 路由器的 IOS。

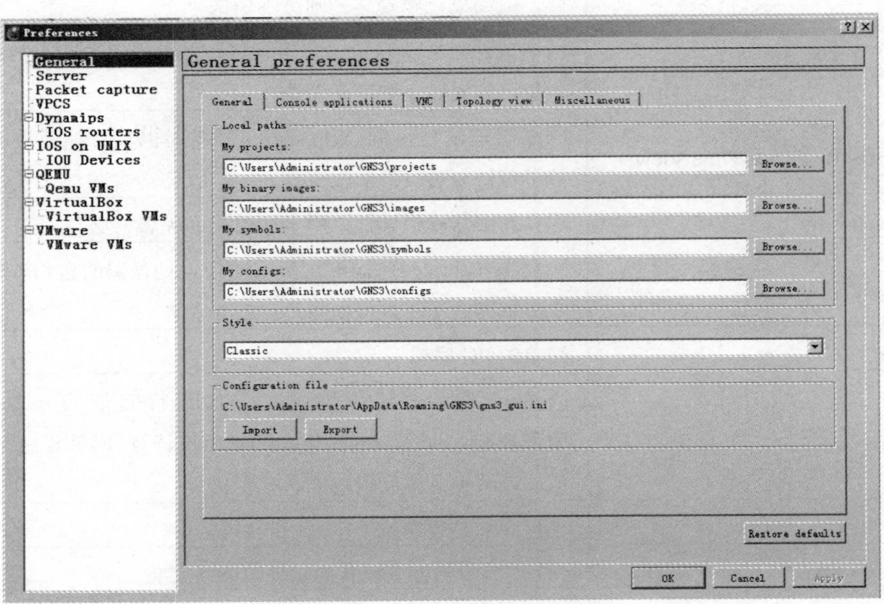

图 1.31　GNS3 首选项界面

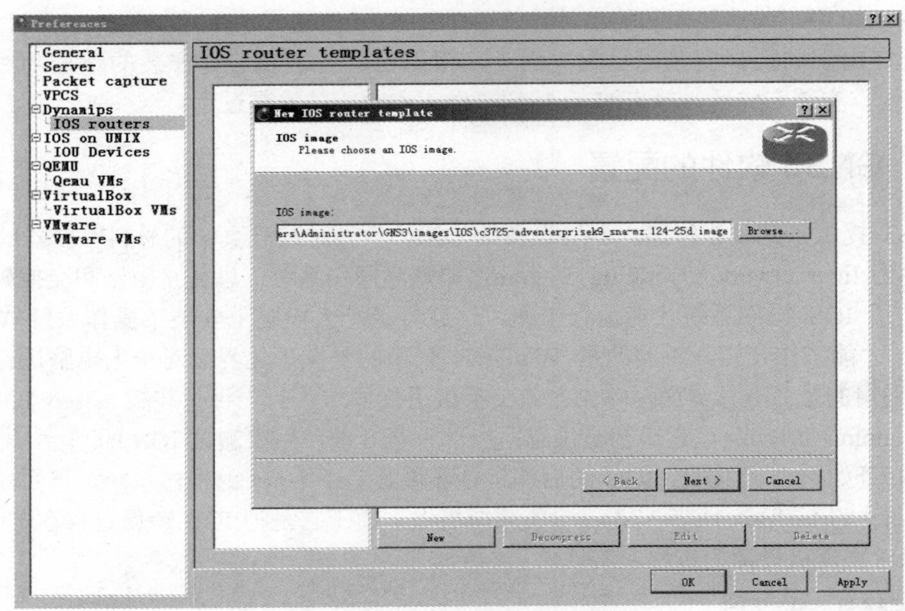

图 1.32　导入 IOS 镜像文件

(3)　在图 1.32 中，单击 Next 按钮，打开路由器名称和平台的界面，如图 1.33 所示。

(4)　在图 1.33 中，单击 Next 按钮，打开选择路由器内存的界面，如图 1.34 所示。

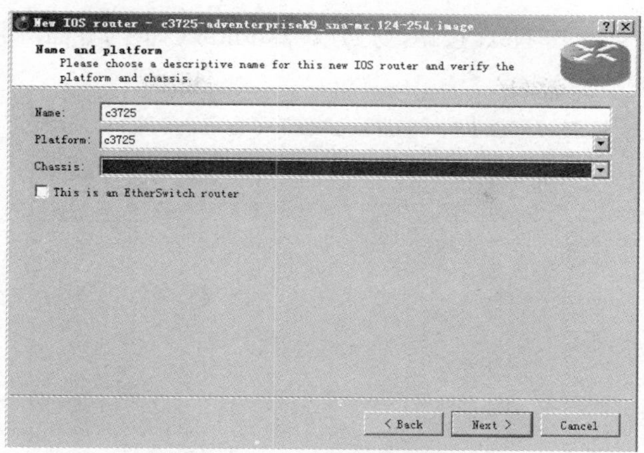

图 1.33　选择路由器的名称和平台

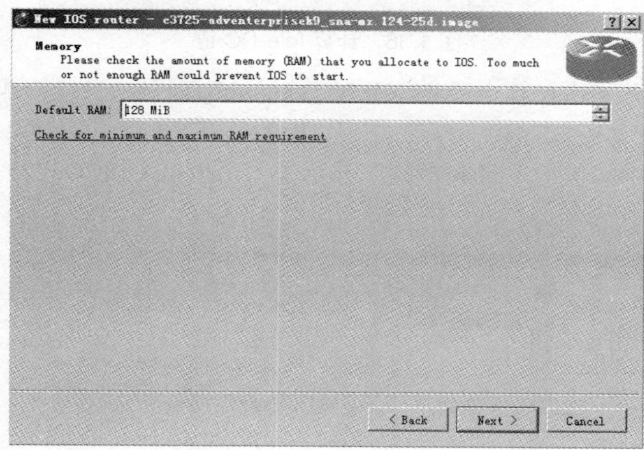

图 1.34　选择路由器的内存

(5) 在图 1.34 中，单击 Next 按钮，打开选择广域网模块的界面，选择一个广域网模块，如图 1.35 所示。

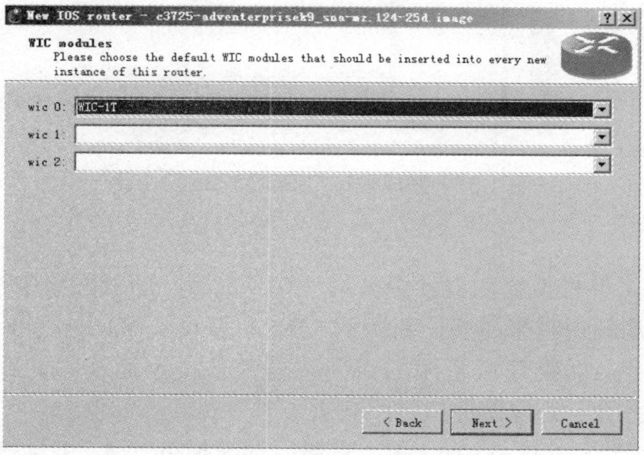

图 1.35　选择广域网模块

(6) 在图 1.35 中，单击 Next 按钮，打开计算 Idle-PC 值的界面，并单击 Idle-PC finder 按钮，如图 1.36 所示。

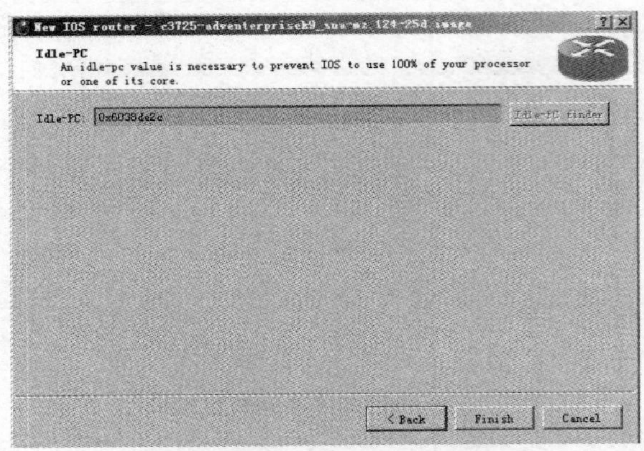

图 1.36 计算 Idle-PC 值

注意：Idle-PC 是 Cisco 路由器模拟平台 Dynamips 的一项功能，其作用在于降低模拟器对 CPU 的消耗。

(7) 在图 1.36 中，单击 Finish 按钮，显示了一个模拟 CISCO3725 路由器，如图 1.37 所示。

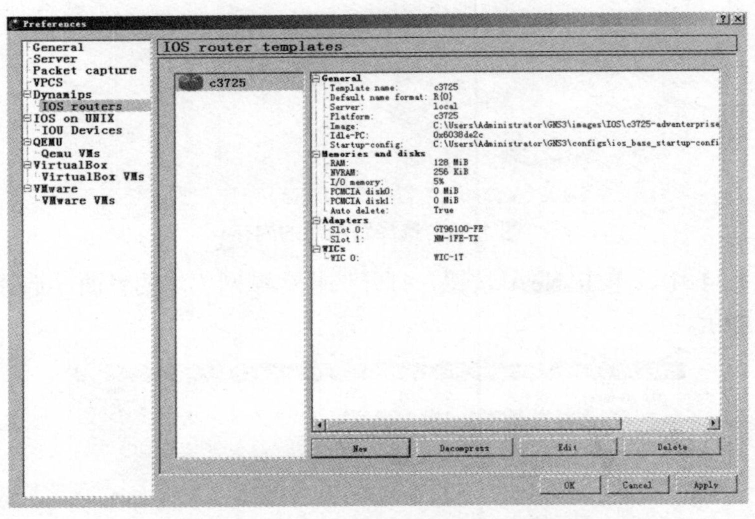

图 1.37 完成模拟 CISCO3725 路由器

2. 装载 IOU

利用 IOS 镜像文件模拟路由器，会占用 CPU 资源，随着网络中模拟的路由器越来越多，CPU 资源就会消耗得越来越多。新版的 GNS3 引入了 IOU，由于 IOU 镜像运行在虚拟机的 Unix 系统上，对物理机资源的占用率非常低，因而模拟的路由器等设备占用的 CPU 资源很少，其适用于大规模虚拟网络建立。

导入 IOU 要比导入 IOS 复杂一些，需要用到虚拟机软件、GNS3 官方提供的对应的 IOU FOR VM 虚拟机文件等，表 1.4 列出了在 GNS3 上配置并运行 IOU 需要的软件。

表 1.4　在 GNS3 上配置并运行 IOU 需要的软件

软件名称	软件功能
GNS3	主程序。必须安装
虚拟机软件	可以选择 Oracle VirtualBox 或者 VMware，本书实验选择 VMware Workstation Pro 12
IOU FOR VM 文件	GNS3.VM.VMware.Workstation.1.4.5.zip
CISCO IOU image	
CISCO IOU image license	

下面介绍装载 IOU 的过程。

(1)　获得 GNS3 IOU FOR VM 文件。

在导入 GNS3 IOU FOR VM 之前，需要安装虚拟机软件和 GNS3 提供的对应的 IOU FOR VM 文件。虚拟机软件可以选择 Oracle VirtualBox 或者 VMware，本书实验选择 VMware Workstation Pro 12，其安装过程比较简单，不再赘述。IOU FOR VM 文件可以从网址 https://github.com/GNS3/gns3-gui/releases 下载。本次下载的 GNS3 VM (Virtual Machine)文件是 GNS3.VM.VMware.Workstation.1.4.5.zip，解压该文件得到 GNS3 VM.ova 文件。

(2)　导入 GNS3 IOU FOR VM。

打开虚拟机软件，如图 1.38 所示。选择【文件】|【打开】命令，弹出“打开”对话框，如图 1.39 所示。

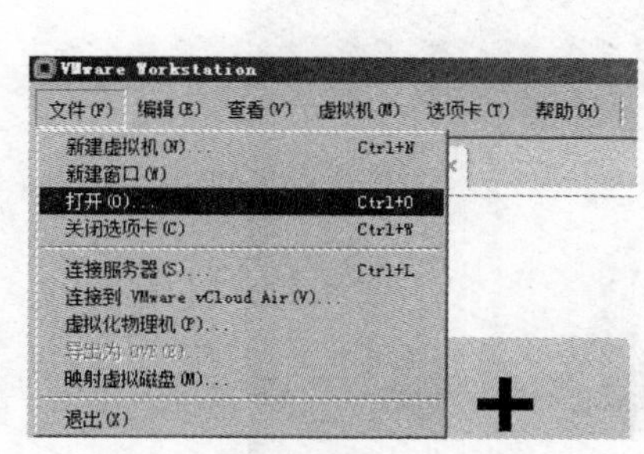

图 1.38　虚拟机软件的界面

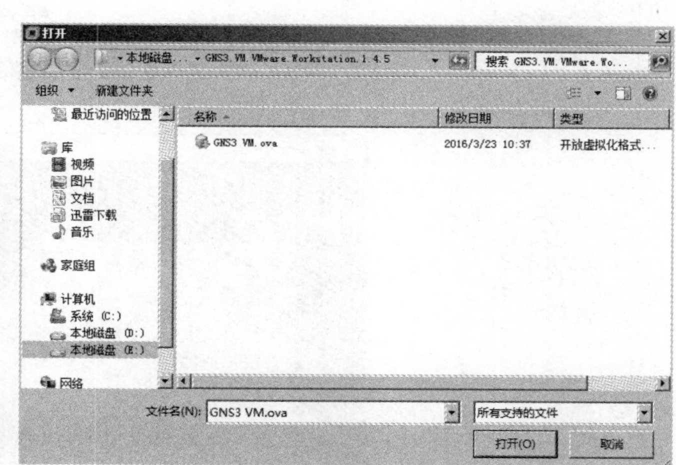

图 1.39　“打开”对话框

在图 1.39 中，选择 GNS3 VM.ova 文件，单击【打开】按钮，弹出“导入虚拟机”对话框，如图 1.40 所示。

单击【导入】按钮，稍等片刻后，出现如图 1.41 所示的 GNS3 VM 界面，表示 GNS3 VM 虚拟机创建成功，在其界面显示了该虚拟机的内存、处理器等信息。

在图 1.41 中单击【开启此虚拟机】，即启动刚才创建好的虚拟机。由于虚拟机的启动是一个功能齐全的 Linux 操作系统启动过程，可能需要一两分钟的时间。虚拟机启动并运行后，出现一个控制台，如图 1.42 所示。

图 1.40 “导入虚拟机”对话框

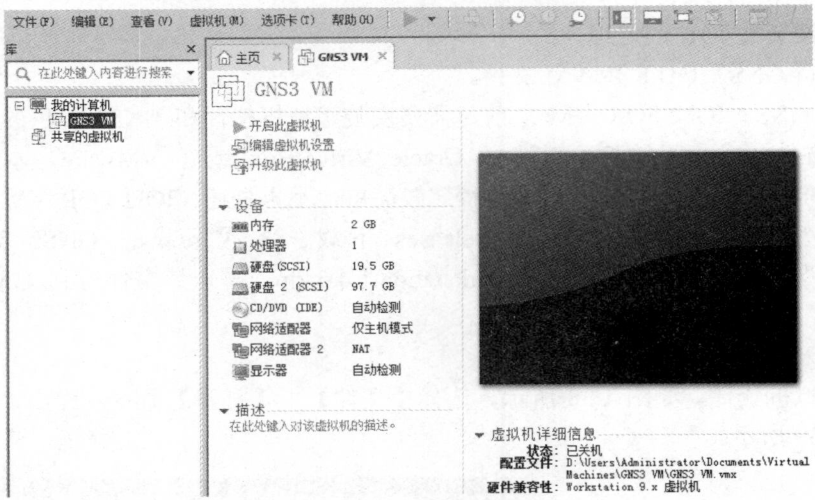

图 1.41 显示创建的虚拟机信息

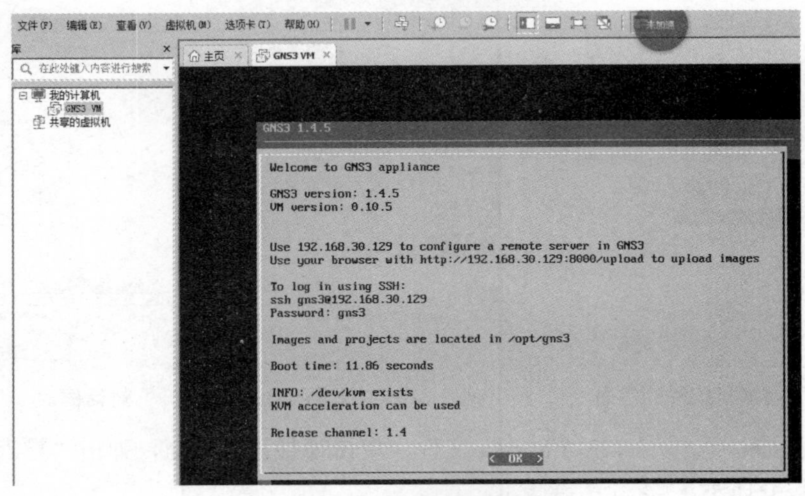

图 1.42 虚拟机控制台

图 1.42 中，显示了在 GNS3 中配置的远程服务器的地址 192.168.30.129、在浏览器中上传 IOS 镜像文件的 IP 地址 http://192.168.30.129:8000/upload 和使用 SSH 协议登录服务器的账号及密码等信息。

(3) IOU 镜像文件的上传。

IOU 镜像文件可以从网上或者 CISCO 官网获得，表 1.5 列出了两个 IOU 镜像文件及含义。本书使用这两个 IOU 镜像文件进行实验。在网上下载这两个文件到本地电脑上。

表 1.5　IOU 镜像文件名称及含义

IOU 镜像文件名称	含　义
i86bi-linux-l2-adventerprise-15.1b.bin	i86bi：指明是 Intel 32 位二进制镜像文件。 linux：指明其运行于 Linux。 l2：指明其具有两层的交换功能。 adventerprise：带有 IOS 高级特性。 15.1b：指明是以 IOS 的版本为基础的。 这个文件主要用于模拟交换机
i86bi-linux-l3-adventerprisek9-15.4.1T.bin	其他与上面是一样的，其中的 l3 是指其具有路由功能。 这个文件主要用于模拟路由器

在物理机上打开浏览器，输入 IOU Unix 虚拟机的 IP 地址，打开 IOU 镜像上传界面，如图 1.43 所示。

图 1.43　上传 IOU 镜像文件

单击【浏览】按钮，在本地电脑上找到下载的两个 IOU 镜像并上传到 IOU 虚拟机。上传后界面如图 1.44 所示，表示上传成功。

图 1.44　完成上传 IOU 镜像文件

(4) GNS3 的配置。

打开 GNS3 程序，选择 Edit | Preferences 命令，选择左边列表框中的 Server，出现右边服务器选项，如图 1.45 所示，先选择 Local server 标签，然后在 Host binding 下拉列表中选择 192.168.30.1，完成本地服务器 IP 地址的设置，如图 1.45(a)所示；接着选择 Remote servers 标签，并在 Host 栏将 IP 地址修改为 IOU 服务器的地址 192.168.30.129，单击 Add 按钮，完成 GNS3 远程服务器的配置，如图 1.45(b)所示。通过这两个 IP 地址可实现 IOU Unix 虚拟机与 GNS3 的通信。

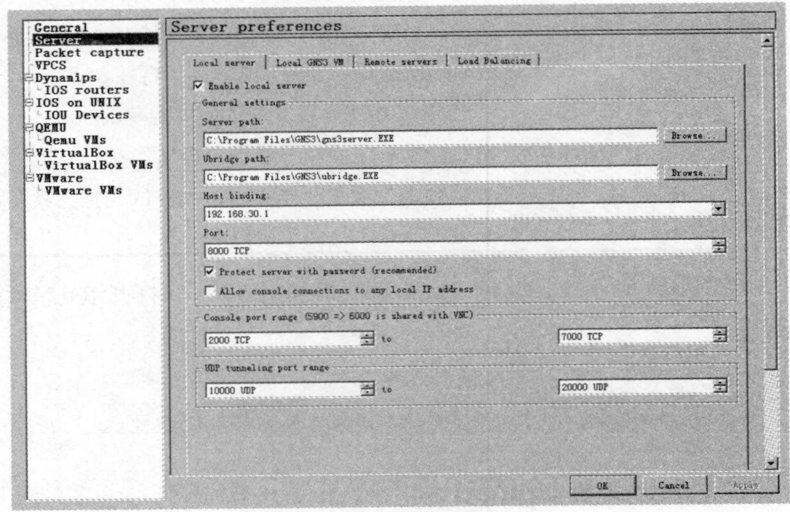

(a) 本地服务器的配置

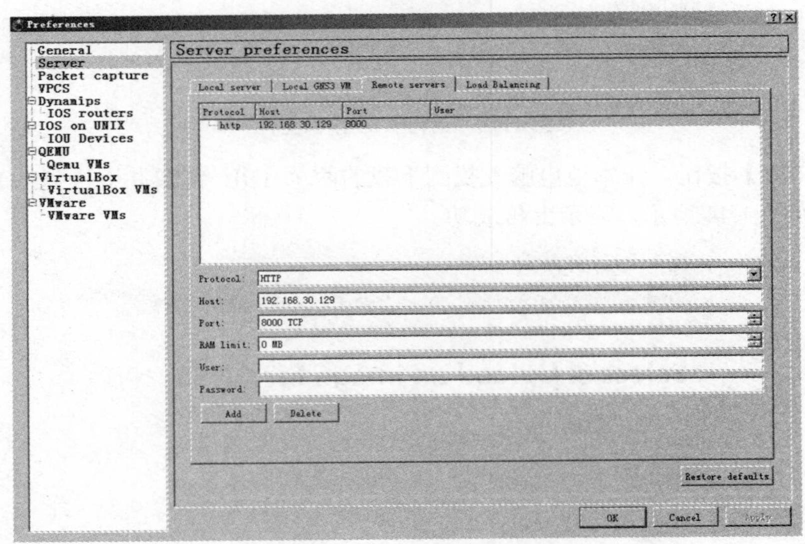

(b) 远程服务器的配置

图 1.45 配置本地和远程服务器的地址

在图 1.45 中，选择 IOS on UNIX，如图 1.46 所示，在右边的 Any server 组中，单击 Browse 按钮，找到 IOU 许可文件 iourc.txt，并将其导入 GNS3 中。该文件可以从网上搜索到。

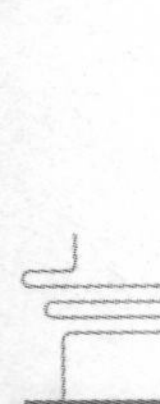

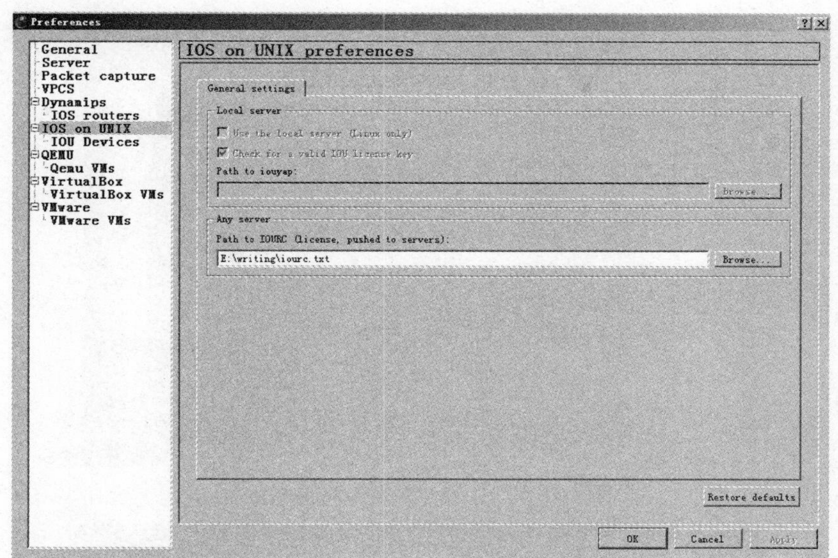

图 1.46　导入 IOU 许可文件

在图 1.46 中，选择左边的 IOU Devices，打开 IOU 模板界面，如图 1.47 所示。

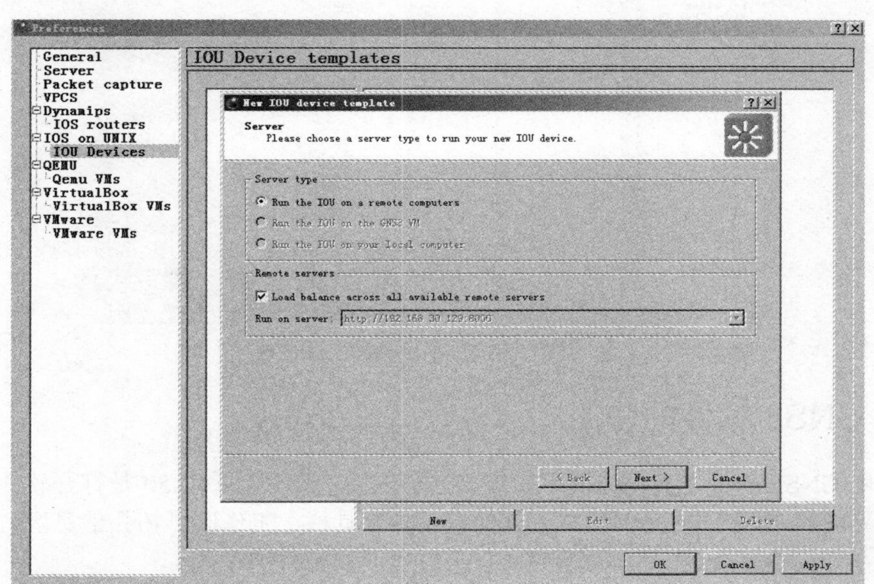

图 1.47　IOU 模板界面

单击 New 按钮，打开模板界面，然后单击 Next 按钮，打开第二个模板界面，如图 1.48 所示。

在图 1.48 中，给设备模板取名为 IOUL3，指明是一个三层设备，即路由/交换设备；然后选择 IOU 相应的类型和镜像文件，最后单击 Finish 按钮，完成一个设备的导入。按照相同的方法，将二层的镜像文件导入，完成后的效果如图 1.49 所示，图中显示了路由器和交换机的图标及参数。

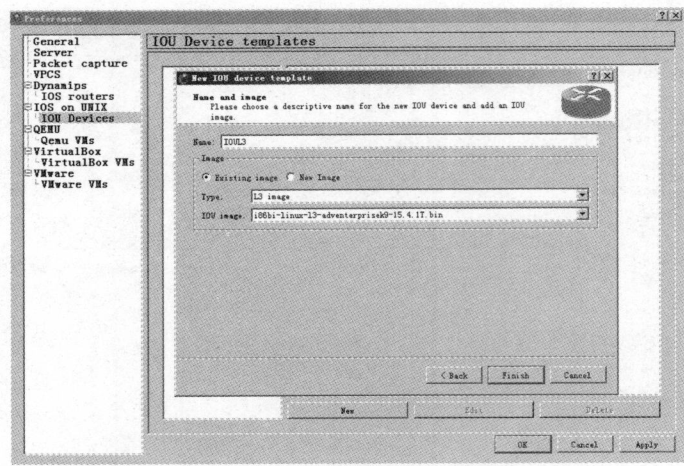

图 1.48　IOU 模板的名称和镜像文件

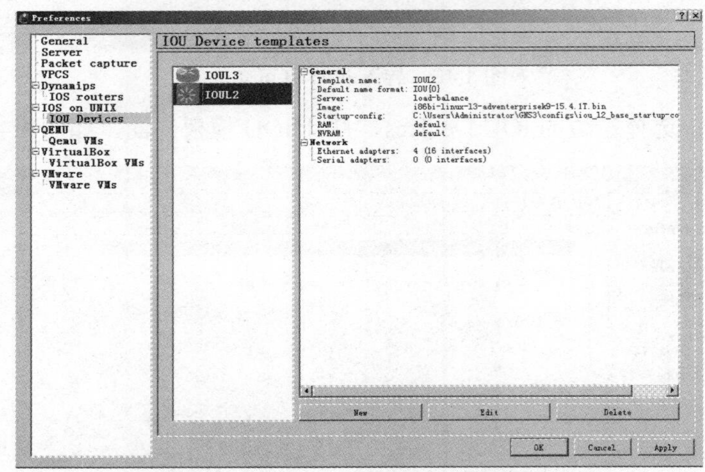

图 1.49　完成交换机和路由器模板

1.5.4　GNS3 软件的使用

在使用 GNS3 软件之前，先简单介绍该软件的窗口布局。图 1.50 是打开软件出现的界面，整个界面的布局主要由 GNS3 工具栏、设备工具栏、工作区、拓扑信息区、服务器信息区和命令行终端等组成。

下面对图 1.50 中各个组件进行简要说明。

(1)　GNS3 工具栏。

由一系列执行任务的快捷图标组成，比如新建、打开和保存项目，启动和停止设备等。

(2)　设备工具栏。

显示在工作区设计网络拓扑结构图的设备，这些设备有路由器、交换机、终端以及设备之间的连接。

(3)　工作区。

设计网络拓扑结构图的地方。在设备工具栏中选择路由器、交换机、终端，并将其拖至此工作区，并按要求将这些设备连接在一起，完成网络拓扑结构图的设计。

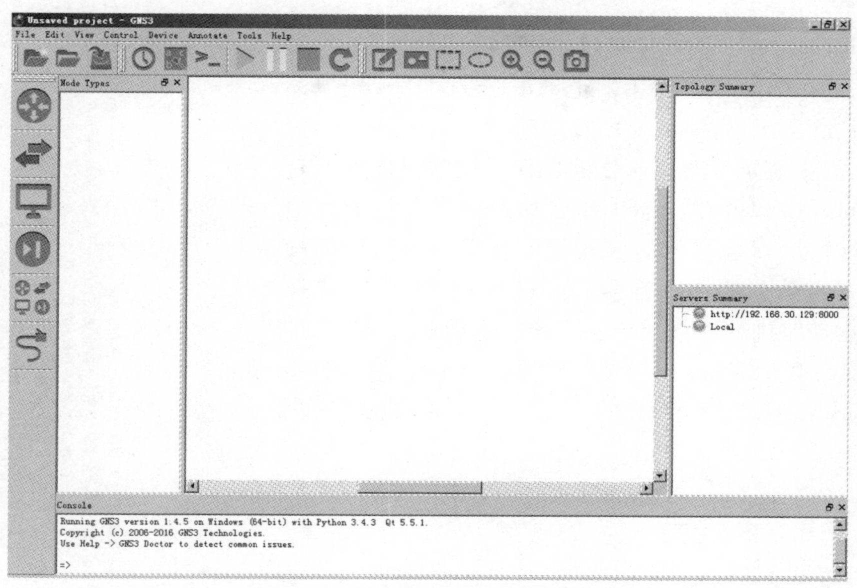

图 1.50　GNS3 软件的窗口

(4)　拓扑信息区。

显示拓扑结构图中设备的信息。

(5)　服务器信息区。

显示本地和远程服务器的信息。

(6)　命令行终端。

输出设备的一些信息，包括错误信息。

1. 设计网络拓扑结构图

在图 1.50 的设备工具栏中，单击路由器图标，从显示的路由列表中选择 c3725，按住左键将其拖至工作区；选择终端图标，依照上面的方法，将两个 VPCS 终端拖至工作区；单击设备工具栏的连接图标，分别将工作区的 PC1、PC2 与路由器 R1 连接，完成拓扑结构图，如图 1.51 所示。

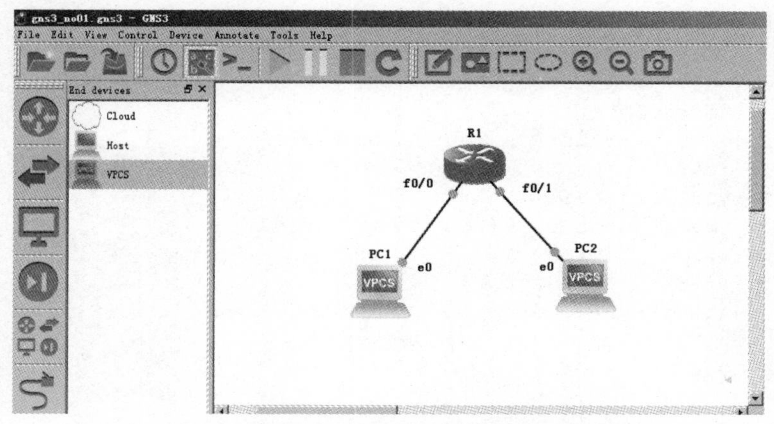

图 1.51　有一个路由器和两个终端的网络拓扑结构图

2. 配置路由器和终端设备的 IP 地址

在图 1.51 中的 R1 路由器上单击右键，出现快捷菜单，如图 1.52 所示。

图 1.52 中显示了对路由器的操作，这些操作主要有配置路由的插槽和内存、停止和启动路由器、打开路由器的命令行窗口、数据包的捕获等。其中，最常用的操作就是打开路由器的命令行窗口。在图 1.52 中，选择 Start 命令启动路由器，然后单击右键，选择 Console，打开路由器的命令行窗口，这个窗口类似于 Cisco 路由器的命令行窗口，如图 1.53 所示。

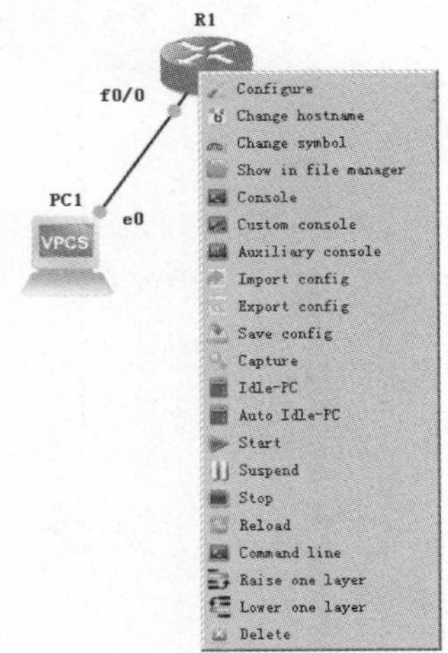

图 1.52　路由器右键快捷菜单

```
R1
sslinit fn

*Mar  1 00:00:03.327: %SW_VLAN-4-IFS_FAILURE: VLAN manager encountered file operation error: call = ifs_open/r
ead / code = 3588 (No device available)
    / bytes transfered = 0
*Mar  1 00:00:03.347: %LINEPROTO-5-UPDOWN: Line protocol on Interface VoIP-Null0, changed state to up
*Mar  1 00:00:03.351: %LINEPROTO-5-UPDOWN: Line protocol on Interface IPv6-mpls, changed state to up
*Mar  1 00:00:03.479: %SYS-5-CONFIG_I: Configured from memory by console
*Mar  1 00:00:03.575: %LINK-5-CHANGED: Interface FastEthernet0/0, changed state to administratively down
*Mar  1 00:00:03.647: %LINK-5-CHANGED: Interface FastEthernet0/1, changed state to administratively down
*Mar  1 00:00:03.755: %SYS-5-RESTART: System restarted --
Cisco IOS Software, 3700 Software (C3725-ADVENTERPRISEK9_SNA-M), Version 12.4(25d), RELEASE SOFTWARE (fc1)
Technical Support: http://www.cisco.com/techsupport
Copyright (c) 1986-2010 by Cisco Systems, Inc.
Compiled Wed 18-Aug-10 07:55 by prod_rel_team

R1#
R1#*Mar  1 00:00:03.759: %SNMP-5-COLDSTART: SNMP agent on host R1 is undergoing a cold start
*Mar  1 00:00:03.807: %LINK-5-CHANGED: Interface Serial0/0, changed state to administratively down
*Mar  1 00:00:04.575: %LINEPROTO-5-UPDOWN: Line protocol on Interface FastEthernet0/0, changed state to down
*Mar  1 00:00:04.647: %LINEPROTO-5-UPDOWN: Line protocol on Interface FastEthernet0/1, changed state to down
*Mar  1 00:00:04.807: %LINEPROTO-5-UPDOWN: Line protocol on Interface Serial0/0, changed state to down
R1#
R1#
```

图 1.53　路由器的命令行窗口

在图 1.53 中，使用标准 IOS 命令来配置路由器。首先给路由器 R1 的 f0/0 和 f0/1 两个接口配置 IPv6 地址，配置命令如下：

```
R1#config terminal
Enter configuration commands, one per line.  End with CNTL/Z.
R1(config)#ipv6 unicast-routing
R1(config)#interface f0/0
R1(config-if)#ipv6 address 2001:250:4005::1/64
R1(config-if)#no shutdown
R1(config)#interface f0/1
R1(config-if)#ipv6 address 2001:250:4006::1/64
R1(config-if)#no shutdown
R1(config-if)#end
R1#copy running-config startup-config
Destination filename [startup-config]?
Building configuration...
[OK]
```

在图 1.51 中，在 PC1 上单击右键，选择 Start 命令启动 PC1。然后单击右键，选择 Console 命令，打开 PC1 的命令行窗口，如图 1.54 所示。

```
PC1
Welcome to Virtual PC Simulator, version 0.6.1
Dedicated to Daling.
Build time: Jun  1 2015 11:42:32
Copyright (c) 2007-2014, Paul Meng (mirnshi@gmail.com)
All rights reserved.

VPCS is free software, distributed under the terms of the "BSD" licence.
Source code and license can be found at vpcs.sf.net.
For more information, please visit wiki.freecode.com.cn.

Press '?' to get help.

Executing the startup file


PC1>
```

图 1.54　PC1 的命令行窗口

在图 1.54 中，配置 PC1 的 IPv6 地址，命令如下：

```
PC1> ip 2001:250:4005::2/64
PC1 : 2001:250:4005::2/64

PC1> save
Saving startup configuration to startup.vpc
.  done
```

依照 PC1 配置 IPv6 地址的方法，配置 PC2 的 IPv6 地址，命令如下：

```
PC2> ip 2001:250:4006::2/64
PC1 : 2001:250:4006::2/64

PC2> save
Saving startup configuration to startup.vpc
.  done
```

3. 测试连通性和捕获数据包

在图 1.51 中，启动所有设备。在路由器 R1 和 PC1 之间的链路上单击右键，选择 Start capture 命令，打开显示路由器接口的窗口。选择接口，如图 1.55 所示，单击 OK 按钮，打开 Wireshark 捕获窗口，开始捕获数据包。

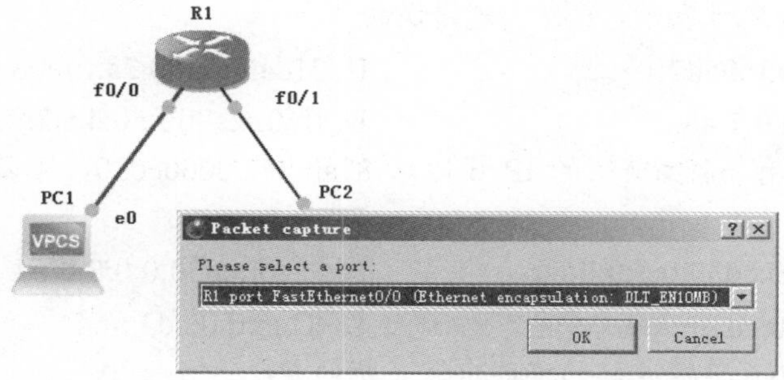

图 1.55　选择捕获路由器数据包的接口

在 PC2 的命令行窗口上分别 ping 路由器 R1 和 PC1，配置命令和显示结果如下：

```
PC2> ping 2001:250:4005::1

2001:250:4005::1 icmp6_seq=1 ttl=64 time=23.001 ms
2001:250:4005::1 icmp6_seq=2 ttl=64 time=10.001 ms
2001:250:4005::1 icmp6_seq=3 ttl=64 time=9.000 ms
2001:250:4005::1 icmp6_seq=4 ttl=64 time=9.001 ms
2001:250:4005::1 icmp6_seq=5 ttl=64 time=9.000 ms

PC2> ping 2001:250:4005::2

2001:250:4005::2 icmp6_seq=1 ttl=62 time=27.002 ms
2001:250:4005::2 icmp6_seq=2 ttl=62 time=19.001 ms
2001:250:4005::2 icmp6_seq=3 ttl=62 time=19.001 ms
2001:250:4005::2 icmp6_seq=4 ttl=62 time=19.001 ms
2001:250:4005::2 icmp6_seq=5 ttl=62 time=19.002 ms
```

以上结果显示，PC1 和 PC2 经过路由器 R1 可以通信，是连通的。最后，停止 Wireshark 数据捕获，打开窗口数据捕获窗口，如图 1.56 所示。

```
No.  Tim Source                 Destination            Protocol Length Info
 4 3… fe80::c001:31ff:fee0:0    ff02::1:ff00:2         ICMPv6   86 Neighbor Solicitation for 2001:250:4005::2 from c2:01:31:e0:00:00
 5 3… 2001:250:4005::2          fe80::c001:31ff:fee0:0 ICMPv6   86 Neighbor Advertisement 2001:250:4005::2 (sol, ovr) is at 00:50:79:66:68:01
 6 3… 2001:250:4006::2          2001:250:4005::2       ICMPv6   118 Echo (ping) request id=0xc977, seq=1, hop limit=63 (reply in 7)
 7 3… 2001:250:4005::2          2001:250:4006::2       ICMPv6   118 Echo (ping) reply id=0xc977, seq=1, hop limit=63 (request in 6)
 8 3… 2001:250:4006::2          2001:250:4005::2       ICMPv6   118 Echo (ping) request id=0xc977, seq=2, hop limit=63 (reply in 9)
 9 3… 2001:250:4005::2          2001:250:4006::2       ICMPv6   118 Echo (ping) reply id=0xc977, seq=2, hop limit=63 (request in 8)
10 3… 2001:250:4006::2          2001:250:4005::2       ICMPv6   118 Echo (ping) request id=0xc977, seq=3, hop limit=63 (reply in 11)
11 3… 2001:250:4005::2          2001:250:4006::2       ICMPv6   118 Echo (ping) reply id=0xc977, seq=3, hop limit=63 (request in 10)
12 3… 2001:250:4006::2          2001:250:4005::2       ICMPv6   118 Echo (ping) request id=0xc977, seq=4, hop limit=63 (reply in 13)
13 3… 2001:250:4005::2          2001:250:4006::2       ICMPv6   118 Echo (ping) reply id=0xc977, seq=4, hop limit=63 (request in 12)
14 3… 2001:250:4006::2          2001:250:4005::2       ICMPv6   118 Echo (ping) request id=0xc977, seq=5, hop limit=63 (reply in 15)
15 3… 2001:250:4005::2          2001:250:4006::2       ICMPv6   118 Echo (ping) reply id=0xc977, seq=5, hop limit=63 (request in 14)
Frame 6: 118 bytes on wire (944 bits), 118 bytes captured (944 bits) on interface 0
Ethernet II, Src: c2:01:31:e0:00:00 (c2:01:31:e0:00:00), Dst: Private_66:68:01 (00:50:79:66:68:01)
Internet Protocol Version 6, Src: 2001:250:4006::2, Dst: 2001:250:4005::2
Internet Control Message Protocol v6
  Type: Echo (ping) request (128)
  Code: 0
  Checksum: 0xfa47 [correct]
  Identifier: 0xc977
  Sequence: 1
  [Response In: 7]
  Data (56 bytes)
```

图 1.56 数据捕获窗口

习题与实验

一、选择题

1. IPv6 将 32 位地址空间扩展到(　　)位。

   A. 64　　B. 128　　C. 256　　D. 1024

2. 下面的 IPv6 地址表示，(　　)是错误的。

   A. ::601:ab:0:05d7　　B. 21da:0:0:0:0:2a:f:fe08:3

   C. 21Bc::0:0:1/48　　D. ff60::2a90:fe:0:4ca2:9c5a

3. 对于一个具有 64 位前缀的 IPv6 地址 82ab00000000cd30，下面的表示(　　)是不合法的。

   A. 82ab:0:0:cd30:0:0:0:0/64　　B. 82ab::cd30:0:0:0:0/64

   C. 82ab:0:0:cd30::/64　　D. 82ab:0:0:cd3::/64

4. 下面关于 IPv6 单播地址的描述中，正确的是(　　)。

   A. 全球单播地址的格式前缀为 2000::/3

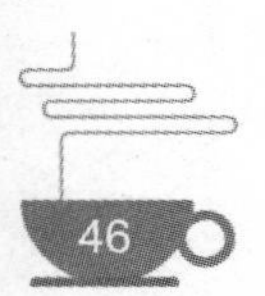

B. 链路本地地址的格式前缀为 FE00::/12

C. 站点本地地址的格式前缀为 FE00::/10

D. 任何端口只能拥有唯一的全局地址

5. 下列哪些地址是合法的链路本地地址？(　　)

A. FE80::1　　B. FEC0::2

C. FF02::A001　　D. FF02::1:FF00:0101:0202

6. 一台主机的 MAC 地址为 00-e0-fc-20-d6-a8，则根据 EUI-64 规范，它所自动生成的 IPv6 接口标识符是(　　)。

A. 02-e0-fc-ff-fe-20-d6-a8　　B. 00-e0-fc-ff-fe-20-d6-a8

C. 02-e0-fc-ff-ff-20-d6-a8　　D. 00-e0-fc-ff-ff-20-d6-a8

7. 在 IPv6 中，无状态地址自动配置过程中使用的主要报文包括(　　)。

A. RS(router solicication)　　B. RA(router advertisement)

C. NS(neibour solicition)　　D. NA(neibour advertisement)

8. 关于 IPv6 数据报的结构正确的是(　　)。

A. 由 IPv6 报头和上层协议数据单元组成

B. 由 IPv6 报头和扩展报头组成

C. 由 IPv6 报头组成

D. 由 IPv6 报头、扩展报头和上层协议数据单元组成

9. 关于 IPv6 报头长度的描述正确的是(　　)。

A. 长度可变　　B. 长度固定，20 字节

C. 长度固定，60 字节　　D. 长度固定，40 字节

10. IPv6 中每一个中间节点都必须要处理的扩展报头包括(　　)。

A. 逐跳选项报头　　B. 路由报头

C. 目的选项报头　　D. 身份验证报头

二、实验题

1. 使用 ipconfig、netsh 等命令查看本机的 IPv6 地址，并写出本地链路地址。

2. 根据图 1.57 中的拓扑结构图，使用 eNSP 完成如下实验。

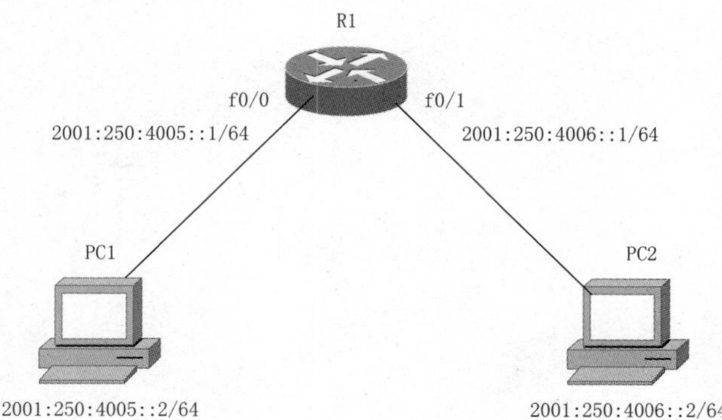

图 1.57　实验拓扑结构图

(1) 绘制该拓扑结构图。

(2) 利用命令 show ipv6 查看终端 PC1 和 PC2 的链路本地地址和 MAC 地址，指明它们之间存在的关系。

(3) 在 f0/0 打开数据捕获。

(4) 在 PC1 上使用 ping 命令查看终端 PC2 的链路本地地址。

(5) 配置路由器 R1 上 f0/0 和 f0/1 两个接口的 IPv6 地址。

(6) 配置两个终端 PC1 和 PC2 的 IP 地址。

(7) 在 PC2 上使用 ping 命令查看终端 PC1 的链路本地地址。

(8) IPv6 中每一个中间节点都必须要处理的扩展报头包括(　　)。

A. 逐跳选项报头　　B. 路由报头

C. 目的选项报头　　D. 身份验证报头

E. 封装安全有效载荷报头

第 2 章 ICMPv6 及邻居发现协议

在 IPv6 协议中，与 IPv4 一样，并没有提供数据报在传输过程中状态的报错功能。为了能够了解网络的连通状况，IPv6 采用了 ICMPv6 协议来探测并报告 IPv6 数据报在传输过程中产生的各种错误和信息。

邻居发现协议是 IETF 为 IPv6 新开发的协议，主要解决同一条链路上节点之间互通的问题，包括链路层地址解析、路由器发现和路由重定向等功能。

本章将主要介绍 ICMPv6 和邻居发现这两种协议及其实验分析。

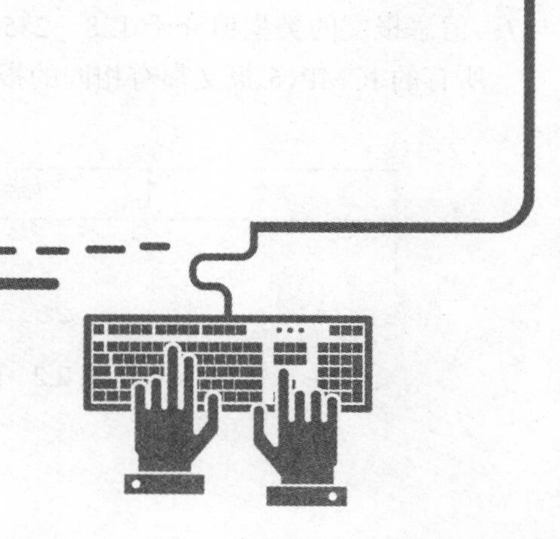

2.1 ICMPv6 协议

ICMPv6 是指 IPv6 下的 Internet 的控制报文协议(Internet Control Message Protocol，ICMP)，它最初是在 RFC1885 中定义的，1998 年在 RFC1885 的基础上提出了新的 ICMPv6 规范 RFC2463，这一规范应用得较为普遍，目前最新的版本是 2006 年发布的 RFC4443。

ICMPv6 是 IPv6 的一个组成部分，IPv6 节点通过使用 ICMPv6 协议来报告数据包在传输过程中出现的错误，并完成网络层上的其他功能，如常用的 ping 命令等。IPv6 网络中的每一个节点都必须实现 ICMPv6 协议。

本节将主要以最新的 RFC4443 为基础来介绍 ICMPv6 的报文格式及其处理规则。

2.1.1 ICMPv6 报文的类型和格式

所有的 ICMPv6 报文都封装在 IPv6 数据报的数据部分中进行传输，因而在 ICMPv6 报文之前总有一个 IPv6 报头以及零个或多个 IPv6 扩展报头。ICMPv6 报文的识别是通过在其之前的 IPv6 报头或 IPv6 扩展报头中的下一个报头的值 58 来标识的。

图 2.1 显示了 ICMPv6 封装在 IPv6 数据报中的情况。

IPv6报头 (下一个报头=58)	ICMPv6报头+数据

(a) 不带扩展报头的ICMPv6在IPv6数据报中封装的情况

IPv6报头 下一个报头=0	逐跳选项报头 下一个报头=58	ICMPv6报头+数据

(b) 带扩展报头的ICMPv6在IPv6数据报中封装的情况

图 2.1 ICMPv6 封装在 IPv6 数据报中的情况

ICMPv6 报文分为两种类型，即错误报文(Error Messages)和信息报文(Informational Messages)。错误报文用于报告在转发 IPv6 数据包过程中出现的错误，信息报文则提供了一些诊断功能。两种报文的区别在于报文“类型”字段值的最高比特位，最高比特位为 0 则是差错报文，最高比特位为 1 则是信息报文，因此，错误报文的报文类型值介于 0～127；信息报文的类型值介于 128～255。

所有的 ICMPv6 报文都有相同的报头格式，其格式如图 2.2 所示。

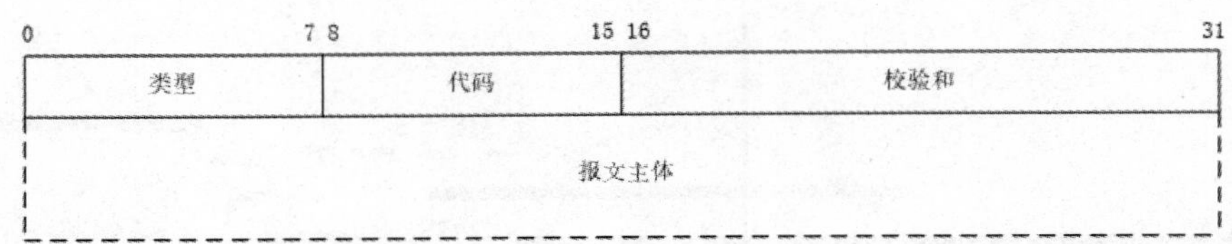

图 2.2 ICMPv6 报文的一般格式

ICMPv6 报文中各字段的含义如下。

- 类型(Type)：字段长度占 8 位，标识 ICMPv6 报文的类型，该字段决定了报文剩余部分的格式。若该字段最高位为 0，表示该报文为错误报文；若最高位为 1，表示该报文为信息报文。
- 代码(Code)：该字段长度占 8 位，其值取决于报文的类型。
- 校验和(Checksum)：该字段占 16 位，用来对 ICMPv6 报头和部分 IPv6 报头中数据的正确性进行校验。
- 报文主体(Message Body)：该部分的内容和占用的位数依据报文类型变化，对于不同的类型和代码，报文主体可以包含不同的数据。

2.1.2　ICMPv6 错误报文

ICMPv6 错误报文是由路由器或目的节点发送的，用于报告数据包在传输过程中发现的错误，其报文类型有 4 种。

- 目的不可达报文(Destination Unreachable Message)。
- 数据包过大报文(Packet Too Big Message)。
- 超时报文(Time Exceeded Message)。
- 参数问题报文(Parameter Problem Message)。

1. 目的不可达报文

目的不可达报文是在数据报不能被发送到目的地址的情况下，路由器或发起的 IPv6 节点产生的。目的不可达报文的格式如图 2.3 所示。

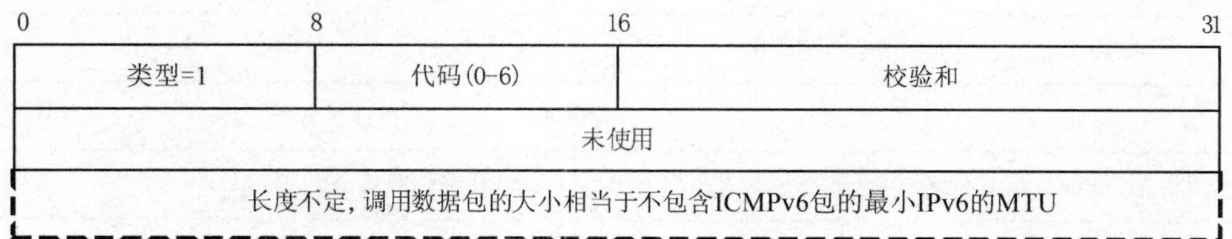

图 2.3　目的不可达报文的格式

对图 2.3 中部分字段的含义解释如下。

- 类型(Type)：该字段的值为 1，表示是目的不可达报文。
- 代码(Code)：该字段提供了关于数据报没有发送出去的具体原因，RFC4443 中定义的代码值如表 2.1 所示。
- 未使用 (Unused)：紧跟校验和之后的是一个 32 位未使用的字段，该字段在发送方必须置为 0，在接收方将其忽略。

表 2.1　目的不可达报文的“代码”字段值

代　码	含　义	说　明
0	没有到达目的地的路由	例如，如果一个路由器因为其路由表中没有到达目的网络的路由而无法转发数据包，就会生成该报文。这只会在路由器没有某个默认路径条目的情况下才会发生

续表

代　码	含　义	说　明
1	与目的地的通信被禁止	例如，如果设置有防火墙，由于数据包被过滤而不能发往内部网络的目的主机，就会发出该报文。如果一个节点被配置为不接受未经验证的回送请求，也会产生该报文
2	超出源地址的范围	这是在修订标准 RFC4443 中定义的。通常，如果从起始区域将分组的源地址转发到另一个范围区域中去，中间节点就会生成这条错误报文
3	地址不可达	如果一个目的地址不能被解析为相应的网络地址，或者有某种数据链路层的问题使得该节点无法达到目的网络，则使用该代码
4	端口不可达	如果传输协议(例如 UDP)没有侦听者或没有其他方法通知发送方，就应当使用该代码。例如，如果一个域名系统(DNS)查询被发送到一台主机，而 DNS 服务器没有运行则会产生该报文
5	对源地址失效的流入/流出策略	由于流入或流出的过滤策略，将禁止包含源地址的数据包
6	到目的地的无效路由	到达目的地的路由是一条无效路由。这一般发生在路由器已经配置了拒绝一个特殊前缀的数据流

2. 数据包过大报文

当路由器接收到的一个数据包的大小超过要转发到的链路的 MTU 时，就不能转发该数据包，从而就会产生数据包过大报文。数据包过大报文的格式如图 2.4 所示。

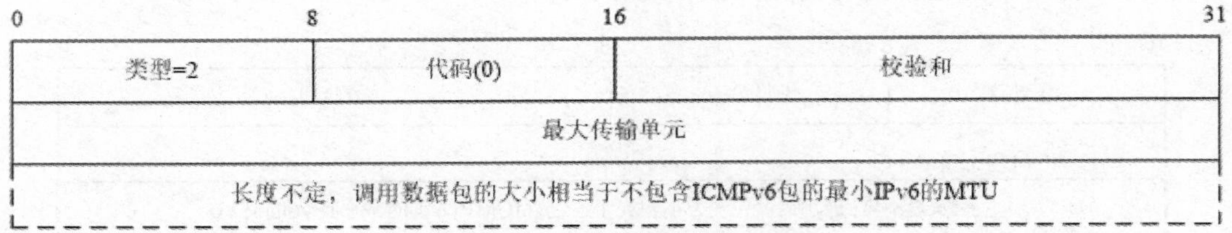

图 2.4　数据包过大报文的格式

对图 2.4 中部分字段的含义解释如下。

- 类型(Type)：该字段的值为 2，即表示是数据包过大报文。
- 代码(Code)：该字段在发送方设为 0，接收方忽略该值。
- 最大传输单元(MTU)：该字段表示数据包将要转发到的下一跳链路的最大传输单元。数据包过大报文在发现路径 MTU(PMTU)的过程中使用。路径 MTU 发现机制利用数据包过大报文来确定两个端点之间所有路由段的最小链路 MTU，以帮助传输节点选择正确的数据包分组长度，使得分组能到达目的地而不被丢弃。关于路径 MTU 发现机制的详细介绍，参见 2.1.5 小节。

数据包过大报文与其他报文相比，在处理规则上是个例外，它的发送是作为接收到 IPv6 多播地址、链路层多播地址或链路层广播地址的报文的回应。

收到数据包过大报文的主机必须通知上层进程，这样高层协议就可以调整 TCP 分段长度以避免分片，从而优化它的行为。

3. 超时报文

当路由器收到一个跳数限制字段值为 0 的 IPv6 数据报，或者路由器将 IPv6 数据报的跳数限制字段值减为 0 时，将向发出该数据报的源节点发送超时报文。源节点收到超时报文时，可以认为当初设置的跳数限制值太小，而增加跳数限制值；也可以认为是数据报传送过程中出现了路由循环。超时报文的格式如图 2.5 所示。

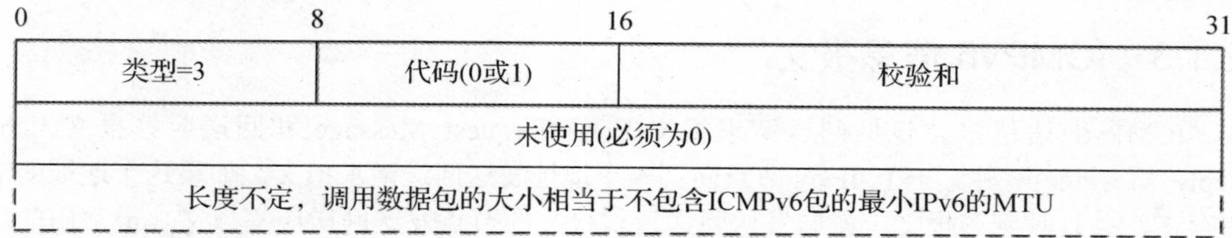

图 2.5　超时报文的格式

对图 2.5 中部分字段的含义解释如下。

- 类型(Type)：该字段的值为 3，表示是超时报文。
- 代码(Code)：该字段有两个取值，当“代码”字段值设置为 0 时，表示传输过程中超出了跳数限制，可能的原因是初始跳数限制值太低或者存在路由循环；若“代码”字段值设置为 1，表示分段重组超时。
- 未使用字段(Unused)：紧跟校验和之后的是一个 32 位未使用的字段，该字段在发送方必须置为 0，在接收方将其忽略。

4. 参数问题报文

当一个节点在识别 IPv6 报头或扩展报头中的某个字段的过程中出现问题而无法完成数据包处理时，就必须丢弃这个数据包并且向这个问题数据包的来源返回一条参数问题报文。参数问题报文中包含了错误问题类型和错误问题在数据报文中的位置。此类报文通常在遇到不适合其他任何一种错误类型的情况下使用。参数问题报文的格式如图 2.6 所示。

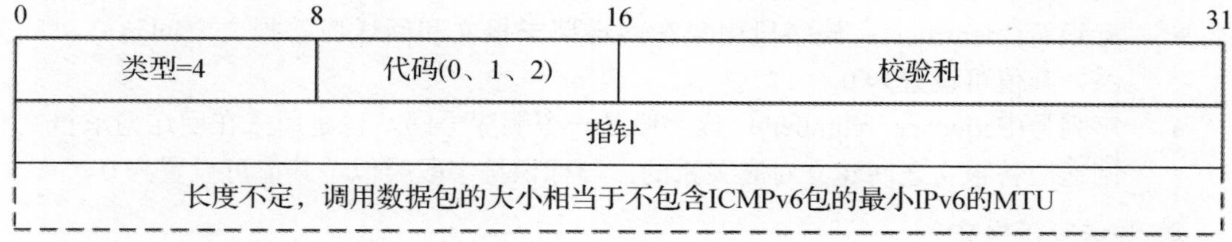

图 2.6　参数问题报文的格式

对图 2.6 中部分字段的含义解释如下。

- 类型(Type)：该字段的值为 4，表示是参数问题报文。
- 代码(Code)：该字段的取值可以是 0、1 或 2，其具体含义如表 2.2 所示。
- 最大传输单元(MTU)：该字段表示数据包将要转发到的下一跳链路的最大传输单元。
- 指针(Pointer)：该字段指出错误发生的位置，以字节为单位指出从报头开始的偏移量，指出错误是在原始数据包中的哪个字节被检测到的。

表 2.2　参数问题报文中“代码”字段的说明

代　码	说　明
0	错误的报头字段
1	不可识别的下一个报头类型
2	不可识别的 IPv6 选项

2.1.3　ICMPv6 信息报文

ICMPv6 信息报文包括回送请求报文(Echo Request Message)和回送应答报文(Echo Reply Message)两种。一个 IPv6 节点向某一个地址发送回送请求报文，如果这个地址的节点存在，并且收到该报文，就向发送回送请求报文的节点发送回送应答报文。最常用的用来检测源主机是否与目的主机连通的 ping 或 ping6 命令就是以这两个报文为基础的。

1. 回送请求报文

回送请求报文可以发送给一个单播地址，也可以发送给多播地址，回送请求报文的格式如图 2.7 所示。

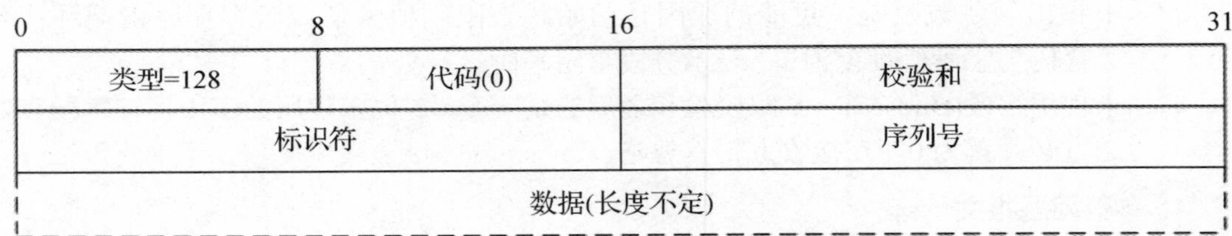

图 2.7　回送请求报文的格式

对图 2.7 中部分字段的含义解释如下。

- 类型(Type)：该字段的值为 128，表示是回送请求报文。
- 代码(Code)：该字段的值为 0。
- 标识符(Identifier)：该字段用来在回送请求报文和回送应答报文之间建立对应关系，其值可设置为 0。
- 序列号(Sequence Number)：该字段是一个顺序号码，也是用来在回送请求报文和回送应答报文之间建立对应关系的，与标识符字段类似，其值可设置为 0。

2. 回送应答报文

ICMPv6 回送应答报文用于响应收到的回送请求报文，其报文格式如图 2.8 所示。

在图 2.8 中，部分字段的含义解释如下。

- 类型(Type)：该字段的值为 129，表示是回送应答报文。
- 代码(Code)：该字段值为 0。
- 标识符(Identifier)：该字段来自于调用回送请求报文的标识符。
- 序列号(Sequence Number)：该字段来自于调用回送请求报文的序列号。
- 数据(Data)：该字段来自于调用回送请求报文的数据。

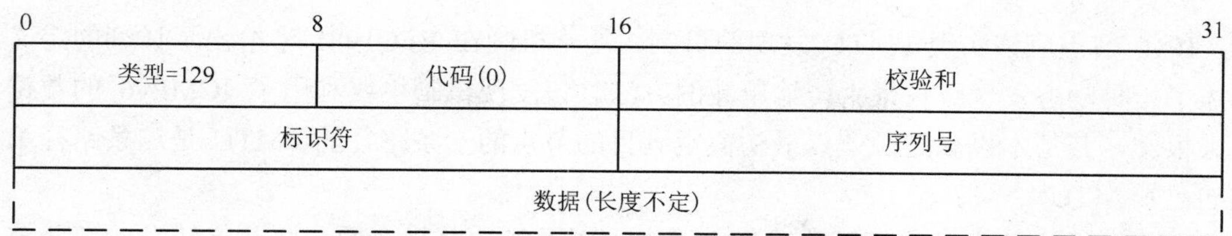

图 2.8 回送应答报文的格式

2.1.4 ICMPv6 处理规则

当一个节点接收到某个 ICMPv6 报文时，该节点必须根据这个 ICMPv6 报文的类型进行相应的应答。一般来说，节点对 ICMPv6 报文处理，应遵循以下的规则。

- 如果一个节点收到一条未知类型的 ICMPv6 的错误报文，该节点必须要把它传送给上层协议进行处理。
- 如果一个节点收到一条未知类型的 ICMPv6 信息报文，该节点必须将其丢弃。
- 与在 ICMPv4 中一样，最有可能导致 ICMP 错误报文的数据包应该包含在 ICMP 报文主体中。ICMP 数据包不能超过 IPv6 的最小 MTU。
- 如果错误报文必须传送给上层协议，那么该协议的类型是从原始数据包中提取出来进行确定的，在协议类型无法从 ICMPv6 报文中找到的情况下应当把 ICMPv6 报文丢弃。

在下列情况下不准发送 ICMPv6 报文。

- 作为一条 ICMPv6 错误报文的结果。
- 作为一条 ICMPv6 重定向报文的结果。
- 作为一个发往 IPv6 多播地址的数据包的结果。关于这一点有两个例外：一是用于路径 MTU 发现的数据包过大报文；二是代码值为 2，表示不可识别的 IPv6 选项的参数问题报文。
- 作为一个被当作链路层多播而发送的数据包的结果。
- 作为一个被当作链路层广播而发送的数据包的结果。
- 作为一个其源地址并不能唯一地确定某个单独节点的数据包的结果。这可能是一个 IPv6 未指定的地址、IPv6 多播地址，也可能是一个已知将成为任播地址的 IPv6 地址。
- 每个 IPv6 节点都必须提供一种限速功能来限制 ICMPv6 报文发送的速率。这种可以配置的限制既可以是基于定时器的，也可以是基于带宽的。通过限速功能配置可以防止拒绝服务(DoS)攻击。

2.1.5 PMTU 发现机制

路径 MTU(PMTU)最早是在 1990 年发布的 RFC1191 中定义的，适用于 IPv4，但对于 IPv4 来说，它是可选的，通常 IPv4 节点并不使用它。

类似 IPv4，IPv6 中也为各网络节点定义了路径的最大传输单元的机制，即 PMTU 发现机制，以使网络资源得到更充分的利用。

IPv6 节点应该实现 PMTU 发现的机制，这一机制在 RFC1981 中给出了详细的定义，描述了一种动态发现路径最大传输单元的方法。该发现机制主要利用了 ICMPv6 的数据包过大报文，其基本思想是源节点最初假定到目的节点的一条路径的 PMTU 是这条路径第一跳的已知 MTU。

如果发往这条路径的任何数据包由于太大而不能被路径上的一些节点转发，那些节点将丢弃这些数据包并发回 ICMPv6 数据包过大报文。源节点收到这样一条消息后，应根据该报文中下一跳 MTU 值作为这条路径假定的 PMTU。当节点对 PMTU 的估计值小于或等于实际 PMTU 时，路径 MTU 发现过程结束。

在 PMTU 发现的过程中，“发送数据包与收到数据包过大报文”的循环可能要反复多次，因为路径上总存在潜在的 MTU 更小的链路。

下面以图 2.9 为例来说明 IPv6 下的 PMTU 机制。

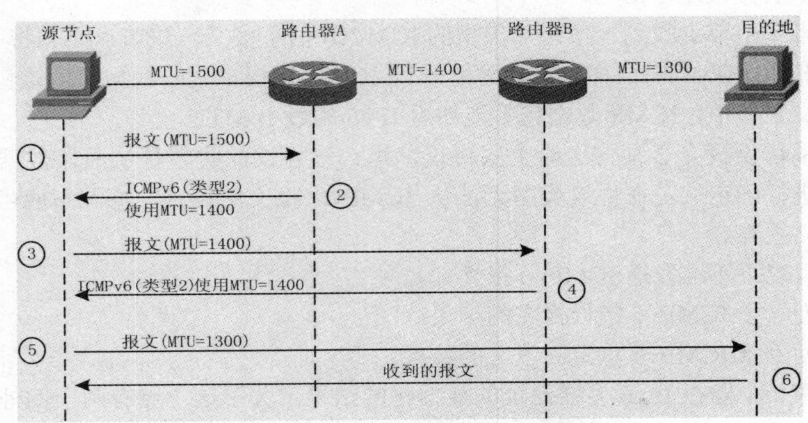

图 2.9　IPv6 下的 PMTU 发现机制

在图 2.9 中，我们按编号对 PMTU 发现机制的具体过程说明如下。

① 首先，源节点用 1500 字节作为 MTU 值向目的节点发送第一个 IPv6 数据包。

② 由于中间路由器 A 不能对 IPv6 数据包进行分片，而该路由器的下一跳链路的 MTU 为 1400，此时，中间路由器 A 用 ICMPv6 的数据包过大报文向源节点应答，该报文中的 MTU 为 1400。

③ 源节点转而用 1400 字节作为 MTU 值发送数据包，数据包通过中间路由器 A。

④ 中间路由器 B 用 ICMPv6 的数据包过大报文向源节点应答，该报文中 MTU 的值为 1300 字节。

⑤ 源节点用 1300 字节作为 MTU 值重新发送数据包。数据包通过这两个中间路由器被转发到目的节点。

⑥ 源节点和目的节点间的会话被建立起来，在它们之间发送的所有数据包用 1300 字节作为 MTU 值。

2.2　邻居发现协议

邻居发现协议(Neighbor Discovery Protocol，NDP)是 IPv6 协议的一个基本的组成部分，它实现了在 IPv4 中的地址解析协议(ARP)、控制报文协议 ICMP 中的路由器发现部分、重定向、重复地址检测和邻居不可达检测等功能。

本节将以 2007 年发布的 RFC4861 为主，并在参考过去使用比较普遍的 RFC2461 文档的基础上，对邻居发现协议的报文进行介绍，并对邻居发现协议的功能进行分析。

2.2.1　邻居发现协议的报文

邻居发现协议主要用于解决同一链路中节点之间相关的问题，具体来说，就是定义了解决如下问题的机制。

- 路由器发现(Router Discovery)：主机如何查找驻留在其附着的链路上的路由器。
- 前缀发现(Prefix Discovery)：主机如何发现地址前缀集合，这些地址前缀定义了哪个目的地是附着链路的 on-link。(节点使用前缀把驻留在 on-link 的目的地，和需要通过路由器才能到达的目的地相区别。)
- 参数发现(Parameter Discovery)：节点如何学习到放置在发出分组中的链路参数(例如链路 MTU)或互联网参数(例如跳数限制值)。
- 地址自动配置(Address Autoconfiguration)：介绍了一种机制，该机制是允许节点以无状态方式配置接口地址所需要的。无状态地址自动配置参阅[ADDRCONF]①。
- 地址解析(Address resolution)：当仅给定目的地的 IP 地址时，节点如何决定一个 on-link 目的地(例如，一个邻居)的链路层地址。
- 下一跳确定(Next-hop Determination)：映射 IP 目的地地址为邻居 IP 地址的算法，到该目的地的流量应当被发送到该邻居。下一跳可以是路由器或目的地自身。
- 邻居不可达检测(Neighbor Unreachability Detection)：节点如何确定邻居不再可达。如果邻居被用作路由器，其不可达时需要尝试替代默认路由器。对于路由器和主机，可以再次执行地址解析。
- 重复地址检测(Duplicate Address Detection)：节点如何确定在任何情况下它希望使用的地址已经由另一个节点使用。
- 重定向(Redirect:)：路由器如何通知主机，有到达特定目的地的较好第一跳节点。

邻居发现协议是通过 ICMPv6 报文来承载的，它采用了 ICMPv6 的数据报格式。在一个 IPv6 数据报中，如果该数据报的“下一报头”字段的值为 58(即 ICMPv6)，且 ICMPv6 报文中“类型”字段取值范围为 133～137，则此 IPv6 报文的数据部分含有邻居发现协议报文。

邻居发现协议使用了 5 种类型的 ICMPv6 报文来实现邻居发现协议的各项功能。这 5 种类型的报文如下。

---

① [ADDRCONF] Thomson, S., and T.Narten, “IPv6 Address Autoconfiguration”, RFC 1971, August 1996.

- 路由请求报文(Router Solicitation Message)。
- 路由通告报文(Router Advertisement Message)。
- 邻居请求报文(Neighbor Solicitation Message)。
- 邻居通告报文(Neighbor Advertisement Message)。
- 重定向报文(Redirect Message)。

在这 5 种报文中，可能会有零个或多个邻居发现选项，这些选项提供一些附加信息，主要包括源链路层地址选项、目的链路层地址选项、前缀信息选项、重定向报头选项和 MTU 选项等。

下面分别对这 5 种报文及其选项进行介绍。

1. 路由请求报文

IPv6 节点或路由器通过发送路由请求报文来发现本地链路上是否存在 IPv6 路由器。节点(主机)发送多播路由请求报文，要求路由器立即发送其路由通告报文，而不必遵循固定的时间间隔。路由请求报文的格式如图 2.10 所示。

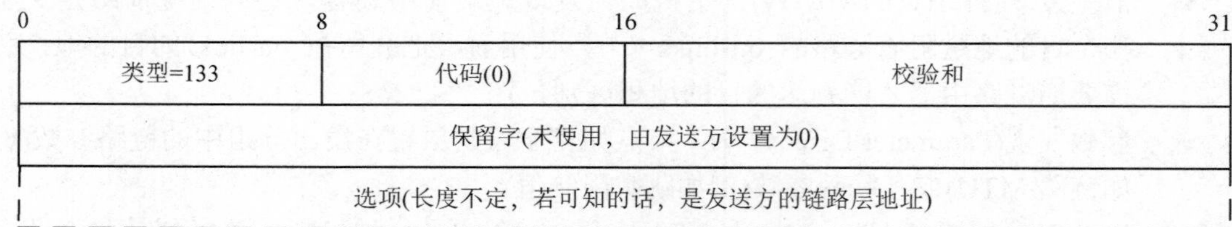

图 2.10　路由请求报文的格式

对图 2.10 中各字段的含义解释如下。

- 类型(Type)：该字段值为 133，表示是路由请求报文。
- 代码(Code)：该字段设置为 0。
- 校验和(Checksum)：该字段包含了 ICMPv6 校验和的值。
- 保留字(Reserved)：该字段是为将来使用而保留的，发送方必须将此字段设置为 0，接收方忽略它们。
- 选项(Options)：该字段包含发送方的链路层地址。当在重复地址检测过程中，如果源 IPv6 地址是未指定地址(::)，那么邻居请求报文中不包含此选项字段。

在一个路由请求报文的 IP 报头中，通常会看到作为目的地址的所有路由器多播地址 ff02::2。跳限制被设为 255。

2. 路由通告报文

IPv6 路由器周期性地发送路由通告报文，或者对接收到的路由请求报文进行响应。路由通告报文的格式如图 2.11 所示。

对图 2.11 中各字段的含义解释如下。

- 类型(Type)：该字段的值为 134，表示为路由通告报文。
- 代码(Code)：该字段的值为 0。
- 校验和(Checksum)：该字段包含了 ICMPv6 校验和的值。

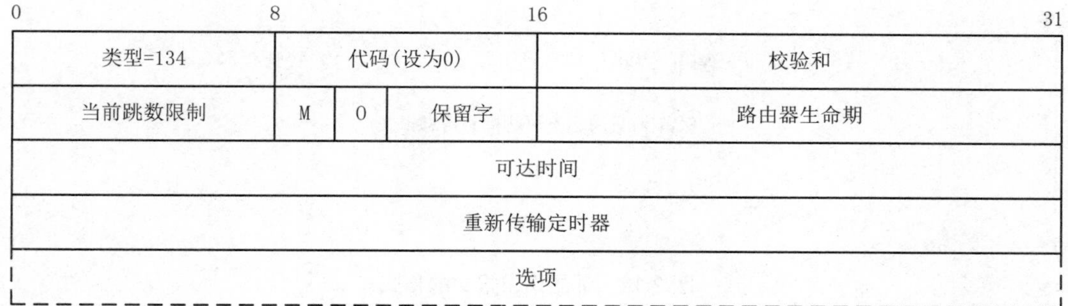

图 2.11 路由通告报文的格式

- 当前跳数限制(Current Hop Limit)：该字段表示接收到此报文的主机发送数据包时，IPv6 报头跳限制字段设置的是默认值。如果这个字段的值为 0，则意味着该路由器没有指定这个选项。在这种情况下，则使用源主机的默认跳数限制值。
- M 标志("Managed address configuration" flag)：该字段称为管理地址配置标志，表示是否要使用有状态的配置。如果该位为 0，表示接收邻居通告报文的主机使用无状态自动配置协议来获得地址；如果为 1，表示接收路由通告报文的主机使用有状态地址配置协议(如 DHCPv6)来获得地址。
- O 标志("Other configuration" flag)：该字段称为其他状态配置标志。如果该值为 1，表示接收路由通告报文的主机必须使用有状态地址(如 DHCPv6)配置协议来获得与地址无关的其他信息，比如与 DNS 相关的信息，网络中其他服务的信息。
- 保留字(Reserved)：该字段是为将来使用而保留的，发送方必须将此字段设置为 0，接收方忽略它们。
- 路由器生命期(Router Lifetime)：该字段表示路由器的生命周期，具体来说是指此路由器作为默认路由器的生存期，以秒为单位，最大值是 65535 秒，即 18.2 小时。如果此字段的值为 0，则表示该路由器不是默认路由器，因此不会出现在接收方节点的默认路由器列表中。
- 可达时间(Reachable Time)：该字段是指在一台主机收到邻居的可达性确认信息之后，该节点认为邻居节点可以保持可到达状态的时间，单位为毫秒。如果此字段的值为 0，则表示此路由器没有指定可到达的具体时间。
- 重新传输定时器(Reachable Timer)：该字段表示重新发送邻居请求报文的时间，单位为毫秒。在邻居节点不可到达检测的过程中，会使用重传定时器。如该字段为 0，则表示此路由器没有指定重新传输定时器的值。
- 选项(Options)：该字段目前有 3 个可能的值，一是源链路层地址，二是最大传输单元 MTU，三是前缀信息。

3. 邻居请求报文

节点发送邻居请求报文来发现链路上目的节点的链路层地址，在邻居请求报文中通常会包含发送方的链路层地址。一般来说，邻居请求报文在进行地址解析和重复地址检测时是以多播的形式发送的，而在检验相邻节点的可达性时以单播的形式发送。邻居请求报文的格式如图 2.12 所示。

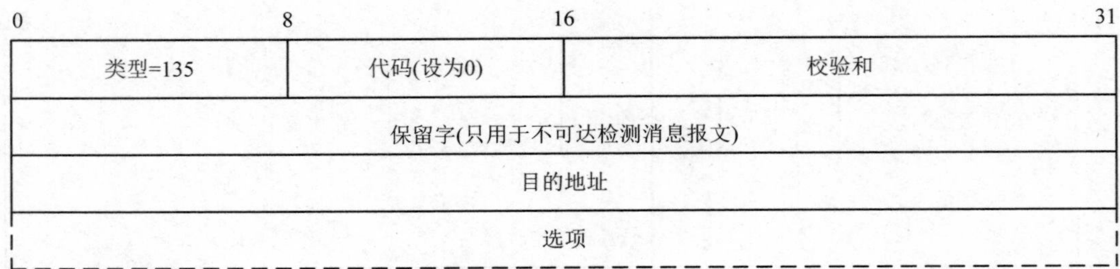

图 2.12　邻居请求报文的格式

对图 2.12 中各字段的含义解释如下。

- 类型(Type)：该字段的值为 135，表示为邻居请求报文。
- 代码(Code)：该字段的值为 0。
- 校验和(Checksum)：该字段包含了 ICMPv6 校验和的值。
- 保留字(Reserved)：该字段是为将来使用而保留的，发送方必须将此字段设置为 0，接收方忽略它们。
- 目的地址(Target Address)：该字段表示目标的 IP 地址，它不能是多播地址。
- 选项(Options)：该字段包含链路层的源地址。如果在进行重复地址检测过程中，IPv6 地址是未指定地址(::)，则邻居请求报文中不包含此选项字段。

4. 邻居通告报文

节点发送邻居通告报文来对邻居节点所发送的邻居请求报文进行响应，它也会自发地发送邻居通告报文，以通知相邻节点自己的链路层地址发生改变。邻居通告报文的格式如图 2.13 所示。

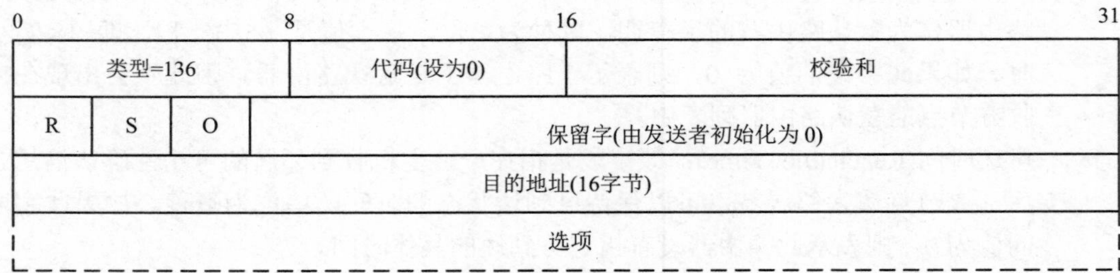

图 2.13　邻居通告报文的格式

对图 2.13 中各字段的含义解释如下。

- 类型(Type)：该字段的值为 136，表明是邻居通告报文。
- 代码(Code)：该字段设置为 0。
- 校验和(Checksum)：该字段的值为 ICMPv6 的校验和。
- R 标志(Router Flag)：该字段表明邻居通告报文的发送者是否为路由器。当路由标志位 R 设为 1 的时候，表示发送方就是路由器。
- S 标志(Solicited Flag)：该字段表明邻居通告报文是否是响应某个邻居请求报文。当 S 标志设为 1 的时候，就表示该报文是作为邻居请求的响应而发出的。在多播邻居通告报文和自发的单播邻居通告报文中，该字段为 0。

- O 标志(Override Flag)：该字段表明是否覆盖主机相关表项信息。当 O 标志为 1 的时候，表示用包含在目的链路层地址选项中的链路层地址来覆盖当前的邻居节点缓存表中的链路层地址。当 O 标志为 0 的时候，则表示只有在链路层地址未知时，才能用目的链路层地址选项中的链路层地址来更新邻居节点缓存表中的表项。
- 保留字(Reserved)：该字段未使用，在发送方必须置为 0，在接收方将其忽略。
- 目的地址(Target Address)：该字段表示要通告的地址。对于响应请求的邻居通告报文，该字段的值为相应的邻居请求中的目标地址字段的值。对于自发的邻居通告报文，该字段的值为链路层地址。
- 选项(Options)：该字段包含了发送方的目标链路层地址。

5. 重定向报文

IPv6 路由器发送重定向报文是用来通知主机在去往给定目标的路径上有一个更好的第一跳地址，主机可以据此来定位到一个更好的下一跳路由器。重定向报文还可以告知主机，它所使用的目的地实际上是同一个链路上的一个邻居，而不是远程子网上的一个节点。这可以通过把 ICMP 目标地址与 ICMP 目的地址设置为同一个地址来实现。重定向报文的格式如图 2.14 所示。

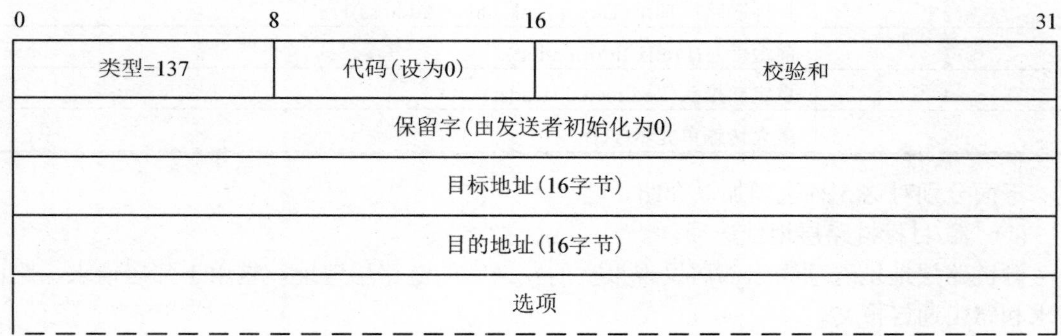

图 2.14 重定向报文的格式

对图 2.14 中各字段的含义解释如下。

- 类型(Type)：该字段的值为 137，表示重定向报文。
- 代码(Code)：该字段的值为 0。
- 校验和(Checksum)：该字段包含了 ICMPv6 校验和的值。
- 保留字(Reserved)：该字段是为将来使用而保留的，发送方必须将此字段设置为 0，接收方忽略它们。
- 目标地址(Target Address)：该字段包含了作为去往给定目的地址更优的下一跳地址。当目标是一个通信的实际端点，也就是目的地是一个邻居时，此字段的值与目的地址字段的值相同，否则，应该是更好的第 1 跳路由器的链路本地地址，这样才能唯一地识别路由器。
- 目的地址(Destination Address)：该字段是要被重定向的目的 IP 地址。
- 选项(Options)：该字段包含了目标链路层地址和重定向报头两个选项。

在含有重定向报文的 IPv6 数据包的报头中，源地址必须是发送重定向报文接口的链路本地地址，目的地址是触发重定向报文的数据包的源地址。

6. 各种选项

邻居发现报文选项采用类型-长度-值(Type-Length-Value，TLV)格式，如图 2.15 所示。

图 2.15　邻居发现选项的通用格式

在图 2.15 中，“类型”字段表示邻居发现选项的类型，目前定义的选项类型如表 2.3 所示。“长度”字段表示整个选项的长度，以 8 位组为单位，该字段的值不能为 0。节点必须丢弃所包含的选项“长度”为 0 的邻居发现报文。“值”字段依据类型不同，其长度是可变的。

表 2.3　邻居发现选项的类型

选项类型的值	选项类型的名称
1	源链路层地址(Source Link-Layer Address)
2	目标链路层地址(Target Link-Layer Address)
3	前缀信息(Prefix Information)
4	重定向报头(Redirected Header)
5	最大传输单元(MTU)

下面分别对这 5 种选项加以介绍。

(1)　源/目标链路层地址选项。

源链路层地址选项表示邻居发现报文的发送方的链路层地址，它用于邻居请求、路由请求和路由通告报文。

目标链路层地址选项表示 IPv6 数据包应发送到的邻节点的链路层地址。它用于邻居通告和重定向报文。

源链路层地址选项和目标链路层地址选项的格式一样，都采用了类型-长度-值(TLV)的格式，其格式如图 2.16 所示。

图 2.16　源/目标链路层地址选项的格式

图 2.16 中，如果“类型”字段的值为 1，表示为源链路层地址选项；如果是 2，则表示为目标链路层地址选项。

(2)　前缀信息选项。

前缀信息选项用于路由器通告报文，以表示地址前缀和有关地址自动配置的信息。在路由器通告报文中可以有多个前缀信息选项，以表示多个地址前缀，此选项不发送链路本地前缀。

格式如图 2.17 所示。

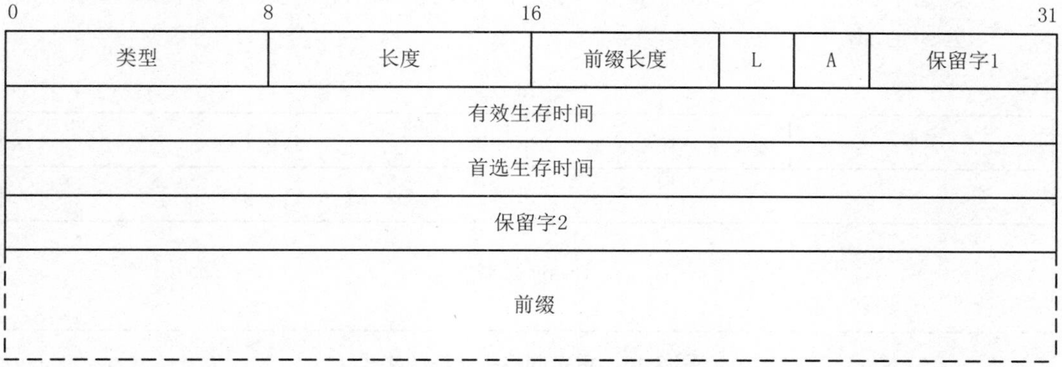

<table>
<tr><td>0</td><td>8</td><td>16</td><td></td><td></td><td>31</td></tr>
<tr><td>类型</td><td>长度</td><td>前缀长度</td><td>L</td><td>A</td><td>保留字1</td></tr>
<tr><td colspan="6">有效生存时间</td></tr>
<tr><td colspan="6">首选生存时间</td></tr>
<tr><td colspan="6">保留字2</td></tr>
<tr><td colspan="6">前缀</td></tr>
</table>

图 2.17　前缀信息选项的格式

对图 2.17 中各字段的含义解释如下。

- 类型(Type)：该字段的值为 3。
- 长度(Length)：该字段的值为 4，说明整个选项是 32 字节长。
- 前缀长度(Prefix Length)：该字段表示在有效的前缀中的前导位(Leading Bits)的数量，其值在 0～128 之间。
- L 标志(On-Link Flag)：该字段表示为一个连网标志。该位被置位时，表示该前缀可以用于连网确定。该位不置位时，表示公告中没有关于该前缀是否用于连网或断网属性的表述。
- A 标志(Autonomous Flag)：该字段表示为自治地址配置标志。当该位被置位时，表示该前缀可以用于自治地址配置。
- 保留字 1(Reserved 1)：该字段未使用，发送方必须将此字段设置为 0，接收方忽略它们。
- 有效生存时间(Valid Lifetime)：该字段以秒为单位。
- 首选生存时间(Preferred Lifetime)：该字段以秒为单位。
- 保留字 2(Reserved 2)：该字段未使用，发送方必须将此字段设置为 0，接收方忽略它们。
- 前缀(Prefix)：该字段表示一个 IP 地址或 IP 地址前缀。它包含前缀中有效前导位的数量。

(3) 重定向报头选项。

重定向报头选项用于重定向报文中，它可以包含全部或部分的重定向 IPv6 数据包，但应保证整个重定向报文的长度不超过 1280 字节，其格式如图 2.18 所示。

对图 2.18 中部分字段的含义解释如下。

- 类型(Type)：该字段的值为 4。
- 长度(Length)：该字段表示以 8 个 8 位组为单位的选项的长度。
- 保留字(Reserved)：该字段未被用，发送方必须将此字段设置为 0，接收方必须将

其忽略。

- IPv6 报头+数据(IPv6 header + data)：该字段包含了原始数据包的报头和数据。只要整个重定向报文不超过 IPv6 的最小 MTU，就可以在其中包含原始数据包的部分和全部。

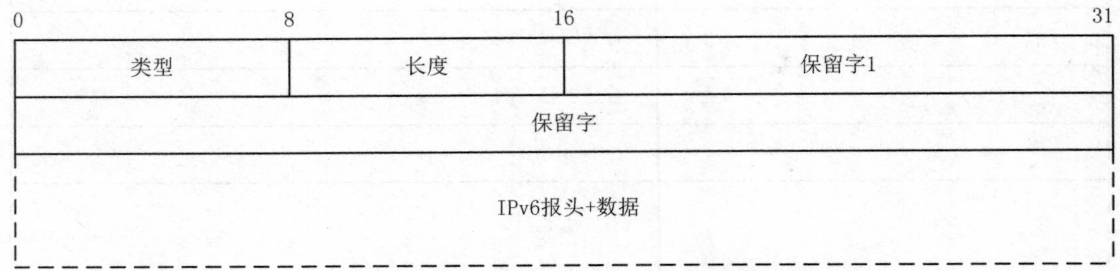

图 2.18　重定向报头选项的格式

(4) MTU 选项。

MTU 选项用于路由器通告报文，它要确保同一链路上的所有节点使用相同的 MTU 值。

如果链路的 IPv6 MTU 不是常见的，或者由于转换配置或混合介质桥接配置的原因而需要进行设置时，就会使用该选项。

MTU 选项的格式如图 2.19 所示。

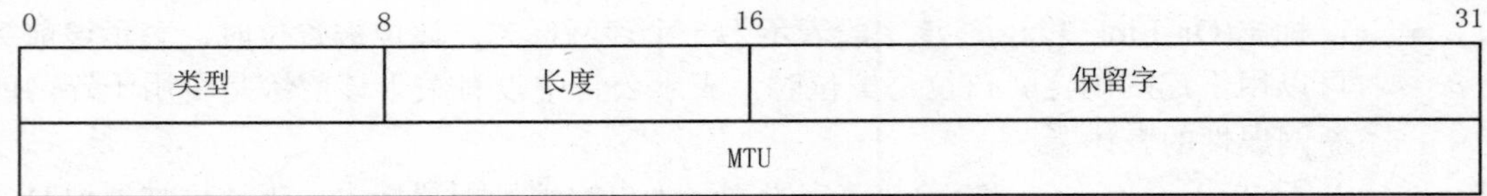

图 2.19　MTU 选项的格式

对图 2.19 中各字段的含义解释如下。

- 类型(Type)：该字段的值为 5。
- 长度(Length)：该字段的值为 1。
- 保留字(Reserved)：该字段未被用，发送方必须将此字段设置为 0，接收方必须将其忽略。
- 最大传输单元(MTU)：该字段表示链路上建议使用的 MTU。

(5) 各邻居发现报文中可能包含的选项。

每个邻居发现报文都包含零个或多个选项，表 2.4 中总结了每种报文类型中可能包含的选项。

表 2.4　邻居发现报文可能包含的选项

报文类型	可能的选项
路由请求报文	源链路层地址选项
路由通告报文	源链路层地址选项、前缀信息选项、MTU 选项
邻居请求报文	源链路层地址选项

续表

报文类型	可能的选项
邻居通告报文	目标链路层地址选项
重定向报文	重定向报头选项、目标链路层地址选项

2.2.2　邻居发现过程的分析

邻居发现过程主要是指用邻居发现协议的各种报文的传输以及主机所存储的数据结构来确定邻居节点之间的关系，并进行网络配置的过程，具体来说就是指路由器和前缀发现、地址解析、邻居不可达检测和重定向等功能的完成。

本小节将在介绍主机数据结构如邻居缓存表、目的缓存表、前缀列表和默认路由器列表的基础上，对路由器和前缀发现、地址解析、邻居不可达检测和重定向功能等进行分析。

1. 数据结构

主机和某些路由器在与邻居节点发生通信时，需要维护一些数据结构。主机一般需要维护的数据结构如下。

(1)　邻居缓存表。

邻居缓存表(Neighbor Cache)是指主机暂时保存的最近通信过的邻居的信息表。该表中存储了链路上邻居的单播 IP 地址、链路层地址、路由器标志、等待解析地址的报文的队列指针、邻居的可达状态、下一次发起邻居不可达检测的时间等；其中邻居的可达状态有 5 个：未完成(INCOMPLETE)、可达(REACHABLE)、失效(STALE)、延迟(DELAY)和探测(PROBE)，且由邻居不可达检测算法维护。邻居缓存表与 IPv4 中的 ARP 缓存表类似。

(2)　目的缓存表。

目的缓存表(Destination Cache)存储的是最近发送到的目的地下一跳地址的信息。在目的缓存表中的每一项都含有目的 IP 地址(本地或远程)、先前解析的下一跳 IP 地址和目的地路径 MTU。

(3)　前缀列表。

前缀列表(Prefix List)包含了链路上的前缀。在前缀列表的每一项中都定义了可以直接到达的目的(即邻居)的一个 IP 地址范围。该列表根据路由器在路由通告报文中所通告的前缀来添加表项。

(4)　默认路由器列表。

默认路由器列表(Default Router List)包含了与链路上的路由器相对应的 IP 地址，这些路由器或者是发送了路由器通告报文的路由器，或者是有资格用作默认路由器的那些路由器。

2. 路由器/前缀发现

路由器/前缀发现(Router and Prefix Discovery)描述了主机通过邻居发现协议来确定邻居路由器的位置，同时获得地址前缀和地址自动配置信息的过程。

路由器/前缀发现主要是通过路由请求报文和路由通告报文来完成的。主机可以发送路由请求报文，然后等待路由器响应发送路由通告报文，或者由路由器周期性地发送路由器

通告报文，来通告自己的存在。

路由器/前缀发现主要的过程如下。

(1) IPv6 路由器在本地链路上周期性地发送路由通告报文，以通告主机自己的存在。此通告报文包含默认跳限制、MTU、前缀和路由等信息。在本地链路上的活动 IPv6 主机接收路由通告报文，使用这些报文的内容来维护默认路由器列表和前缀列表、自动配置地址、添加路由和配置其他参数。

(2) 除了 IPv6 路由器周期性地发送路由通告报文外，正在启动的主机也会向链路本地范围所有路由器多播地址(FF02::2)发送路由请求报文。如果该主机已经配置了单播地址，则在主机发送的路由请求报文中会以此单播地址为源地址。否则，路由请求报文中的源地址为未指定地址(::)。无论路由请求报文中源地址是单播地址还是未指定地址，此报文中的目的地址都是链路本地范围内所有路由器的多播地址，即 FF02::2。

(3) 当接收到路由请求报文后，本地链路上的所有路由器都会向发送路由请求报文的主机发送路由通告报文，如果路由请求报文中的源地址为未指定地址，则向链路本地范围所有节点多播地址(FF02::1)发送路由通告报文。此时。该路由通告报文的选项中，包含了地址前缀和路由器等的信息。

(4) 主机接收路由通告报文，用它们的内容来建立默认路由器列表、前缀列表和设置其他的配置参数。

在主机和路由器在接收路由请求报文或路由通告报文时要先对其进行确认，凡不符合确认条件的都将被丢弃，不予处理。其详细情况请参见 RFC4861。

3. 地址解析

在 IPv4 中，地址解析即 IP 地址到链路层地址的映射是由 ARP 完成的，并且每个节点维护一张 ARP 缓存表，缓存中包含 ARP 获悉的节点的链路层地址。在 IPv6 中，节点的地址解析是通过邻居请求报文和邻居通告报文来实现的，其地址解析过程如下。

(1) 主机通过发送多播邻居请求报文来请求目标节点返回其链路层地址，邻居请求报文的多播地址是从目标 IP 地址得到的请求节点多播地址。邻居请求报文中“选项”字段为源链路层地址选项，该选项的值为发送主机的链路层地址。

(2) 当目标主机接收到邻居请求报文后，会根据邻居请求报文中的源地址和源链路层地址选项中的链路层地址，来更新它自己的邻居缓存表。接着，目标节点向邻居请求报文的发送方发送一个单播邻居通告报文。该邻居通告报文中包含目标链路层地址选项。

(3) 当接收到来自目标节点的邻居通告报文后，发送主机会根据目标链路层地址选项中的信息，创建一个关于目标节点的新表项，以更新它的邻居缓存表。这时，在发送主机和目标主机之间就可以进行通信了。

在主机和路由器接收邻居请求或邻居通告报文时，要先对其进行确认。其详细情况请参见 RFC4861。

4. 邻居不可达检测

邻居不可达检测是指通过邻居发现协议来确认邻居之间可到达或不可到达的状态。主机与邻居节点之间的所有路径都应进行邻居不可达性检测，它包括主机到主机、主机到路由器以及路由器到主机之间的通信，也可用于路由器之间，以检测邻居或邻居路径所发生

的故障。

一般情况下，节点依靠上层信息来确定对方节点是否可达。然而，如果上层通信产生足够长的延时或者一个节点与和它对应的节点停止接收应答，邻居不可达检测过程就会被调用。

邻居不可达检测的主要过程如下：节点向对方发送单播的邻居请求报文，如果对方节点可达，它将回应一个邻居通告报文。然而，如果请求节点没有收到应答，它会进行重试，经过多次失败后就删除邻居缓存中的表项。如果需要的话，还会触发地址解析协议获取新的 MAC 地址。

如果在确定对应节点不可达后，清空邻居缓存，还会使所有的上层通信中断。验证邻居节点的不可达性，并不表示也必然验证从发送节点到目标节点的端到端的可达性。因为相邻节点可能是节点或路由器，所以相邻节点并不一定是数据包的最终目标。邻居节点不可达性仅仅验证了到目标的第一跳的可达性。

5. 重定向功能

重定向功能是将主机重定向到一个更好(更佳)的第一跳路由器，或通知主机目的地实际上是一个邻居节点。

当选择的路由器作为分组传送的下一跳并不是最佳选择时，路由器需产生重定向报文，通知源主机到达目的地存在一个更佳的下一跳路由器。

路由器必须能够确定与它相邻的路由器的本地链路地址，以保证收到重定向报文的目标地址，根据本地链路地址来识别邻居路由器。对静态路由情况，下一跳路由器的地址应用本地链路地址表示；对于动态路由，需要相邻路由器之间交换它们的本地链路地址。

2.3　多播侦听发现协议

多播侦听发现协议(Multicast Listener Discovery，MLD)是从 ICMPv6 协议派生出来的，专门用于 IPv6 环境下主机与路由器之间的多播组的管理。其主要的功能是：路由器利用多播侦听发现协议 MLD 发现自己所连接的链路上是否有多播组成员，以及相邻的路由器正在侦听哪些多播地址。

多播侦听发现协议 MLD 最早是在 RFC2710 中定义的，并将其称为 MLDv1。后来，在 RFC3810 中对其进行了改进，称为多播侦听发现协议第二版，即 MLDv2。MLDv2 兼容 MLDv1。

本节将主要以多播侦听发现协议 MLDv1 为例，来介绍多播侦听发现协议的报文格式、工作原理、主机与路由器对多播的支持等内容，同时也对多播侦听发现协议 MLDv2 作简要的介绍。

2.3.1　多播侦听发现协议的报文格式

多播侦听发现协议 MLD 是通过 ICMPv6 报文来承载的，它采用了 ICMPv6 的数据报格式。一个 MLD 数据报中包含了一个 IPv6 报头、一个逐跳选项扩展报头和 MLD 报头，它通过将该数据报的“下一个报头”字段的值设置为 58(即 ICMPv6)来标识该 IPv6 报文的数据部分含有多播侦听发现协议的报文，同时在该报文中，将跳限制字段设置为 1，并增加了逐跳选项扩展报头中的路由器告警选项，其目的是强制路由器处理该报文的内容。

多播侦听发现协议 MLDv1 报文的格式如图 2.20 所示。

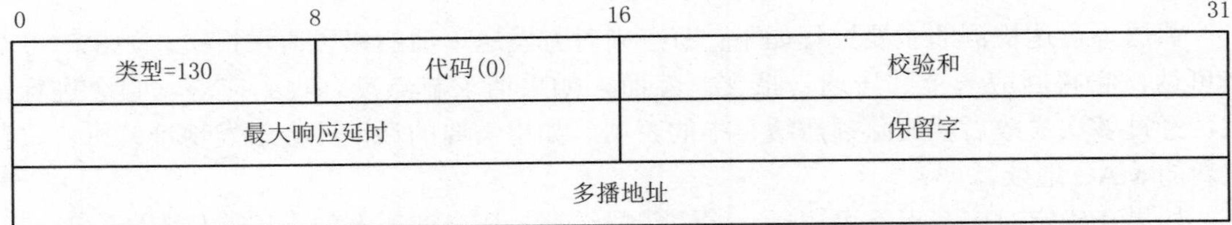

图 2.20　多播侦听发现协议 MLDv1 报文的格式

对图 2.20 中各字段的含义解释如下。

- 类型(Type)：在多播侦听发现协议 MLDv1 中，有 3 种报文类型，其取值和类型的名称如表 2.5 所示。字段值 130 表示是多播侦听查询报文。

表 2.5　类型的取值

类型取值	类型名称
130	多播侦听查询报文(Multicast Listener Query Message)，又分一般查询和指定多播地址查询
131	多播侦听报告报文(Multicast Listener Report Message)
132	多播侦听完成报文(Multicast Listener Completion Message)

- 代码(Code)：该字段值为 0。
- 校验和(Checksum)：这个字段的值是 ICMPv6 的校验和。
- 最大响应延迟(Maximum Response Delay)：该字段表示响应时间的最大值(毫秒数)，在这段时间内，侦听者必须使用多播侦听报告报文进行报告。
- 保留字(Reserved)：该字段目前尚未使用，在源节点发送时该字段将被初始化 0，在目的节点接收时则被忽略不计。
- 多播地址(Multicast Address)：该字段对于多播侦听查询报文中的一般查询而言为未指定地址(::)，对于多播侦听查询报文中的指定多播地址查询为被查询的指定多播地址；在多播侦听报告报文和多播侦听完成报文中，分别用于存放主机要加入和离开的多播地址。

以下分别对多播侦听发现协议的 3 种类型进行说明。

1. 多播侦听查询报文

支持 IPv6 多播的路由器使用多播侦听查询报文在链路上查询多播组的成员身份，其查询方式分为两类。

- 第一类是一般查询，是指路由器周期性地查询一个链路上的所有主机中是否存在任何多播地址的侦听者，其中链路本地所有节点多播地址(FF02::1)、节点本地所有多播地址和所有被保留的多播地址的侦听者不进行报告。
- 第二类是指定多播地址查询，是指路由器查询网络中的所有主机，用来决定链路上是否有针对某个特定的多播地址的侦听者。

这两类报文由多播侦听查询报文中的目的地址字段和多播地址字段的值来区分。对于 IPv6 报文而言，源地址字段就是发出查询报文的接口的链路本地地址，目的地址字段为被查询的指定多播地址。对于一般查询，目的地址为链路本地范围所有节点多播地址(FF02::1)；对于指定多播地址查询，目的地址为被查询的指定多播地址。

2. 多播侦听报告报文

处于侦听状态的节点在接收到多播侦听查询报文时，会使用多播侦听报告报文向路由器报告它侦听的多播地址；另外，当某个节点想要加入某个多播组时，可以不必等待路由器的查询报文，而是直接向路由器发送多播侦听报告报文。对于 IPv6 报文而言，源地址字段就是发出报告报文的接口的链路本地地址，目的地址字段就是报文中报告的多播地址。

3. 多播侦听完成报文

多播侦听完成报文用于通知本地路由器，链路上对应于一个指定多播地址的多播组中已经没有任何组成员了。但在本地链路上是否还有多播组成员，是由本地路由器来检验的。

由于 IPv6 多播路由器并不记录链路上一个指定的多播组有多少个组成员，因此每条链路仅以是否有组成员存在来区分。发送多播侦听完成报文的主机可能并不是最后一个组成员，因此，当接收到多播侦听完成报文时，链路上的多播查询路由器会立即发送对在多播侦听完成报文中报告的多播地址的指定多播地址查询。如果还有组成员存在，它们中的一个就会发送多播侦听报告报文。其中，对于 IPv6 报文而言，源地址字段就是发出完成报文的接口的链路本地地址，目的地址字段为链路本地范围所有路由器多播地址(FF02::2)。

2.3.2 多播侦听发现协议的原理介绍

路由器通过 MLD 协议来查看它所连接的链路内有哪些多播地址拥有侦听者，在每个路由器上都有一个列表保存路由器所连接的链路内拥有侦听者的多播地址，并且为每个多播地址设置一个计时器。

路由器只知道某个多播地址有无侦听者，并不知道这些侦听者具体是哪台主机以及每个多播地址有多少侦听者。

如果路由器有多个网络接口连接在同一个链路上，则路由器需要选择其中一个作为发送 MLD 数据报文的 IPv6 源地址，同时，该接口必须设置成侦听所有的数据链路层多播地址。

路由器通常可分为查询路由器和非查询路由器两类，在同一链路上，如果有多台路由器同时存在，则必须选举一台路由器作为查询路由器，其余的为非查询路由器，选择的标准是 IP 地址最小的路由器当选。

非查询路由器中有一个其他查询器存在时间定时器(Other Querier Present Timer)，当该计时器到期仍没有收到来自查询路由器的查询报文时，则认为查询路由器失效，重新开始新的选举。

路由器周期性地向链路发送一般查询报文，来取得有关多播地址的信息。

主机收到一般查询报文后，就为每个多播地址(链路本地所有节点多播地址 FF02::1、

节点本地所有多播地址和所有被保留的多播地址除外)设置一个定时器，定时器的取值范围为 0 到最大响应延时(最大响应延时在查询报文中指定)，当定时器到期后，立即发送多播侦听报告报文，来回应路由器。当主机收到特定多播地址查询报文时，则只对这个多播地址进行处理。如果一台主机的多播地址定时器不再发送多播地址的报告报文，就可以避免链路上相同多播地址重复报告。

当路由器收到报告报文后，如果报告的多播地址不在路由器的多播地址列表里，则将其加入列表中，同时为其启动一个定时器；如果该地址已经在路由器的多播地址列表中，则将其相应的定时器恢复最大值。如果一个多播地址的定时器到期了，则说明该多播地址在链路上已经没有侦听者，路由器将从列表中删除此多播地址。

当一台主机想要加入一个多播时，可以不必等待路由器的查询报文，而是直接向路由器发送报告报文。为了保证可靠性，一般都会多次报告。

当一台主机想要离开一个多播时，它必须发送一个多播侦听完成报文给链路中的路由器(地址为 FF02::2)，在这个报文中表明它要离开哪个多播组。

当查询路由器收到多播侦听完成报文时，它将查看这个多播地址是否在多播列表中，如果在，则发送这个多播地址的查询报文，在一定时间内，如果路由器没有收到主机的报告报文，则认为该多播组已经没有侦听者，于是将该多播地址从列表中删除。

非查询路由器会忽略所有的离开报文。

多播侦听发现协议的实现过程如图 2.21 所示。

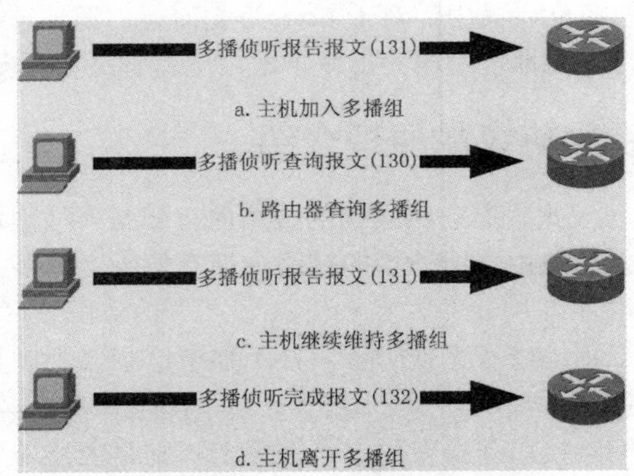

图 2.21　多播侦听发现协议的实现过程

2.3.3　多播侦听发现协议 MLDv2 简介

多播侦听发现协议 MLDv2 报文的结构与 MLD 一样，由一个 IPv6 报头、带有路由器警告选项的逐跳选项扩展报头和 MLDv2 报文所组成。

在 RFC3810 中，定义了两种 MLDv2 报文，分别为多播侦听查询报文(Multicast Listener Query Message)和多播侦听报告报文第二版(Version 2 Multicast Listener Report Message)。为了确保能兼容 MLDv1，实现 MLDv2 的节点必须支持 MLDv1 的多播侦听查询和多播侦听完成两种报文。

下面将对这两种报文进行简单的介绍。

1. 多播侦听查询报文

在同一子网内的路由器通过“查询器选举机制”选举出一台“查询器”，该“查询器”周期性地或者触发性地在子网内发布查询报文，查询邻居接口的多播侦听状态。子网内所有路由器侦听来自侦听者的报告报文，维持相同的“多播侦听状态”。MLDv2 有三种查询报文，分别为一般查询、多播地址指定查询、多播地址和源地址指定查询，其报文格式如图 2.22 所示。

0　8　16　31

类型=130			代码(0)	校验和
最大响应延时				保留字
多播地址				
保留	S	QRV	QQIC	源地址数
源地址[i] …… 源地址[n]				

图 2.22　MLDv2 查询报文格式

对图 2.22 中各字段的含义解释如下。

- 类型(Type)：该字段的值是 130，表示是查询报文。
- 代码(Code)：该字段值为 0。
- 校验和(Checksum)：该字段的值是 ICMPv6 的校验和。
- 最大响应延迟(Maximum Response Latency)：该字段表示响应时间的最大值(毫秒数)，在这段时间内，侦听者必须使用多播侦听报告报文进行报告。
- 保留字(Reserved)：该字段目前尚未使用，在源节点发送时该字段将被初始化为 0，在目的节点接收时则被忽略不计。
- 多播地址(Multicast Address)：该字段对于多播侦听查询报文中的一般查询而言为未指定地址(::)，对于指定多播地址查询为被查询的指定多播地址。在多播侦听报告报文和多播侦听完成报文中，分别用于存放主机要加入和离开的多播地址。
- S 标志(Suppress Router-Side Processing)：该字段表示路由器接收到查询报文后是否对定时器更新进行抑制。
- QRV(Querier’s Robustness Variable)：该字段为查询器的健壮性变量。
- QQIC(Querier’s Query Interval Code)：该字段为查询器查询间隔代码。
- 源地址数(Number of Sources (N))：该字段表示有多少个源地址出现在查询中。
- 源地址[i](Source Address [i])：该字段表示 IPv6 多播源地址(i＝1, 2, …, n，其中 n 表示源地址的个数)。

2. 多播侦听报告报文 MLDv2

侦听者发送“侦听者报告”报文，向邻居路由器报告当前的多播侦听状态，或者声明侦听状态变化情况。

侦听报告报文有两种：当前状态报告、状态变化报告(报告自己的过滤模式变化、源地址变化或者二者兼有)。多播侦听报告报文格式如图 2.23 所示。

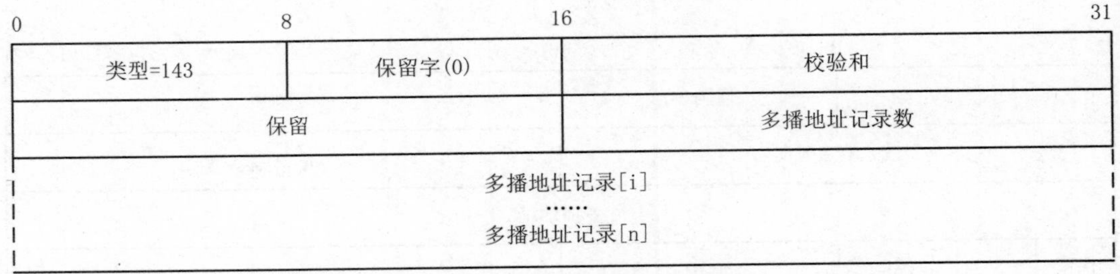

图 2.23　多播侦听报告报文的格式

对图 2.23 中各字段的含义解释如下。

- 类型(Type)：该字段值为 143，表示是多播侦听报告报文 MLDv2。
- 保留字(Reserved)：该字段发送时设置为 0，接收时忽略此值。
- 校验和(Checksum)：这个字段的值是 ICMPv6 的校验和。
- 多播地址记录数(Number of Multicast Address Records)：该字段表示有多少个源地址出现在查询中。
- 多播地址记录[i](Multicast Address Record)：该字段表示主机在接口上侦听到的每个 IPv6 多播地址信息，包括记录类型、IPv6 多播地址、IPv6 源地址等(i＝1, 2, …, m，其中 m 表示 IPv6 组播地址记录的个数)。

关于更多的多播侦听发现协议 MLDv2 的内容，请参见 RFC3810。

2.4　ICMPv6 及邻居发现协议的实验分析

本节将通过实验来理解和分析 ICMPv6 及邻居发现协议的过程和报文结构。

2.4.1　ICMPv6 及邻居发现协议的实验设计

1. 实验目的

通过实验来获取 ICMPv6 及邻居发现协议的数据包，并详细分析这些数据报文的格式以及它们之间的交互过程，从而理解 ICMPv6 及邻居发现过程中的路由及前缀发现、重复地址检测、ping 命令和地址解析等的功能。

2. 实验内容

该实验主要包括路由与前缀发现、重复地址检测、地址解析和重定向技术的使用及分析。

3. 实验环境

由于本次实验需要查看实体主机接口、本地链路以及抓包信息，而 eNSP 模拟主机无法显示详细结果，因此此次实验是用 Quagga 软件将现实中的主机模拟成 IPv6 路由器并搭配多台主机的条件下完成。

Quagga 是一个开源的路由软件包，它是从 GNU Zebra 派生出来的。Quagga 提供了基于 TCP/IP 的路由服务，同 Cisco 公司路由器的网络操作系统(IOS)类似。它的发行遵循 GNU 通用公共许可协议，运行于 Unix/Linux 等操作系统之上，支持 IPv4 和 IPv6 路由协议。目前，可以支持的动态路由协议有 RIPv1、RIPv2、RIPng、OSPFv2、OSPFv3、BGP4 和 BGP4+等。

Qugga 路由软件的安装步骤如下。

从 Quagga 网站(http://www.quagga.net)下载 Quagga-0.99.6 版本的源码包，进行编译安装，其命令如下：

```
#tar xzvf quagga-0.99.6.tar.gz
#cd quagga-0.99.6
#./configure
#make
#make install
```

由于这种方法安装比较费时、烦琐，因而还可以采用一种更为直接的在线安装方法，执行这种安装方法的命令为：

```
yum install quagga
```

这种安装方法可以在线更新和升级到最新的版本。

安装完成以后，在 Quagga 目录下有一些配置的样本文件存在，为了能启动 Quagga 中的相关路由协议，还必须配置这些路由协议所需要的配置文件，一种方法是从相应的配置样本文件复制，还有一种方法是新建相应的配置文件。采用第一种方法的命令如下：

```
#cd /etc/quagga
#cp zebra.conf.sample zebra.conf
#cp ripngd.conf.sample ripngd.conf
#cp ospf6d.conf.sample ospf6d.conf
#cp bgpd.conf.sample bgpd.conf
```

配置完成之后，就可以通过如下命令来启动 Quagga：

```
#service zebra start
```

对于配置动态路由协议，必须先启动 Quagga，然后再启动相应的动态路由协议。比如，如果要启动 RIPngd，必须先启动 zebra，再启动 ripngd，具体命令如下：

```
#service zebra start
#service ripngd start
```

在相关的服务启动以后，通过 VTY 的方式进入相应的配置界面。进入相应的配置界面的命令如下：

```
#telnet 0  2601   //进入 Quagga 的配置界面，在这里可以配置接口信息或静态路由
#telnet :: 2603   //进入 RIPngd 的配置界面
```

```
#telnet localhost 2605        //进入 BGP 的配置界面
#telnet :: 2606               //进入 OSPFv3 的配置界面
```

回车后根据提示输入密码即可进入相应的配置界面。

2.4.2 ICMPv6 及邻居发现协议的实验过程与分析

在图 2.24 中，路由器 R 是由一台配置了双网卡且安装了操作系统为 Ubuntu 18.04.3 LTS 和 Quagga 路由软件的计算机所承担。主机 A、主机 B 和主机 C 安装的操作系统都是 Windows 7，这 3 台主机都安装了数据捕获软件 Wireshark。

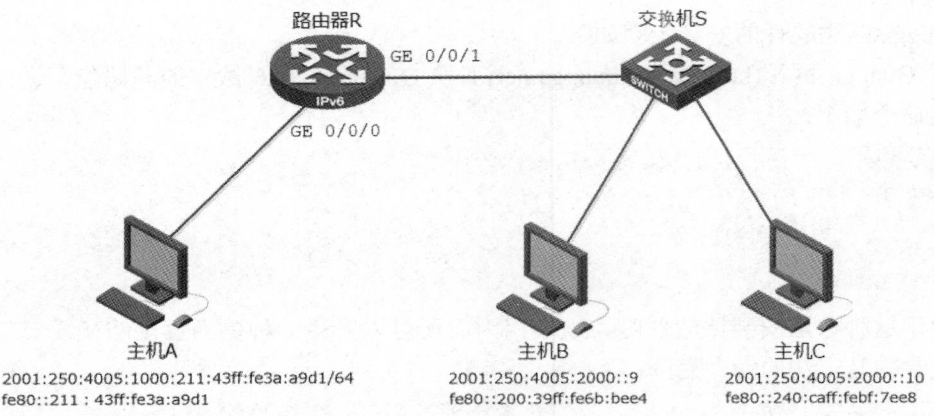

图 2.24　实验拓扑结构

1. 路由及前缀发现、自动配置的实验与分析

(1) 配置路由器 R 接口 eth0 的 IPv6 地址。

在图 2.24 中，将路由器 R 和交换机 S 的网线断开，进入路由器 R 配置接口 eth0 的 IPv6 的地址，其主要的配置命令如下：

```
interface eth0                            //进入路由器 R 的接口 eth0
ipv6 address 2001:250:4005:1000::1/64     //配置路由接口 eth0 的 IPv6 地址
no ipv6 nd suppress-ra                    //在 eth0 接口上使能路由器前缀宣告功能
ipv6 nd prefix 2001:250:4005:1000::/64    //公布前缀信息
```

将上述配置文件保存。

(2) 捕获数据包及分析。

将主机 A 与路由器 R 之间的网线断开，重新启动主机 A。进入系统之后，在主机 A 上运行 Wireshark，并进行数据捕获；然后把主机 A 与路由器 R 之间的网线连接上，等待一段时间后，停止数据捕获保存并分析。图 2.25 为捕获的部分 ICMPv6 数据包的条目。

图 2.25 中，序列号 2、6、22 和 32 的条目是所捕获的多播侦听报告报文，是主机发给多播组 ff02::1:ff3a:a9d1 和 ff02::1:ff37:56d 的。序列号为 3 的条目是路由请求报文，序列号为 4、7 和 8 的条目是邻居请求报文，序列号为 5、98、252、413 和 572 的条目是路由通告报文。下面对这些报文进行分析。

No.	Time	Source	Destination	Protocol	Info
2	0.339414	::	ff02::1:ff3a:a9d1	ICMPv6	Multicast listener report
3	0.339440	::	ff02::2	ICMPv6	Router solicitation
4	0.339452	::	ff02::1:ff3a:a9d1	ICMPv6	Neighbor solicitation
5	0.339796	fe80::212:79ff:fe61:7d99	ff02::1	ICMPv6	Router advertisement
6	0.840136	::	ff02::1:ff37:56d	ICMPv6	Multicast listener report
7	0.840167	::	ff02::1:ff37:56d	ICMPv6	Neighbor solicitation
8	0.840175	::	ff02::1:ff3a:a9d1	ICMPv6	Neighbor solicitation
22	6.347876	fe80::211:43ff:fe3a:a9d1	ff02::1:ff3a:a9d1	ICMPv6	Multicast listener report
32	9.852907	fe80::211:43ff:fe3a:a9d1	ff02::1:ff37:56d	ICMPv6	Multicast listener report
98	104.10537	fe80::212:79ff:fe61:7d99	ff02::1	ICMPv6	Router advertisement
252	704.44136	fe80::212:79ff:fe61:7d99	ff02::1	ICMPv6	Router advertisement
413	1304.7795	fe80::212:79ff:fe61:7d99	ff02::1	ICMPv6	Router advertisement
572	1905.0969	fe80::212:79ff:fe61:7d99	ff02::1	ICMPv6	Router advertisement

图 2.25　实验中捕获的 ICMPv6 的数据包的条目

①　多播侦听报告报文的分析。

查看其中序列号为 2 的发给多播组 ff02::1:ff3a:a9d1 的多播侦听报告 MLD 报文，其详细结构如图 2.26 所示。

No.	Time	Source	Destination	Protocol	Info
2	0.339414	::	ff02::1:ff3a:a9d1	ICMPv6	Multicast listener report

```
⊞ Frame 2 (86 bytes on wire, 86 bytes captured)
⊞ Ethernet II, Src: Dell_3a:a9:d1 (00:11:43:3a:a9:d1), Dst: IPv6-Neighbor-Discovery_ff:3a:a9:d1 (33:33:ff:3a:a9:d1)
⊟ Internet Protocol Version 6
    Version: 6
    Traffic class: 0x00
    Flowlabel: 0x00000
    Payload length: 32
    Next header: IPv6 hop-by-hop option (0x00)
    Hop limit: 1
    Source address: ::
    Destination address: ff02::1:ff3a:a9d1
⊟ Hop-by-hop Option Header
    Next header: ICMPv6 (0x3a)
    Length: 0 (8 bytes)
    Router alert: MLD (4 bytes)
    PadN: 2 bytes
⊟ Internet Control Message Protocol v6
    Type: 131 (Multicast listener report)
    Code: 0
    Checksum: 0x2c8c [correct]
    Maximum response delay: 0
    Multicast Address: ff02::1:ff3a:a9d1
```

图 2.26　多播侦听报告报文的详细结构

图 2.26 中，报文中 IPv6 报头的下一个报头(next header)字段采用的是逐跳选项(IPv6 hop-by-hop option)扩展报头，源地址为::，目的地址为 ff02::1:ff3a:a9d1，报文中的跳数被限制为 1，这样做的好处是限制报文被跨网段传输。在逐跳选项报头中的路由警告字段是要求路由器必须处理该报文的内容。多播侦听报告报文中的类型字段为 131，多播地址为 ff02::1:ff3a:a9d1。

此条报文是主机 A 想要加入多播组 ff02::1:ff3a:a9d1 而产生的，其范围是所有 IPv6 地址的后 24 位是 3a:a9d1 的所有节点，而不是全部节点或全部的路由器，这样的好处是能限制报文传输范围，它无须将报文广播发送，仅需发送到待检测地址所在的多播组即可。

②　路由请求和路由通告报文的分析。

主机获得前缀的过程是由主机 A 发给路由器 R 的路由请求，路由器 R 回应主机 A 的路由通告或路由器 R 周期性地发送路由通告报文来完成的。

图 2.27 是捕获的路由请求报文的详细结构。

当主机 A 刚启动时，并未获得有效的 IPv6 地址，因而报文中的源地址是未指定地址，目的地址为多播地址 ff02::2，并将这一报文发送到链路本地范围内所有路由器的多播地址，用于发现路由器，促使路由器发送路由通告报文来通报前缀信息。

```
No.   Time        Source        Destination   Protocol   Info
  3 0.339440      ::            ff02::2       ICMPv6     Router solicitation

⊞ Frame 3 (62 bytes on wire, 62 bytes captured)
⊞ Ethernet II, Src: Dell_3a:a9:d1 (00:11:43:3a:a9:d1), Dst: IPv6-Neighbor-Discovery_00:00:00:02 (33:33:00:00:00:02)
⊟ Internet Protocol Version 6
    Version: 6
    Traffic class: 0x00
    Flowlabel: 0x00000
    Payload length: 8
    Next header: ICMPv6 (0x3a)
    Hop limit: 255
    Source address: ::
    Destination address: ff02::2
⊟ Internet Control Message Protocol v6
    Type: 133 (Router solicitation)
    Code: 0
    Checksum: 0x7bb8 [correct]
```

图 2.27　路由请求报文的详细结构

同样是主机发给路由器的报文，在多播侦听报告报文中的跳限制数为 1，而此处的跳数限制却是 255，这样做的目的是防止路由欺诈，因为任何外网的路由请求报文进来以后它的跳数不可能为 255。

图 2.28 是捕获的路由通告报文的详细结构。

```
No.   Time        Source                      Destination   Protocol   Info
  5 0.339796      fe80::212:79ff:fe61:7d99    ff02::1       ICMPv6     Router advertisement

⊞ Frame 5 (110 bytes on wire, 110 bytes captured)
⊞ Ethernet II, Src: HewlettP_61:7d:99 (00:12:79:61:7d:99), Dst: IPv6-Neighbor-Discovery_00:00:00:01 (33:33:00:00:00:01)
⊟ Internet Protocol Version 6
    Version: 6
    Traffic class: 0x00
    Flowlabel: 0x00000
    Payload length: 56
    Next header: ICMPv6 (0x3a)
    Hop limit: 255
    Source address: fe80::212:79ff:fe61:7d99
    Destination address: ff02::1
⊟ Internet Control Message Protocol v6
    Type: 134 (Router advertisement)
    Code: 0
    Checksum: 0xc719 [correct]
    Cur hop limit: 64
  ⊟ Flags: 0x00
      0... .... = Not managed
      .0.. .... = Not other
      ..0. .... = Not Home Agent
      ...0 0... = Router preference: Medium
    Router lifetime: 1800
    Reachable time: 0
    Retrans time: 0
  ⊟ ICMPv6 options
      Type: 3 (Prefix information)
      Length: 32 bytes (4)
      Prefix length: 64
    ⊟ Flags: 0xc0
        1... .... = Onlink
        .1.. .... = Auto
        ..0. .... = Not router address
        ...0 .... = Not site prefix
      Valid lifetime: 0x00278d00
      Preferred lifetime: 0x00093a80
      Prefix: 2001:250:4005:1000::
  ⊟ ICMPv6 options
      Type: 1 (Source link-layer address)
      Length: 8 bytes (1)
      Link-layer address: 00:12:79:61:7d:99
```

图 2.28　路由通告报文的详细结构

在图 2.28 中，IPv6 报文中的下一个报头字段为 ICMPv6，其值为 0x3a，将这个十六进制值换算成十进制即为 58，IPv6 报文中的源地址为 fe80::212:79ff:7d99，该地址为路由器接口 eth0 链路本地地址，目的地址为 ff02::1。

接下来的是 ICMPv6，它携带的是类型为 134 的路由通告报文，主要包括向主机通告的一些路由器的配置信息和两个选项内容。

涉及路由器的配置信息主要有：主机发送报文默认使用的跳限制(Hop limit)64、路由器生存期(Router lifetime)为 1800 秒、用于主机判断邻居是否可达的定时器(Reachable time)

和用于触发重发邻居请求消息的定时器(Retrans time)，其值都为 0。另外，这其中还有一个标志(Flag)字段，标志字段中的第 1 个是 M 标志，值为 0，表示接收路由通告报文的主机使用了无状态自动配置协议来获得 IPv6 地址；第 2 个字段是 O 标志，值为 0；第 3 个字段是 RFC3775 为支持 IPv6 的移动性而定义的，具体含义参见 RFC3775；第 4 个字段是在 RFC4191 定义的路由器的优先属性，默认值为 Medium，详细内容参见 RFC4191。

路由通告是发送给所有节点多播组的(ff02::1)，这主要是因为路由通告不仅仅只配置一台主机。

它的跳数限制也是 255，这也是判断此路由器是否是和外网相连的路由器，因为别的外网发送的路由通告报文到达主机后跳数肯定少于 255。

两个选项分别为前缀信息和源链路层地址。

前缀信息选项的类型值为 3，向主机提供了前缀长度和前缀信息，使主机获得了 2001:250:4005:1000::/64 的前缀长度和前缀信息，这样主机就能使用无状态自动配置来进行主机的 IPv6 地址的配置。在前缀选项中，提供了标志字段，该字段中的第 1 位为 L 标志，其值为 1，表示该前缀可以用于连网确定；第 2 位为 A 标志，其值为 1，表示自治地址配置；后面两位其值都为 0，为保留位。总之，通过前缀信息，能使主机获得如下的前缀信息：前缀长度(Prefix Length)，该前缀是否可以用于地址的自动配置(Auto)，是不是在同一链路上(Onlink)，该前缀的两个生命期(Valid Lifetime、Preferred Lifetime)等，为主机实现无状态自动配置主机的 IPv6 地址提供了基础。

源链路层地址选项类型值为 1，向主机提供了路由器的链路层地址，其值为 00:12:79:61:7d:99。有了这一选项，接收主机在通过路由器发送数据报时，就不用执行链路层地址解析了。

主机 A 通过路由/前缀发现，然后通过第 4、7 和 8 这些邻居请求报文进行地址检测，实现地址和接口的绑定，就完成地址的自动配置。关于重复地址检测将在下文进行分析。

为了了解接口此时是否获得了前缀，是否进行了地址配置，可以使用命令 ipv6 if 查看，查看主机 A 接口的信息如下：

```
Interface 4: Ethernet: 本地连接
Guid {D4FC58DC-4761-4F0D-80A2-1BAD5583725B}
uses Neighbor Discovery
uses Router Discovery
link-layer address: 00-11-43-3a-a9-d1
preferred global 2001:250:4005:1000:1ec:e8d7:ee37:56d, life
6d23h10m10s/23h7
m23s (temporary)
preferred global 2001:250:4005:1000:211:43ff:fe3a:a9d1, life
29d23h51m51s/6d
23h51m51s (public)
preferred link-local fe80::211:43ff:fe3a:a9d1, life infinite
multicast interface-local ff01::1, 1 refs, not reportable
multicast link-local ff02::1, 1 refs, not reportable
multicast link-local ff02::1:ff3a:a9d1, 2 refs, last reporter
multicast link-local ff02::1:ff37:56d, 1 refs, last reporter
link MTU 1500 (true link MTU 1500)
current hop limit 64
reachable time 15000ms (base 30000ms)
```

```
retransmission interval 1000ms
DAD transmits 1
default site prefix length 48
```

从上面的接口信息中，可以发现主机配置了几个前缀为 2001:250:4005:1000::的 IPv6 地址，分别为：

- 2001:250:4005:1000:1ec:e8d7:ee37:56d
- 2001:250:4005:1000:211:43ff:fe3a:a9d1

这两个地址中，前一个地址是前缀加上一个随机数构成的，属于临时使用的地址；后一个地址是前缀加上接口地址组成，属于全局地址。

在图 2.25 中，第 98、252、413 和 572 条目为路由通告报文，是路由器为了动态维护主机配置信息的有效性、自动周期性而发送的。

2. 重复地址检测的实验与分析

重复地址检测就是用来判断节点所配置的 IPv6 地址是否已经被其他邻居节点使用。它主要是通过邻居请求报文或邻居通告报文来完成的。含有邻居请求报文的 IPv6 数据报中，源地址字段为未指定地址(::)，目的地址字段为节点的多播地址，而邻居请求报文中的目标地址字段就是需要进行重复检测的 IPv6 地址。

如果节点收到了邻居通告报文，则表示此节点使用的是重复的 IPv6 地址，该节点就会放弃使用该地址。在该响应的邻居通告报文中，IPv6 报头中的目标地址字段的值为链路本地范围所有节点的组播地址(ff02::1)，邻居通告报文中的请求标志为 0。

如果没有接收到阻止使用这个 IP 地址的邻居通告报文，该节点就会在自己的接口上初始化这个地址。

无论是手工还是自动配置 IPv6 地址，都必须进行重复地址检测。它只能对单播地址使用，不能用于多播地址或任播地址。

下面以图 2.24 为例来进行重复地址检测的实验。

(1) 将交换机 S 的电源断开，使主机 B 和主机 C 处于网络断开状态，然后在主机 B 和主机 C 上分别配置 2001:250:4005:2000::9 和 2001:250:4005:2000::10 的 IPv6 地址，并查看主机 B 接口 4 的各地址的状态信息，其信息如下：

```
netsh interface ipv6>show int 4
正在查询活动状态...
------------------------------------------------------------------------
接口 4: 本地连接
地址类型      DAD 状态      有效寿命      首选寿命      地址
---------   ----------  ----------  ----------  -------------------------
手动          暂时的        infinite    infinite    2001:250:4005:2000::9
链接          暂时的        infinite    infinite    fe80::200:39ff:fe6b:bee4
连接名称                     : 本地连接
GUID                        : {7DD334FF-95F8-4622-8134-79036D6749AC}
状态                         : 已断开
指标                         : 0
链接 MTU                     : 1500 字节
真实链接 MTU                 : 1500 字节
当前跃点限制                 : 128
```

```
可到达时间                  : 31s
基地可到达时间              : 30s
重新传输间隔                : 1s
DAD 传输                    : 1
DNS 后缀                    :
防火墙                      : disabled
站点前最长度                : 48 位
区域 ID-链接                : 4
区域 ID-站点                : 1
使用邻居发现                : 是
发送路由器公告              : 否
转寄数据包                  : 否
链路层地址                  : 00-00-39-6b-be-e4
```

以上的信息中，方框里的接口的两个地址的“DAD 状态”都是“暂时的”，通过“ipv6 if”命令也得到同样的结果，这两个地址的状态为 tentative，这说明这两个地址由于网络断开，没有进行重复地址检测。

(2) 将路由器 R 和交换机 S 之间的网线断开，然后在主机 B 上运行 Wireshark，并进行数据捕获。该软件运行后，将交换机 S 的电源接上，使主机 B 和主机 C 的网络处于连通状态，然后停止捕获数据，将捕获到的数据包保存并进行分析。图 2.29 是在主机 B 上捕获的邻居请求报文。

```
No.  Time          Source  Destination         Protocol  Info
4    19:35:07.650  ::      ff02::1:ff00:9      ICMPv6    Neighbor solicitation
5    19:35:07.650  ::      ff02::1:ff6b:bee4   ICMPv6    Neighbor solicitation

⊟ Internet Protocol Version 6
    Version: 6
    Traffic class: 0x00
    Flowlabel: 0x00000
    Payload length: 24
    Next header: ICMPv6 (0x3a)
    Hop limit: 255
    Source address: ::
    Destination address: ff02::1:ff00:9
⊟ Internet Control Message Protocol v6
    Type: 135 (Neighbor solicitation)
    Code: 0
    Checksum: 0xf83f [correct]
    Target: 2001:250:4005:2000::9
```

图 2.29　在主机 B 上捕获的邻居请求报文

图 2.29 中，第 4 条报文是邻居请求报文，源地址为::，目的 IPv6 地址为 ff02::1:ff00:9，此地址为接口地址 2001:250:4005:2000::9 的请求节点多播地址。图 2.29 中的下部是 IPv6 和 ICMPv6 更详细的信息，这些信息清楚地表明邻居请求报文是由 ICMPv6 承载的，其报文的类型为 135，目标字段的值为 2001:250:4005:2000::9，是需要进行重复地址检测的地址，因而，主机 B 发送这条报文的目的是要对暂时地址 2001:250:4005:2000::9 进行重复检测，以确认其在链路上是否是唯一的 IPv6 地址。

通过对捕获到的数据报文进行分析，没有发现对此邻居请求报文的响应，即没有收到邻居通告报文，这说明暂时地址 2001:250:4005:2000::9 是唯一的。

下面是查看主机 B 接口 4 的信息：

```
netsh interface ipv6>show int 4
```

```
正在查询活动状态...
------------------------------------------------------------------------
接口 4: 本地连接
地址类型      DAD 状态     有效寿命      首选寿命      地址
--------  ----------  ------------  --------  ------------------------------
手动        首选项       infinite     infinite     2001:250:4005:2000::9
链接        首选项       infinite     infinite     fe80::200:39ff:fe6b:bee4
连接名称                 : 本地连接
GUID                     : {7DD334FF-95F8-4622-8134-79036D6749AC}
状态                     : 已连接
指标                     : 0
链接 MTU                 : 1500 字节
真实链接 MTU             : 1500 字节
当前跃点限制             : 128
可到达时间               : 39s
基地可到达时间           : 30s
重新传输间隔             : 1s
DAD 传输                 : 1
DNS 后缀                 :
防火墙                   : disabled
站点前最长度             : 48 位
区域 ID-链接             : 4
区域 ID-站点             : 1
使用邻居发现             : 是
发送路由器公告           : 否
转寄数据包               : 否
链路层地址               : 00-00-39-6b-be-e4
```

通过查看接口信息，原来“DAD 状态”由“暂时的”变成了“首选项”，即永久地址。

经过重复地址检测，主机接口获得两个永久地址，一个是手工配置的全局单播地址 2001:250:4005:2000::9，另一个是链路本地地址 fe80::200:39ff:fe6b:bee4。

(3) 在图 2.24 中，将路由器和交换机接通，保证整个网络是相互连通状态。重新启动主机 B，进入系统后，给主机 B 配置与主机 C 一样的地址 2001:250:4005:2000::10。在主机 B 上运行 Wireshark，并进行数据捕获，在主机 B 上 ping 主机 C，得到的信息如下：

```
C:\Documents and Settings\Administrator>ping6 2001:250:4005:2000::10
Pinging 2001:250:4005:2000::10
from fe80::200:39ff:fe6b:bee4%4 with 32 bytes of data:
Reply from 2001:250:4005:2000::10: bytes=32 time=1ms
Reply from 2001:250:4005:2000::10: bytes=32 time<1ms
Reply from 2001:250:4005:2000::10: bytes=32 time<1ms
Reply from 2001:250:4005:2000::10: bytes=32 time<1ms
Ping statistics for 2001:250:4005:2000::10:
    Packets: Sent = 4, Received = 4, Lost = 0 (0% loss),
Approximate round trip times in milli-seconds:
    Minimum = 0ms, Maximum = 1ms, Average = 0ms
```

以上信息表示主机 B 共发送了 4 个数据包，都成功收到。由于主机 B 和 C 配置的 IPv6 地址都是 2001:250:4005:2000::10，那么到底是哪一台主机在使用该地址呢？

在主机 B 上查看其接口的信息如下：

```
netsh interface ipv6>show int 4
正在查询活动状态...
------------------------------------------------------------------------------
接口 4：本地连接
地址类型       DAD 状态      有效寿命       首选寿命       地址
---------   ----------   ------------   ---------   ----------------------------
手动           复制          infinite       infinite       2001:250:4005:2000::10
链接           首选项        infinite       infinite       fe80::200:39ff:fe6b:bee4
连接名称                    ：本地连接
GUID                        ：{7DD334FF-95F8-4622-8134-79036D6749AC}
状态                        ：已连接
指标                        ：0
链接 MTU                    ：1500 字节
真实链接 MTU                ：1500 字节
当前跃点限制                ：128
可到达时间                  ：22s
基地可到达时间              ：30s
重新传输间隔                ：1s
DAD 传输                    ：1
DNS 后缀                    ：
防火墙                      ：disabled
站点前最长度                ：48 位
区域 ID-链接                ：4
区域 ID-站点                ：1
使用邻居发现                ：是
发送路由器公告              ：否
转寄数据包                  ：否
链路层地址                  ：00-00-39-6b-be-e4
```

从上面的信息中，可以看到在主机 B 上手动配置的地址 2001:250:4005:2000::10，其“DAD 状态”值为“复制”，说明该地址已经被检测到是一个重复地址。

下面从捕获的数据包来进一步说明重复地址检测的过程。

停止数据捕获，保存捕获到的数据。图 2.30 是刚才在主机 B 上所捕获的全部的 ICMPv6 的数据报。

No.	Time	Source	Destination	Protocol	Info
5	7.897140	fe80::21d:fff:fe17:e793	ff02::1	ICMPv6	Router advertisement
7	14.088509	fe80::200:39ff:fe6b:bee4	ff02::1:ff00:10	ICMPv6	Multicast listener report
8	14.088672	::	ff02::1:ff00:10	ICMPv6	Neighbor solicitation
9	14.088860	2001:250:4005:2000::10	ff02::1	ICMPv6	Neighbor advertisement
10	19.596437	fe80::200:39ff:fe6b:bee4	ff02::1:ff00:10	ICMPv6	Multicast listener report
12	139.73524	fe80::200:39ff:fe6b:bee4	2001:250:4005:2000::10	ICMPv6	Echo request
13	139.73645	fe80::21d:fff:fe17:e793	ff02::1:ff00:10	ICMPv6	Neighbor solicitation
14	139.73672	2001:250:4005:2000::10	ff02::1:ff6b:bee4	ICMPv6	Neighbor solicitation
15	139.73674	fe80::200:39ff:fe6b:bee4	2001:250:4005:2000::10	ICMPv6	Neighbor advertisement
16	139.73690	2001:250:4005:2000::10	fe80::200:39ff:fe6b:bee4	ICMPv6	Echo reply
17	140.73070	fe80::200:39ff:fe6b:bee4	2001:250:4005:2000::10	ICMPv6	Echo request
18	140.73107	2001:250:4005:2000::10	fe80::200:39ff:fe6b:bee4	ICMPv6	Echo reply
19	141.73216	fe80::200:39ff:fe6b:bee4	2001:250:4005:2000::10	ICMPv6	Echo request
20	141.73250	2001:250:4005:2000::10	fe80::200:39ff:fe6b:bee4	ICMPv6	Echo reply
21	142.73363	fe80::200:39ff:fe6b:bee4	2001:250:4005:2000::10	ICMPv6	Echo request
22	142.73399	2001:250:4005:2000::10	fe80::200:39ff:fe6b:bee4	ICMPv6	Echo reply
23	144.27573	fe80::200:39ff:fe6b:bee4	fe80::21d:fff:fe17:e793	ICMPv6	Neighbor solicitation
24	144.27594	fe80::21d:fff:fe17:e793	fe80::200:39ff:fe6b:bee4	ICMPv6	Neighbor advertisement
25	149.27535	fe80::21d:fff:fe17:e793	fe80::200:39ff:fe6b:bee4	ICMPv6	Neighbor solicitation
26	149.27547	fe80::200:39ff:fe6b:bee4	fe80::21d:fff:fe17:e793	ICMPv6	Neighbor advertisement

图 2.30　主机 B 上所捕获的全部的 ICMPv6 的数据报

在图 2.30 中，第 8 和 9 条是用于地址重复检测的邻居请求和邻居通告报文，第 12、

17、19 和 21 条是主机 B 发送的回送请求报文(Echo Request)，第 16、18、20 和 22 条是主机 C 发送的回送应答报文(Echo Reply)。

图 2.31 中第 8 条显示了邻居请求报文的详细结构。

```
No.  Time          Source                  Destination          Protocol  Info
  8 14.088672 ::                           ff02::1:ff00:10      ICMPv6 Neighbor solicitation
  9 14.088860 2001:250:4005:2000::10       ff02::1              ICMPv6 Neighbor advertisement

⊟ Internet Protocol Version 6
    Version: 6
    Traffic class: 0x00
    Flowlabel: 0x00000
    Payload length: 24
    Next header: ICMPv6 (0x3a)
    Hop limit: 255
    Source address: ::
    Destination address: ff02::1:ff00:10
⊟ Internet Control Message Protocol v6
    Type: 135 (Neighbor solicitation)
    Code: 0
    Checksum: 0xf831 [correct]
    Target: 2001:250:4005:2000::10
```

图 2.31 第 8 条邻居请求报文的详细结构

在图 2.31 中，邻居请求报文的目标字段的值为 2001:250:4005:2000::10，该地址就是邻居请求报文中需要检测其是否重复的地址。

图 2.32 中的第 9 条显示了响应第 8 条邻居请求报文的邻居通告报文的详细结构。

```
No.  Time          Source                  Destination          Protocol  Info
  8 14.088672 ::                           ff02::1:ff00:10      ICMPv6 Neighbor solicitation
  9 14.088860 2001:250:4005:2000::10       ff02::1              ICMPv6 Neighbor advertisement

⊟ Internet Protocol Version 6
    Version: 6
    Traffic class: 0x00
    Flowlabel: 0x00000
    Payload length: 32
    Next header: ICMPv6 (0x3a)
    Hop limit: 255
    Source address: 2001:250:4005:2000::10
    Destination address: ff02::1
⊟ Internet Control Message Protocol v6
    Type: 136 (Neighbor advertisement)
    Code: 0
    Checksum: 0x07eb [correct]
  ⊟ Flags: 0x20000000
      0... .... .... .... .... .... .... .... = Not router
      .0.. .... .... .... .... .... .... .... = Not adverted
      ..1. .... .... .... .... .... .... .... = Override
    Target: 2001:250:4005:2000::10
  ⊟ ICMPv6 options
      Type: 2 (Target link-layer address)
      Length: 8 bytes (1)
      Link-layer address: 00:40:ca:bf:7e:e8
```

图 2.32 响应第 8 条邻居请求报文的邻居通告报文

在图 2.32 中，IPv6 数据包的源地址为 2001:250:4005:2000::10，目的地址为 ff02::1，此地址属于链路本地范围所有节点多播地址。接下来显示的是 IPv6 和 ICMPv6 更详细的信息，其中，邻居通告报文的类型为 136，目标字段的值为 2001:250:4005:2000::10；另外，该邻居通告报文还包含目标链路层地址选项，其中链路层地址字段的值为 00-40-ca-bf-7e-e8，该地址是主机 C 的 MAC 地址。

当主机 B 收到主机 C 发送来的邻居通告报文后，它就知道 MAC 地址为 00-40-ca-bf-7e-e8 的主机 C 在使用 2001:250:4005:2000::10 这一地址，主机 B 将该地址标明为重复地址，因而放弃使用这个地址。

3. 地址解析的实验与分析

对地址解析的实验分两种情况进行，第 1 种情况是在同一链路上的主机之间进行的地址解析，第 2 种情况是在不同链路上的主机之间进行的地址解析。

(1) 同一链路上主机之间所进行的地址解析。

① 在图 2.24 中，将交换机 S 与路由器 R 之间的网线断开，只保持主机 B 和 C 通过交换机 S 相连，并使它们处于网络连通状态。重新启动主机 B 和 C，进入系统后，给主机 B 和 C 分别配置 2001:250:4005:2000::9 和 2001:250:4005:2000::10 的地址，然后查看主机 B 上的邻居缓存如下：

```
netsh interface ipv6>show neighbors interface=4
接口 4: 本地连接
Internet 地址                                物理地址                   类型
-----------------------------------------  ---------------------  -----
fe80::200:39ff:fe6b:bee4                   00-00-39-6b-be-e4      永久
2001:250:4005:2000::9                      00-00-39-6b-be-e4      永久
```

在上面主机 B 接口 4 的邻居缓存表中，目前只保存了链路本地地址和全局单播地址所对应的网卡的物理地址。

② 在主机 B 上运行 Wireshark 数据捕获软件，然后在主机 B 上 ping 主机 C，得到如下信息：

```
C:\Documents and Settings\Administrator>ping6 2001:250:4005:2000::10
Pinging 2001:250:4005:2000::10
from 2001:250:4005:2000::9 with 32 bytes of data:
    Reply from 2001:250:4005:2000::10: bytes=32 time<1ms
Reply from 2001:250:4005:2000::10: bytes=32 time<1ms
Reply from 2001:250:4005:2000::10: bytes=32 time<1ms
Reply from 2001:250:4005:2000::10: bytes=32 time<1ms
Ping statistics for 2001:250:4005:2000::10:
    Packets: Sent = 4, Received = 4, Lost = 0 (0% loss),
Approximate round trip times in milli-seconds:
    Minimum = 0ms, Maximum = 0ms, Average = 0ms
```

以上数据显示了主机 B 发送了 4 个数据包，主机 C 收到了 4 个数据包，表示主机 B 和主机 C 是相通的。

下面分几次在主机 B 上查看邻居缓存的信息。

第 1 次的结果：

```
netsh interface ipv6>show neighbors interface=4
接口 4: 本地连接
Internet 地址                           物理地址             类型
------------------------------------  -----------------  -------------
2001:250:4005:2000::10                 00-40-ca-bf-7e-e8  可到达的(23500 秒)
fe80::200:39ff:fe6b:bee4              00-00-39-6b-be-e4     永久
2001:250:4005:2000::9                  00-00-39-6b-be-e4     永久
fe80::240:caff:febf:7ee8              00-40-ca-bf-7e-e8     停滞
```

第 2 次的结果：

```
netsh interface ipv6>show neighbors interface=4
接口 4: 本地连接
Internet 地址                           物理地址             类型
------------------------------------  -----------------  --------------
2001:250:4005:2000::10                00-40-ca-bf-7e-e8  可到达的(3000 秒)
```

```
fe80::200:39ff:fe6b:bee4                00-00-39-6b-be-e4     永久
2001:250:4005:2000::9                   00-00-39-6b-be-e4     永久
fe80::240:caff:febf:7ee8                00-40-ca-bf-7e-e8     停滞
```

第 3 次的结果：

```
netsh interface ipv6>show neighbors interface=4
接口 4: 本地连接
Internet 地址                            物理地址               类型
--------------------------------------- -------------------- ----------
2001:250:4005:2000::10                  00-40-ca-bf-7e-e8     停滞
fe80::200:39ff:fe6b:bee4                00-00-39-6b-be-e4     永久
2001:250:4005:2000::9                   00-00-39-6b-be-e4     永久
fe80::240:caff:febf:7ee8                00-40-ca-bf-7e-e8     停滞
```

通过观察上面的数据，可以发现与没有使用 ping 命令之前相比，有两点变化。

- 第 1 点变化是接口地址的状态变化。在第 1 次，接口地址 2001:250:4005:2000::10 的状态类型为“可到达的”，时间为 23500 秒；在第 2 次，接口地址 2001:250:4005:2000::10 的状态类型为“可到达的”，时间为 3000 秒；在第 3 次，接口地址 2001:250:4005:2000::10 的状态类型为“停滞”。在邻居不可达探测中，规定了邻居的可达状态有 5 个状态：未完成(INCOMPLETE)、可达(REACHABLE)、失效(STALE)、延迟(DELAY)和探测(PROBE)。一旦到达“可达”状态，主机的“可达时间”定时器开始计时，因而通过查看邻居缓存就可以观察到时间从 23500 秒，3000 秒，一直递减到 0 秒，最终过渡到“停滞”这一状态的变化。
- 第 2 点变化是在邻居缓存中增加了两条记录，即 2001:250:4005:2000::10 对应的链路层地址 00-40-ca-bf-7e-e8 和 fe80::240:caff:febf:7ee8 对应的链路层地址 00-40-ca-bf-7e -e8，这正是地址解析的结果。

接下来，将从捕获的数据包中分析地址解析的过程。

③ 停止捕获数据，并将捕获的数据包保存。图 2.33 显示了所捕获的部分数据包。

No.	Time	Source	Destination	Protocol	Info
1	0.000000	2001:250:4005:2000::9	ff02::1:ff00:10	ICMPv6	Neighbor solicitation
2	0.000302	2001:250:4005:2000::10	2001:250:4005:2000::9	ICMPv6	Neighbor advertisement
3	0.000347	2001:250:4005:2000::9	2001:250:4005:2000::10	ICMPv6	Echo request
4	0.000535	2001:250:4005:2000::10	2001:250:4005:2000::9	ICMPv6	Echo reply
5	1.003281	2001:250:4005:2000::9	2001:250:4005:2000::10	ICMPv6	Echo request
6	1.003609	2001:250:4005:2000::10	2001:250:4005:2000::9	ICMPv6	Echo reply
7	2.004703	2001:250:4005:2000::9	2001:250:4005:2000::10	ICMPv6	Echo request
8	2.005031	2001:250:4005:2000::10	2001:250:4005:2000::9	ICMPv6	Echo reply
9	3.016164	2001:250:4005:2000::9	2001:250:4005:2000::10	ICMPv6	Echo request
10	3.016484	2001:250:4005:2000::10	2001:250:4005:2000::9	ICMPv6	Echo reply
11	4.565592	fe80::240:caff:febf:7ee8	2001:250:4005:2000::9	ICMPv6	Neighbor solicitation
12	4.565707	2001:250:4005:2000::9	fe80::240:caff:febf:7ee8	ICMPv6	Neighbor advertisement

图 2.33　捕获的部分数据包

在图 2.33 中，1/2 对是邻居请求报文和邻居通告报文；3/4 对、5/6 对、7/8 对和 9/10 对分别是主机 B 和主机 C 的回送请求报文和回送应答报文；11/12 对的作用不是地址解释，而是用于维护邻居状态的邻居不可达性探测的报文。

图 2.34 显示了邻居请求报文的详细结构。

此条邻居请求报文的目的是要对目标地址 2001:250:4005:2000::10 解析出其链路层地址，也就是提出这样的一个问题，即谁知道 2001:250:4005:2000::10 的 MAC 地址？

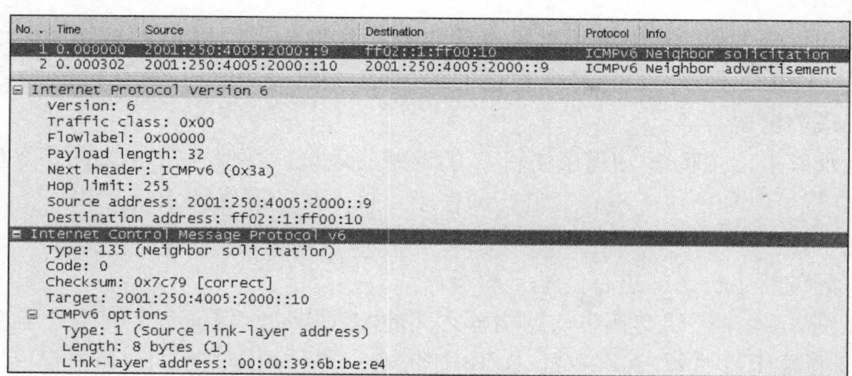

图 2.34　邻居请求报文的详细结构

在 IPv6 报文中，源地址为 2001:250:4005:2000::9，是主机 B 的地址；目的地址是 ff02::1:ff 00:10，这是被请求节点主机 C 的请求节点多播(Solicited-node)地址。由于此时使用 ping 命令是要检测 2001:250:4005:2000::10 是否可达，因而通过发送一个多播信息，让 IPv6 地址后 24 位与 2001:250:4005:2000::10 后 24 位的所有节点都要接收此信息。

在接下来的 ICMPv6 中，其类型字段为 135，为邻居请求报文，报文中的目标字段为 2001:250:4005:2000::10，该地址需要解析出对应的链路层地址，另外，报文中还包含源链路层地址选项，选项中给出了主机 B 自己的链路层地址 00:00:39:6b:be:e4，其作用是使主机 C 能够创建关于它的邻居表项。

主机 C 收到了邻居请求报文后，更新自己的邻居缓存，并发送邻居通告报文，图 2.35 显示了所发送的邻居通告报文的详细结构。

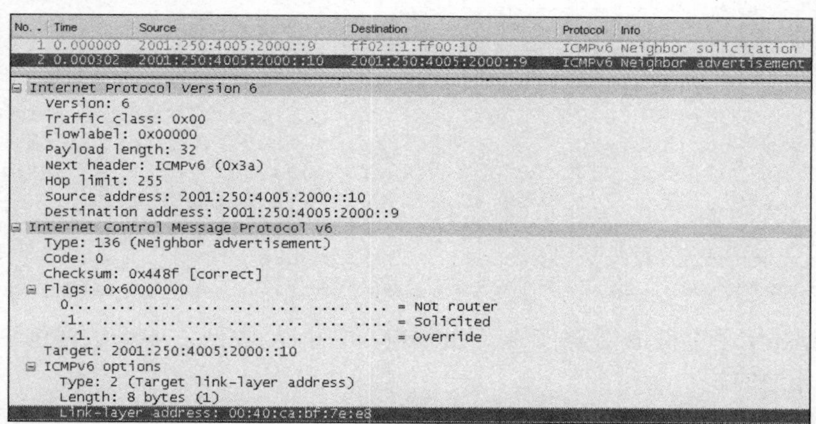

图 2.35　邻居通告报文的详细结构

该邻居通告报文给出了标志信息和目标链路层地址选项。

标志信息有 3 个，分别为 R 标志、S 标志和 O 标志。

- R 标志：其值为 0，表示发送为非路由器(Not Router)。
- S 标志：其值为 1，表示该报文是作为邻居请求而发出的。
- O 标志：其值为 1，表示主机用包含在目标链路层地址选项中的链路层地址来覆盖当前邻居节点缓存表中的链路层地址。

邻居通告报文中的目标链路层地址选项向主机 B 通告了主机 C 的链路层地址为 00-40-ca-bf-7e-e8，主机 B 使用该地址更新自己的缓存表，因而才出现了使用 ping 命令后增加的两条缓存记录的情况。

通过地址解析，主机 B 知道了主机 C 的链路层地址，并保存在自己的缓存表中，这样主机 B 和 C 就可以利用这一缓存表进行通信了，接下来的回送请求报文和回送应答报文正好说明了这一点。

(2) 不同链路主机之间进行的地址解析。

① 在图 2.24 中，将交换机与路由器之间的网线接通，保证整个网络处于连通状态。重新启动路由器 R、主机 A、主机 B 和主机 C，并分别给主机 B 和主机 C 分别配置 2001:250:4005: 2000::9 和 2001:250:4005:2000::10 的地址，然后查看主机 B 上的邻居缓存，其信息如下：

```
netsh interface ipv6>show neighbors interface=4
接口 4: 本地连接
Internet 地址                                 物理地址                 类型
-------------------------------------------- ----------------------- ------
fe80::200:39ff:fe6b:bee4                     00-00-39-6b-be-e4        永久
fe80::21d:fff:fe17:e793                      00-1d-0f-17-e7-93        停滞(路由器)
2001:250:4005:2000::9                        00-00-39-6b-be-e4        永久
```

中间部分是路由器 R 的 eth1 接口的链路本地地址，此时状态是“停滞”。

② 运行 Wireshark 数据捕获软件，然后在主机 B 上 ping 主机 A，得到如下信息：

```
C:\Documents and Settings\Administrator>ping6
2001:250:4005:1000:211:43ff:fe3a:a9d1
Pinging 2001:250:4005:1000:211:43ff:fe3a:a9d1
from 2001:250:4005:2000::9 with 32 bytes of data:
Reply from 2001:250:4005:1000:211:43ff:fe3a:a9d1: bytes=32 time=3ms
Reply from 2001:250:4005:1000:211:43ff:fe3a:a9d1: bytes=32 time<1ms
Reply from 2001:250:4005:1000:211:43ff:fe3a:a9d1: bytes=32 time<1ms
Reply from 2001:250:4005:1000:211:43ff:fe3a:a9d1: bytes=32 time<1ms
Ping statistics for 2001:250:4005:1000:211:43ff:fe3a:a9d1:
    Packets: Sent = 4, Received = 4, Lost = 0 (0% loss),
Approximate round trip times in milli-seconds:
    Minimum = 0ms, Maximum = 3ms, Average = 0ms
```

以上数据显示了主机 B 发送了 4 个数据包，主机 A 收到了 4 个数据包，表示主机 B 和主机 A 是相通的。

在主机 B 查看其邻居缓存，信息如下：

```
netsh interface ipv6>show neighbors interface=4
接口 4: 本地连接
Internet 地址                          物理地址              类型
------------------------------------- ------------------- ------------------
fe80::21d:fff:fe17:e793               00-1d-0f-17-e7-93   可到达的(15 秒)(路由器)
fe80::200:39ff:fe6b:bee4              00-00-39-6b-be-e4   永久
2001:250:4005:2000::9                 00-00-39-6b-be-e4   永久
```

此时查看缓存，其 fe80::21d:fff:fe17:e793 处于“可到达的”状态。

③ 停止捕获数据，并保存所捕获的数据。图 2.36 显示了所捕获的部分数据包。

No.	Time	Source	Destination	Protocol	Info
8	107	2001:250:4005:2000::9	2001:250:4005:1000:211:43ff:fe3a:a9d1	ICMPv6	Echo request
9	107	fe80::21d:fff:fe17:e793	ff02::1:ff00:9	ICMPv6	Neighbor solicitation
10	107	2001:250:4005:2000::9	fe80::21d:fff:fe17:e793	ICMPv6	Neighbor advertisement
11	107	2001:250:4005:1000:211:43ff:fe3a:a9d1	2001:250:4005:2000::9	ICMPv6	Echo reply
12	108	2001:250:4005:2000::9	2001:250:4005:1000:211:43ff:fe3a:a9d1	ICMPv6	Echo request
13	108	2001:250:4005:1000:211:43ff:fe3a:a9d1	2001:250:4005:2000::9	ICMPv6	Echo reply
14	109	2001:250:4005:2000::9	2001:250:4005:1000:211:43ff:fe3a:a9d1	ICMPv6	Echo request
15	109	2001:250:4005:1000:211:43ff:fe3a:a9d1	2001:250:4005:2000::9	ICMPv6	Echo reply
16	110	2001:250:4005:2000::9	2001:250:4005:1000:211:43ff:fe3a:a9d1	ICMPv6	Echo request
17	110	2001:250:4005:1000:211:43ff:fe3a:a9d1	2001:250:4005:2000::9	ICMPv6	Echo reply
18	112	fe80::200:39ff:fe6b:bee4	fe80::21d:fff:fe17:e793	ICMPv6	Neighbor solicitation
19	112	fe80::21d:fff:fe17:e793	fe80::200:39ff:fe6b:bee4	ICMPv6	Neighbor advertisement
20	117	fe80::21d:fff:fe17:e793	fe80::200:39ff:fe6b:bee4	ICMPv6	Neighbor solicitation
21	117	fe80::200:39ff:fe6b:bee4	fe80::21d:fff:fe17:e793	ICMPv6	Neighbor advertisement

图 2.36　所捕获的部分数据包

图 2.36 中，8/11 对、12/13 对、14/15 对、16/17 对分别是主机 B 和主机 A 发送的回送请求报文和回送应答报文，9/10 对是路由器和主机 B 发送的邻居请求报文和邻居通告报文，18/19 对、20/21 对不是地址解析报文，而是用于维护邻居状态的邻居不可达性探测的报文。

下面仅仅对第 8 条和第 9 条作简要分析。第 8 条是路由器向所有具有多播地址 ff02::1ff::9 节点发送的邻居请求报文，其详细结构如图 2.37 所示。该报文中目标字段为 2001:250:4005:2000::9，并提供了路由器的链路层地址。该报文实质就是提出了一个问题：谁知道 2001:250:4005:2000::9 的链路层地址？

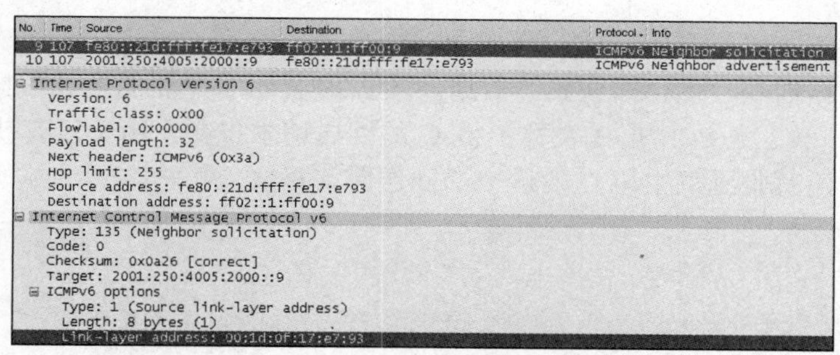

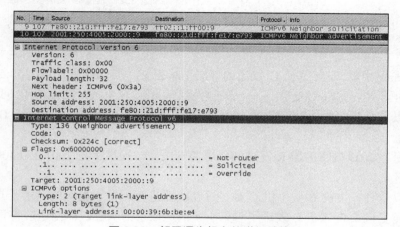

图 2.37　邻居请求报文的详细结构

主机 B 收到了邻居请求报文后，更新自己的邻居缓存，并发送邻居通告报文，图 2.38 显示了所发送的邻居通告报文的详细结构。

```
No. Time Source                  Destination             Protocol Info
 9 107 fe80::21d:fff:fe17:e793   ff02::1:ff00:9          ICMPv6 Neighbor solicitation
10 107 2001:250:4005:2000::9     fe80::21d:fff:fe17:e793 ICMPv6 Neighbor advertisement
⊟ Internet Protocol Version 6
    Version: 6
    Traffic class: 0x00
    Flowlabel: 0x00000
    Payload length: 32
    Next header: ICMPv6 (0x3a)
    Hop limit: 255
    Source address: 2001:250:4005:2000::9
    Destination address: fe80::21d:fff:fe17:e793
⊟ Internet Control Message Protocol v6
    Type: 136 (Neighbor advertisement)
    Code: 0
    Checksum: 0x224c [correct]
  ⊟ Flags: 0x60000000
      0... .... .... .... .... .... .... .... = Not router
      .1.. .... .... .... .... .... .... .... = Solicited
      ..1. .... .... .... .... .... .... .... = Override
    Target: 2001:250:4005:2000::9
  ⊟ ICMPv6 options
      Type: 2 (Target link-layer address)
      Length: 8 bytes (1)
      Link-layer address: 00:00:39:6b:be:e4
```

图 2.38　邻居通告报文的详细结构

在该报文中，向路由器提供了主机 B 的链路层地址，一旦路由器知道了主机 B 的链路层地址，就可以根据目的缓存将数据包转发到主机 A，从而完成不在同一链路的地址解析。

4. 重定向技术的实验与分析

(1) 在图 2.24 中，将交换机与路由器之间的网线接通，保证整个网络处于连通状态。

重新启动路由器 R、主机 A、主机 B 和主机 C，并分别给主机 B 和主机 C 配置 2001:250:4005: 2000::9 和 2001:250:4005:2000::10 的地址。

(2) 运行 Wireshark 数据捕获软件，然后在主机 B 上 ping 主机 A，得到如下信息：

```
C:\Documents and Settings\Administrator>ping6 2001:250:4005:2000::10
Pinging 2001:250:4005:2000::10
from 2001:250:4005:2000::9 with 32 bytes of data:
Reply from 2001:250:4005:2000::10: bytes=32 time=3ms
Reply from 2001:250:4005:2000::10: bytes=32 time<1ms
Reply from 2001:250:4005:2000::10: bytes=32 time<1ms
Reply from 2001:250:4005:2000::10: bytes=32 time<1ms
Ping statistics for 2001:250:4005:2000::10:
   Packets: Sent = 4, Received = 4, Lost = 0 (0% loss),
Approximate round trip times in milli-seconds:
Minimum = 0ms, Maximum = 3ms, Average = 0ms
```

(3) 停止数据捕获，保存捕获到的数据。图 2.39 显示了捕获的全部数据条目。

图 2.39 中，第 1 条是主机 B 发往主机 C 的回送请求报文，由于没有获得主机 C 的链路层地址，因而没有收到从主机 C 发送来的回送应答报文。

No.	Time	Source	Destination	Protocol	Info
1	0	2001:250:4005:2000::9	2001:250:4005:2000::10	ICMPv6	Echo request
2	0	fe80::21d:fff:fe17:e793	ff02::1:ff00:10	ICMPv6	Neighbor solicitation
3	0	fe80::21d:fff:fe17:e793	ff02::1:ff00:9	ICMPv6	Neighbor solicitation
4	0	2001:250:4005:2000::9	fe80::21d:fff:fe17:e793	ICMPv6	Neighbor advertisement
5	0	2001:250:4005:2000::10	2001:250:4005:2000::9	ICMPv6	Echo reply
6	1	2001:250:4005:2000::9	2001:250:4005:2000::10	ICMPv6	Echo request
7	1	fe80::21d:fff:fe17:e793	2001:250:4005:2000::9	ICMPv6	Redirect
8	1	2001:250:4005:2000::10	2001:250:4005:2000::9	ICMPv6	Echo reply
9	2	2001:250:4005:2000::9	2001:250:4005:2000::10	ICMPv6	Echo request
10	2	fe80::21d:fff:fe17:e793	2001:250:4005:2000::9	ICMPv6	Redirect
11	2	2001:250:4005:2000::10	2001:250:4005:2000::9	ICMPv6	Echo reply
12	3	2001:250:4005:2000::9	2001:250:4005:2000::10	ICMPv6	Echo request
13	3	fe80::21d:fff:fe17:e793	2001:250:4005:2000::9	ICMPv6	Redirect
14	3	2001:250:4005:2000::10	2001:250:4005:2000::9	ICMPv6	Echo reply
15	4	fe80::200:39ff:fe6b:bee4	fe80::21d:fff:fe17:e793	ICMPv6	Neighbor solicitation
16	4	fe80::21d:fff:fe17:e793	fe80::200:39ff:fe6b:bee4	ICMPv6	Neighbor advertisement
17	6	fe80::240:caff:febf:7ee8	2001:250:4005:2000::9	ICMPv6	Neighbor solicitation
18	6	2001:250:4005:2000::9	fe80::240:caff:febf:7ee8	ICMPv6	Neighbor advertisement
19	9	fe80::21d:fff:fe17:e793	fe80::200:39ff:fe6b:bee4	ICMPv6	Neighbor solicitation
20	9	fe80::200:39ff:fe6b:bee4	fe80::21d:fff:fe17:e793	ICMPv6	Neighbor advertisement

图 2.39 所捕获的部分数据包

第 2 条是路由器 R 向主机 C 发送的邻居请求报文，要求解析 2001:250:4005:2000::10 的链路层地址，并向主机 C 提供了自己的链路层地址。第 3 条是路由器 R 向主机 B 发送的邻居请求报文，要求解析 2001:250:4005:2000::9 的链路层地址，并向主机 B 提供了自己的链路层地址。

第 4 条是主机 B 向路由器 R 发送的邻居通告报文，提供了与 2001:250:4005:2000::9 对应的链路层地址。

由此可以看到，主机 B 到主机 C 是经过路由器进行转发数据包的。由于有了数据转发的路由，因而主机 C 向主机 B 发送了对第 1 条回送请求的响应，即回送应答报文。

第 6 条是主机 B 向主机 A 发送的回送请求报文，由于主机 B 和主机 C 实际上处在同

一条链路上，而所走的路由要经过路由器去转发，不是最佳路由，因而此时就产生了重定向报文。第 7 条就是所产生的重定向报文，其详细结构如图 2.40 所示。

```
No.  Time  Source                 Destination             Protocol  Info
7    1     fe80::21d:fff:fe17:e793  2001:250:4005:2000::9  ICMPv6    Redirect

⊞ Frame 7 (190 bytes on wire, 190 bytes captured)
⊞ Ethernet II, Src: 00:1d:0f:17:e7:93 (00:1d:0f:17:e7:93), Dst: Toshiba_6b:be:e4 (00:00:39:6b:be:e4)
⊟ Internet Protocol Version 6
    Version: 6
    Traffic class: 0x00
    Flowlabel: 0x00000
    Payload length: 136
    Next header: ICMPv6 (0x3a)
    Hop limit: 255
    Source address: fe80::21d:fff:fe17:e793
    Destination address: 2001:250:4005:2000::9
⊟ Internet Control Message Protocol v6
    Type: 137 (Redirect)
    Code: 0
    Checksum: 0x0ecd [correct]
    Target: 2001:250:4005:2000::10
    Destination: 2001:250:4005:2000::10
  ⊟ ICMPv6 options
      Type: 2 (Target link-layer address)
      Length: 8 bytes (1)
      Link-layer address: 00:40:ca:bf:7e:e8
  ⊟ ICMPv6 options
      Type: 4 (Redirected header)
      Length: 88 bytes (11)
      Reserved: 0 (correct)
      Redirected packet
    ⊟ Internet Protocol Version 6
        Version: 6
        Traffic class: 0x00
        Flowlabel: 0x00000
        Payload length: 40
        Next header: ICMPv6 (0x3a)
        Hop limit: 64
        Source address: 2001:250:4005:2000::9
        Destination address: 2001:250:4005:2000::10
    ⊟ Internet Control Message Protocol v6
        Type: 128 (Echo request)
        Code: 0
        Checksum: 0xd031 [correct]
        ID: 0x0000
        Sequence: 0x0002
        Data (32 bytes)
```

图 2.40　重定向报文的详细结构

在图 2.40 中，IPv6 报头中源地址为路由器 R 上 eth0 的链路本地地址 fe80::21d:fff:fe17:e793，目的地址为 2001:250:4005:2000::9，该地址也是触发本次重定向事件的回送请求报文的源地址，从源和目的地址可以判断和说明这是一条从路由器 R 发送到主机 B 的报文。

在 ICMPv6 中，承载的是类型为 137 的重定向报文，报文中的目标字段和目的字段的值相同，都是 2001:250:4005:2000::10，在重定向报文中还包含了两个选项，分别为目标链路层地址选项和重定向报头选项。

目标链路层地址选项提供了主机 C 的链路层地址 00-40-ca-bf-7e-e8。

重定向报头选项中主要包含了类型为 4 的重定向报头，长度 88 字节、IP 报头和类型为 128 的回送请求报文，实际上，这一回送请求报文是触发重定向报文的原因，而且由于重定向报文中的目标和目的字段的值是一样的，说明主机 C 实际上是一个邻居。主机 B 收到重定向报文后会尝试与主机 C 直接通信。

习题与实验

一、选择题

1. ICMPv6 报文的识别是通过在其之前的 IPv6 报头或 IPv6 扩展报头中的下一个报头(Next Header)字段的值为(　　)来标识的。

   A. 59　　　B. 58　　　C. 127　　　D. 60

2. IPv4 中的 IGMP 和 ARP 协议的功能在 IPv6 网络中是用(　　)来实现的。

   A. IGMPv2　　　B. ICMPv6　　　C. RARP　　　D. IGMPv6

3. 以下不属于 ICMPv6 错误报文的是(　　)。

A. 目的地不可达　　B. 数据包过大

C. 重定向　　D. 超时

4. 当一个节点在识别 IPv6 报头或扩展报头中的某个字段的过程中出现问题而无法完成数据包处理时，就必须丢弃这个数据包并且向这个问题数据包的来源返回一条(　　)。

A. ICMPv6 参数问题报文　　B. ICMPv6 数据包过大报文

C. ICMPv6 目的不可到达报文　　D. ICMPv6 超时报文

5. PMTU 发现机制主要利用了 ICMPv6 的(　　)报文。

A. 目的不可达　　B. 超时　　C. 参数问题　　D. 数据包过大

6. IPv6 中，链路层地址解析使用的报文是(　　)。

A. ARP　　B. 邻居请求和邻居通告

C. RARP　　D. 邻居发现

7. IPv6 中，重复地址 DAD 检测使用的报文主要包括(　　)。

A. 路由请求　　B. 路由通告

C. 邻居请求和邻居通告　　D. 路由请求和路由通告

8. 下面 IPv6 地址获取过程正确的是(　　)。

A. 无状态环境通过 RA 获取 Global 地址

B. 无状态环境通过 DHCPv6 获取 Global 地址

C. 有状态环境通过 DHCPv6 获取 NDS 地址

D. 无状态环境通过 DHCPv6 获取 NDS 地址

9. 如果环境是无状态，那么 RA(路由公告)报文(　　)。

A. M 位为 1　　B. M 位为 0　　C. O 位为 0　　D. O 位为 1

10. 下面不是 DHCPv6 过程报文的是(　　)。

A. Discover　　B. Solicit　　C. Request　　D. Advertise

11. IPv6 邻居发现协议中的路由器发现功能是指(　　)。

A. 主机发现网络中的路由器的 IPv6 地址

B. 主机发现路由器及所在网络的前缀及其他配置参数

C. 路由器发现网络中主机的 IPv6 地址

D. 路由器发现网络中主机的前缀及其他配置参数

12. IPv6 主机 A 要与 IPv6 主机 B 通信，但不知道主机 B 的链路层地址，遂发送邻居请求报文。该邻居请求报文的目的地址是(　　)。

A. 广播地址　　B. 全部主机多播地址

C. 主机 A 的被请求节点组播地址　　D. 主机 B 的被请求节点多播地址

13. 在 IPv6 地址解析中使用的报文包括(　　)。(选择一项或多项)

A. 邻居请求和邻居通告　　B. 路由请求和路由通告

C. 路由器请求　　D. 路由器通告

14. TCP/IP 工具中的 ping 命令主要使用的是 ICMPv6 中的(　　)报文。

A. 目的地不可达　　B. 回送请求和回送应答

C. 路由器请求和路由器通告　　D. 邻居请求和邻居通告

15. IPv4 中由 ARP 处理的链路层地址解析功能在 IPv6 中是由 ICMPv6 中的(　　)报文来实现的。

A. 回送请求和回送应答　　B. 路由请求和路由通告

C. 邻居请求和邻居通告　　D. 重定向

二、实验题

实验：根据图 2.41 所示的拓扑结构，使用 eNSP 完成如下实验：

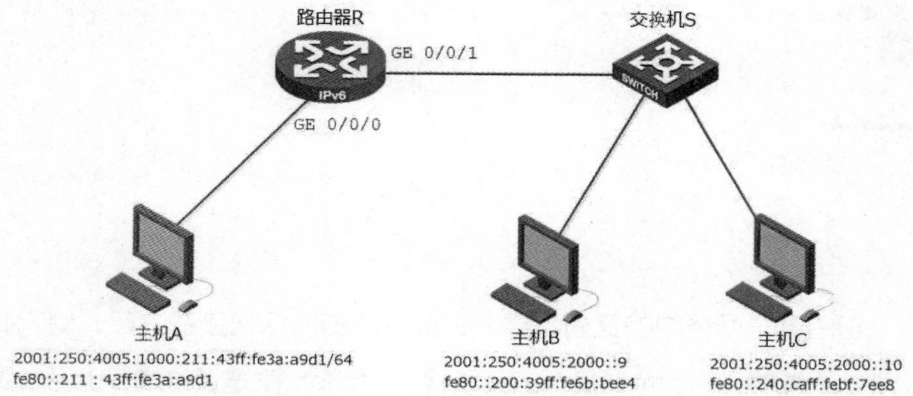

图 2.41　实验拓扑结构图

(1) 绘制该实验拓扑结构图。

(2) 配置路由器 R 接口 GE0/0/1 和 GE0/0/1 的 IPv6 地址，GE0/0/1 地址为 2001:250:4005:1000::1/64，GE0/0/1 地址为 2001:250:4005:2000::1/64。

(3) 配置如图 2.41 中主机 A、B、C 的 IPv6 地址。

(4) 在主机 A 上运行 Wireshark 抓包软件，获取 ICMPv6 报文并分析。

(5) 在主机 B 上运行 Wireshark 抓包软件，获取邻居请求报文并分析。

第 3 章

IPv6 路由技术与路由协议

路由器是网络中的交通枢纽，它把不同的网络连接在一起，使它们相互之间能够通信。全球最大的互联网 Internet 就是通过成千上万台路由器把世界各地的网络连接起来，使人们可以方便地开展各种业务、获取信息和共享资源。

路由器之所以具有如此大的作用，主要是通过路由器的寻径和转发这两个功能来完成的。本章将围绕路由器这两个最主要的功能来重点介绍在 IPv6 网络下的路由技术和路由协议，并利用 eNSP 路由软件进行静态路由、RIPng 和 OSPFv3 动态路由的实验及其分析。

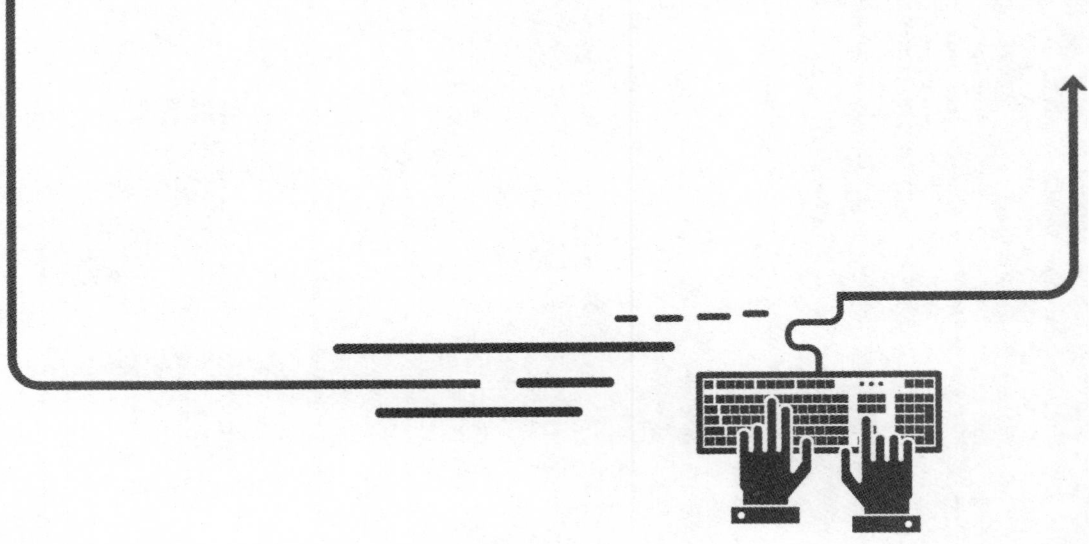

3.1 IPv6 路由原理

路由器工作在 TCP/IP 参考模型的网际层，主要作用是在互联网中寻找最佳路径。本节将从 IPv6 相关术语、IPv6 路由选择和路由转发原理等方面来介绍 IPv6 下的路由原理。

3.1.1 IPv6 路由技术的相关术语

下面是一些与 IPv6 路由技术有关的术语。

- 节点(Node)：可以实现 IPv6 协议的设备。
- 主机(Host)：不是路由器的节点。
- 路由器(Router)：可以根据 IPv6 数据包的地址转发数据的节点。
- 上层(Upper Layer)：IPv6 之上的协议层，例如 TCP 和 UDP 这样的传输协议。
- 链路(Link)：通信设备或者媒介。通过此设备或者媒介，节点可以在数据链路层进行通信。链路例子如 Ethernet、PPP、X.25、帧中继、ATM 或者其他协议(如 IPv4 和 IPv6 本身)上面的通道。
- 接口(Interface)：节点和链路的网络接口。
- 邻居(Neighbors)：同一个链路上相连的节点。
- 地址(Address)：接口或者一系列接口的 IPv6 标识。
- 数据报(Datagram)：信息包的同义词，也称为数据包。
- 信息包(Packet)：IPv6 层 PDU(Protocol Data Unit，协议数据单元)，即 IPv6 报头加上有效载荷。
- 最大传输单元(Maximum Transmission Unit，MTU)：某链路的最大传输单元，以字节表示，能通过链路完整传输的信息包的最大尺寸。
- 路径 MTU(Path Maximum Transmission Unit)：源节点和目的节点之间的路径上所有链路的最小链路 MTU。

3.1.2 路由器的工作原理

1. 路由器的工作机制

路由器是用来连接不同的子网或网络的，处于不同子网或网络中的节点彼此之间的通信是通过路由器来实现的。

路由器具有多个网络接口，每个接口都会连接到不同的子网或网络中，并且都必须配置唯一的 IPv6 地址，每个地址都具有自己唯一的前缀，而且每个接口的 IP 地址的前缀要求必须与所连接 IP 子网的前缀相同。路由器中不同的网络接口都具有不同的网络前缀，对应于不同的 IP 子网，这样才能使各子网中的节点将数据包发送到与自己具有相同网络前缀的路由器的网络接口上。路由器正是通过其网络接口实现了不同子网之间的连接，而且通过路由器接口和子网之间的相同的网络前缀实现它们之间的数据转发。

为了完成不同子网或网络之间数据的转发，每台路由器都必须维护一个路由表，每个

路由表包含了目的地址的列表，主要有网络前缀和长度。路由器通过查询路由表来决定向哪个方向转发数据。

当路由器收到 IP 数据报后，首先要对该报文进行判断，然后根据判断的结果再做进一步的处理。如果数据报是无效或错误的，路由器会将报文丢弃；否则路由器会根据数据报的目的 IP 地址并在查询路由表的基础上转发该报文。如果这个数据报的目的 IP 地址的网络前缀在与路由器直接相连的一个子网上，路由器会通过相应的接口把报文转发到目的子网上去；否则会把它转发到下一跳路由器。数据报的目的地址与下一跳路由器之间的对应关系和网络的拓扑结构有关。路由器总是认为下一跳更接近数据报的目的地。使用这种处理策略的原因是，在 IP 网络中采用的是“逐跳(hop-by-hop)”转发方式，IP 并不知道到达任何目的地的完整路径(除了那些与主机直接相连的目的地)。所有的 IP 路由选择只为数据报传输提供下一站路由器的 IP 地址。它假定下一站路由器比发送数据报的主机更接近目的，而且下一站路由器与该主机是直接相连的。

2. IPv6 路由选择

在上面的数据转发过程中，确定数据传送的最佳路径是由路由选择决定的。所谓路由选择，就是指选择最佳路由的方法和方式。最典型的路由选择策略有两种——静态路由和动态路由。

(1) 静态路由。

静态路由是最简单的路由形式。它由管理员负责完成发现路由和通过网络传播路由的任务。在已经配置了静态路由的路由器上把报文直接转发至预定的接口。

静态路由可以使网络更安全，因为在路由器中，它只定义了一条流进和流出网络的路径(这里不排除设置多条静态路由的情况)。此外，静态路由可以节省网络传输带宽。无须路由器的 CPU 来计算路由，只需要少量的内存。

当然静态路由也有缺点，如网络发生问题或拓扑结构发生变化时，网络管理员就必须手工调整这些改变。因此，静态路由比较适合小型网络。

(2) 动态路由。

动态路由是指按照一定的算法，发现、选择和更新路由的过程。动态路由协议是网络设备学习网络中路由信息的方法之一，动态路由协议可以随着网络拓扑结构的变化而变化，在较短时间内自动更新路由表，使网络达到较快的收敛状态。

由于 Internet 是一个全球范围的网络，如果路由器上所存在的路由表太多，处理起来将使得开销太大，需要太多的时间。为了解决这一问题，Internet 被划分为许多较小的单元，这些较小的单元被称为自治系统(Autonomous System，AS)。一个自治系统内的所有网络都属于一个单位来管辖。

按照自治系统的范围，路由选择协议可以分为两类，即内部网关协议(Interior Gateway Protocol，IGP)和外部网关协议(External Gateway Protocol，EGP)。

内部网关协议是指在一个自治系统内部所使用的路由选择协议，与互联网的其他自治系统选用何种路由协议无关。目前这类路由协议使用得最多，主要有路由信息协议(RIP、RIPng)和开放式最短路径优先协议(OSPF、OSPFv3)两种。其中 RIPng 和 OSPFv3 支持 IPv6。

若源网络和目的网络处在不同的自治系统中，当数据报文传到一个自治系统的边界

时，就需要一种协议将路由信息传递到另一个自治系统中，这样的协议就是外部网关协议 EGP。在外部网关协议中目前使用最多的是 BGP。为了支持 IPv6，BGP 扩展了其属性，形成了 BGP4+。

本章将在 3.2～3.4 节中专门讨论 IPv6 下的路由协议 RIPng、OSPFv3 和 BGP4+。

3. IPv6 数据报的转发原理

通常，路由器转发进程需要使用每个 IPv6 数据包的路由表，首先在路由表的一系列子网中查找目标地址所属的子网，如果 IPv6 数据包发送的目标地址是处在同一个子网，那么采用 IPv6 邻居发现协议就能够实现同一子网络中的节点的通信；反之，就需要将 IPv6 数据包路由到相关的下一跳。

图 3.1 显示了 IPv6 数据包转发的过程。

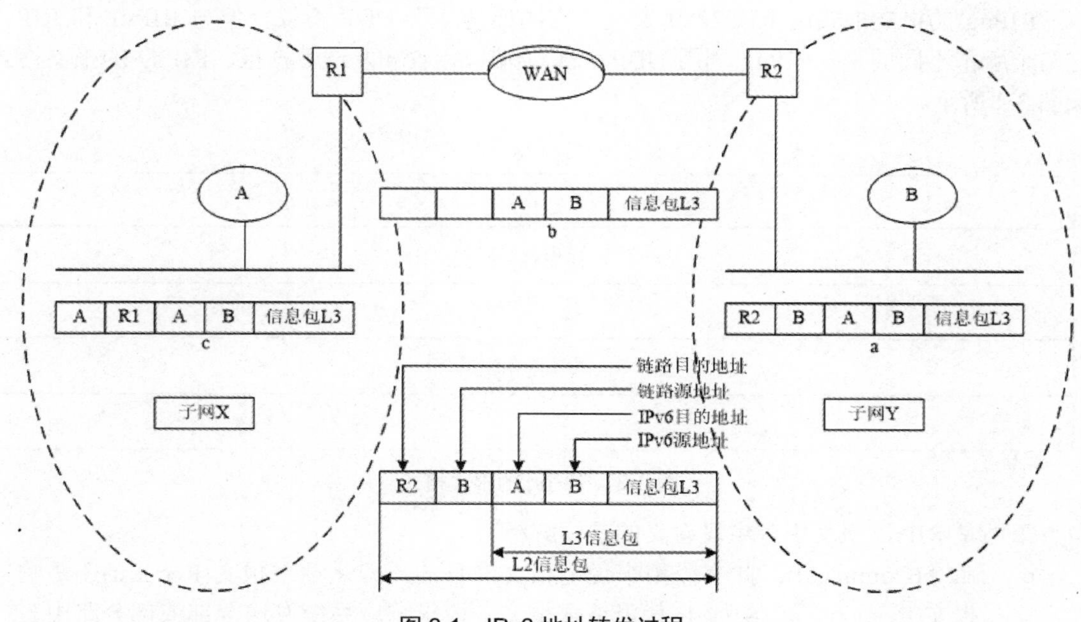

图 3.1　IPv6 地址转发过程

假设把一个数据包从主机 B 传输到主机 A，传输过程分为下面几个阶段，共涉及 3 个标识为 a、b、c 的不同数据包。

(1) 主机 B 产生一个 IPv6 数据包，目标地址为主机 A，发送地址为主机 B。这个数据包在到达目的地之前不会发生任何改变。B 检查 A 是否在同一个 LAN。如果是，就采用 IPv6 邻居发现协议完成同一子网之间的通信；如果不是，B 把 IPv6 数据包放入数据链路层封装，目标链路地址等于 R2，发送链路地址等于 B(数据包 a)，从而向 R2 发送一个消息。

(2) 路由器 R2 接收到数据包，然后使用它的路由表来确定在点对点 WAN 上传输数据包。在这个例子中，假设采用的是点对点通道，数据包 b 不需要链路层地址。

(3) 路由器 R1 接收到数据包，由于 IPv6 的目标地址等于它的 3 层地址，它不再在网络中进一步传输数据包，而是把它送到上面的层中。

对于 IPv6 来说，为了保证子网中第 3 层地址和第 2 层地址之间的正确映射，IPv6 使用的是 IPv6 邻居发现协议。

3.2 路由信息协议 RIPng

为了使 RIP 协议支持 IPv6 网络，IETF RIP 工作小组于 1997 年推出了 RFC2080 标准，称为 RIPng。该协议是针对 IPv6 的特点，在 RIP(包含 RIPv1 和 RIPv2)的基础上改进而成，其算法和工作原理与 RIP 基本相同，因而也是基于距离矢量路由算法的动态路由协议，属于内部网关协议。本节主要介绍 RIPng 的报文格式和工作原理。

3.2.1 RIPng 的报文格式

RIPng 的报文格式由 RFC2080 定义，它同样是基于 UDP 协议，但与 RIPv1 和 RIPv2 这两个版本不同的是，RIPng 利用 UDP 521 号端口接收和发送数据报。RIPng 的报文格式如图 3.2 所示。

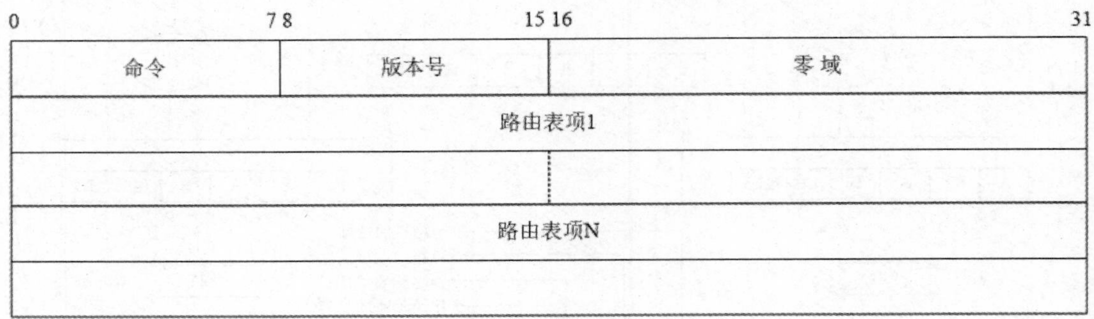

图 3.2　RIPng 的报文格式

下面是 RIPng 报文中各字段含义的具体解释。

- 命令(Command)：此字段用来说明报文的目的，即是请求报文(Request)还是响应报文(Response)。值为 1 代表请求报文，请求响应系统发送全部或部分路由表；值为 2 代表响应报文，包含发送者的全部或部分路由表的消息。这一消息可以是在响应请求时发送的，也可以是发送者产生的未经请求的路由更新消息。
- 版本号(Version)：该字段指明了 RIPng 所使用的版本号，目前的版本号是 1。
- 路由表项(Route Table Entry，RTE)：该字段是对网络路由的真正描述，指定了一个可到达 IPv6 目的网络。每个路由表项占用 20 个字节，它由 IPv6 地址前缀、路由标签、前缀长度和到目的网络的代价(即度量)等 4 部分组成，其格式如图 3.3 所示。

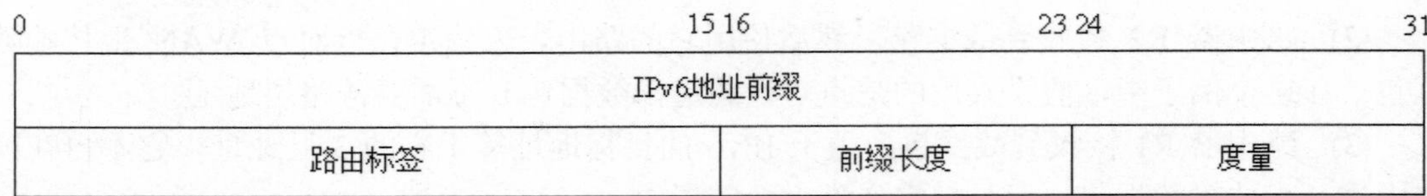

图 3.3　RIPng 路由表项格式

图 3.3 中，各字段的含义解释如下。

- IPv6 地址前缀(IPv6 Prefix)：该字段是 128 比特的特定网络目的地址，按网络字节顺序存成 16 字节的 IPv6 地址前缀。
- 路由标签(Route Tag)：该字段主要用途是标识外部路由，以区分内部 RIP 路由和外部 RIP 路由，其可能是从 EGP 或其他 IGP 学习来的路由。
- 前缀长度(Prefix Length)：该字段是指从前缀字段的左端开始到右端重要部分的比特数，其有效值为 0～128。
- 度量(Metric)：该字段指明了到达一个目的网络的成本，其有效值为 1～15，它说明了至目的站的当前度量；值 16(无穷)表明目的节点不可达。

RIPng 提供了指明下一跳 IPv6 地址的能力，这个下一跳是到一个路由表项目指明的目的地址的分组应该发往的下一站，方法与 RIPv2 相同。在 RIPv2 中，每个路由表项目都有一个下一跳域。但在 RIPng 中，若每个 RTE 都包含一个下一跳的话，将使 RTE 的大小增加一倍。因此，在 RIPng 中，下一跳用一个专门的 RTE 来说明并适用于一个 RIPng 分组中紧跟该下一跳 RTE 的其他 RTE 地址，直到该 RIPng 分组结束或再有新的下一跳 RTE 出现为止。度量值设为 0xFF 表明此 RTE 为下一跳 RTE，下一跳 RTE 中的路由标签和前缀长度在发送时设为 0，而接收时忽略。其格式如图 3.4 所示。

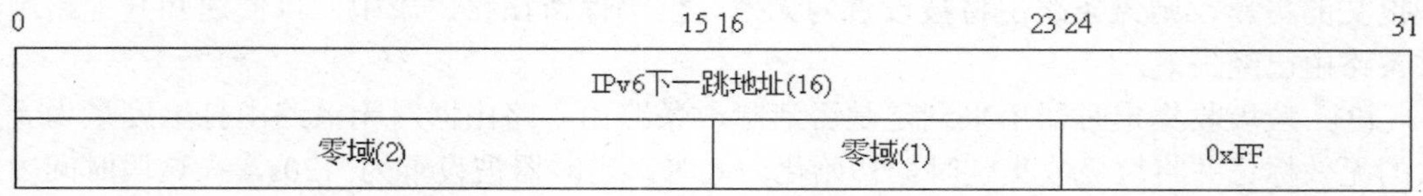

图 3.4　RIPng 下一跳路由表项格式

下一跳 RTE 的前缀域为 0:0:0:0:0:0:0:0，表示下一跳地址为发送通告的 RIPng 路由器。注意下一跳地址必须是一个链路本地地址。

使用下一跳 RTE 的目的是消除分组在系统中转发时不必要的跳转。当一个网络上并非所有路由器都使用 RIPng 协议时，这一机制尤其有用。注意下一跳 RTE 是建议性的，也就是说，假如提供的信息被忽略的话，可以采用一条可能是次优的但完全有效的路由。假如收到的下一跳地址不是一个链路本地地址，它应当作 0:0:0:0:0:0:0:0 看待。

需要说明的是，RIPng 默认报文已经使用了 IPSec 来进行加密或鉴别，所以在 RIPng 中没有单独引入鉴别机制；RIPng 也使用多播，多播地址为 FF02::9。

3.2.2　RIPng 的基本工作原理

运行 RIPng 协议的每个 IPv6 路由器都要维护一个到所有可能目的网络的路由表，该路由表包含了目的地址和开销等距离矢量的信息，它随着与其直接相连或通过 IPv6 路由器相连的网络连接情况而动态地变化。

IPv6 路由器周期性地(RFC2080 推荐为 30s)向它直接相连的网络邻居发送它的路由表，每个接收路由器根据收到的信息来更新自己的路由表，并向它自己的邻居直接转发。每个相邻的路由器通过交换这些路由信息，形成了自己的路由表，然后每个 IPv6 路由器根据路由表对它的 IP 数据包进行转发，从而实现路由功能。

路由器通常不会主动发出请求报文来进行路由请求，通常的情况是：在路由器刚启动或路由器正在寻找路由信息时才会发出请求报文以获得响应。

响应报文一般是路由器在查询响应、周期更新和触发更新三种情况下发生。路由器根据响应报文判断是否对本地路由表进行更新。由于响应报文可能对本地路由表进行改动，因此对报文的来源必须进行严格的检查，以确认报文的合法性。

在 RPng 路由器进行周期更新和触发更新的过程中，计时器起着非常重要的作用。通常，RIPng 依靠 3 个计时器来维护路由表，这 3 个计时器分别为更新计时器(Update Timer)、超时定时器(Timeout)和垃圾收集定时器(Garbage-collection Timer)。

(1) 更新计时器用来激发 IPv6 路由器中路由表的更新。每个 RIPng 节点只有一个更新计时器，时间设置为 30s，每隔 30s 路由器会向其邻居通告自己的路由表信息。需要注意的是，更新定时器所设置的 30s 是一个具有偏差的随机数，即该定时器一般情况下被设置成 25～35 之间的任一随机数。这样设置的目的是为了避免网络上所有路由器以相同的定时发送更新报文，可以利用随机间隔均衡通信量，从而减少路由器之间发生冲突的可能性。

(2) 超时定时器用来判定某条路由是否可用。每条路由有一个超时定时器，设为 180s。当一条路由激活或更新时，该定时器初始化。如果一条路由在 180s 之间没有收到相关报文的更新，则该条路由将被设置为无效，但仍保留在路由表中，以便通知其他路由器这条路由已经失效。

(3) 垃圾收集定时器用来判定是否清除一条路由。路由器对无效路由打上度量为无穷大的无效标记并将垃圾收集定时器初始化。此时，定时器被设置为 120s，在这段时间内这些路由仍然会被路由器周期性地广播，这样相邻路由器就能迅速从路由表中删除该路由。

图 3.5 显示了 RIPng 路由器间交互信息的工作过程。

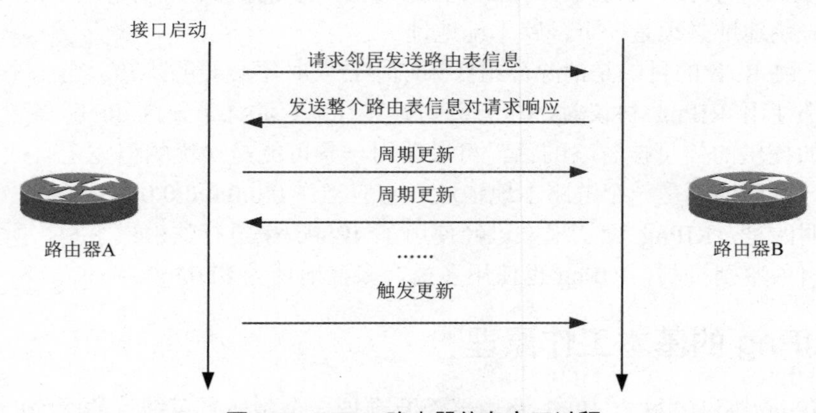

图 3.5　RIPng 路由器信息交互过程

图 3.5 中 RIPng 路由器信息交互具体过程如下。

(1) 当在路由器 A 的某接口上启动 RIPng 后，接口使用多播地址 FF02::9 向邻居路由器 B 发送信息请求，请求邻居给自己发送 RIP 路由表信息。

(2) 邻居路由器 B 接收到路由表信息请求，发送整个 RIP 路由表信息对请求进行响应。

(3) 路由器 A 和路由器 B 在启动后就开始周期性发送，周期性更新。

(4) 路由器 A 检测到路由变化时，以多播形式向邻居发送触发更新，通知邻居路由的变化情况。

为了进一步地了解 RIPng 的工作原理，下面对距离矢量的计算和路由表的建立过程等进行较为详细的分析。

1. 距离矢量的计算

RIPng 采用的是一种距离矢量算法。距离矢量算法是基于下面的计算公式：

$$D(i,i)=0,\ D(i,j)=\min[d(i,k)+D(k,j)]$$

其中，D(i,j)表示从节点(节点为网络或路由器)i 到节点 j 的最短距离，d(i,k)表示从节点 i 到 k 的直接路径的距离，也就是说节点 i 和 k 之间没有中间节点。

在 RIPng 协议中，对距离的概念进行了简单化的处理，采用了路由器的跳数作为距离的度量。通过这个跳数的度量来表示 RIPng 节点和所有已知目的地之间的距离，这种距离信息使 IPv6 路由器可以找出到目的地的下一跳。在 RIPng 路由表中，对同一目的只保留一条度量最小的路径，具体的路由更新规则如图 3.6 所示。

图 3.6　路由更新规则

图 3.6 中，当路由器 R 接收来自 G 的关于到 D 的路由时，R 检查路由表中的每一个表项，对每一个具有相同目的地 D 的路由按如下公式进行比较：

$$Cost(R,G)+Cost(G,D)<Cost(R,D)$$

其中 cost(i,j)表示 i 到 j 的最短路由的费用。如果上述关系成立，那么路由器 R 就需要将路由器 D 的路由度量更新为：

$$Cost(R,G)+Cost(G,D)$$

但是如果目前由 R 到 D 的路由经过 G，当从 G 传来一个新的更新信息时，R 必须更改它对该路由设置的费用，而不管 G 发来的路由度量是增加还是减少费用。

2. 路由表的建立过程

在 IP 网络中，路由器的一项重要工作就是路由表的动态维护，路由器所做的工作就是根据路由表来完成对 IP 包的快速转发。

图 3.7 给出了使用 RIPng 协议时路由表的建立过程，路由表中“—”表示直接相连，最初，所有路由器的路由表中只有与该路由器直接相连网络的路由，接着，各路由器每隔 30s 向其相邻路由器广播 RIPng 报文，即路由表信息。

在图 3.7 中，路由器 2 先收到路由器 1 和路由器 3 的路由信息，然后就更新自己的路由表，更新后的路由表再发送给路由器 1 和路由器 3，路由器 1 和路由器 3 分别再进行更新。在实际更新过程中，由于 RIPng 报文的交互具有随机性，可能是路由器 1 先收到路由器 2 的信息，随即更新后又发给路由器 2，但不管 RIPng 报文交互的顺序如何，最终总能收敛到最后的路由表。

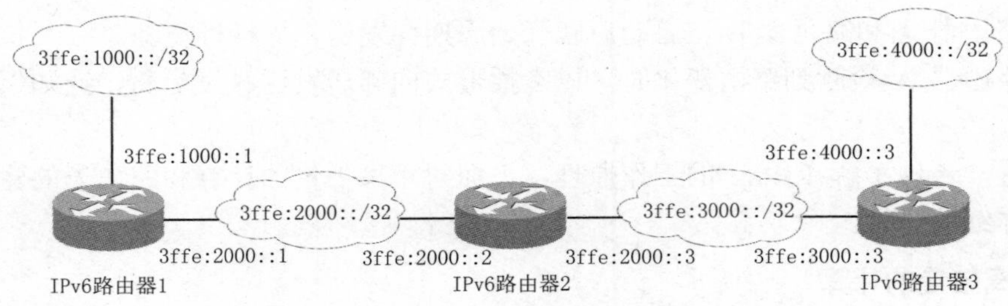

(a) RIPng 协议拓扑结构

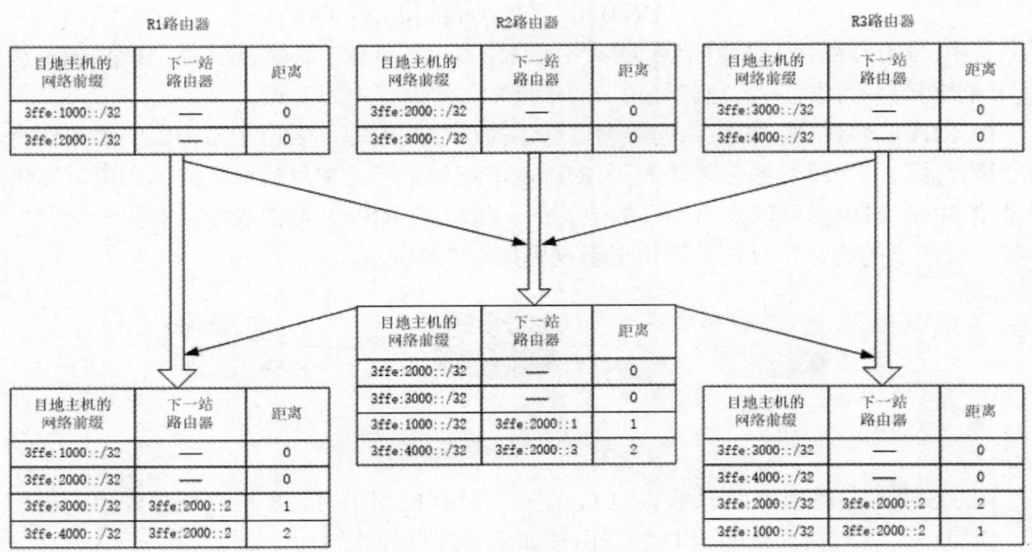

(b) RIPng 路由表的建立过程

图 3.7　RIPng 路由表的建立过程

3.2.3　RIPng 的主要缺陷

由于 RIPng 协议是以 RIP 为基础的，因而就不可避免地继承了 RIP 协议的一些缺陷。下面就列出了 RIPng 的一些主要缺陷。

- 跳数限制。RIPng 是设计用于较小的网络系统中的。因此，假设链路开销的度量的默认值不变，则它执行严格 15 跳的跳数限制，即把网络最大直径限制在 15 跳。这就限制了 RIPng 应用于较大规模的网络。
- 固定的度量。RIPng 对链路开销默认是用跳数来衡量的。虽然管理人员可以配置开销度量，但它们的特性是静态的。RIP 不能实时地更新开销，以适应它在网络中遇到的变化。这就意味着 RIPng 特别不合适必须根据网络状况的变化实时计算路由的高动态网络。例如，假如一个网络支持对时间敏感的应用，有些路由协议可以根据它的传播设备测算出时延或者甚至根据某给定设备的当前负荷计算路由，而 RIPng 是不支持这种实时路由计算的。
- 慢收敛。RIPng 的周期更新定时器的默认值是 30s，而超时定时器的默认值则是 180s，也就是要等 180s 才能宣布一条路由无效。而这还只是收敛一条路由所需的时间，有时可能要花好几个更新才能完全收敛于新拓扑。RIPng 路由收敛缓慢，为把已无效的路由广播成有效路由提供了大量的机会。显然，无论从整体角度看，还是从单个用户的角度来看，这都对网络的性能极其不利。

- 不能进行动态负荷平衡。RIPng 的一个重大缺陷是它不能动态平衡负荷。比如一个路由器与其网络中的另一个路由器通过两条串行线连接起来时，在理想情况下，路由器应在两条串行连接间尽可能地平分流量，这将使两条链路上的拥塞最小化并优化性能；然而 RIPng 不能进行这种动态负荷平衡。它将使用首先知道的这两条物理连接中的任何一条，尽管另一条连接也可用。

需要指出的是，有些缺点是由于 RIPng 所依托的距离矢量路由算法造成的，而与 RIPng 协议的具体规范无关。

3.3　开放最短路径优先协议 OSPFv3

类似于 RIP，开放最短路径优先协议(Open Shortest Path First，OSPF)也存在着对 IPv6 网络的支持问题。为此，IETF 在 1999 年 12 月发布了基于 IPv6 的 OSPF 路由协议标准 RFC2740。在标准中，将这种基于 IPv6 的 OSPF 路由协议称为 OSPFv3，即 OSPF 版本 3。OSPFv3 同 OSPFv2 一样，在基本的原理上没有变化。但为了适应 IPv6 协议的特殊需要，OSPFv3 在一些术语、报文格式、报文类型以及相应的处理上发生了变化。目前，关于 OSPFv3 最新的规范是 2008 年 7 月发布的 RFC5340，它与 RFC2740 相比，主要是在链路通告、认证及安全性方面做了一些修改。因此，本节将还是以目前普遍使用的 RFC2740 为基础来介绍 OSPFv3 的一些基本概念，并重点讲述 IPv6 下的 OSPFv3 的报文格式和工作机理。

3.3.1　OSPFv3 相关的术语

OSPFv3 是一个非常庞大的动态路由协议，涉及一些专用的术语。因此，在讨论 OSPFv3 的基本工作原理之前，先介绍这些相关的术语。

1. 链路状态通告和链路状态数据库

链路状态通告(Link State Advertisement，LSA)用于描述网络拓扑结构中每一条链路的相关信息，这些信息包括路由器的各个可用接口，可达的邻接路由器和链路状态信息等。

链路状态数据库(Link State Database，LSDB)是指运行 OSPFv3 协议的路由器中维护的一个反映网络拓扑结构和链路状态的数据库，它实际上就是一张完整的网络拓扑结构图，路由器可以按照该图计算出其到目的网络各自的最短路由。

2. 区域与路由器分类

当自治系统非常大时，如果每个 OSPFv3 路由器都维持一个关于整个自治系统的链路状态数据库 LSDB，那么这个数据库的内容将是非常庞大的，而这必将消耗路由器大量的计算和存储资源；而且，一旦网络中某一链路状态发生变化，会引起整个网络中每个路由器都重新计算一遍自己的路由表，既浪费了巨大的资源与时间，又会影响 OSPFv3 协议的

性能。

为了解决上述问题，OSPF 协议将一个自治系统划分为若干个更小的范围，这些更小的范围被称为区域(Area)。图 3.8 表示了一个划分为 4 个区域的自治系统，这 4 个区域分别被编号为 0、1、2 和 3。

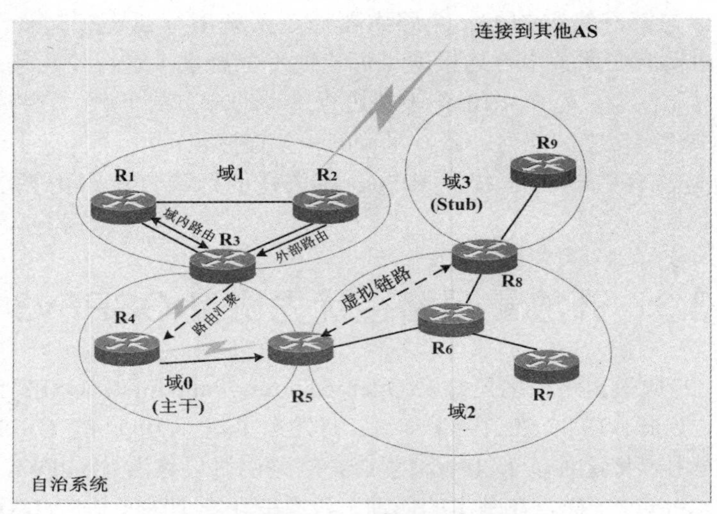

图 3.8　划分为 4 个区域的自治系统

在图 3.8 中，根据这 4 个域的作用，将它们分为主干域(区域 0)和普通域(非 0 域)。主干域属于区域 0，是一个特殊的 OSPF 区域；普通域属于非 0 域，所有非 0 域都要和主干域相连。主干域负责在区域之间分发路由信息，即任何两个非 0 区域之间的信息交互都要通过区域 0，它们不能进行直接的路由信息交互。因此，OSPFv3 就要求所有非 0 域都要和主干域相连，但很多情况下，一个非 0 域未必和主干域之间有直接的物理连接，在这种情况下，为了满足主干域必须和非 0 域相连，就引入了虚连接的概念。如图 3.8 中，R5 和 R8 之间就形成了一个虚连接，解决了非 0 域 3 和主干域的连接。主干域用数字 0 或者用点分十进制 0.0.0.0 来标识。

根据不同的域对外部路由的需求不同，又可以将普通域分为传输域、Stub 域和 NSSA (Not So Stubby Area)域三种。传输域内可以生成和注入外部路由；Stub 域是只通过一个区域边界路由器与主干区域联结的区域，既不生成也不注入外部路由；NSSA 域可以为其他域生成外部路由，但该域内不需要注入其他外部路由。

由于区域的划分，就产生了不同类型的 OSPFv3 路由器。

按照其功能不同，OSPFv3 路由器可以分为 4 类：区域内部路由器(Internal Router)、区域边界路由器(Area Border Router)、主干路由器(Backbone Router)和自治系统边界路由器(AS Boundary Router)。

(1)　区域内部路由器。

如果一个路由器所有的接口都被定义在同一个区域内，则该路由器是一个区域内部路由器，它只能运行一套基本的路由算法。在图 3.8 中，IPv6 路由器 R4 的所有接口都属于主干域，IPv6 路由器 R1 和 R2 的所有接口都属于区域 1，IPv6 路由器 R6 和 R7 的所有接口都属于区域 2，IPv6 路由器 R9 的接口都属于区域 3。所以 R1、R2、R4、R6、R7、R9

都是区域内部路由器。

区域内部路由器只能同本区域内的其他路由器(包括区域内部路由器和隶属于本区域的区域边界路由器)交换 LSA。例如，图 3.8 中的 IPv6 路由器 R4 只能和 R3、R5 交换 LSA；IPv6 路由器 R1 只能和 R2、R3 交换 LSA；IPv6 路由器 R6 只能和 R5、R7、R8 交换 LSA 等。

(2) 区域边界路由器。

与多个区域相连的路由器被称为区域边界路由器。一个区域边界路由器连接主干域(区域 0)和至少一个非 0 的区域。也就是说，区域边界路由器至少有一个接口被定义为区域 0。图 3.8 中的 IPv6 路由器 R3 和 R5 就是区域边界路由器。其中，R3 连接了主干域和区域 1；R5 连接了主干域和区域 2。区域边界路由器可以运行多套基本的路由算法，每套算法对应它相连的一个区域。

(3) 主干路由器。

至少有一个接口被定义成区域 0(主干域)的路由器被称为主干路由器。这样，任何将一个非 0 域同主干域连接起来的路由器既是区域边界路由器，也是主干路由器。按照这种定义，区域边界路由器一定是主干路由器，但反之未必成立。例如，在图 3.8 中，IPv6 路由器 R3、R4、R5 都是主干路由器，但只有 IPv6 路由器 R3 和 R5 是区域边界路由器，而 R4 则不是。主干路由器负责维护主干域上的拓扑信息，以及为自治系统中的非 0 域传播各区域聚合后的拓扑信息。

(4) 自治系统边界路由器。

虽然 OSPFv3 是一种在 AS 内部(内部网关)实现的路由协议，但运行 OSPFv3 的 IPv6 路由器也可以与其他 AS 中的 IPv6 路由器交换路由信息。这种能与其他 AS 交互路由信息的路由器，在 OSPFv3 中称为自治系统边界路由器(Autonomous System Border Router，ASBR)。图 3.8 中的 IPv6 路由器 R2 就是一台自治系统边界路由器 ASBR，当然，它也是一台主干路由器。ASBR 要向整个自治系统广播自治系统外的路由信息，自治系统内的所有路由器都知道通往 ASBR 的路径。

OSPFv3 的区域划分产生了三种不同类型的路由：域内路由(Intra-area Route)、域间路由(Inter-area Route)和自治系统外部路由(AS External Route)。

总之，通过引入区域的概念，使每个区域内部维持本区域的统一的链路状态数据库 LSDB，在同一区域内的路由器共享相同的信息，所以它们具有一致的 LSDB。不同区域的 LSDB 是不一样的，也就是说，区域内的拓扑结构对自治系统的其他部分是不可见的。各区域内的 OSPFv3 路由器根据自己的 LSDB 建立各自的路由表。位于区域边界处的区域边界路由器把所连的各个区域的内部路由总结后在域间扩散。这样，当网络中的某条链路状态发生变化时，此链路所在的区域中的每个路由器重新计算本域路由表，而其他域中的路由器只需修改其路由表中的相应条目而无须重新计算整个路由表，从而节省了路由收敛的时间。这种将一个自治系统划分为多个区域的方法，不仅加快了 OSPFv3 的汇聚，而且增强了网络的可扩展性。

3. 邻居和近邻

如果两个路由器之间直接可达，则称它们是“邻居”(Neighbor)，或者说它们是邻居关系；如果两个邻居路由器直接进行链路状态数据库 LSDB 的交互和同步，则称它们是“近邻”(Adjacency，也叫做邻接)，或者说它们是近邻(邻接)关系。邻居与近邻(或邻接)这两个概念很容易混淆，但含义却不一样，“近邻”一定是“邻居”，反之未必成立。只有进行 LSDB 同步的“邻居”才是“近邻(邻接)”。OSPF 路由器只与它的近邻路由器交换路由选择信息。

4. 指派路由器 DR 和备份指派路由器 BDR

为了减少在广播网络和非广播多路访问网络(Non-Broadcast Multiple Access，NBMA)中传播的路由信息，OSPFv3 引入了指派路由器(Designated Router，DR)和备份指派路由器(Backup Designated Router，BDR)。

在每个广播或 NBMA 网络中，都要选举一个 OSPFv3 路由器作为 DR。DR 主要为路由协议执行两项功能：

- 代表所在网络生成网络 LSA。这个 LSA 列出了当前连到该网络上的所有路由器，该 LSA 的链路状态 ID 是 DR 的 IP 接口地址。
- DR 和所在网络上所有的其他路由器形成近邻关系。既然链路状态数据库 LSDB 通过近邻关系同步(利用近邻关系的建立和泛洪过程)，那么 DR 在 LSDB 的同步过程中就起着非常重要的作用。这里说明一点，网络中的非 DR(BDR)路由器相互之间仅仅建立邻居关系，而不是近邻关系。

DR 是所在网络中所有近邻关系的终点。为了优化在广播或 NBMA 网络上的泛洪，DR 向与之建立近邻关系的 IPv6 路由器多播它的链路状态信息包，而不是在每个近邻关系上发送独立的包。

一般来说，当 DR 改变时，会导致网络和它连接的所有路由器生成新的 LSA，一直到网络中所有 OSPFv3 路由器的 LSDB 重新一致。因此，最好不要频繁地更换 DR。

由于种种原因，有时 DR 的身份不得不发生变更。这时，为了顺利过渡到一个新的 DR，每个广播或 NBMA 网络中还要有一个备份指派路由器 BDR。

BDR 也要与所在网络上的所有路由器形成近邻关系。假如没有 BDR，当需要一个新的 DR 时，需在新 DR 和网上所有路由器之间建立近邻关系。建立近邻关系的一个重要步骤是 LSDB 的同步，这可能要花很长一段时间，而在这段时间内该网络不能用于传输数据。有了 BDR，当需要一个新的 DR 时，就不必再重新形成这些近邻关系。这意味着业务传输的损耗只持续泛洪 LSA(宣布新 DR)所需的时间。

BDR 不为网络生成网络 LSA。在泛洪过程的某些步骤中，BDR 起着被动作用，让 DR 做大部分工作。这就减少了本地的路由业务量。

通过上面的介绍不难看出，引入 DR 和 BDR 后，可以大大减少广播或 NBMA 网络中的 LSDB 信息交换，因为这时只是需要在 DR(BDR)和其他路由器之间建立近邻关系就可以了。

3.3.2 OSPFv3 报文格式

OSPFv3 报文直接运行在 IPv6 网络层上，不需要 TCP 或 UDP 协议支持。当 IPv6 数据报头中的下一个报头字段的值为 89 时，表明这是一个含有 OSPF 报文的数据报，其格式如

图 3.9 所示。

IPv6报头 (下一个报头=89)	OSPFv3报头	OSPFv3报文数据

图 3.9 IPv6 OSPFv3 报文的封装

在 IPv6 报文中，所有的 OSPFv3 都具有一个相同格式的 16 字节的公共的 OSPFv3 报头，其格式如图 3.10 所示。

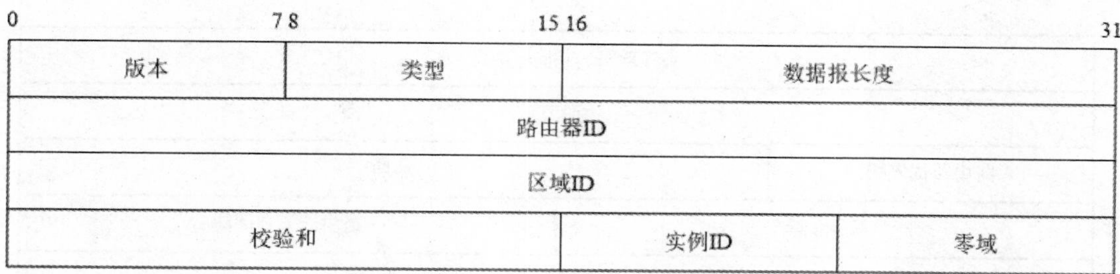

图 3.10 OSPFv3 的公共 OSPFv3 报头

对图 3.10 中各字段的含义解释如下。

- 版本(Version)：该字段是指 OSPF 的版本号。基于 IPv6 的 OSPF 现行版本为 3。
- 类型(Type)：该字段指出了报头后面的报文类型。OSPFv3 报文类型有 5 种，如表 3.1 所示。

表 3.1 OSPFv3 报文类型

类型字段值	类型名称
1	Hello 报文(Hello Packet)
2	数据库描述报文(Database Description Packet)
3	链路状态请求报文(Link State Request Packet)
4	链路状态更新报文(Link State Update Packet)
5	链路状态确认报文(Link State Acknowledgment Packet)

- 数据报长度(Packet Length)：该字段包括了 OSPFv3 报头在内的数据报的长度，以字节计。
- 路由器 ID(Router ID)：该字段是指产生该报文的路由器标识。在 IPv6 网络中，路由器 ID 不具有任何实际意义，它仅仅是用来在网络中唯一地标识一台路由器，长度为 32 比特。
- 区域 ID(Area ID)：该字段指明接口所在的标识，用来区别不同区域的 OSPFv3 数据报。
- 校验和(Checksum)：该字段指明了每个 OSPFv3 报头都有一个两字节的校验和字段。校验和字段用于检测在传送过程中报文是否遭到破坏。在 OSPFv3 中，校验和的计算要包括从 OSPFv3 报头开始的整个数据包。
- 实例 ID(Instance ID)：该字段允许在单一的链路上运行多个 OSPFv3 实例。
- 零域：该字段必须为 0。

OSPFv3 就是通过表 3.1 中的 5 种不同报文的交互来同步链路状态数据库，进而计算最短路径树，再得到路由表。以下分别介绍这 5 种报文类型的报文格式。

1. Hello 报文

OSPFv3 的 Hello 报文类型为 1，其作用就是负责初始化工作，建立和维护 OSPFv3 路由器之间的邻居关系，选取指派路由器 DR 和备份指派路由器 BDR。Hello 报文的格式如图 3.11 所示。

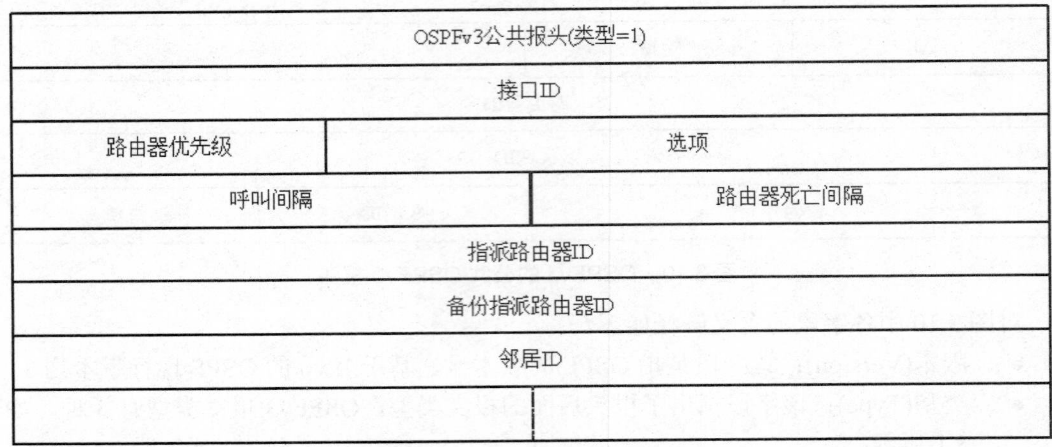

图 3.11　Hello 报文格式

对图 3.11 中 Hello 报文各字段的含义说明如下。

- 接口 ID(Interface ID)：该字段标明了发送 Hello 报文的路由器接口标识。
- 路由器优先级(Rtr Pri)：此字段用于 DR 和 BDR 的选举算法。
- 选项(Options)：该字段描述了路由器的可选能力，占 3 个字节。在 OSPFv3 的 Hello 报文、数据库描述报文和特定的链路状态通告(如路由器 LSA、网络 LSA、区域间路由器 LSA 和链路 LSA)中都设置了这一选项字段。目前，0～17 共 18 比特为保留将来使用，18～23 共 6 比特，每比特位的名称如图 3.12 所示。

0(保留18bit)	DC	E	MC	N	R	V6

图 3.12　OSPFv3 选项域

图 3.12 中，各比特代表的含义如表 3.2 所示。

表 3.2　可选字段的含义

比特位	选项名称	含　义
0～17	未使用	保留将来使用
18	DC	如果这个 bit 置位，表示路由器想要抑制在这个接口上发送 Hello 报文
19	R	用来标明该路由器是否可以接收外部路由
20	MC	标明是否转发多播包
21	N	用来标明路由器所在的域是否为 NSSA 域

续表

比 特 位	选项名称	含　义
22	R	用来标明该节点是否为路由器，增加了对那些参与路由的多宿主机的支持
23	V6	用来标明当前网络是否是 IPv6

- 呼叫间隔(Hello Interval)：该字段是指发送 Hello 报文的间隔。
- 路由器死亡间隔(Router Dead Interval)：该字段是指没有收到路由器的 Hello 报文而宣布其死亡的时间间隔。
- 指派路由器 ID(Designated Router ID)：该字段只有在广播和 NBMA 网络上才有意义，它是发送 Hello 报文的路由器所在网络上的 DR 的标识。
- 备份指派路由器 ID(Backup Designated Router ID)：该字段同指派路由器一样，也只在广播和 NBMA 网络上才有意义。
- 邻居 ID(Neighbor ID)：该字段是指邻居的路由器标识，在一个 Hello 报文中可以有多个该字段。

在广播网络和点到点网络上，Hello 报文以多播方式发送；在点到多点、NBMA 和虚链路上 Hello 报文以单播方式发送。接口在发送 Hello 报文时，要将自己邻居列表中的邻居路由器标识逐一填入到 Hello 报文中去。

2. 数据库描述报文

数据库描述(Database Description，DD)报文是 OSPFv3 的第 2 类报文。这种类型的报文用来描述 OSPFv3 路由器的 LSDB 内容，但不实际传送这个数据库。由于这个数据库相当大，就需要用多个 DD 报文来描述数据库的全部内容。事实上，保留了一个字段来识别数据库描述的序号，再排序可以确保接收方能忠实地恢复传过来的数据库描述。

数据库描述报文的交换过程也遵从查询/响应的方法。也就是，一个路由器被指定为主路由器，而另一个路由器作为从路由器。但这种主从关系并不具有绝对的意义，只是在完成非对称交换时，按照某种策略(如路由器 ID 的大小)而进行的临时定义。主路由器负责序列号的增加和重传，从路由器负责应答。主路由器发送它的 DD 报文给从路由器，而从路由器的响应携带有从路由器 DD 报文和对接收到的 DD 报文的确认。显然，主从关系在每次交换数据库描述报文(DD)时都会改变。在不同的时间，网络内的所有路由器都具有主路由器和从路由器的功能。

OSPFv3 中 DD 报文的格式如图 3.13 所示。对图 3.13 中各字段的含义解释如下。

- 选项(Options)：该字段与 Hello 报文中的选项相同。
- 接口 MTU(Interface MTU)：该字段表示发送接口的最大传输单元，即可以从接口上发送而不必分段的最大报文长度。
- I(Init)：该字段是初始(Initial)标志，也就是第一个 DD 的标志。
- M(More)：该字段是表示还有 DD 报文的标志，标明该 DD 报文之后还有 DD 报文需要传输。
- M/S(Master/Slave)：该字段表示主从(Master/Slave)关系比特，该比特指明报文的来源——主路由器(M/S=1)或从路由器(M/S=0)。

- DD 序列号(DD Sequence Number)：该字段表明 DD 报文的序列号。
- LSA 报头(LSA Header)：该字段是某一种 LSA 的描述，在 DD 报文中可以有多个该字段。

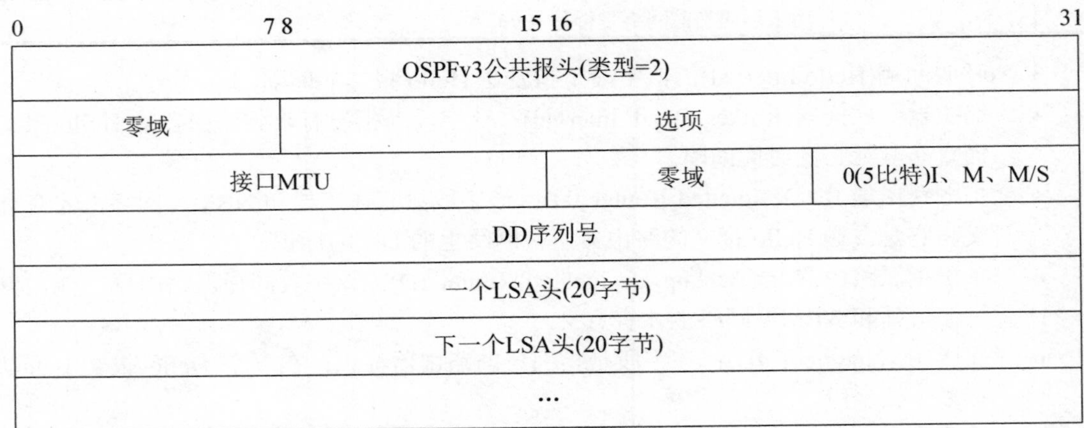

图 3.13　数据库描述报文格式

3. 链路状态请求报文

链路状态请求(Link State Request，LSR)报文是 OSPFv3 的第 3 类报文。这个报文用于请求邻居路由器 LSDB 的特定部分。在接收到 DD 报文后，如果 OSPFv3 路由器发现邻居路由器的信息比自己的要更新或更完善，它将向其近邻发送一个链路状态请求来请求更新的链路状态信息。

链路状态请求报文包括一系列要请求的 LSA 说明。链路状态请求报文的格式如图 3.14 所示。

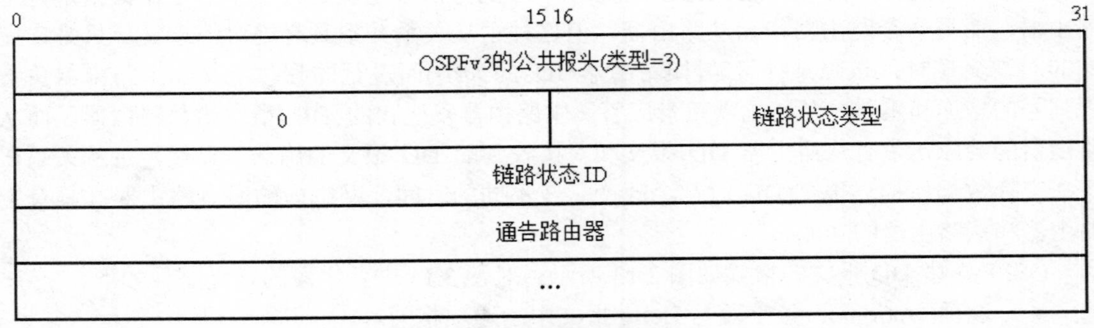

图 3.14　链路状态请求包格式

链路状态类型、链路状态 ID 和通告路由器可唯一地标识出某一要请求的 LSA，在一个 LSR 报文中，可以请求多个 LSA，即可以将此 3 项内容多次重复。

当两个路由器 DD 包交互完毕时，如果邻居的请求列表不空，则要发送 LSR 报文。将邻居请求列表中 LSA 的 3 个关键字放入到 LSR 报文中向该邻居请求相应的 LSA。当收到 LSU 报文之后，将 LSU 报文中更新的 LSA 从请求列表中删除。如此反复，直到请求列表空为止。从以上过程来看，LSU 报文相当于 LSR 报文的确认机制。LSR 报文也是只以单播方式发送的。

4. 链路状态更新报文

链路状态更新(Link State Update，LSU)报文是 OSPFv3 的第 4 类报文，其作用是实现链路状态通告 LSA 的泛洪。LSU 报文中包含的是 LSA 的实体。一个 LSU 报文包含的 LSA 实体、个数及其发送方式视 LSU 发送的具体情况而定。LSU 报文的格式如图 3.15 所示。

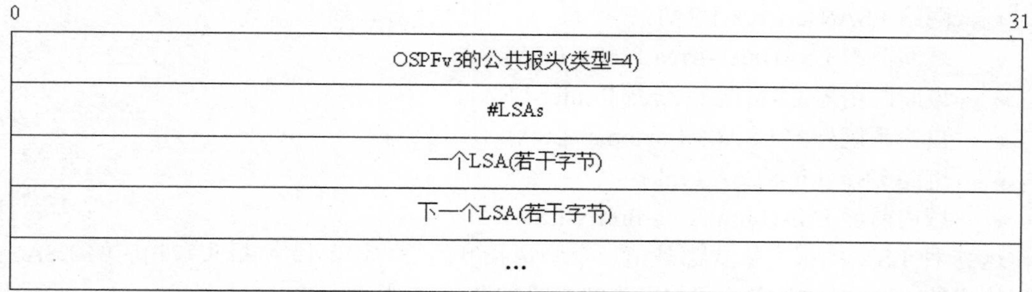

图 3.15 链路状态更新报文格式

图 3.15 中，部分字段的含义如下。

- #LSAs：LSU 报文中包含的 LSA 个数。
- LSA：真正的 LSA 实体，在 LSU 报文中可以有多个 LSA 的实体。LSA 描述了网络拓扑结构中的每一条链路的相关信息。

5. 链路状态确认报文

链路状态确认(Link State Acknowledgment，LSAck)报文是 OSPFv3 的第 5 类报文。路由器必须对每个新接收到的 LSA 进行确认，这通常可以通过发送链路状态确认报文来完成，有时也可隐含确认。链路状态确认报文的格式如图 3.16 所示。

0   31
OSPFv3的公共报头(类型=5)
一个LSA头(20字节)
下一个LSA(20字节)
…

图 3.16 链路状态确认报文格式

可以把多个 LSAck 组织在一起放到一个链路状态确认报文里，再从接收它的接口发送回去。该报文有两种发送方式——立即直接发送和延迟周期发送，选用何种方式取决于接收该链路状态通告的环境。

直接确认报文以单播方式直接发送给邻居。延迟确认必须发送给该接口的所有近邻，在支持广播的链路上，通过多播来实现，目的地址的选择取决于接口的状态，若接口是 DR 或 BDR，用 IP 地址 FF02::5，若是其他状态则用 IP 地址 FF02::6；在非广播网络上，延迟确认独立地以单播形式发送给接口的每个近邻。延迟确认报文的周期应小于重传时间间隔，以避免不必要的重传。LSAck 报文收到之后，应将相应的 LSA 实例从邻居的重传列表中删除。如果 LSAck 中有，而重传列表中没有，则简单地跳过该 LSA 的实例。

3.3.3 链路状态通告 LSA 的报文格式

OSPFv3 协议中定义了 7 种类型的链路状态通告 LSA，这 7 种 LSA 分别为：

- 路由器 LSA(Router-LSA)。
- 网络 LSA(Network-LSA)。
- 域间前缀 LSA(Inter-Area-Prefix-LSA)。
- 域间路由器 LSA(Inter-Area-Router-LSA)。
- 自治系统外部 LSA(AS-external-LSA)。
- 链路 LSA(Link-LSA Link)。
- 域内前缀 LSA(Intra-Area-Prefix-LSA)。

这 7 种 LSA 的报文格式都是由一个固定长度的 20 字节 LSA 报头和相应的 LSA 主体数据构成的。其中，20 字节公共报头的格式如图 3.17 所示。

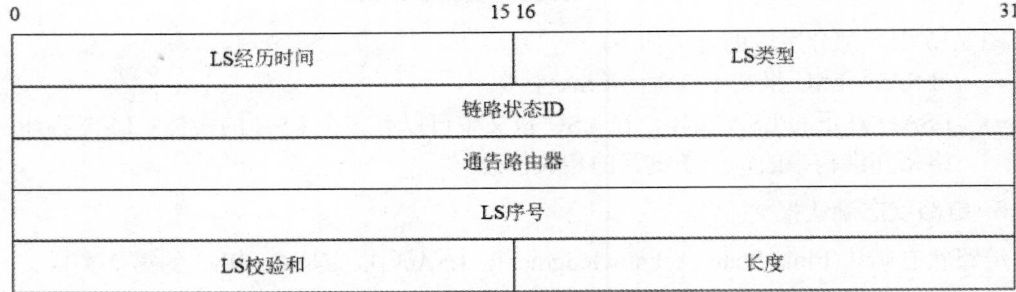

图 3.17 LSA 的公共报头

图 3.17 中，部分字段的含义如下。

- LS 经历时间(LS Age)：该字段是指从 LSA 产生后所经历的时间。以秒作为其计量单位。
- LS 类型(LS Type)：该字段表示 LSA 实现的功能，字段的前三位定义了 LSA 的一些公共属性，如泛洪范围等，剩余的位表示了 LSA 的功能编码。LS 类型字段的格式如图 3.18 所示。

U	S1	S2	LSA功能字段

图 3.18 LS 类型域

图 3.18 中，U 位用来指示路由器对不明类 LSA 的处理方式，当该位为 0 时，将该 LSA 按照具有本地链路的泛洪范围转发；当 U 位为 1 时，将该 LSA 当作已经识别的处理，存储并泛洪该 LSA。S1 和 S2 位共同确定该 LSA 的泛洪范围，其泛洪作用域与这 2 个位的关系如表 3.3 所示。

表 3.3 泛洪作用域与 S1、S2 的关系

S1	S2	泛洪范围

0	0	链路本地范围，只泛洪到 LSA 产生的链路上
0	1	区域范围，泛洪到区域中的所有路由器
1	0	自治系统范围，泛洪到整个自治系统中所有路由器
1	1	保留

最后的 LSA 功能字段的定义如表 3.4 所列，它们和 U、S1 和 S2 位一起构成了链路类型字段的值。

表 3.4　LSA 功能字段对照表

功能字段	LS 类型	LSA
1	0x2001	路由器 LSA
2	0x2002	网络 LSA
3	0x2003	域间前缀 LSA
4	0x2004	域间路由器 LSA
5	0x4005	自治系统外部 LSA
6	0x2006	组成员 LSA
7	0x2007	类型 7(为 NSSA 域服务)LSA
8	0x0008	链路 LSA
9	0x2009	域内前缀 LSA

- 链路状态 ID(Link State ID)：该字段与链路状态类型和通告路由器一起唯一地标识了链路状态数据库中的一个 LSA。
- 通告路由器(Advertising Router)：该字段表示产生 LSA 的路由器标识，它与 LS 类型字段和 LS-ID 字段共同唯一地标识一个 LSA。
- LS 序列号(LS Sequence Number)：该字段是指 LSA 产生的序列号，用来发现旧的或重复的 LSA。初始值为 0x80000001，最大值为 0x7fffffff，0x80000000 值保留。当一个 LSA 刚刚产生时，其序列号值为初始值；以后每更新一次序列号值增加 1。
- LS 校验和(LS Checksum)：该字段是指该 LSA 的校验和，包括 LSA 头在内的整个 LSA，但不包括 LS 经历时间区域。
- 长度(Length)：该字段是指该 LSA 数据报的长度，包括 20 字节长的 LSA 报头。

LSA 报文中数据的主体部分主要包含了表 3.4 中所介绍的 7 种链路状态数据，下面对其作用和报文格式进行介绍。

1. 路由器 LSA

每一个路由器都要为它所在的域产生至少一个路由器 LSA(Router-LSA)，来说明该路由器的连接情况。它的泛洪范围是域内。当一个路由器有多个接口分别连接到不同域的时候，要为每一个域分别生成路由器 LSA。路由器 LSA 的格式如图 3.19 所示。

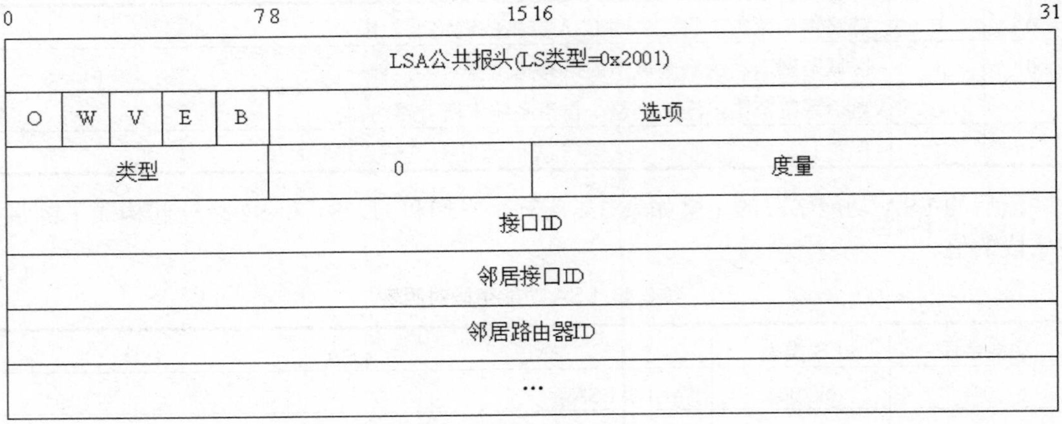

0 ... 7	8 ... 15	16 ... 31
LSA公共报头(LS类型=0x2001)		
O W V E B	选项	
类型	0	度量
接口ID		
邻居接口ID		
邻居路由器ID		
…		

图 3.19　路由器 LSA 的格式

图 3.19 中各字段的含义如下。

- W 位：该比特用于 OSPF 的多播扩展。
- V 位：该位如被设置，则标识路由器是到达充分邻接状态的虚链接的一端。
- E 位：该位如被设置，则标识路由器是一个自治系统边界路由器。
- B 位：该位如被设置，则标识路由器是一个区域边界路由器。
- 选项(Options)：该字段的含义与 Hello 报文中选项字段相同。
- 类型(Type)：该字段指明了路由器连接的链路类型，其取值如表 3.5 所示。

表 3.5　链路类型

类型值	链路类型	描　述
1	点到点或点到多点	在点到点网络中，邻居路由器及其接口标识；点到多点，有几个邻居分就当作几个邻居来看待
2	广播或 NBMA	填上 DR 路由器及其接口标识
3	保留	相对于 OSPFv2 而保留的值
4	虚链路	虚链接另一端的路由器及其标识

- 度量(Metric)：该字段是指接口的度量值。
- 接口 ID(Interface ID)：该字段是指连在该链路上的路由器接口标识。
- 邻居接口 ID(Neighbor Interface ID)：该字段是指相连的邻居路由器接口标识。
- 邻居路由器 ID(Neighbor Router ID)：该字段是指邻居路由器的标识。

2. 网络 LSA

只有广播链路和 NBMA 链路的 DR 才能产生该类 LSA。网络 LSA 说明网络上的各个路由器的连接情况。当一个广播链路或者 NBMA 链路上只有一个路由器时，该链路上的路由器连接状况由路由器 LSA 来提供，不需要再产生网络 LSA。因此网络 LSA 产生的条件是——广播链路或 NBMA 链路上至少有两个路由器。该类 LSA 的 LS-ID 是 DR 连接在该链路上的接口标识。该类 LSA 的作用域是单个域内。网络 LSA 的格式如图 3.20 所示。

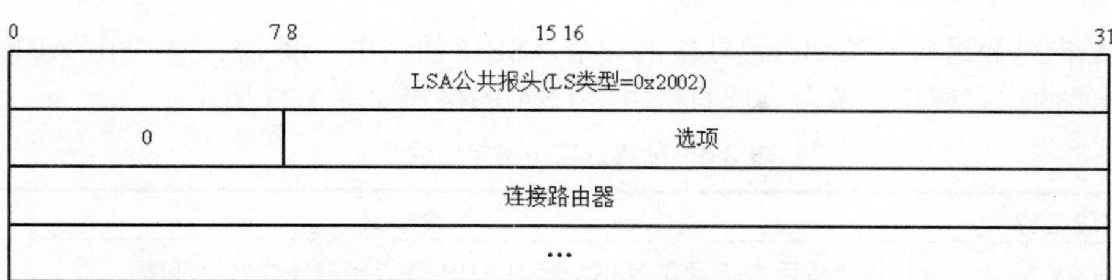

图 3.20　网络 LSA 的格式

图 3.20 中，各字段的含义如下。

- 选项(Options)：同 Hello 报文中的选项域说明。
- 连接路由器(Attached Router)：该字段是指连接在该链路上的路由器标识。

3. 域间前缀 LSA

域间前缀 LSA(Inter-Area-Prefix-LSA)对应于 OSPFv2 的 Summary-3-LSA。每一个域间前缀 LSA 向域外公布一个 IPv6 前缀。该类 LSA 只有 ABR(域边界路由器)才能生成。对于 Stub 域，由于 Stub 不接收外部路由，由默认路由来代替域外路由。ABR 通过该 LSA 来通告默认路由，此时前缀长度置为 0。

该类 LSA 也是在单个域内泛洪，它的格式如图 3.21 所示。

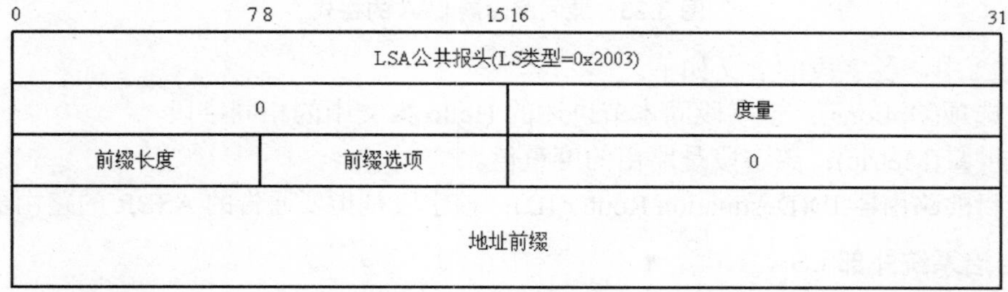

图 3.21　域间前缀 LSA 格式

图 3.21 中，各字段含义如下。

- 度量(Metric)：该字段表示这条路径的成本。
- 前缀长度(Prefix Length)：该字段用于说明地址前缀从左端开始的比特数。
- 前缀选项(Prefix Options)：该字段用来说明前缀的性质，详细说明如图 3.22 所示。

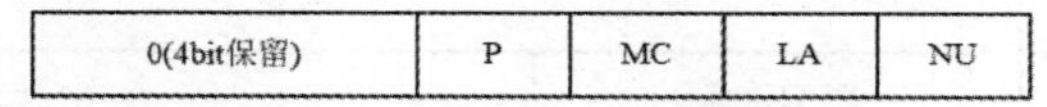

图 3.22　前缀选项格式

图 3.22 中，各字段的含义的解释如表 3.6 所示。

- 地址前缀(Address Prefix)：该字段占用的字节数用如下的公式计算，Address Prefix Length＝[(PrefixLength + 31)/32]×4，该公式中“[]”符号表示取其整数。这样做的目的是使前缀地址所占用的空间正好是 4 字节的整数倍。

4. 域间路由器 LSA

域间路由器 LSA(Inter-Area-Router-LSA)对应于 OSPFv2 的 Summary-4-LSA。每一个该

类的 LSA 向外界通告一条到自己域中的一个 ASBR 的路由。该 LSA 也是由 ABR 才能完成的，泛洪的作用域也是域内。域间路由器 LSA 的格式如图 3.23 所示。

表 3.6　前缀选项中各字段的含义

字段名称	含　义
P(Propagate)	该比特用来指示在 NSSA 域的 ABR 是否要向外通告该前缀
MC(Multi Cast)	多播比特设置，用来指示该前缀是否加入到多播路由计算中
LA(Local Address)	本地地址，接口的实际地址，可以是接口的链路本地地址、站点本地地址和全球单播地址，此时，前缀长度应该为 128 位
NU(No Unicast)	指示该地址不能参与单播地址路由的计算

0　　　　7 8	31
LSA公共报头(LS类型=0x2004)	
0	选项
0	度量
目的路由器ID	

图 3.23　域间路由器 LSA 的格式

图 3.23 中，各字段的含义如下。

- 选项(Options)：该字段同本节讲述的 Hello 报文中的相同字段。
- 度量(Metric)：该字段是路由的度量值。
- 目的路由器 ID(Destination Router ID)：该字段是指要通告的 ASBR 的路由器标识。

5. 自治系统外部 LSA

自治系统外部 LSA(AS-External-LSA)是由 ASBR 生成的，每一个这样的 LSA 通告一条到自治系统外部某一前缀(可以是一个网络，也可以是一个路由器)的路由。该 LSA 在整个自治系统(Stub 域除外)内泛洪。自治系统外部 LSA 的格式如图 3.24 所示。

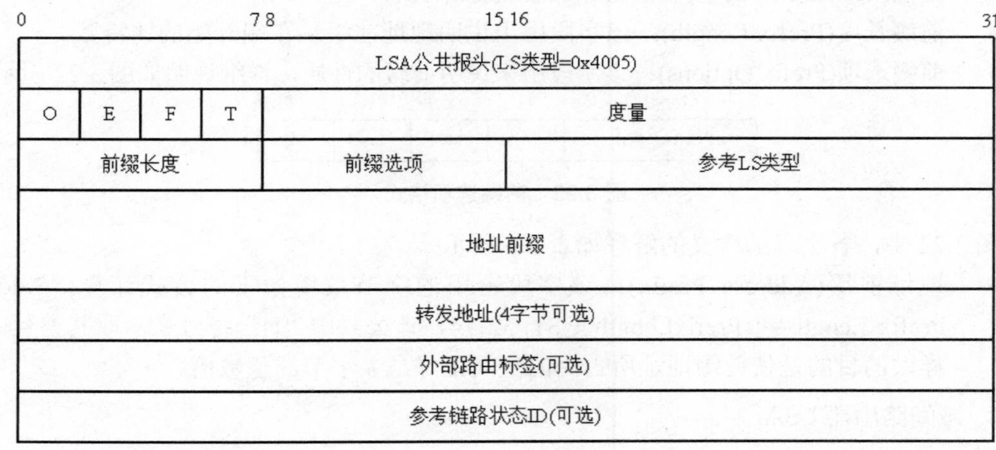

图 3.24　自治系统外部 LSA 的格式

图 3.24 中，各字段的含义如下。

- E 位：该字段用来指示该路由是外部类型 1 路由还是外部类型 2 路由。当该比特设置为 1 时，表示该路由是外部类型 2 路由；否则，表示该路由是外部类型 1 路由。外部类型 1 和 2 的概念主要是在计算外部路由时用到。
- F 位：该字段指示该 LSA 通告的路由是否需要转发地址，见转发地址字段说明。
- T 位：该字段说明是否需要设置外部路由标识，见外部路由标签字段说明。
- 度量(Metric)：该字段是指路由的度量值。
- 前缀长度、前缀选项和地址前缀：这 3 个字段同域间前缀 LSA 中的相同字段。
- 参考 LS 类型(Referenced LS Type)：该字段同该 LSA 的通告路由器及下面的参考链路状态 ID 字段共同决定一个新的 LSA，由这个新 LSA 来说明该自治系统外部 LSA 通告的外部路由的一些其他属性。这些属性并不是为 OSPF 协议用的，只是方便同其他 AS 更好地互通。
- 转发地址(Forwarding Address)：该字段可选。转发地址的概念是指在该自治系统外部 LSA 中直接指出通告的路由下一跳，而不一定就是该 LSA 的通告路由器。
- 外部路由标签(External Route Tag)：该字段也是可选的。外部路由标签的使用，也是为了 OSPF 同其他 AS 互通用的。
- 参考链路状态 ID(Referenced Link State ID)：该字段可选，当参考 LS 类型字段非零时，该字段才有意义。

6. 链路 LSA

当一条链路上支持至少两个路由器时，每一个路由器要生成链路 LSA(Link-LSA)，其 LS-ID 等于连接在该链路上的路由器接口标识。该类 LSA 在链路范围内泛洪，它主要完成以下 3 个功能：

- 向同一个链路上的其他路由器提供自己的链路本地地址。
- 通知其他路由器本链路的前缀列表。
- 为 DR 生成链路的网络 LSA 提供选项字段值。

链路 LSA 的格式如图 3.25 所示。

0　　　　7	8　　　　15	16　　　　31
LSA公共报头(LS类型=0x0008)		
路由器优先级	选项	
链路本地接口地址(16)		
#prefixes		
前缀长度	前缀选项	0
地址前缀		
…		

图 3.25　链路 LSA 格式

图 3.25 中，各字段的含义如下。

- 路由器优先级(Rtr Pri)：该字段是指连到链路上的路由器接口的优先级。
- 选项(Options)：该字段同 Hello 报文选项域字段。
- 链路本地接口地址(Link-local Interface Address)：该字段是指产生 LSA 的路由器在链路上的链路本地接口地址。
- # prefixes：该字段是指前缀个数。
- 前缀长度、前缀选项和地址前缀字段：这 3 个字段同域间前缀 LSA 中的相同字段。

7. 域内前缀 LSA

由于路由器 LSA 和网络 LSA 中不再含有地址信息，在由最短路径树计算路由表时需要的地址信息由域内前缀 LSA(Intra-Area-Prefix-LSA)来提供。当一个链路是广播或者 NBMA 类型，并且该链路上连接着至少两个路由器时，该链路上的 DR 负责把链路前缀通告到整个域；另外，每一个路由器也要生成一个域内前缀 LSA，以通告没有连接在广播链路和 NBMA 链路上的接口前缀。

该类 LSA 在单个域内泛洪。域内前缀 LSA 的格式如图 3.26 所示。

0　　7	8　　15	16　　31
LSA公共报头(LS类型=0x0009)		
#prefixes	参考LS类型	
参考链路状态ID		
参考通告路由器		
前缀长度	前缀选项	度量
地址前缀		
…		

图 3.26　域内前缀 LSA 的格式

图 3.26 中，各字段的含义如下。

- # prefixes 字段：前缀个数。
- 参考 LS 类型(Referenced LS Type)：该字段的值为 0x2001 或者 0x2002，也就是说，参考 LSA 只能是路由器 LSA 或者网络 LSA。
- 参考链路状态 ID(Referenced Link State ID)：该字段当参考 LS 为路由器 LSA 时，其值为 0；当参考 LS 为网络 LSA 时，其值应该为链路上 DR 的接口 ID。
- 参考通告路由器(Referenced Advertising Router)：该字段当参考 LS 为路由器 LSA 时，其值为产生路由器的标识；当参考 LS 为网络 LSA 时，其值应该为链路上 DR 的路由器标识。
- 度量(Metric)：该字段是指路由的度量值。
- 前缀长度、前缀选项和地址前缀：这 3 个字段同域间前缀 LSA 中的相同字段。

3.3.4 OSPFv3 的基本原理

OSPFv3 协议的基本思路是通过呼叫协议、近邻关系的建立和可靠泛洪机制来完成 OSPFv3 路由信息的交互过程，并最终实现同一个区域内所有 OSPFv3 路由器的 LSDB 一致，形成一个同步的链路状态数据库。根据这一数据库，路由器计算出以自己为根，其他网络节点为叶的一棵最短的路径树，从而计算出自己到达系统内部各可达的最佳路由。

下面将从呼叫协议、近邻关系的建立、可靠泛洪的过程和路由计算等方面来阐述 OSPFv3 的基本原理。

1. 呼叫协议

呼叫协议是通过路由器周期性地发送 Hello 报文来实现的。一般来讲，每个运行 OSPFv3 的路由器每到一个呼叫间隔(Hello Interval)都要向邻居路由器发送 Hello 报文，同时也接收邻居发来的 Hello 报文，当路由器看见自己被列在邻居的 Hello 报文中时，就认为通信是双向的。如果在路由器死亡间隔(Router Dead Interval)内没有收到来自某个邻居路由器的 Hello 包，则认为该邻居“失效”。这样，通过发送 Hello 报文就能建立、发现和维护 OSPFv3 路由器之间的邻居关系。

除此之外，在广播和 NBMA 网络中，Hello 报文还用于选取指派路由器 DR 和备份指派路由器 BDR。一个 OSPFv3 路由器发送的 Hello 包中包含它的路由器优先级(每个接口上都配置)。通常，当一个路由器连接至某网络的接口启动时，会查看该网络目前是否有 DR。假若有，它不管自己的优先级而接受该 DR。否则，若它在该网络具有最高优先级，它自己成为 DR。BDR 也有类似的选举策略。

2. 近邻关系建立的过程

近邻关系的建立过程有时也被称为交换协议。一般来讲，在点对点网络、虚拟链路网络和点对多点网络中，邻居的 OSPFv3 路由器之间都可以建立近邻关系；而在广播网络和 NBMA 网络中，只有 DR(BDR)和邻居的路由器之间才能建立近邻关系。

通俗地讲，邻居路由器之间建立近邻关系的过程，就是它们进行链路状态数据库 LSDB 的交互，并最终实现 LSDB 同步的过程。在这一过程中，除了要用到呼叫协议中的 Hello 报文外，还要使用数据库描述 DD、链路状态请求 LSR、链路状态更新 LSU 和链路状态确认 LSAck 这 4 种数据报文。

图 3.27 描述了两台 IPv6 路由器 A 和 B 从启动呼叫协议，一直到最终建立近邻关系的过程。为简单起见，这里对 A、B 所处网络的类型不做具体的区分，而是直接认为 A 和 B 符合建立近邻关系的条件。例如，如果 A 和 B 位于一个 NBMA 网络，则认为 DR(BDR)的选举已经完成，并且 A 和 B 中有一个是 DR(BDR)。

> **注意：** DD 交换的过程是非对称的，存在主路由器和从路由器。双方在进行交换之前首先要根据路由器标识进行主从路由器的选择。每个 DD 包都有一个序列号，主路由器负责序列号的增加和重传，从路由器负责应答。

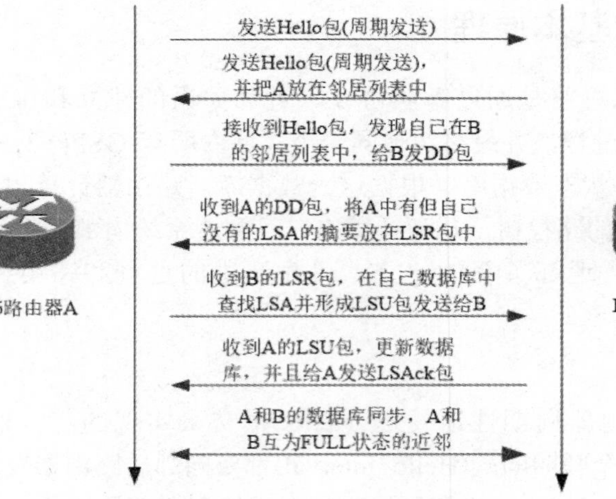
发送Hello包(周期发送)
发送Hello包(周期发送)，
并把A放在邻居列表中
接收到Hello包，发现自己在B
的邻居列表中，给B发DD包
收到A的DD包，将A中有但自己
没有的LSA的摘要放在LSR包中
收到B的LSR包，在自己数据库中
查找LSA并形成LSU包发送给B
收到A的LSU包，更新数据
库，并且给A发送LSAck包
A和B的数据库同步，A和
B互为FULL状态的近邻
IPv6路由器A
IPv6路由器B

图 3.27　近邻关系的建立过程

下面结合图 3.27，描述两台 IPv6 路由器 A 和 B 之间的近邻关系的建立过程(假设选择了 A 作为 DD 交换过程中的主路由器)。

(1) IPv6 路由器 A 和 B 分别以多播方式向网络中发送 Hello 报文。

(2) A、B 在收到对方的 Hello 报文后，都把对方加入到自己的邻居列表中。

(3) A 收到 B 的 Hello 报文后，如果发现自己在 B 的邻居列表中，A 就给 B 发送 DD 报文。

(4) B 在收到 A 发来的 DD 报文后，查看自己的 LSDB，将 A 发来的 DD 报文中有、但自己的 LSDB 中没有的 LSA 摘要放到 LSU 报文中，并把这个 LSU 报文发给 A。

(5) A 收到 B 的 LSR 报文后，给 B 发送相应的 LSU 报文，以让 B 更新 LSDB。

(6) B 收到 A 的 LSU 报文后，进行一系列的检查，决定是否更新自己的 LSDB，并发送 LSAck 报文，给 A 一个确认。

(7) 同样，在 B 更新 LSDB 的同时，A 也更新自己的 LSDB。

(8) 当 A、B 的 LSDB 完成同步后，A、B 就互相成为对方 FULL 状态的近邻。也就是说，A 和 B 之间建立了完全的近邻关系。

在 A 和 B 建立了近邻关系之后，当 A、B 发现网络拓扑变化时，以多播方式发送 LSU，把变化通告给所有近邻；而近邻在收到 LSU 通告后，发送 LSAck 确认，并更新 LSDB，计算新路由。

仅仅是近邻之间的 LSDB 同步是不够的，还需要保证整个区域内所有 OSPFv3 路由器的 LSDB 保持一致(区域内所有路由器达成对本区域网络拓扑结构的一致认识)，这就需要泛洪的支持。

3. 可靠泛洪的过程

OSPFv3 中的可靠泛洪就是指路由器在接收到路由更新信息后，把对网络拓扑的新认识扩散到网络(区域)中其他路由器当中的过程。可靠泛洪过程可以确保同一区域内所有的 OSPFv3 路由器始终具有一致的 LSDB，各路由器根据 LSDB 计算并生成自己的路由表。

可靠泛洪过程包括两个阶段。

- 第一阶段：当路由器接收到一个 LSU 包后，首先要对其中每一条 LSA 进行处理。这一处理过程包括——路由器查看 LSDB，看是否有关于该 LSA 的记录，若没有则直接增加记录并发 LSAck 包进行确认；若有则进行比较，根据所反映链路状态的新旧情况决定是否替换 LSDB 中的记录，并依照不同情况发确认或返回 LSU 包。
- 第二阶段：把 LSA 从路由器的一些接口泛洪出去。也就是选择输出接口，将 LSA 加到适当近邻的链路状态重传列表中，同时保持近邻的链路状态请求列表。链路状态重传列表用来列出该近邻关系上泛洪了但未得到确认的 LSA，这些 LSA 将周期性地重传，直到接收到确认消息为止或直到近邻关系解除。链路状态请求列表是为了同近邻保持 LSDB 的同步，需从近邻接收 LSA 列表。这个列表在接收到近邻的 DD 时生成，然后在 LSR 中发送给近邻。当收到适当的 LSA 时，删除该列表。

4. 路由计算

在了解 OSPFv3 路由计算之前，先介绍路由度量的计算。路由度量是衡量路由的一个最佳标准。尽管 OSPFv3 路由度量比较复杂，但可采用 3 种计算路由度量的方法，这 3 种方法分别如下。

(1) 使用自动计算。

OSPFv3 可以自动计算接口的代价。算法基于每个接口类型所支持的带宽值，在给定路由中的所有接口的自动计算值之和就形成了 OSPFv3 路由选择判决的基础。这使 OSPFv3 能根据冗余路由中每条链路的最小可用带宽计算出路由。

(2) 使用默认路由的代价。

OSPFv3 的自动计算路由代价能够比较客观地反映网络中链路的实际情况，但事实上有一些旧的路由器可能并不支持自动计算特性。这时，所有的接口会有相同的 OSPFv3 代价。如果网络中只有一些单一的设备，可以使用默认路由代价，否则就必须进行人工配置。

(3) 手工设置代价值。

在默认路由代价的基础上，还可以手工设置某些链路的 OSPFv3 路由度量值。也就是说，先接受默认值，之后再调整某些特定链路的代价值。这样可以避免默认路由代价对路由度量的设置过于单一的缺陷。

在了解了路由度量的计算之后，下面将介绍最短路径树的生成。

在 OSPFv3 中，最短路径树的生成过程和利用 Dijkstra 算法构造 SPF 树的过程相同。因此，这里不再讲述 OSPFv3 中最短路径树生成的原理，而是直接给出一个具体的例子。

在图 3.28 中，假设自动计算路由代价，按照链路状态路由算法，可以计算出以 R3 为根节点的最短路径树，如图 3.29 所示。很显然，由于 R2 和 R6 之间的链路路由代价太大，所以从 R2 到 R6 就没有选择它们之间的直接链路，而是选择了链路 R2-R5-R6。如果采用默认路由代价，从 R2 到 R6 就会选择它们间的直接链路。可见，自动计算路由代价还是比较能够反映网络实际情况的。

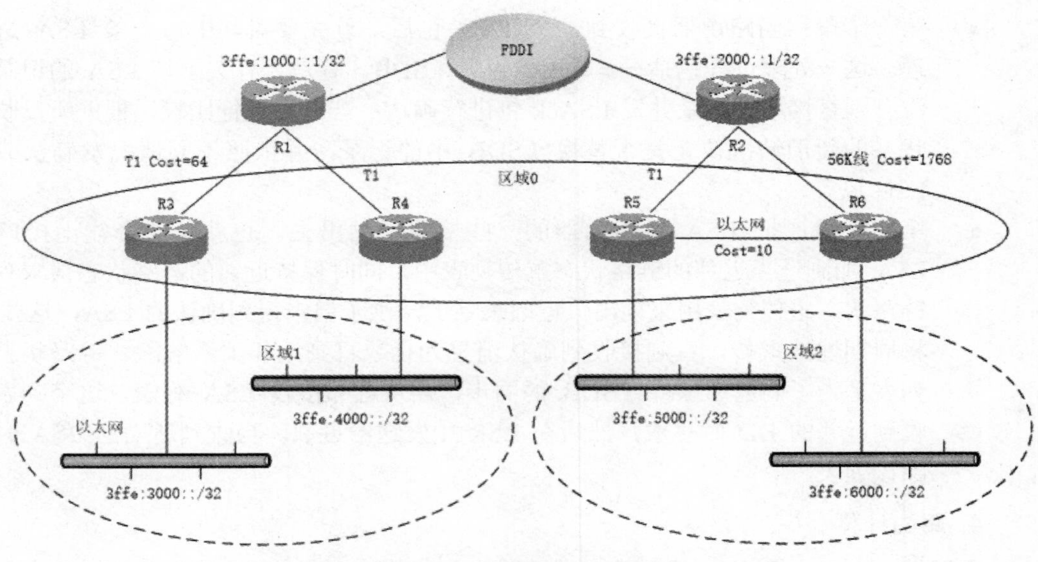

图 3.28　用每条链路的最小可用带宽计算路由

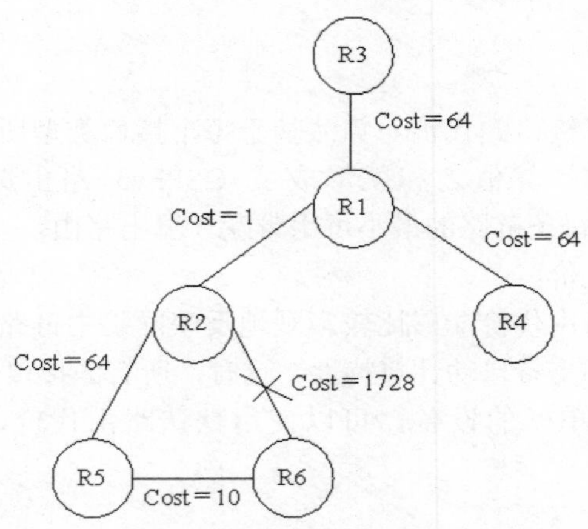

图 3.29　以 R3 为根节点的最短路径树

从图 3.29 可以看到，树结构的方式在很大程度上方便了计算到任何目标的路由选择代价。根路由器(在本例中为 R3)可以很迅速地把到某目标的路由所经由各个接口的代价相加。表 3.7 所列的是站在 R3 的角度，到每个链路的路由选择代价相加后的结果。

表 3.7　R3 到各个目的链路的路由选择代价

目 的 地	跳　数	计算代价
3ffe:3000::/32	–	0
3ffe:1000::/32	1	64
3ffe:2000::/32	2	65(64+1)

续表

目 的 地	跳　数	计算代价
3ffe:4000::/32	2	128(64+64)
3ffe:5000::/32	3	129(64+1+64)
3ffe:6000::/32	4	139(64+1+64+10)

在这个例子里，到网络 3ffe:6000::/32 有两种可能的路由。一个路由只有较少的站点数，却由于在 R2 和 R6 间的低速串行链路而使其具有相当高的代价；另一条路由具有较多的站点数，却具有相对较低的总代价。在这种情况下，OSPFv3 显然会舍弃高代价路由而选择低代价路由。如果这两个冗余路由具有相同的总代价，则 OSPFv3 将在路由选择表中为这两个路由维护独立的条目，并且尽可能相等地在这两个路由间平衡通信量。

至此，从 OSPFv3 邻居之间用呼叫协议进行交互，到形成近邻关系，并利用可靠泛洪机制使一个区域内的 OSPFv3 路由器具有一致的 LSDB，各个路由器再根据 LSDB 计算到各目的地的最短路由，最终解决了在 IPv6 网络中的路由选择问题。

3.3.5　OSPFv3 的特点

OSPFv3 是在 OSPFv2 的基础上随着 IPv6 发展而来的。由于 IPv4 和 IPv6 协议的不同，使得 OSPFv3 在 OSPFv2 的基础上做了许多改动。下面是 OSPFv3 所具有的一些主要特点。

1. 扩展性

OSPFv3 的主要目的之一是“开发一种独立于任何具体网络层的路由协议”。为实现这一目的，OSPFv3 相应地做了如下几点改动。

(1) OSPFv3 基于“链路”实现而不再基于“子网”实现，包交互使用的目的地址是链路本地地址而不是全球单播地址。这样就使得只要在数据链路层能够通信的两个路由节点都可以交互 OSPFv3 信息，而不管这两个节点在不在一个子网上。客观上，不再受具体网络层通信的限制。

(2) OSPFv3 的内部路由器信息被重新进行了设计，具体表现在：

- 全球单播地址不作为 OSPFv3 协议包的源和目的地址，LSA 头中也不再含有任何地址信息。
- 路由器 LSA 和网络 LSA 不再含有任何网络地址信息，只说明拓扑结构。
- 邻居路由器只能由路由器标识来查找，而不能由路由器地址来标识。
- 为了计算域内路由必需的地址信息，OSPFv3 引入了另外一种专门的 LSA，即域内前缀 LSA。

2. 通用性

OSPFv3 增加了多种可选功能，如多播 OSPF 等，以实现通用性。为了达到这一目的，OSPFv3 扩展了功能选项数据域(由 OSPFv2 的 1 个字节增加到 OSPFv3 的 3 个字节)。多数 OSPFv3 路由器通告信息中都包含该选项域，运行 OSPFv3 的设备可以支持多达 24 种可选功能，而以前的版本最多只能支持 8 种功能。

3. 简单性

简单性是指 OSPF 实现多实例的简单性、验证的简单性和支持的简单性。主要体现在以下几点。

(1) OSPFv3 与过去的协议完全不同，它通过提供非本身固有的安全性来简化消息的结构。通过利用 IPv6 包的安全头，OSPFv3 消息可以被认证和加密，而这在以前是需要增加独立复杂的协议才能实现的功能。

(2) 在同一个链路上可以运行 OSPF 的多个路由域，即 OSPF 的多个实例。在 OSPFv2 中，多个实例的实现是通过验证类型和验证数据得以实现的。而在 OSPFv3 中，多个实例的实现是通过在 OSPF 包中加入“实例 ID”字段来实现的。作为每个 OSPFv3 包头的一个组件，实例 ID 不再依赖于过去需要的复杂认证方案或访问清单，就可以控制共享物理网络和 OSPF 域的路由器之间的通信。

(3) 提供对多宿主机的支持。连在不同子网上的主机称为多宿主机。在 OSPF 路由域中，这些非路由器的多宿主机需要加入到拓扑结构中去。在 OSPFv3 中用一个 R 位来实现。当节点是路由器时，R 位赋 1；否则清零。

总之，OSPFv3 是一个非常强大的特性丰富的路由选择协议，在已经部署的 IPv6 网络中已经得到了比较广泛的应用。可以预见，当 IPv6 在全球范围内大规模应用后，OSPFv3 必将是使用最多的内部网关路由协议之一。

3.4 边界网关协议 BGP4+

BGP(Border Gateway Protocol)是应用最广泛的外部网关协议，当前互联网上使用的 BGP 版本是 BGP4。该版本于 1995 年由 IETF 提出，定义在规范 RFC1771 中。为了使 BGP 支持 IPv6，IETF 对 BGP4 进行了面向多协议的扩展，并于 1999 年和 2000 年提出了相应的标准 RFC2545 和 RFC2858。扩展后的 BGP 协议通常称为 BGP4+。目前最新的 BGP4 标准是在 2006 年 1 月形成的 RFC4271。

严格地说，BGP4+并不是一个 IPv6 下的 BGP 版本，它只是在原有 BGP4 的基础上做了一些扩展(例如引入了两种新的路径属性)，使之可以支持 IPv6 等协议(也包括其他网络层协议如 IPX)，同时保持与原有版本的兼容性，也就是说，BGP4+本身也是支持 IPv4 的。这点与 OSPFv3 和 RIPng 是不一样的，OSPFv3 和 RIPng 实际上分别是 OSPF 和 RIP 在 IPv6 下的专有版本，而 BGP4+则不是。

3.4.1 BGP4+的相关概念

为了更好地理解 BGP 的基本原理，下面介绍几个与 BGP4 协议相关的基本概念。

(1) BGP 发言人(BGP Speaker)：通过 BGP 协议进行直接通信的路由器，称为 BGP 发言人。

(2) BGP4 对等体(BGP Peer)：对一个指定的 BGP 发言人，与它进行通信的其他 BGP 发言人，被称为 Peer(对等体)。若该 Peer 和指定的 BGP 发言人在不同的 AS 中，称为外部 Peer(对等体)。若在同一个 AS 中，称为内部 Peer。两个路由器之间的相邻连接也称为对等

体连接。

(3) 网络层可达信息(Networking Layer Reachability Information，NLRI)：NLRI 是 BGP 更新报文的一部分，用于列出可到达的目的地的集合。BGP 通过 NLRI 支持无类别域间路由。

3.4.2　BGP4+的报文格式

BGP 报文的传送是在可靠 TCP 协议之上进行的。目前，BGP4 有 5 种类型的报文，分别为 OPEN 报文、KEEPALIVE 报文、UPDATE 报文、NOTIFICATION 报文及 ROUTE-REFRESH 报文。其中前 4 种报文由 RFC4271 定义，ROUTE-REFRESH 报文由 RFC2918 定义。所有的 BGP4 报文都有相同结构的报头，根据报文类型的不同，报头后面可以携带数据信息也可以不携带数据信息。下面对 BGP4+报头和 5 种报文类型进行介绍。

1. BGP4+的报头格式

BGP4+的报头格式如图 3.30 所示，它是由 16 字节的标志字段、2 字节的报文长度字段和 1 字节的报文类型字段组成的。

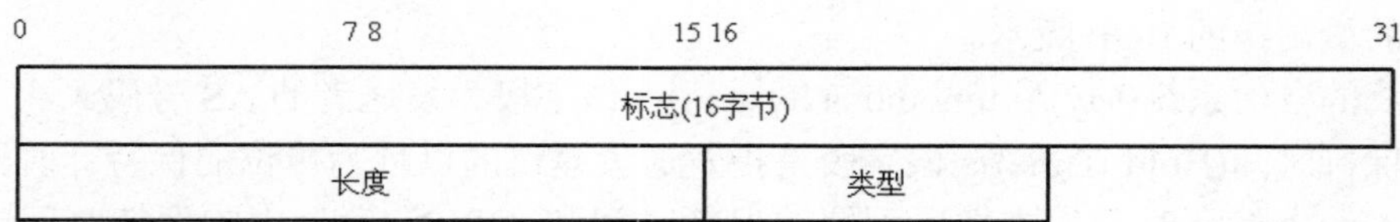

图 3.30　BGP4+的报头格式

对图 3.30 中各字段的含义解释如下。

- 标志(Marker)：该字段用来验证接收的 BGP4 报文或检测 BGP4 对等体间同步的丢失。如果报文类型是 OPEN，则标志域必须全为 1；如果 OPEN 报文不携带验证信息，则随后的其他报文的标志域必须为 1，否则随后的其他报文的标志域通过验证算法计算求得。
- 长度(Length)：该字段包含报文报头在内的以字节为单位的报文的总长度。
- 类型(Type)：该字段指明了报文类型的值，如表 3.8 所示。

表 3.8　BGP4+的报文类型

类型及取值	类型名称	相关的 RFC 文档
1	OPEN 报文	RFC4271
2	KEEPALIVE 报文	RFC4271
3	UPDATE 报文	RFC4271
4	NOTIFICATION 报文	RFC4271
5	ROUTE_REFRESH 报文	RFC2918

2. OPEN 报文格式

OPEN 报文是 BGP4 对等体间 TCP 连接建立后双方发送的第一个报文。OPEN 报文被接收后发送 KEEPALIVE 报文以确认 OPEN 报文。

OPEN 报文一旦确认，UPDATE、KEEPALIVE 和 NOTIFICATION 报文才开始交换。图 3.31 为 OPEN 报文的格式。

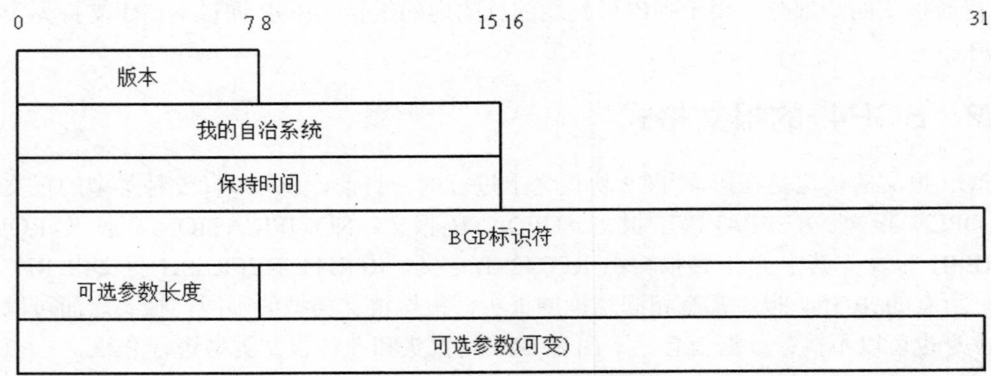

图 3.31　OPEN 报文的格式

对图 3.31 中各字段的含义解释如下。

- 版本(Version)：该字段表示 BGP 协议的版本。BGP 对等体会磋商它们共同支持的最高级的 BGP 版本。
- 我的自治系统(My Autonomous System)：该字段为发送者的 AS 号码。
- 保持时间(Hold Time)：该字段是指发送者建议的以秒为单位的保持计时器的值。本地保持计时器为本地所配置的保持时间和 OPEN 消息中的保持时间中较小的值。保持时间为两个相继的 KEEPALIVE 或 UPDATE 报文接收之间的以秒计算的最大值。保持计时器超时就认为该对等体连接中断。保持时间为 0 或至少 3 秒，为 0 时保持计时器永远不会超时。
- BGP 标识符(BGP Identifier)：该字段是指发送者的 ID，在 Cisco 中通常指路由器 ID，即路由器上最高的 IP 地址或 BGP 对话启动的最高环回地址。
- 可选参数长度(Opt Parm Len)：该字段为 0 表示无可选参数。
- 可选参数(Optional Parameters(variable))：该字段由若干个三元组<参数类型、参数长度、参数值>组成，长度分别为 1 字节、1 字节和可变长度。目前 BGP4 支持两种可选参数，即安全验证可选参数和权能通告可选参数，前者由 RFC4271 定义，后者由 RFC3392 定义。

3. UPDATE 报文格式

UPDATE 报文是 BGP4 最重要的一种报文，它携带了因特网的路由可达性信息。正是借助于 UPDATE 报文，BGP4 形成了关于整个因特网的无循环的拓扑视图。

UPDATE 报文同时也是 BGP4 最复杂的一种报文，UPDATE 报文主要由网络层可达信息(NLRI)、路径属性和不可用路由三部分组成。一个 UPDATE 报文可以撤销多条不可用路由，但最多只能通告一条路由。它的报文结构如图 3.32 所示。

对图 3.32 中各字段的含义解释如下。

- 不可达路由长度(Withdrawn Routes Length)：该字段是指以字节为单位的撤销路由字段的长度，0 表示无撤销路由。

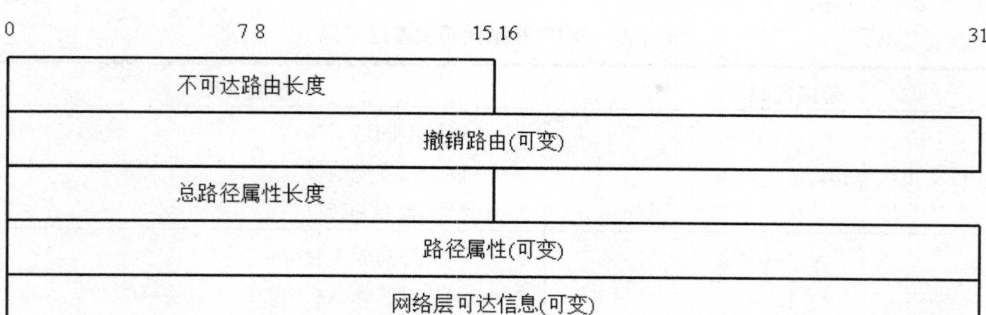

图 3.32　UPDATE 报文格式

- 撤销路由(Withdrawn Routes)：该字段列出了不再可用或不再服务的所有路由信息。由一列<长度、前缀>二元组组成。其中长度是指以比特为单位的 IP 地址前缀的长度；而前缀是指 IP 前缀，它通过一些尾比特来保证该字段长度以字节为单位，尾比特的值任意，不做要求，一般应置 0。
- 总路径属性长度(Total Path Attribute Length)：该字段是指以字节为单位的路径属性的长度，0 表示无 NLRI。
- 路径属性(Path Attributes)：该字段是由一列<属性类型、属性长度、属性值>三元组组成。路径属性是 BGP4 特有的一个概念，它描述了一条 BGP4 路由的特定信息，包括 AS 路径信息、优先级、下个中继等。
- 网络层可达信息(Network Layer Reachability Information，NLRI)：该字段列出了将要通知给远端对等体的一系列路由目的地，由一列<长度、前缀>二元组组成。

4. KEEPALIVE 报文格式

BGP4 相邻对等体间周期性地交换 KEEPALIVE 报文，并据此来判断远端对等体是否可达。KEEPALIVE 报文发送间隔建议为保持时间的 1/3；若保持时间为 0，则无须周期性地发送 KEEPALIVE 报文。

KEEPALIVE 报文只有 19 字节的报头信息，后面没有任何数据。

5. NOTIFICATION 报文格式

在 BGP4 中，每当检测到一个差错，总要发送一个 NOTIFICATION 报文，然后关闭相关的对等体连接。网管人员将根据 NOTIFICATION 报文去判断错误发生的原因，以便更快地排除故障。

NOTIFICATION 报文包括差错代码、差错子码及差错数据信息字段，如图 3.33 所示。

差错代码(1字节)	差错子码(1字节)	差错数据(可变)

图 3.33　NOTIFICATION 报文格式

在 NOTIFICATION 报文中，差错代码表示当前错误的类型，差错子码则提供了更详细的错误信息，而差错数据字段则是与当前错误相关的具体数据，可以用于诊断出错信息，例如非法的 BGP ID 等。BGP 定义了 6 种差错代码和 20 种差错子码，如表 3.9 所示。

表 3.9　BGP 差错代码及差错子码

差错代码	差错子码
1——报文报头差错	1——连接不同步 2——报文长度无效 3——报文类型无效
2——OPEN 报文差错	1——不支持的版本号码 2——无效对等体 AS 3——无效 BGP 识别符 4——不支持的可选参数 5——鉴别失败 6——不能接受的保持时间
3——UPDATE 报文差错	1——属性列表形式不对 2——公认属性识别不到 3——公认属性丢失 4——属性标记差错 5——属性长度差错 6——起点属性无效 7——AS 选路循环 8——下个中继属性无效 9——可选属性差错 10——网络字段无效 11——AS 路径形式不对
4——保持计时器溢出	无
5——状态机差错	无
6——停机(除上述之外的严重差错)	无

6. ROUTE_REFRESH 报文格式

ROUTE_REFRESH 报文用于向支持路由刷新权能的远端对等体请求特定地址类型和后地址类型的全部路由信息，从而实现 BGP 快速软重启。

ROUTE_REFRESH 报文由一列二元组<地址类型、后地址类型>组成，具体编码格式如图 3.34 所示，其中 AFI 为地址类型，例如 IPv4 或 IPv6 等；SAFI 为后地址类型，例如单播、组播等。

AFI(1字节)	保留(1字节)	SAFI(1字节)

图 3.34　ROUTE_REFRESH 报文格式

3.4.3　BGP4 的路径属性

路径属性是一条 BGP 路由的特定属性信息，它准确描述了一条 BGP 路由，BGP 路由

选择协议将路径属性用于最佳路由的计算，它是 BGP 路由决策的主要参数。路径属性可以分为以下 4 类。

(1) 公认必选：该属性是 UPDATE 报文中 NLRI 路由必须携带的属性。所有的 BGP 路由器都必须能够识别并处理该属性。公认必选属性丢失，表示发生错误。

(2) 公认可选：所有的 BGP 路由器都必须能够识别和处理该属性，但不要求必须出现在 UPDATE 报文 NLRI 的路径属性字段中。

(3) 可选过渡：不要求所有的 BGP 路由器必须能够识别该属性。如果不能识别，BGP 路由器应该接受该属性，并传递给其他 BGP 对等体。

(4) 可选非过渡：不要求所有的 BGP 路由器必须能够识别该属性。如果不能识别，BGP 路由器应该忽略该属性，不再传递给其他 BGP 对等体。

目前 IETF 定义了很多种路径属性，其中常用的有 12 种，如表 3.10 所示。

表 3.10　常用的 BGP 路径属性

属性名称	属性类型	类型码	所属 RFC
源属性(ORIGIN)	公认必选	1	RFC4271
AS 路径属性(AS_PATH)	公认必选	2	RFC4271
下个中继属性(NEXT_HOP)	公认必选	3	RFC4271
MED 属性(MULTI_EXIT_DISC)	可选非过渡	4	RFC4271
本地优先属性(LOCAL_PREF)	公认可选	5	RFC4271
原子聚合属性(ATOMIC_AGGREGATE)	公认可选	6	RFC4271
聚合者属性(AGGREGATOR)	可选过渡	7	RFC4271
共同体属性(COMMUNITIES)	可选过渡	8	RFC1997
始发者 ID 属性(ORIGINATOR_ID)	可选非过渡	9	RFC2796
群列表属性(CLUSTER_LIST)	可选非过渡	10	RFC2796
多协议可达属性(MP_REACH_NLRI)	可选非过渡	14	RFC2858
多协议不可达属性(MP_UNREACH_NLRI)	可选非过渡	15	RFC2858

关于表 3.10 中各属性的含义请参见相关的 RFC 文档。其中，多协议可达属性和多协议不可达属性是为了使 BGP 支持 IPv6 而引入的两个扩展属性。

3.4.4　面向多协议的 BGP4+扩展的新路径属性

BGP4+引入了两种新的路径属性，分别为多协议可达属性(MP_REACH_NLRI)和多协议不可达属性(MP_UNREACH_NLRI)。

MP_REACH_NLRI 用来通告 IPv6 路由信息，MP_UNREACH_NLRI 用来传递 IPv6 不可达路由信息，这两种属性都属于可选非过渡属性，都具有高度可扩展性，可以携带多种网络层协议的路由信息，它们的属性格式如下。

1. 多协议可达属性

多协议可达属性格式如图 3.35 所示。

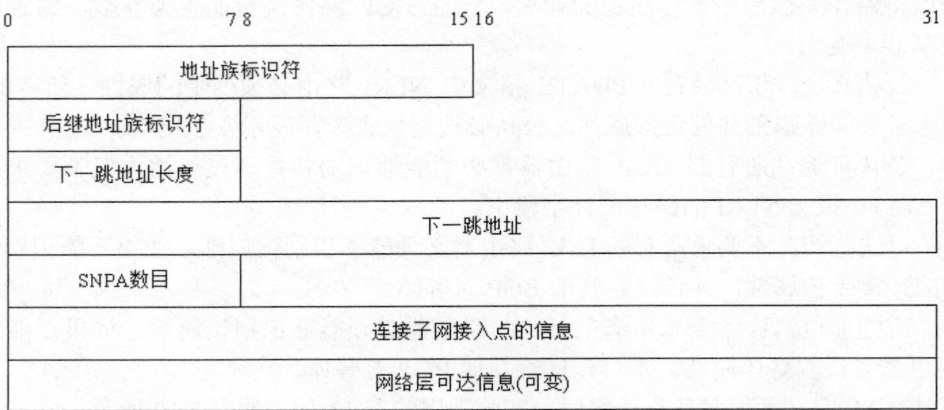

图 3.35　多协议可达属性的格式

多协议可达属性部分字段的含义如下。

- 地址族标识符(Address Family Identifier)：该字段占 2 字节，用以标识路由信息属于何种网络层，对于 IPv6 协议，将地址族标识符的字段值设置为 2。
- 后继地址族标识符(Subsequent Address Family Identifier)：该字段占 1 字节，是可用路由的其他信息，例如单播、组播等。
- 下一跳地址长度(Length of Next Hop Network Address)：该字段占 1 字节，指定了下一跳地址的长度。
- 下一跳地址(Network Address of Next Hop)：该字段包含了下一跳路由器的全局 IPv6 地址。
- SNPA 数目(Number of SNPAs)：占 1 字节，指定了这个属性中给出的子网接入点的数目。对于 IPv6 协议，该字段被设置为 0，表示省略了 SNPA 字段。
- 网络层可达信息 NLRI(Network Layer Reachability Information)：该字段列出了这个属性所通告的路由清单，其格式由<长度、前缀>二元组组成。其中，长度占 1 字节，指定紧跟其后的前缀比特数；前缀包含可达前缀，是可变长的。

2. 多协议不可达属性

多协议不可达属性格式如图 3.36 所示。

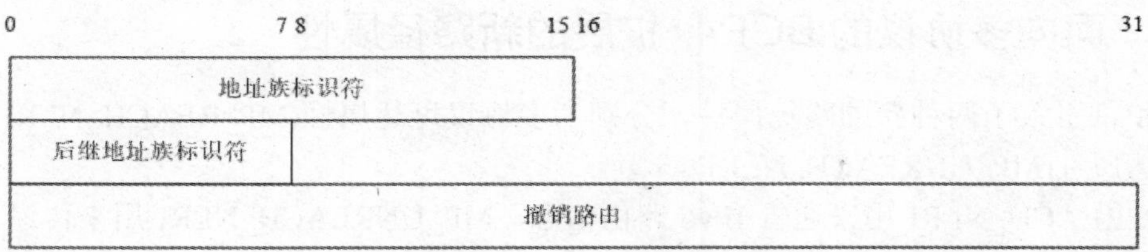

图 3.36　多协议不可达属性格式

多协议不可达属性部分字段的含义如下。

- 地址族标识符(Address Family Identifier)：该字段占 2 字节，用以标识路由信息属于何种网络层，对于 IPv6 协议，将地址族标识符的字段值设置为 2。

- 后继地址族标识符(Subsequent Address Family Identifier)：该字段占 1 字节，是可用路由的其他信息，例如单播、组播等。
- 撤销路由(Withdrawn Routes)：该字段包含了将从路由表中删除的前缀清单，其格式由<长度，前缀>二元组组成。其中，长度占 1 字节，指定紧跟其后的前缀位数；前缀包含将被删除的前缀，是可变长的。

3.4.5　BGP4+的基本原理

BGP 是一种用于在 AS 间传递网络可达性信息的路径矢量协议。也就是说，BGP 通过在对等体间交换网络可达性信息来构建 AS 可达信息拓扑图。对 BGP 而言，整个因特网就是一个大的 AS 图，到因特网上任一目的的路由可以通过一个 AS 路径来表示。

BGP 采用 TCP 作为它的传输层协议，端口号为 179。TCP 是一种面向连接的传输层协议，它的性能能够满足 BGP 的传输要求。图 3.37 给出了 BGP 工作原理的简单示意。

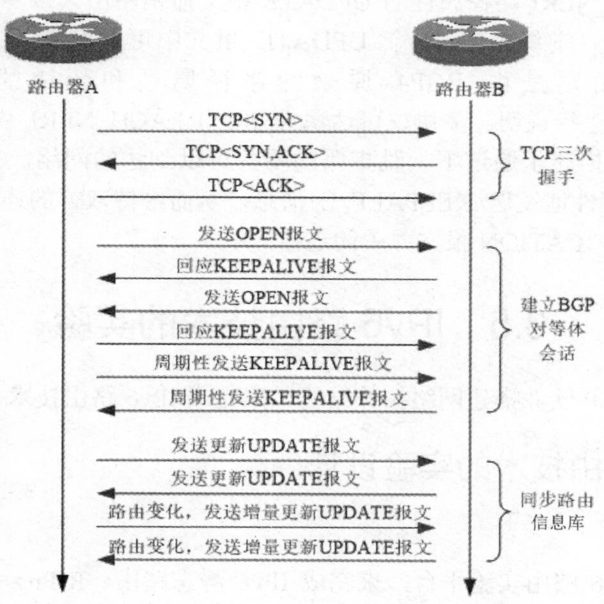

图 3.37　BGP 对等体协商

图 3.37 中，BGP4+的工作原理主要操作如下。

(1)　建立 TCP 连接。根据制定好的路由策略，对运行 BGP 的路由器进行路由配置，然后由路由器 A 或 B 的任意一方向另一方发起 TCP 连接。若 TCP 三次握手协商成功，则发送 OPEN 报文，并转换到 OPEN 发送状态；如果 TCP 连接不成功，则启动连接重试计时器，并转换到激活状态。

(2)　建立 BGP4+对等体的会话。TCP 连接成功之后，对等体发送 OPEN 报文，该报文是 TCP 连接建立成功之后发送的第一条 BGP4+报文，收到 OPEN 报文的对等体会发送 KEEPALIVE 报文来进行确认。发送 OPEN 报文的目的是要在对等体之间进行参数的协商，如：OPEN 报文中的版本号字段用来协商双方所使用的 BGP 协议版本，这个版本应

该是双方都可以支持的最高版本，OPEN 报文的保持时间(Hold Time)字段用来协商双方互相发送报文的最长时间间隔，超出这个时间间隔双方将断开连接。BGP4+的 OPEN 报文的可选属性中可以采用 BGP 能力通告，来决定在 BGP 连接建立时是否与对等体使用多协议扩展传递路由信息，否则将无法获知其他对等体是否可以支持这一扩展。从 BGP4+能力通告中的地址族标识符 AFI 字段可以看出双方使用的 BGP 协议是支持 IPv6 还是 IPv4 的，即它们转发的 UPDATE 报文既可以承载 IPv6 网络层可达信息,也可以承载 IPv4 网络层可达信息。

(3) 同步 BGP4+路由选择数据库。在协商达成一致后，BGP4+路由器就通过 UPDATE 报文开始交换它们之间的路由信息。只在初始情况下，需要交换全部路由表。此后，采用增量更新的方式进行路由刷新。BGP4+的路由信息存储在相应的路由信息库中，经过处理、计算并通过决策过程选择最好的路由发送给其他 BGP 对等体，其中包括两类操作：撤销路由和通告路由。对于无效的路由信息，BGP4+通过发送带有多协议不可达属性 MP_ UNREACH_NLRI 路径属性的 UPDATE 报文撤销路由，每一条被撤销的路由都包含一个二元组<长度，前缀>。在一个 UPDATE 报文中可以撤销一条或多条路由信息。BGP4+声明的路由则是由 BGP4 原来的路径属性和新增的多协议可达属性 MP_REACH_NLRI 进行说明。多协议可达属性 MP_REACH_NLRI 由一个或多个<长度，前缀>二元组构成，描述了通过下一跳指明的网关可以到达的网络。在交换路由信息的过程中，对等体会周期性地发送 KEEPALIVE 消息，从而维持双方的连接。出错和其他异常情况时，发送 NOTIFICATION 报文并关闭连接。

3.5 IPv6 路由技术的实验

本节将通过 eNSP 软件搭建网络拓扑结构，来完成 IPv6 路由技术的实验。

3.5.1 IPv6 路由技术的实验设计

1. 实验目的

通过搭建的 IPv6 路由实验平台，来完成 IPv6 静态路由、RIPng 和 OSPFv3 等几种常用的动态路由协议的实验，从而进一步理解 IPv6 路由技术和特点。

2. 实验内容

完成 IPv6 静态路由、RIPng 和 OSPFv3 配置，并进行实验数据的分析。

3. 实验环境

(1) 实验平台的选择。

实验平台使用华为旗下的 eNSP 网络模拟器软件。

(2) IPv6 路由实验拓扑结构。

IPv6 路由实验拓扑结构如图 3.38 所示。图中三台路由器 R1、R2 和 R3 分别为 eNSP 的模拟路由器，而主机 A 和主机 B 为 eNSP 中的模拟主机，安装的操作系统是 Windows 操作系统。

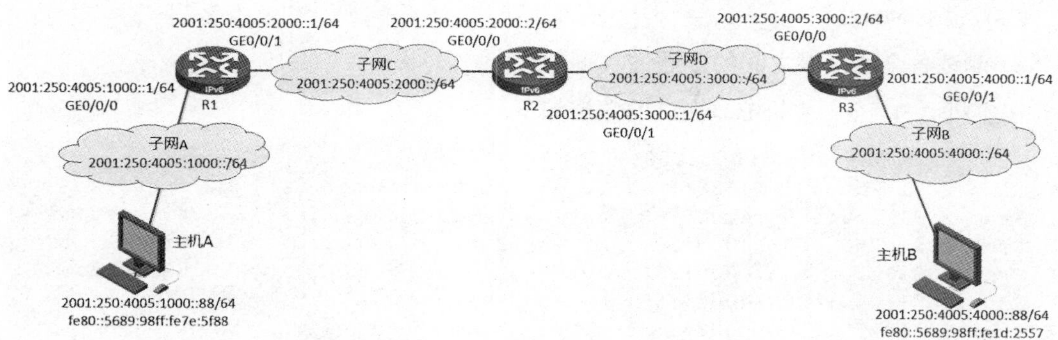

图 3.38　IPv6 路由技术实验的网络拓扑结构

3.5.2　IPv6 静态路由的实验过程与分析

1. 配置路由器各接口的 IPv6 地址

按照图 3.38，配置 R1 的两个接口 GE0/0/0 和 GE0/0/1 的 IPv6 地址，其配置过程如下：

```
<Huawei>sys
[Huawei]sys R1
[R1]ipv6
[R1]interface GigabitEthernet 0/0/0
[R1-GigabitEthernet0/0/0]ipv6 enable
[R1-GigabitEthernet0/0/0]ipv6 address 2001:250:4005:1000::1/64
[R1-GigabitEthernet0/0/0]quit
[R1]interface GigabitEthernet 0/0/1
[R1-GigabitEthernet0/0/1]ipv6 enable
[R1-GigabitEthernet0/0/1]ipv6 address 2001:250:4005:2000::1/64
[R1-GigabitEthernet0/0/1]quit
```

其他两个路由器 R2 和 R3 的接口 IPv6 地址按照图 3.38 拓扑结构图上面的标注依次进行配置。

2. 配置静态路由

(1)　R1 的静态路由的配置：

```
ipv6 route-static 2001:250:4005:3000::1 64 GigabitEthernet 0/0/1
2001:250:4005:2000::2
ipv6 route-static 2001:250:4005:4000::1 64 GigabitEthernet 0/0/1
2001:250:4005:2000::2
```

(2)　R2 的静态路由的配置：

```
ipv6 route-static 2001:250:4005:1000::1 64 GigabitEthernet 0/0/0
2001:250:4005:2000::1
ipv6 route-static 2001:250:4005:4000::1 64 GigabitEthernet 0/0/1
2001:250:4005:3000::2
```

(3)　R3 的静态路由的配置：

```
ipv6 route-static 2001:250:4005:1000::1 64 GigabitEthernet 0/0/0
2001:250:4005:3000::1
ipv6 route-static 2001:250:4005:2000::1 64 GigabitEthernet 0/0/0
```

```
2001:250:4005:3000::1
```

3. 测试各个路由器之间的连通性

在主机 A 上 ping 主机 B，测试的数据如下：

```
PC>ping  2001:250:4005:4000::88
Ping 2001:250:4005:4000::88: 32 data bytes, Press Ctrl_C to break
From 2001:250:4005:4000::88: bytes=32 seq=1 hop limit=252 time=46 ms
From 2001:250:4005:4000::88: bytes=32 seq=2 hop limit=252 time=16 ms
From 2001:250:4005:4000::88: bytes=32 seq=3 hop limit=252 time=47 ms
From 2001:250:4005:4000::88: bytes=32 seq=4 hop limit=252 time=31 ms
From 2001:250:4005:4000::88: bytes=32 seq=5 hop limit=252 time=31 ms
--- 2001:250:4005:4000::88 ping statistics ---
  5 packet(s) transmitted
  5 packet(s) received
  0.00% packet loss
  round-trip min/avg/max = 16/34/47 ms
```

以上数据显示主机 A 能将数据传输到主机 B。

接下来在主机 B 上 ping 主机 A，测试的数据如下：

```
PC>ping 2001:250:4005:1000::88
Ping 2001:250:4005:1000::88: 32 data bytes, Press Ctrl_C to break
From 2001:250:4005:1000::88: bytes=32 seq=1 hop limit=252 time=16 ms
From 2001:250:4005:1000::88: bytes=32 seq=2 hop limit=252 time=31 ms
From 2001:250:4005:1000::88: bytes=32 seq=3 hop limit=252 time=31 ms
From 2001:250:4005:1000::88: bytes=32 seq=4 hop limit=252 time=31 ms
From 2001:250:4005:1000::88: bytes=32 seq=5 hop limit=252 time=32 ms
--- 2001:250:4005:1000::88 ping statistics ---
  5 packet(s) transmitted
  5 packet(s) received
  0.00% packet loss
  round-trip min/avg/max = 16/28/32 ms
```

以上数据显示主机 B 能将数据传输到主机 A。

以上数据表示经过静态路由的配置，主机 A 和主机 B 之间能相互进行通信了。

4. 查看 3 个路由器的路由表的情况

路由器 R1 的路由表：

```
[R1]display ipv6 routing-table
Routing Table : Public
    Destinations : 8    Routes : 8

 Destination  : ::1                               PrefixLength : 128
 NextHop      : ::1                               Preference   : 0
 Cost         : 0                                 Protocol     : Direct
 RelayNextHop : ::                                TunnelID     : 0x0
 Interface    : InLoopBack0                       Flags        : D

 Destination  : 2001:250:4005:1000::              PrefixLength : 64
 NextHop      : 2001:250:4005:1000::1             Preference   : 0
 Cost         : 0                                 Protocol     : Direct
 RelayNextHop : ::                                TunnelID     : 0x0
 Interface    : GigabitEthernet0/0/0              Flags        : D
```

```
 Destination  : 2001:250:4005:1000::1          PrefixLength : 128
 NextHop      : ::1                          Preference   : 0
 Cost         : 0                            Protocol     : Direct
 RelayNextHop : ::                            TunnelID     : 0x0
 Interface    : GigabitEthernet0/0/0            Flags        : D

 Destination  : 2001:250:4005:2000::           PrefixLength : 64
 NextHop      : 2001:250:4005:2000::1          Preference   : 0
 Cost         : 0                            Protocol     : Direct
 RelayNextHop : ::                            TunnelID     : 0x0
 Interface    : GigabitEthernet0/0/1            Flags        : D

 Destination  : 2001:250:4005:2000::1          PrefixLength : 128
 NextHop      : ::1                          Preference   : 0
 Cost         : 0                            Protocol     : Direct
 RelayNextHop : ::                            TunnelID     : 0x0
 Interface    : GigabitEthernet0/0/1            Flags        : D

 Destination  : 2001:250:4005:3000::           PrefixLength : 64
 NextHop      : 2001:250:4005:2000::2          Preference   : 60
 Cost         : 0                            Protocol     : Static
 RelayNextHop : ::                            TunnelID     : 0x0
 Interface    : GigabitEthernet0/0/1            Flags        : D

 Destination  : 2001:250:4005:4000::           PrefixLength : 64
 NextHop      : 2001:250:4005:2000::2          Preference   : 60
 Cost         : 0                            Protocol     : Static
 RelayNextHop : ::                            TunnelID     : 0x0
 Interface    : GigabitEthernet0/0/1            Flags        : D

 Destination  : FE80::                         PrefixLength : 10
 NextHop      : ::                           Preference   : 0
 Cost         : 0                            Protocol     : Direct
 RelayNextHop : ::                            TunnelID     : 0x0
 Interface    : NULL0                          Flags        : D
```

路由器 R2 的路由表：

```
[R2]display ipv6 routing-table
Routing Table : Public
   Destinations : 8    Routes : 8

 Destination  : ::1                            PrefixLength : 128
 NextHop      : ::1                          Preference   : 0
 Cost         : 0                            Protocol     : Direct
 RelayNextHop : ::                            TunnelID     : 0x0
 Interface    : InLoopBack0                     Flags        : D

 Destination  : 2001:250:4005:1000::           PrefixLength : 64
 NextHop      : 2001:250:4005:2000::1          Preference   : 60
 Cost         : 0                            Protocol     : Static
 RelayNextHop : ::                            TunnelID     : 0x0
 Interface    : GigabitEthernet0/0/0            Flags        : D

 Destination  : 2001:250:4005:2000::           PrefixLength : 64
 NextHop      : 2001:250:4005:2000::2          Preference   : 0
 Cost         : 0                            Protocol     : Direct
```

```
RelayNextHop : ::                               TunnelID     : 0x0
Interface    : GigabitEthernet0/0/0             Flags        : D

Destination  : 2001:250:4005:2000::2            PrefixLength : 128
NextHop      : ::1                              Preference   : 0
Cost         : 0                                Protocol     : Direct
RelayNextHop : ::                               TunnelID     : 0x0
Interface    : GigabitEthernet0/0/0             Flags        : D

Destination  : 2001:250:4005:3000::             PrefixLength : 64
NextHop      : 2001:250:4005:3000::1            Preference   : 0
Cost         : 0                                Protocol     : Direct
RelayNextHop : ::                               TunnelID     : 0x0
Interface    : GigabitEthernet0/0/1             Flags        : D

Destination  : 2001:250:4005:3000::1            PrefixLength : 128
NextHop      : ::1                              Preference   : 0
Cost         : 0                                Protocol     : Direct
RelayNextHop : ::                               TunnelID     : 0x0
Interface    : GigabitEthernet0/0/1             Flags        : D

Destination  : 2001:250:4005:4000::             PrefixLength : 64
NextHop      : 2001:250:4005:3000::2            Preference   : 60
Cost         : 0                                Protocol     : Static
RelayNextHop : ::                               TunnelID     : 0x0
Interface    : GigabitEthernet0/0/1             Flags        : D

Destination  : FE80::                           PrefixLength : 10
NextHop      : ::                               Preference   : 0
Cost         : 0                                Protocol     : Direct
RelayNextHop : ::                               TunnelID     : 0x0
Interface    : NULL0                            Flags        : D
```

路由器 R3 的路由表：

```
[R3]display ipv6 routing-table
Routing Table : Public
    Destinations : 8    Routes : 8

Destination  : ::1                              PrefixLength : 128
NextHop      : ::1                              Preference   : 0
Cost         : 0                                Protocol     : Direct
RelayNextHop : ::                               TunnelID     : 0x0
Interface    : InLoopBack0                      Flags        : D

Destination  : 2001:250:4005:1000::             PrefixLength : 64
NextHop      : 2001:250:4005:3000::1            Preference   : 60
Cost         : 0                                Protocol     : Static
RelayNextHop : ::                               TunnelID     : 0x0
Interface    : GigabitEthernet0/0/0             Flags        : D

Destination  : 2001:250:4005:2000::             PrefixLength : 64
NextHop      : 2001:250:4005:3000::1            Preference   : 60
Cost         : 0                                Protocol     : Static
RelayNextHop : ::                               TunnelID     : 0x0
Interface    : GigabitEthernet0/0/0             Flags        : D

Destination  : 2001:250:4005:3000::             PrefixLength : 64
```

```
NextHop      : 2001:250:4005:3000::2         Preference   : 0
Cost         : 0                            Protocol     : Direct
RelayNextHop : ::                            TunnelID     : 0x0
Interface    : GigabitEthernet0/0/0           Flags        : D

Destination  : 2001:250:4005:3000::2         PrefixLength : 128
NextHop      : ::1                          Preference   : 0
Cost         : 0                            Protocol     : Direct
RelayNextHop : ::                            TunnelID     : 0x0
Interface    : GigabitEthernet0/0/0           Flags        : D

Destination  : 2001:250:4005:4000::          PrefixLength : 64
NextHop      : 2001:250:4005:4000::1         Preference   : 0
Cost         : 0                            Protocol     : Direct
RelayNextHop : ::                            TunnelID     : 0x0
Interface    : GigabitEthernet0/0/1           Flags        : D

Destination  : 2001:250:4005:4000::1         PrefixLength : 128
NextHop      : ::1                          Preference   : 0
Cost         : 0                            Protocol     : Direct
RelayNextHop : ::                            TunnelID     : 0x0
Interface    : GigabitEthernet0/0/1           Flags        : D

Destination  : FE80::                        PrefixLength : 10
NextHop      : ::                           Preference   : 0
Cost         : 0                            Protocol     : Direct
RelayNextHop : ::                            TunnelID     : 0x0
Interface    : NULL0                         Flags        : D
```

上面的数据表明，每个路由器都存在两条静态路由，分别用加粗字体表示。Destination 表示目的网络地址；NextHop 表示下一跳的端口地址；Protocol 为协议的类型，当标识为 Static 时表示为静态路由。

通过上面的实验发现，配置静态路由非常烦琐，而且在配置之前必须对网络拓扑结构非常清楚，因而也再一次说明，静态路由一般适合于规模比较小的网络。

3.5.3　RIPng 的实验过程与分析

1. 配置 RIPng 路由协议

以图 3.38 的拓扑结构图进行 RIPng 的实验。图中三台路由器 R1、R2 和 R3 分别为 eNSP 的模拟路由器，而主机 A 和主机 B 为 eNSP 中的模拟主机，安装的操作系统是 Windows 操作系统。在路由器配置完成后启动路由器之前，开启 eNSP 软件中的抓包功能捕获 RIPng 数据包。eNSP 安装时已经自动下载了 Wireshark 抓包软件，并且在 eNSP 软件中右击终端可以选择抓包。

(1)　配置 R1 的 RIPng 协议，过程如下：

```
[R1]ripng 100
[R1-ripng-100]quit
[R1]interface GigabitEthernet 0/0/0
[R1-GigabitEthernet0/0/0]ripng 100 enable
[R1-GigabitEthernet0/0/0]quit
[R1]interface GigabitEthernet 0/0/1
[R1-GigabitEthernet0/0/0]ripng 100 enable
```

```
[R1-GigabitEthernet0/0/0]quit
```

(2) 配置 R2 的 RIPng 路由协议，过程如下：

```
[R2]ripng 100
[R2-ripng-100]quit
[R2]interface GigabitEthernet 0/0/0
[R2-GigabitEthernet0/0/0]ripng 100 enable
[R2-GigabitEthernet0/0/0]quit
[R2]interface GigabitEthernet 0/0/1
[R2-GigabitEthernet0/0/0]ripng 100 enable
[R2-GigabitEthernet0/0/0]quit
```

(3) 配置 R3 的 RIPng 路由协议，过程如下：

```
[R3]ripng 100
[R3-ripng-100]quit
[R3]interface GigabitEthernet 0/0/0
[R3-GigabitEthernet0/0/0]ripng 100 enable
[R3-GigabitEthernet0/0/0]quit
[R3]interface GigabitEthernet 0/0/1
[R3-GigabitEthernet0/0/0]ripng 100 enable
[R3-GigabitEthernet0/0/0]quit
```

2. 测试 RIPng 的连通性

在主机 A 上 ping 主机 B，测试的数据如下：

```
PC>ping  2001:250:4005:4000::88
Ping 2001:250:4005:4000::88: 32 data bytes, Press Ctrl_C to break
From 2001:250:4005:4000::88: bytes=32 seq=1 hop limit=252 time=31 ms
From 2001:250:4005:4000::88: bytes=32 seq=2 hop limit=252 time=32 ms
From 2001:250:4005:4000::88: bytes=32 seq=3 hop limit=252 time=31 ms
From 2001:250:4005:4000::88: bytes=32 seq=4 hop limit=252 time=31 ms
From 2001:250:4005:4000::88: bytes=32 seq=5 hop limit=252 time=31 ms
--- 2001:250:4005:4000::88 ping statistics ---
  5 packet(s) transmitted
  5 packet(s) received
  0.00% packet loss
  round-trip min/avg/max = 31/31/32 ms
```

以上数据显示主机 A 能将数据传输到主机 B。

在主机 B 上 ping 主机 A，测试的数据如下：

```
PC>ping  2001:250:4005:4000::88
From 2001:250:4005:1000::88: bytes=32 seq=1 hop limit=252 time=47 ms
From 2001:250:4005:1000::88: bytes=32 seq=2 hop limit=252 time=15 ms
From 2001:250:4005:1000::88: bytes=32 seq=3 hop limit=252 time=47 ms
From 2001:250:4005:1000::88: bytes=32 seq=4 hop limit=252 time=32 ms
From 2001:250:4005:1000::88: bytes=32 seq=5 hop limit=252 time=15 ms
--- 2001:250:4005:1000::88 ping statistics ---
  5 packet(s) transmitted
  5 packet(s) received
  0.00% packet loss
  round-trip min/avg/max = 15/31/47 ms
```

以上数据显示主机 B 能将数据传输到主机 A。表示通过静态路由的配置，主机 A 和主

机 B 之间能够相互通信了。

在主机 A 上跟踪到主机 B 的路由，得到如下数据：

```
traceroute to 2001:250:4005:4000::88, 8 hops max, press Ctrl_C to stop
 1  2001:250:4005:1000::1   15 ms  16 ms  15 ms
 2  2001:250:4005:2000::2   32 ms  15 ms  32 ms
 3  2001:250:4005:3000::2   15 ms  31 ms  32 ms
 4  2001:250:4005:4000::88   47 ms  31 ms  31 ms
```

以上数据显示了主机 A 的数据包经过了 3 跳(即路由器 R1、R2 和 R3 这 3 个路由器相应的网关)到达了主机 B。

在主机 B 上跟踪到主机 A 的路由，得到如下数据：

```
traceroute to 2001:250:4005:1000::88, 8 hops max, press Ctrl_C to stop
 1  2001:250:4005:4000::1   15 ms  16 ms  31 ms
 2  2001:250:4005:3000::1   16 ms  15 ms  32 ms
 3  2001:250:4005:2000::1   31 ms  47 ms  31 ms
 4  2001:250:4005:1000::88   16 ms  31 ms  16 ms
```

以上数据与在主机 A 上跟踪到主机 B 的路由过程相反，显示了主机 B 的数据包经过了 3 跳，即路由器 R3、R2 和 R1 这 3 个路由器相应的网关，到达了主机 A。

通过在主机 A 和 B 上分别使用 ping 命令和路由跟踪命令，都显示了通过在 3 台路由器配置 RIPng 协议，实现了主机 A 和 B 之间的连通，两台主机之间能够进行相互的通信。

3. 查看 RIPng 路由表

(1) R1 路由表：

```
R1 Ripng routing table
<R1>display ripng 100 route
  Route Flags: R - RIPng
             A - Aging, G - Garbage-collect
 -----------------------------------------------------------------
 Peer FE80::2E0:FCFF:FE0B:2FC9 on GigabitEthernet0/0/1
 Dest 2001:250:4005:3000::/64,
     via FE80::2E0:FCFF:FE0B:2FC9, cost  1, tag 0, RA, 24 Sec
 Dest 2001:250:4005:4000::/64,
     via FE80::2E0:FCFF:FE0B:2FC9, cost  2, tag 0, RA, 24 Sec
```

以上数据反映出路由完全联通的情况下 RIP 协议使得 R1 获得了完整的路由表，若依次启动则一开始启动的 R1 将没有到达其他网段的路由表。

(2) 启动 R2 后查看其路由表：

```
R2 Ripng routing table
<R2>display ripng 100 route
  Route Flags: R - RIPng
             A - Aging, G - Garbage-collect
 -----------------------------------------------------------------
 Peer FE80::2E0:FCFF:FE13:631A on GigabitEthernet0/0/0
 Dest 2001:250:4005:1000::/64,
     via FE80::2E0:FCFF:FE13:631A, cost  1, tag 0, RA, 27 Sec
 Peer FE80::2E0:FCFF:FE04:317C on GigabitEthernet0/0/1
 Dest 2001:250:4005:4000::/64,
     via FE80::2E0:FCFF:FE04:317C, cost  1, tag 0, RA, 0 Sec
```

(3) 启动 R3 后查看其路由表：

```
<R3>display ripng 100 route
  Route Flags: R - RIPng
             A - Aging, G - Garbage-collect
 ------------------------------------------------------------------------
 Peer FE80::2E0:FCFF:FE0B:2FCA on GigabitEthernet0/0/0
 Dest 2001:250:4005:1000::/64,
     via FE80::2E0:FCFF:FE0B:2FCA, cost  2, tag 0, RA, 8 Sec
 Dest 2001:250:4005:2000::/64,
     via FE80::2E0:FCFF:FE0B:2FCA, cost  1, tag 0, RA, 8 Sec
```

4. RIPng 的数据捕获

停止数据捕获，并将捕获的数据保存和分析。图 3.39 中显示了在 R1 和 R2 之间所捕获的部分 RIPng 的数据条目。

```
22 16.172000  fe80::2e0:fcff:fe0bff02::9      RIPng version 1      Response
23 33.031000  fe80::2e0:fcff:fe13ff02::9      RIPng version 1      Response
24 50.203000  fe80::2e0:fcff:fe0bff02::9      RIPng version 1      Response
25 61.031000  fe80::2e0:fcff:fe13ff02::9      RIPng version 1      Response
26 75.203000  fe80::2e0:fcff:fe0bff02::9      RIPng version 1      Response
27 91.031000  fe80::2e0:fcff:fe13ff02::9      RIPng version 1      Response
```

图 3.39 在 R1 和 R2 之间所捕获的部分 RIPng 的数据条目

图 3.39 中包含了少量的 RIPng 请求报文和大量的响应报文，其中这些响应报文是周期性发送的。下面选择其中几条，对其详细结构进行分析。

图 3.40 显示了第 4 条 RIPng 响应报文的详细结构。

```
22 16.172000  fe80::2e0:fcff:fe0bff02::9      RIPng version 1      Response
23 33.031000  fe80::2e0:fcff:fe13ff02::9      RIPng version 1      Response
24 50.203000  fe80::2e0:fcff:fe0bff02::9      RIPng version 1      Response
25 61.031000  fe80::2e0:fcff:fe13ff02::9      RIPng version 1      Response
26 75.203000  fe80::2e0:fcff:fe0bff02::9      RIPng version 1      Response
27 91.031000  fe80::2e0:fcff:fe13ff02::9      RIPng version 1      Response
28 110.203000 fe80::2e0:fcff:fe0bff02::9      RIPng version 1      Response
29 126.062000 fe80::2e0:fcff:fe13ff02::9      RIPng version 1      Response
30 139.219000 fe80::2e0:fcff:fe0bff02::9      RIPng version 1      Response
31 159.078000 fe80::2e0:fcff:fe13ff02::9      RIPng version 1      Response

Internet Protocol Version 6, Src: fe80::2e0:fcff:fe0b:2fc9 (fe80::2e0:fcff:fe0b:2fc9), Dst: ff02::9 (ff02::9)
  0110 .... = Version: 6
  .... 1100 0000 .... .... .... .... .... = Traffic class: 0x000000c0
  .... .... .... 0000 0000 0000 0000 0000 = Flowlabel: 0x00000000
  Payload length: 72
  Next header: UDP (0x11)
  Hop limit: 255
  Source: fe80::2e0:fcff:fe0b:2fc9 (fe80::2e0:fcff:fe0b:2fc9)
  [Source SA MAC: HuaweiTe_0b:2f:c9 (00:e0:fc:0b:2f:c9)]
  Destination: ff02::9 (ff02::9)
User Datagram Protocol, Src Port: ripng (521), Dst Port: ripng (521)
  Source port: ripng (521)
  Destination port: ripng (521)
  Length: 72
  Checksum: 0x5701 [validation disabled]
RIPng
  Command: Response (2)
  Version: 1
  IP Address: 2001:250:4005:2000::/64, Metric: 1
    IP Address: 2001:250:4005:2000::
    Tag: 0x0000
    Prefix length: 64
    Metric: 1
  IP Address: 2001:250:4005:3000::/64, Metric: 1
    IP Address: 2001:250:4005:3000::
    Tag: 0x0000
    Prefix length: 64
    Metric: 1
  IP Address: 2001:250:4005:4000::/64, Metric: 2
    IP Address: 2001:250:4005:4000::
    Tag: 0x0000
    Prefix length: 64
    Metric: 2
```

图 3.40 RIPng 响应报文的详细结构

在 IPv6 报头中，Next header(下一个报头)字段的值为 0x11，是十六进制表示，换算成十进制即为 17，即 UDP 协议。紧接 IPv6 报头的是 UDP 协议所标识的 Source(源)和

Destination(目的)端口等信息以及承载于 UDP 协议的 RIPng 协议。

在 RIPng 协议中，Command(命令)字段的值为 2，表示是一个响应报文；接下来最主要的字段是路由表项，它由 IP 地址的前缀、路由标记、前缀长度和到目的网络的代价等 4 部分组成，该路由表项有 3 条。

3.5.4 OSPFv3 的实验过程与分析

1. OSPFv3 的实验拓扑结构

OSPFv3 的实验拓扑结构如图 3.41 所示。图中主机和路由器与图 3.38 一样。

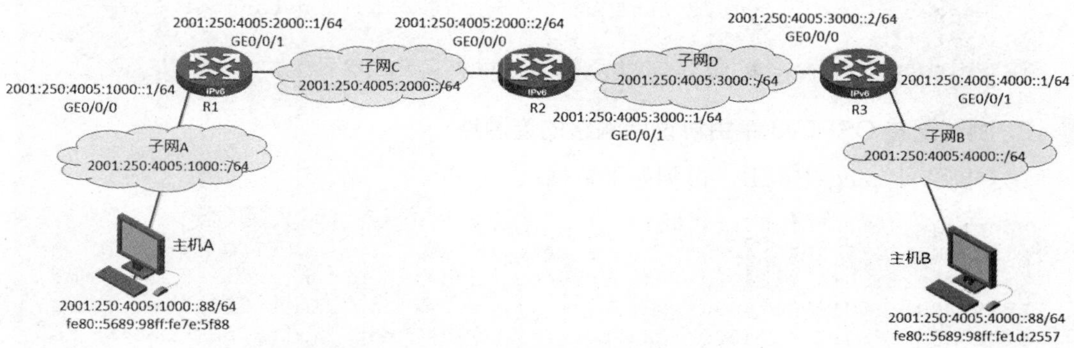

图 3.41 OSPFv3 的实验拓扑结构

2. 配置 OSPFv3 路由协议

以图 3.41 的拓扑结构进行 OSPFv3 的实验。图中三台路由器 R1、R2 和 R3 分别为 eNSP 的模拟路由器，而主机 A 和主机 B 为 eNSP 中的模拟主机，安装的操作系统是 Windows 操作系统。在为路由器配置完成后启动路由器之前，开启 eNSP 软件中的抓包功能捕获 OSPFv3 数据包。

图 3.41 根据 OSPFv3 中区域的概念，将网络分为了两个区域，分别为 area0 和 area1。下面是 OSPFv3 在路由器上的配置过程。

(1) 路由器 R1 配置如下：

```
<R1>sys
[R1]ospfv3 100
[R1-ospfv3-100]area 0
[R1-ospfv3-100-0.0.0.0]quit
[R1]interface GigabitEthernet 0/0/0
[R1-GigabitEthernet0/0/0]ospfv3 100 area 0.0.0.0 instance 1
[R1]interface GigabitEthernet 0/0/1
[R1-GigabitEthernet0/0/1]ospfv3 100 area 0.0.0.0 instance 1
```

(2) 路由器 R2 配置如下：

```
<R2>sys
[R2]ospfv3 100
[R2-ospfv3-100]area 0
[R2-ospfv3-100-0.0.0.0]quit
[R2-ospfv3-100]area 1
```

```
[R2-ospfv3-100-0.0.0.1]quit
[R2]interface GigabitEthernet 0/0/0
[R2-GigabitEthernet0/0/0]ospfv3 100 area 0.0.0.0 instance 1
[R2]interface GigabitEthernet 0/0/1
[R2-GigabitEthernet0/0/1]ospfv3 100 area 0.0.0.1 instance 1
```

(3) 路由器 R3 配置如下：

```
<R3>sys
[R3]ospfv3 100
[R3-ospfv3-100]area 1
[R3-ospfv3-100]quit
[R3]interface GigabitEthernet 0/0/0
[R3-GigabitEthernet0/0/0]ospfv3 100 area 0.0.0.1 instance 1
[R3]interface GigabitEthernet 0/0/1
[R3-GigabitEthernet0/0/1]ospfv3 100 area 0.0.0.1 instance 1
```

3. 测试配置 OSPFv3 路由协议后网络的连通性

在主机 A 上 ping 主机 B，得到如下数据：

```
PC>ping 2001:250:4005:4000::88
Ping 2001:250:4005:4000::88: 32 data bytes, Press Ctrl_C to break
From 2001:250:4005:4000::88: bytes=32 seq=1 hop limit=252 time=47 ms
From 2001:250:4005:4000::88: bytes=32 seq=2 hop limit=252 time=31 ms
From 2001:250:4005:4000::88: bytes=32 seq=3 hop limit=252 time=31 ms
From 2001:250:4005:4000::88: bytes=32 seq=4 hop limit=252 time=16 ms
From 2001:250:4005:4000::88: bytes=32 seq=5 hop limit=252 time=31 ms
--- 2001:250:4005:4000::88 ping statistics ---
  5 packet(s) transmitted
  5 packet(s) received
  0.00% packet loss
  round-trip min/a
```

以上数据显示主机 A 能将数据传输到主机 B。在主机 B 上 ping 主机 A，得到如下数据：

```
PC>ping 2001:250:4005:1000::88
Ping 2001:250:4005:1000::88: 32 data bytes, Press Ctrl_C to break
From 2001:250:4005:1000::88: bytes=32 seq=1 hop limit=252 time=63 ms
From 2001:250:4005:1000::88: bytes=32 seq=2 hop limit=252 time=31 ms
From 2001:250:4005:1000::88: bytes=32 seq=3 hop limit=252 time=31 ms
From 2001:250:4005:1000::88: bytes=32 seq=4 hop limit=252 time=16 ms
From 2001:250:4005:1000::88: bytes=32 seq=5 hop limit=252 time=31 ms
--- 2001:250:4005:1000::88 ping statistics ---
  5 packet(s) transmitted
  5 packet(s) received
  0.00% packet loss
  round-trip min/avg/max = 16/34/63 ms
```

以上数据显示主机 B 能将数据传输到主机 A。

以上数据表示通过 OSPFv3 的配置，主机 A 和主机 B 之间能够相互进行通信了。

4. 查看 OSPFv3 的各种状态信息

下面通过查看 OSPFv3 路由器的一些状态信息，来了解 OSPFv3 的工作原理。以路由器 R2 来查看一些信息。

查看 R2 的邻居，命令如下：

```
R2 neighbor
[R2]display ospfv3 peer
OSPFv3 Process (100)
OSPFv3 Area (0.0.0.0)
Neighbor ID   Pri  State        Dead Time Interface    Instance ID
1.1.1.1        1  Full/Backup   00:00:35  GE0/0/0       1 OSPFv3 Area (0.0.0.1)
Neighbor ID   Pri  State        Dead Time Interface    Instance ID
3.3.3.3        1  Full/DR      00:00:33  GE0/0/1
R2 tree
```

以上数据的第 1 列表示邻居的路由器的 ID 号，在 OSPFv3 网络中这是唯一的，这个 ID 号显示了 R1、R3 均为 R2 的邻居。第 2 列的 Pri(priority)显示了邻居成为指派路由器的优先权。第 3 列 DeadTime 显示了路由器要花多长时间到邻居。作为默认设置，OSPF 路由器每隔 10 秒相互 ping 一次，假如 40 秒内没有接收到对方的信号，则认为该节点已经不存在。当然这种定时方式是可以调节的。第 4 列表示到其他路由器的连接已经充分建立。

查看 R2 的路由表：

```
[R2]display ospfv3 routing
sCodes : E2 - Type 2 External, E1 - Type 1 External, IA - Inter-Area,
       N - NSSA, U - Uninstalled

OSPFv3 Process (100)
    Destination                                            Metric
      Next-hop
    2001:250:4005:1000::/64                                   2
      via FE80::2E0:FCFF:FE13:631A, GigabitEthernet0/0/0
    2001:250:4005:2000::/64                                   1
      directly connected, GigabitEthernet0/0/0
    2001:250:4005:3000::/64                                   1
      directly connected, GigabitEthernet0/0/1
    2001:250:4005:4000::/64                                   2
      via FE80::2E0:FCFF:FE04:317C, GigabitEthernet0/0/1
```

OSPFv3 process 表示的是所有活跃的路由器。2001:250:4005:1000::164 是路由前缀，via FE80::2E0:FCFF:FE13:631A 表示下一跳地址，GigabitEthernet 0/0/0 表示下一跳端口，directly connected 表示直连路由。

5. OSPFv3 的数据捕获

停止数据捕获，并将捕获的数据保存和分析。图 3.42 中显示了在 R1 和 R2 之间所捕获的部分 OSPFv3 的数据条目。

No.	Time	Source	Destination	Protocol	Info
50	5.278478	fe80::202:e3ff:fe57:6b9c	ff02::5	OSPF	Hello Packet
51	3.076714	fe80::21d:fff:fe17:e793	ff02::5	OSPF	Hello Packet
52	6.922912	fe80::202:e3ff:fe57:6b9c	ff02::5	OSPF	Hello Packet
55	0.378625	fe80::21d:fff:fe17:e793	ff02::5	OSPF	Hello Packet
58	0.291814	fe80::202:e3ff:fe57:6b9c	ff02::5	OSPF	Hello Packet
59	3.075921	fe80::21d:fff:fe17:e793	ff02::5	OSPF	Hello Packet
60	6.808866	fe80::202:e3ff:fe57:6b9c	ff02::5	OSPF	LS Update
61	0.114877	fe80::202:e3ff:fe57:6b9c	ff02::5	OSPF	Hello Packet
62	2.885529	fe80::21d:fff:fe17:e793	ff02::5	OSPF	LS Acknowledge
63	0.190035	fe80::21d:fff:fe17:e793	ff02::5	OSPF	Hello Packet

图 3.42　在 R1 和 R2 之间所捕获的部分 OSPFv3 的数据条目

图 3.42 中包含了大量的 Hello 报文和少量的 LS Update 和 LS Acknowledge 报文，其中这些 Hello 报文是周期性发送的。下面选择其中几条对其详细结构进行分析。

图 3.43 显示了第 50 条 OSPFv3 的 Hello 报文的详细结构。

```
⊞ Frame 13: 94 bytes on wire (752 bits), 94 bytes captured (752 bits)
⊞ Ethernet II, Src: HuaweiTe_13:63:1a (00:e0:fc:13:63:1a), Dst: IPv6mcast_00:00:00:05 (33:33:00:00:00:05)
⊞ Internet Protocol Version 6, Src: fe80::2e0:fcff:fe13:631a (fe80::2e0:fcff:fe13:631a), Dst: ff02::5 (ff02::5)
⊟ Open Shortest Path First
  ⊟ OSPF Header
      OSPF Version: 3
      Message Type: Hello Packet (1)
      Packet Length: 40
      Source OSPF Router: 1.1.1.1 (1.1.1.1)
      Area ID: 0.0.0.0 (Backbone)
      Packet Checksum: 0x8f69 [correct]
      Instance ID: 1 (IPv6 unicast AF)
      Reserved: 0
  ⊟ OSPF Hello Packet
      Interface ID: 4
      Router Priority: 1
    ⊟ Options: 0x000013 (R, E, V6)
        .... .... .... 0... .... .... = F: F is NOT set
        .... .... .... .0.. .... .... = I: I is NOT set
        .... .... .... ..0. .... .... = L: L is NOT set
        .... .... .... ...0 .... .... = AF: AF is NOT set
        .... .... .... .... ..0. .... = DC: DC is NOT set
        .... .... .... .... ...1 .... = R: R is SET
        .... .... .... .... .... 0... = N: N is NOT set
        .... .... .... .... .... .0.. = MC: MC is NOT set
        .... .... .... .... .... ..1. = E: E is SET
        .... .... .... .... .... ...1 = V6: V6 is SET
      Hello Interval: 10 seconds
      Router Dead Interval: 40 seconds
      Designated Router: 2.2.2.2
      Backup Designated Router: 1.1.1.1
      Active Neighbor: 2.2.2.2
```

图 3.43　Hello 报文的详细结构

图 3.43 中，IPv6 报头的下一个报头 Next header 字段，其十六进制的值为 0x59，换算成十进制为 89，表明为 OSPF 报文，源地址为 R2 的本地链路地址，目的地址为“ff02::5”。接下来是 OSPFv3 的详细结构，该 OSPFv3 由两部分组成，即 OSPFv3 报头和 OSPFv3 的 Hello 数据包。图 3.44 显示了第 60 条 OSPFv3 的 LS Update 报文的详细结构。

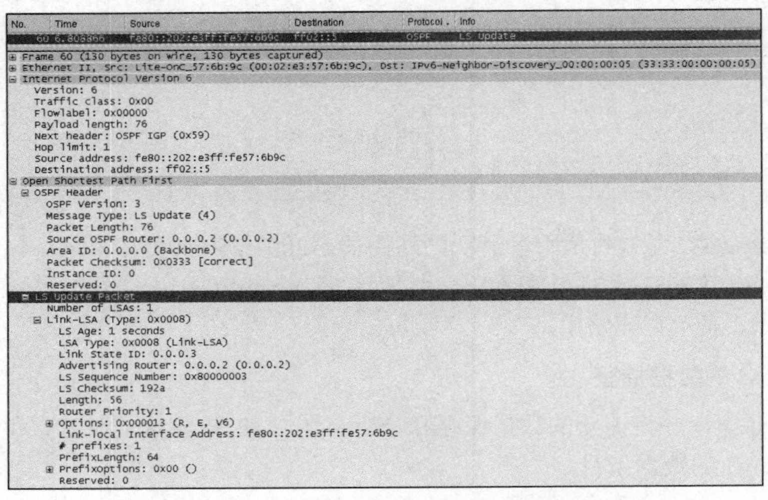

```
No.  Time        Source                     Destination  Protocol  Info
  60 6.808866    fe80::202:e3ff:fe57:6b9c   ff02::5      OSPF      LS Update

⊞ Frame 60 (130 bytes on wire, 130 bytes captured)
⊞ Ethernet II, Src: Lite-OnC_57:6b:9c (00:02:e3:57:6b:9c), Dst: IPv6-Neighbor-Discovery_00:00:00:05 (33:33:00:00:00:05)
⊟ Internet Protocol Version 6
    Version: 6
    Traffic class: 0x00
    Flowlabel: 0x00000
    Payload length: 76
    Next header: OSPF IGP (0x59)
    Hop limit: 1
    Source address: fe80::202:e3ff:fe57:6b9c
    Destination address: ff02::5
⊟ Open Shortest Path First
  ⊟ OSPF Header
      OSPF Version: 3
      Message Type: LS Update (4)
      Packet Length: 76
      Source OSPF Router: 0.0.0.2 (0.0.0.2)
      Area ID: 0.0.0.0 (Backbone)
      Packet Checksum: 0x0333 [correct]
      Instance ID: 0
      Reserved: 0
  ⊟ LS Update Packet
      Number of LSAs: 1
    ⊟ Link-LSA (Type: 0x0008)
        LS Age: 1 seconds
        LSA Type: 0x0008 (Link-LSA)
        Link State ID: 0.0.0.3
        Advertising Router: 0.0.0.2 (0.0.0.2)
        LS Sequence Number: 0x80000003
        LS Checksum: 192a
        Length: 56
        Router Priority: 1
      ⊞ Options: 0x000013 (R, E, V6)
        Link-local Interface Address: fe80::202:e3ff:fe57:6b9c
        # prefixes: 1
        PrefixLength: 64
      ⊞ PrefixOptions: 0x00 ()
        Reserved: 0
```

图 3.44　OSPFv3 的 LS Update 报文的详细结构

图 3.44 中，IPv6 报头与 Hello 报文中的一样，而 OSPFv3 中，除了 OSPF 报头之外，携带的是 LS Update 数据包。图 3.45 显示了图 3.44 中 LS Update 数据包的详细结构。

图 3.46 显示了第 62 条 OSPFv3 的 LS Acknowledge 报文的详细结构。在图 3.46 中，可以清楚地看到 OSPFv3 是由 OSPF 报头和携带的 LSA 数据包组成。

```
⊟ LS Update Packet
    Number of LSAs: 1
  ⊟ Link-LSA (Type: 0x0008)
      LS Age: 1 seconds
      LSA Type: 0x0008 (Link-LSA)
      Link State ID: 0.0.0.3
      Advertising Router: 0.0.0.2 (0.0.0.2)
      LS Sequence Number: 0x80000003
      LS Checksum: 192a
      Length: 56
      Router Priority: 1
    ⊟ Options: 0x000013 (R, E, V6)
        .... .... .... .... ..0. .... = DC: DC is NOT set
        .... .... .... .... ...1 .... = R: R is SET
        .... .... .... .... .... 0... = N: N is NOT set
        .... .... .... .... .... .0.. = MC: MC is NOT set
        .... .... .... .... .... ..1. = E: E is SET
        .... .... .... .... .... ...1 = V6: V6 is SET
      Link-local Interface Address: fe80::202:e3ff:fe57:6b9c
      # prefixes: 1
      PrefixLength: 64
    ⊟ PrefixOptions: 0x00 ()
        .... 0... = P: Propagate bit is NOT set
        .... .0.. = MC: Multicast capability bit is NOT set
        .... ..0. = LA: LocalAddress capability bit is NOT set
        .... ...0 = NU: NoUnicast capability bit is NOT set
      Reserved: 0
      Address Prefix: 2001:250:4005:2000::
```

图 3.45　OSPFv3 的 LS Update 数据包的详细结构

No.	Time	Source	Destination	Protocol	Info
62	2.885529	fe80::21d:fff:fe17:e793	ff02::5	OSPF	LS Acknowledge

```
⊞ Frame 62 (90 bytes on wire, 90 bytes captured)
⊞ Ethernet II, Src: 00:1d:0f:17:e7:93 (00:1d:0f:17:e7:93), Dst: IPv6-Neighbor-Discovery_00:00:00:05 (33:33:00:00:00:05)
⊟ Internet Protocol Version 6
    Version: 6
    Traffic class: 0x00
    Flowlabel: 0x00000
    Payload length: 36
    Next header: OSPF IGP (0x59)
    Hop limit: 1
    Source address: fe80::21d:fff:fe17:e793
    Destination address: ff02::5
⊟ Open Shortest Path First
  ⊟ OSPF Header
      OSPF Version: 3
      Message Type: LS Acknowledge (5)
      Packet Length: 36
      Source OSPF Router: 0.0.0.1 (0.0.0.1)
      Area ID: 0.0.0.0 (Backbone)
      Packet Checksum: 0x6d90 [correct]
      Instance ID: 0
      Reserved: 0
  ⊟ LSA Header
      LS Age: 5 seconds
      LSA Type: 0x0008 (Link-LSA)
      Link State ID: 0.0.0.3
      Advertising Router: 0.0.0.2 (0.0.0.2)
      LS Sequence Number: 0x80000003
      LS Checksum: 192a
      Length: 56
```

图 3.46　OSPFv3 的 LS Acknowledge 报文的详细结构

习题与实验

一、选择题

1. IGP 的作用范围是(　　)。

   A. 区域内　　B. 局域网内　　C. 自治系统内　　D. 自然子网范围内

2. RIPng 利用 UDP 传输，其端口号为(　　)。

   A. 520　　B. 521　　C. 522　　D. 523

3. 下列(　　)动态路由协议是不支持 IPv6 的。

   A. RIPng　　B. OSPFv2　　C. OSPFv3　　D. BGP4+

4. 下列(　　)描述是错误的。

   A. 其实 RIPng 和 RIPv2 的工作机制差不多，都是使用 UDP 协议封装

B. IPv6 数据包由 1 个基本报头，0 个或多个扩展报头以及上层协议单元组成

C. 无状态地址自动配置组成的地址有两部分组成，一部分是路由器发送的网络前缀，另一部分为主机的链路层地址

D. IPv6 报文和 IPv4 报文相比，报文头更加简单了

5. 对于 RIP 协议，可以到达目标网络的跳数(所经过路由器的个数)最多为(　　)。

A. 12　　B. 15　　C. 16　　D. 没有限制

6. 下列(　　)描述是正确的。

A. 类似在 OSPFv2 中使用的 Router ID 格式是 IPv4 地址格式，在 OSPFv3 中，Router ID 的格式相应地也采用 IPv6 地址格式了

B. 在 OSPFv3 中，接口之间采用了更加安全的认证方法

C. OSPFv3 依然采用 SPF 算法

D. 由于网络结构其实是没有变化的，所以 OSPFv3 的 LSA 类型没有变化

7. 关于动态路由协议的描述，下列正确的是(　　)。

A. RIPng 的原理与 RIP 一样，但改进了 RIP 收敛速度慢的缺点

B. OSPFv3 协议的报文格式与 OSPF 报文一样，但做了改进以能够支持 IPv6

C. MBGP 是 IPv6 网络中唯一的 EGP 路由协议

D. 因为 IS-IS 原本就支持多协议，所以不用做任何改动就可以支持 IPv6

8. RIPng 使用的多播地址是(　　)。

A. FF02::A　　B. FF02::9　　C. FF02::5　　D. FF02::6

9. 打开 OSPFv3 路由协议使用的命令是(　　)。

A. Router1(config-if)# ipv6 ospf 10 area 0.0.0.0

B. Router1(config-if)# ipv6 router rip 1

C. Router1(config)# ipv6 router eigrp 10

D. Router1(config-rtr)# no shutdown

10. BGP 报文的传送是在(　　)之上进行的，使用的端口号是(　　)。

A. TCP 协议 179　B. TCP 协议 521　C. UDP 协议 520　D. UDP 协议 521

11. BGP 是一种用于在(　　)传递网络层可达性信息的路径矢量协议。

A. 区域 Area 之内　　B. 自治系统 AS 之间

C. 区域 Area 之间　　D. 自治系统 AS 之内

12. BGP4 对等体间 TCP 连接建立后双方发送的第一个报文是(　　)。

A. KEEPALIVE 报文　　B. OPEN 报文

C. UPDATE 报文　　D. NOTIFICATION 报文

13. 为了使 BGP 支持 IPv6 而引入的两个扩展属性是(　　)。

A. 协议可达属性(MP_REACH_NLRI)和多协议不可达属性(MP_UNREACH_NLRI)

B. 源属性(ORIGIN)和 AS 路径属性(AS_PATH)

C. 下个中继属性(NEXT_HOP)和 MED 属性(MULTI_EXIT_DISC)

D. 本地优先属性(LOCAL_PREF)和原子聚合属性(ATOMIC_AGGREGATE)

14. OSPF 协议使用的组播地址是(　　)。

A. 224.0.0.5　　B. 224.0.0.6　　C. 224.0.0.9　　D. 224.0.0.10

15. 关于配置 OSPF 协议中的 Stub 区域，下列说法错误的是(　　)。
    A. 骨干区域不能配置成 Stub 区域，虚连接不能穿过 Stub 区域
    B. 区域内的所有路由器不是必须配置该属性
    C. Stub 区域中不能存在 ASBR
    D. 一个区域配置成 Stub 区域后，其他区域的 type3 LSA 可以在该区域中传播
16. OSPF 协议的协议号是(　　)。
    A. 88　　B. 89　　C. 179　　D. 520
17. 下面的 OSPF 报文中包含完整 LSA 信息的有(　　)。
    A. hello　　B. DBD　　C. LSU　　D. LSR
18. OSPF 协议中关于 DR 和 BDR 的说法正确的是(　　)。
    A. DR 一定是网段中优先级最高的路由器
    B. 网络中一定要同时存在 DR 和 BDR
    C. 其他所有非 DR 的路由器只需要和 DR 交换报文，非 DR 之间就不需要交互报文了
    D. 所有非 DR 路由器和 BDR 之间的稳定状态也是 FULL
19. OSPF 协议是基于(　　)算法的。
    A. DV　　B. SPF　　C. HASH　　D. 3DES

第4章 套接字编程

IPv6 协议是下一代互联网的核心协议，IPv6 将逐步发展并取代 IPv4，因此开发支持 IPv6 的协议栈或网络应用程序是 IPv6 应用发展的基础。

本章将介绍套接字 Socket 的基本概念、Socket 常用函数调用、Socket 通信原理以及面向连接的 TCP 和无连接 UDP 的通信过程，并给出在 IPv6 协议下开发客户/服务器应用程序的方法。

4.1　套接字概述

在 IP 网络中，系统内核包含 TCP/IP 核心协议，而应用层协议则要靠应用程序来实现。应用程序与 TCP/IP 核心协议打交道时，要通过一个应用程序编程接口(Application Programming Interface，API 实现)。在互联网协议中，提供了两种常见的 API 应用程序编程接口，它们是套接字(Socket)和运输层接口(TLI)。

套接字是由美国加利福尼亚大学伯克利分校在将 TCP/IP 软件移植到 Unix 操作系统的过程中产生的。

1983 年，第一个运用于 TCP/IP 协议栈和套接字的 API 版本在 Unix 4.1 BSD 中发布，因此套接字也常被称为套接字接口(Socket Interface)或伯克利套接字接口(Berkeley Sockets)。目前它已被广泛地移植到很多非 BSD Unix 系统和非 Unix 系统中，其中就包括 Windows，如最初的套接字接口 API 在 Windows 平台下的移植版本为 Winsock 1.1，后来在此基础上，微软公司又进一步提供了 Winsock 2 接口。

运输层接口最初由 AT&T 开发，由于被 X/OPEN(即现在的 Open Group)承认，有时也叫做 XTI(X/Open Transport Interface)。X/Open 开始时是一个由欧洲、美国和亚洲的国际 Unix 厂家组成的协会，现在已经成为像 POSIX 和 ANSI 一样的标准化组织之一。

本章仅讨论套接字编程的基本知识，关于进一步的了解，可以阅读 W. Richard Stevens 关于网络编程的经典著作《Unix 网络编程(第一卷)——套接字 API 和 X/OPEN 传输控制接口 API》。本章将逐步介绍套接字编程的一些基本概念、常用函数和套接字编程的基本原理等。

4.2　套接字编程的基本概念

在使用套接字编程之前，需要了解套接字的概念以及与之相关的基本知识。本节将对这些知识予以介绍。

4.2.1　套接字的概念

套接字的英文是 Socket，它的原义是“孔”或“插座”，此处取后一种含义。在这里可以把它理解为一个“通信插座”，每个应用进程在与其他主机的应用进程进行通信时，都要申请一个“插座”。为了在通信的过程中标识自己，需要把自己的地址和端口与这个“插座”绑定，同时，它还应该知道通信对方的地址和端口(与对方的“插座”绑定)，这样，双方就可以利用“插座”来进行通信。

实际上，在以 TCP/IP 为体系结构的网络上，主机之间的通信实质上就是不同主机的进程间通信。要实现主机之间进程的通信，就必须标识一台主机上的一个进程，如何标识一台主机的一个进程？这与上面通俗理解的套接字一样，需要一个“插座”来完成，这个特殊的“通信插座”一般需要 3 个变量，即主机的本地地址、协议和进程所用的端口号。由于通信是双向的，对方主机的进程也需要类似的 3 个变量来标识，这样一个完整的网络

间进程通信就需要 5 个变量，即本地地址、本地端口号、远程地址、远程端口号和协议。有了这 5 个变量，就可以唯一地标识网络中的一个通信。

在这里，本地地址、协议和进程所用的端口号就是一台主机的套接字。

因此，对于套接字的概念可以做如下描述：

```
{协议，本地地址，本地端口}
```

一个完整的 Socket 通信可以用下面一组变量来描述：

```
{协议，本地地址，本地端口，远程地址，远程端口}
```

每一个 Socket 有一个本地的唯一 Socket 号，由操作系统分配。

通过对 Socket 的讲解和直观描述，已经了解到 Socket 实质上是提供了进程通信的端点。进程通信之前，双方首先必须各自创建一个端点，否则是没有办法建立联系并相互通信的。正如打电话之前，双方必须各自拥有一台电话机一样。

4.2.2 套接字的创建

要真正使用 Socket 来实现主机之间的通信，必须通过一系列的函数来完成，这其中涉及 Socket 的创建。Socket 的创建是由 Socket 函数来完成的。

Socket 函数的具体原型如下：

```
#include <sys/socket.h>
int socket(int domain, int type, int protocol);
```

该函数有 3 个参数，描述了所使用的协议。

第 1 个参数指定了通信所使用的地址族或协议族，这些协议族通常是表 4.1 所列之一。在 TCP/IP 的实现过程中，经常使用的是 AF_INET 或 AF_INET6。

表 4.1 常用的地址族或协议族

地 址	协 议	协议描述
AF_UNIX	PF_UNIX	Unix 域
AF_INET	PF_INET	TCP/IP(版本 4)
AF_INET6	PF_INET6	TCP/IP(版本 6)
AF_AX25	PF_AX25	业余无线电使用的 AX.25
AF_IPX	PF_IPX	Novell 的 IPX
AF_APPLETALK	PF_APPLETALK	AppleTalk DDS
AF_NETROM	PF_NETROM	业余无线电使用的 NETROM

第 2 个参数是套接字的类型：可选择 SOCK_STREAM、SOCK_DGRAM 或 SOCK_RAW 中的一个。关于套接字的类型将在 4.2.3 节中说明。

第 3 个参数顾名思义，就是指定协议。常用的协议有 IPPROTO_TCP、IPPTOTO_UDP、IPPROTO_SCTP、IPPROTO_TIPC 等，它们分别对应 TCP 传输协议、UDP 传输协议、SCTP 传输协议和 TIPC 传输协议。需要注意的是后面两个参数 type 和 protocol 不是可以随意组合的，比如 SOCK_STREAM 就不能和 IPPROTO_UDP 组合。当 protocol 为 0 时，会

自动选择第二个参数 type 类型对应的默认协议。

系统调用 socket()函数，返回值是一个可以使用的套接字描述符，如果调用不成功，则返回-1。

实例 1：创建套接字，socket_example.c 程序清单如下：

```
#include <stdio.h>
#include<stdlib.h>
#include<sys/socket.h>
#include <arpa/inet.h>

#define PORT 3490
#define IP "127.0.0.1"

int main(){
    int sockfd;
    struct sockaddr_in my_addr;
    sockfd = socket(AF_INET,SOCK_STREAM,0); /*创建套接字*/

    if(sockfd < 0){
        perror("socket creation failed!\n");
        exit(1);
    }else{
        printf("socket created!\n");/*创建成功后，输出套接字描述符、IP 和端口信息*/
        printf("socked id: %d \n",sockfd);
        printf("ip: %s \n",IP);
        printf("port: %d \n",PORT);
    }
}
```

编译运行的结果如下：

```
[root@server59 ~]# gcc socket_example.c -o socket-example.out
[root@server59 ~]# ./socket-example.out
socket created!
socked id: 3
ip: 127.0.0.1
port: 3490
```

4.2.3　套接字的类型

套接字是主机间进程通信的端点，它向应用程序提供数据发送和接收的功能。根据套接字通信性质的不同，套接字可以被分为不同的套接字类型。目前常用的套接字类型有三种，分别是流套接字(SOCK_STREAM)、数据报套接字(SOCK_DGRAM)和原始数据报套接字(SOCK_RAW)。

其中前两种是 Internet 最常用的类型。这三种套接字的类型如图 4.1 所示。

1. 流套接字

流套接字提供的是面向连接的、可靠无差错的和发送先后顺序一致的网络数据的传输。它采用了一系列的数据纠错功能，可以确保在网络上传输的数据及时、无误地到达对方。

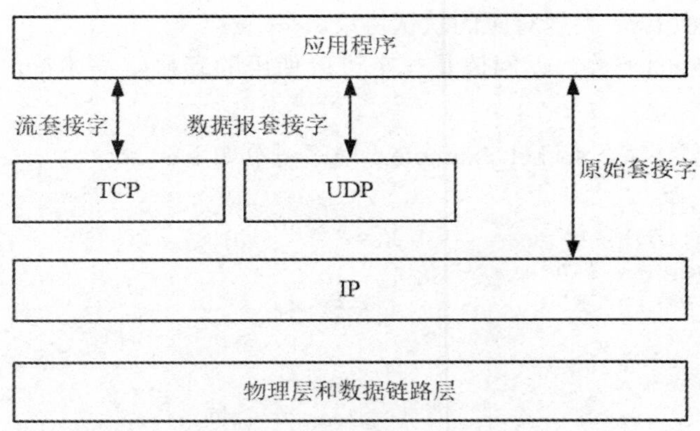

图 4.1　套接字类型

流套接字是最常用的套接字类型，由 SOCK_STREAM 指定，它是在 AF_INET 或 AF_INET6 域中通过 TCP 连接实现的，也就是说 TCP/IP 协议族中的 TCP 协议使用此类接口。

2. 数据报套接字

数据报套接字提供的是一种无连接的服务，数据报作为一个单独的网络数据被传输。数据报套接字既不能保证传输的顺序性，也不能保障传输的可靠性和无重复性，它对可以发送的数据报也有长度的限制。

数据报套接字是在 AF_INET 或 AF_INET6 域中通过 UDP 协议来实现的，尽管提供的是一种不可靠的无连接的服务，但从资源的消耗代价的角度来看，由于不需要维持网络连接，开销比较小，速度也快，所以数据报套接字通常用于单个报文传输或可靠性不重要的场合。

3. 原始数据报套接字

提供对网络下层通信协议(如 IP 协议)的直接访问，它一般不是提供给普通用户的，主要用于开发新的协议或用于提取协议较隐蔽的功能，如构造自己的 TCP 或 UDP 分组等。

4.2.4　套接字的地址结构

套接字的地址结构是套接字编程中一个非常重要的概念，里面存放着通信端点的标识等重要信息，它一般要包含该结构的大小、所采用的地址族(协议族)、相应的地址和端口信息等。

对 TCP/IP 协议来说，这里的地址和端口指的是 IP 地址和传输层端口号。

为了对套接字的地址结构有一个较为清楚的了解，本小节将从通用套接字的地址结构、IPv4 和 IPv6 下的套接字地址结构来介绍套接字的地址结构。

1. 通用套接字地址结构

由于网络底层协议的多样性和复杂性，Socket 开发人员在最初设计套接字函数接口时，就面临着这样的选择：是专门开发一套只用于 TCP/IP 协议专用的 Socket API，还是提供一种通用的编程接口以服务于不同的网络协议。很显然，如果采用前者，那么提供的函数就很简单，但通用性不够；而采用后者，开发人员就必须提供足够的信息或者说参数来

保证接口能支持所采用的协议族。

为了保证函数接口的通用性，Socket 开发人员还是采用了后面一种设计思路，这就是通用套接字地址结构产生的原因。

通用的套接字地址结构解决了适用于不同的网络协议的问题，而要做到这一点就必须设计一个通用性的参数，以保证这个函数的参数应该能够处理所有地址族(或协议族)。

按照目前 ANSI C 语言的知识，最简单的方法就是使用通用指针类型 void *，但由于套接字函数接口是在 ANSI C 标准制定之前定义的，不可能使用通用指针类型，而是采用一种通用套接字地址结构，其定义如下：

```
#include <sys/socket.h>
struct sockaddr
{
   sa_family_t sa_family;  /* 地址族，如AF_INET、AF_INET6 等 */
   char  sa_data[14];       /* 协议地址，如 IP 地址和端口*/
};
```

代码中，数据类型 sa_family_t 是一个无符号的短整数(unsigned short)，整个数据结构的长度为 16 字节；参数 sa_family 为不同网络协议的地址族，可以取值如 AF_INET、AF_INET6 等。第 2 个参数 sa_data 表示包含 14 字节的协议地址，如 IP 地址和端口。

2. IPv4 套接字地址结构

对于编程开发者而言，通用套接字地址本身并没有什么用处，但是它为其他的地址结构提供了一个重要的模型。例如，所有的地址都要在结构中同样的位置定义 sa_family 成员，因为它决定了怎样翻译结构中包含地址信息的字节。

正因为如此，一般在编程中并不直接对此通用套接字的地址结构进行操作，而是使用另一个与 sockaddr 等价的地址结构 sockaddr_in。

Linux 下的 sockaddr_in 地址结构定义如下：

```
#include <netinet/in.h>
struct  sockaddr_in
{
   short  int  sin_family;                      /* 地址族     */
   unsigned  short  int  sin_port;              /* 端口号     */
   struct  in_addr  sin_addr;             /* IP 地址    */
   unsigned  char  sin_zero[8];           /* 占位字节   */
};

struct  in_addr
{
   unsigned  long  s_addr;
};
```

以下是对 struct sockaddr_in 这个结构中各个成员含义的解释。

- sin_family：指协议族，与通用套接字的地址结构中所定义的 sa_family 相同，sin_family 的值只能是 AF_INET。
- sin_port：为套接字地址定义的 TCP/IP 的端口号，它的值必须使用网络字节顺序。

- sin_addr：定义在结构体 in_addr 中，它以网络字节顺序的形式存储 IP 地址。
- sin_zero：这是为了让 sockaddr 与 sockaddr_in 两个数据结构保持大小相同而保留的空字节。
- s_addr：按照网络字节顺序存储 IP 地址。

3. IPv6 套接字地址结构

由于 IPv6 的地址长度是 128 位，上面的套接字地址结构 struct sockaddr_in 不能兼容 IPv6 地址，因而必须提供能处理 IPv6 地址的套接字地址结构。Linux 所定义的 IPv6 套接字地址结构为：

```
#include <netinet/in.h>
struct sockaddr_in6
{
unsigned short      sin6_family;    /* 取值为AF_INET6    */
in_port_t           sin6_port;      /* 传输层端口号       */
uint32_t            sin6_flowinfo;      /* IPv6 中的流标签字段 */
struct in6_addr     sin6_addr;      /* 128 位的 IPv6 地址  */
uint32_t            sin6_scope_id;      /* IPv6 的接口范围     */
}

struct in6_addr
{
uint8_t s6_addr[16];                //128 位的 IPv6 地址，网络字节顺序
}
```

其中，sin6_family 表示地址所属的协议族，对于 IPv6 地址来说，始终为 AF_INET6。sin6_flowinfo 包含 IPv6 流信息。sin6_addr 表示一个 128 位的 IPv6 地址。

4. sockaddr、sockaddr_in 和 sockaddr_in6 的比较

比较一下 sockaddr、sockaddr_in 和 sockaddr_in6 的结构，可以发现，它们都有用于表示地址和端口的变量，所不同的是——so_ckaddr 为了保证通用性，没有具体地划分 IP 地址和传输层端口号，只是笼统地定义了一个 sa_data[14]；sockaddr_in 则分别指定了 32 位的 IPv4 地址和 16 位的端口号；sockaddr_in6 除指定 128 位 IPv6 地址和 16 位端口号外，还对流标号等内容做了说明。

由于 sockaddr_in 和 sockaddr_in6 类型的指针不能直接做套接字函数的参数，因此，在具体编程实现中，可以通过如下方法将 sockaddr_in 和 sockaddr_in6 强制转换为 sockaddr。

假设存放套接字地址结构的指针为 addr，使用 struct sockaddr_in *addr(或 struct sockaddr_in6 *addr)先定义 IPv4(或 IPv6)的套接字地址结构，并且把相应的地址结构内容(结构长度、地址族和端地址等)都存放到指针所指向的地址中。这样，在给套接字函数赋参数时，就需要用下面的语句做一个指针类型转换：

```
(struct sockaddr *)addr
```

套接字函数获取该指针后，系统内核会根据地址族 sa_family 的值得出端地址的具体结构和位置，并返回 IP 地址和传输层端口号等参量，套接字地址函数利用这些参量进行各种操作。

4.2.5　网络字节顺序

计算机数据由若干字节组成，在内存中存储这些字节数据的方法，一般来说有两种，分别为高位字节顺序优先和低位字节顺序优先。高位字节顺序优先是系统把数据的最高位字节存储在数据单元的起始地址，遵循从高位到低位的字节存储顺序；而低位字节顺序优先正好与其相反，它将数据的最低位字节存储在数据单元的起始地址。

在 TCP/IP 协议中，数据以高位字节存储顺序在网络上传输，这种在网络上传输字节数据的顺序就被称为网络字节顺序(Network Byte Order)，很显然，在有些情况下，系统字节存储顺序与网络字节顺序会不同，所以，这就涉及系统内部字节表示顺序和网络字节顺序之间的数据进行转换的问题。

为了实现它们之间的数据转换，提供了 4 个转换函数：htons、ntohs、htonl 和 ntohl。在这里，h 代表 host，n 代表 network，s 代表 short(即 16 位的短整数)，l 代表 long(即 32 位的长整数)。这 4 个函数非常容易理解和记忆，以 htons()函数为例，h 代表主机，紧接着的 to 代表“转换到”，然后 n 代表“网络”，最后 s 代表短整数，所以这是一个要将主机字节顺序转换为网络字节顺序短整数的函数，其他的 3 个函数的解释也是类似的。需要注意的是，不能把这里的短整数和长整数与 C 语言数据类型中的整型数据相混淆。

下面给出这 4 个函数的原型：

```
#include <netinet/in.h>
unsigned int htonl(unsigned int hostlong);
unsigned short htons(unsigned short hostshort);
unsigned int ntohl(unsigned int netlong);
unsigned short ntohs(unsigned short netshort);
```

函数 htonl(Host to Network Long)是将主机字节顺序转换为网络字节顺序，对无符号长整型进行操作。

函数 htons(Host to Network Short)是将主机字节顺序转换为网络字节顺序，对无符号短整型进行操作。

函数 ntohl(Network to Host Long)是将网络字节顺序转换为主机字节顺序，对无符号长整型进行操作。

函数 ntohs(Network to Host Short)是将网络字节顺序转换为主机字节顺序，对无符号短整型进行操作。

在这里需要对 struct sockaddr_in 中的几个成员如 sin_addr、sin_port 和 sin_family 是主机字节顺序还是网络字节顺序进行说明。

sin_addr 和 sin_port 是网络字节顺序，因为 sin_addr 和 sin_port 是从 IP 层和 UDP 协议层取出来的数据，而 IP 和 UDP 协议层都直接和网络有关，因此，它们必须使用网络字节顺序；但 sin_family 域只是系统内核用来判断 struct sockaddr_in 是存储的什么类型的数据，并且，sin_family 永远也不会被发送到网络上，所以 sin_family 可以使用主机字节顺序来存储。

这 4 个函数调用成功后的返回值均为要转换的字节序列，如果出错，则返回-1。

4.2.6 IP 地址转换

在 TCP/IP 协议中，对于 IP 地址的文本表示采用的是点分十进制(对应于 IPv4)或冒分十六进制法(对应于 IPv6)，而在进行 Socket 编程时所使用的则是二进制值，这就需要实现文本表示与二进制值之间的转换。

由于早期实现这种 IP 地址之间转换的函数 inet_addr()和 inet_aton()等只适用于 IPv4，为了能支持 IPv6 地址之间的转换，RFC3493(RFC2553 的更新版本)对 Socket API 的地址转换进行了扩展，提出了两个转换函数 inet_pton()和 inet_ntop()，这两个函数不仅能实现早期的转换函数 inet_addr()和 inet_aton()的功能，而且还能同时支持 IPv4 和 IPv6。

IP 地址转换函数 inet_pton()和 inet_ntop()的语法如下：

```
#include <arpa/inet.h>
int inet_pton(int family, const char *strptr, void *addrptr);
int inet_ntop(int family, const void *address, char *dest, int size);
```

(1) 函数 inet_pton()实现将二进制 IP 地址返回一个包含点分十进制或冒分十六进制法的字符串指针，其参数的含义说明如下。

- 第 1 个参数 family：指定了需要转换的地址类型，为 AF_INET 或者 AF_INET6，addrptr 指向需要转换的地址字符串。如果是 AF_INET，点分十进制字符串转换后存储在 in_addr 结构体指针类型的 dest 中；而对于 AF_INET6，点分十进制字符串转换后存储在 in6_addr 结构体指针类型的 dest 中。
- 第 2 个参数 strptr：是一个指向点分十进制或冒分十六进制串的指针。
- 第 3 个参数 addrptr：是一个指向转换后的网络字节顺序的二进制数的指针。

(2) 函数 inet_ntop()提供了将点分十进制或冒分十六进制法地址转换为二进制 IP 地址的功能，其参数的含义说明如下。

- 第 1 个参数 family：是第 2 个参数所在的地址族，并且只能是 AF_INET 或者 AF_ INET6。
- 第 2 个参数 address：是一个指向网络字节顺序的二进制值的指针。
- 第 3 个参数 dest：是一个指向转换后的点分十进制或冒分十六进制串的指针。
- 第 4 个参数 size：是目标的大小，以免函数溢出其调用者的缓冲区。

函数 inet_pton()和 inet_ntop()的返回值：当它们调用成功后，返回值均为 0；出错则均返回-1。

实例 2：IP 地址转换，程序清单 inet_ntop_example.c 如下：

```
#include <stdio.h>
#include <stdlib.h>
#include <sys/socket.h>
#include <arpa/inet.h>
#include <errno.h>

#define INADDR  "10.1.0.29"
#define IN6ADDR "DEAD:BEEF:7654:3210:FEDC:3210:7654:BA98"

int main(){
```

```
    struct in_addr inaddr;
    struct in6_addr in6addr;
    char buf[INET_ADDRSTRLEN], buf6[INET6_ADDRSTRLEN];
    int rval;

    if ( (rval = inet_pton(AF_INET, INADDR, &inaddr)) == 0) {
        printf("Invalid address: %s\n", INADDR);
        exit(EXIT_FAILURE);
    } else if (rval == -1) {
        perror("inet_pton");
        exit(EXIT_FAILURE);
    }

    if (inet_ntop(AF_INET, &inaddr, buf, sizeof(buf)) != NULL)
        printf("inet addr: %s\n", buf);
    else {
        perror("inet_ntop");
        exit(EXIT_FAILURE);
    }

    if ( (rval = inet_pton(AF_INET6, IN6ADDR, &in6addr)) == 0) {
        printf("Invalid address: %s\n", IN6ADDR);
        exit(EXIT_FAILURE);
    } else if (rval == -1) {
        perror("inet_pton");
        exit(EXIT_FAILURE);
    }

    if (inet_ntop(AF_INET6, &in6addr, buf6, sizeof(buf6)) != NULL)
        printf("inet6 addr: %s\n", buf6);
    else {
        perror("inet_ntop");
        exit(EXIT_FAILURE);
    }

    return(EXIT_SUCCESS);
}
```

4.2.7　名称与地址的转换

通常，人们都不愿意记忆冗长的 IP 地址，尤其是对于 IPv6 地址，其长度高达 128 位，人们很难记忆那么长的 IP 地址。使用名称与地址的转换函数就能很好地解决这个问题。

在 IPv4 的 Socket 编程中，比较常用的函数有 gethostbyname()和 gethostbyaddr()等，但这些函数有其自身的局限性，比如函数 gethostbyname()不允许调用者指定所需地址类型的任何信息，且在返回的结构中只包含用于存储 IPv4 地址的空间，而在寻址时，IPv4 是用 16 字节的结构体，IPv6 则是用 28 字节的 sock_addr_in6 的结构体。为了解决这一问题，Socket 开发人员设计了两个新的与地址协议族无关的函数 getnameinfo()和 getaddrinfo()，它们在 RFC3493 中给出了详细的定义。

这两个函数也是地址协议无关的，也就是说它们既可以用于 IPv4，也可以支持 IPv6，

可以完全替代早期的一些函数如 gethostbyname()、gethostbyaddr()、inet_ntoa()、inet_aton()、getservbyname()和 getservbyport()的功能。

下面将主要介绍 getaddrinfo()和 getnameinfo()这两个函数有关的语法。

函数 getaddrinfo()实现了名称到地址的转换或解析，其语法如下：

```
#include <netdb.h>
int getaddrinfo(const char *hostname, const char *service, const struct
addrinfo *hints, struct addrinfo **results);
```

函数 getaddrinfo()的参数说明如下。

- 第 1 个参数 hostname：为主机名，也可以是地址的文本表示，如 IPv4 的点分十进制或 IPv6 的冒分十六进制。
- 第 2 个参数 service：十进制的端口号或服务器名如 ftp、http 等。
- 第 3 个参数 hints：是一个指向结构体的指针。它由调用者填写后据此来返回希望获取的信息。
- 第 4 个参数 results：也是一个返回结构链表的指针，即存储返回的地址信息。

函数 getaddrinfo()中的结构体 struct addrinfo 定义如下：

```
#include <netdb.h>
struct addrinfo {
int  ai_flags;       /* 取值 AI_PASSIVE、AI_CANONNAME 或 AI_NUMERICHOST */
int  ai_family;      /* 取值可以是 IPv4 或 IPv6 的地址族 PF_xxx */
int  ai_socktype;    /* 套接字的类型 SOCK_STREAM、SOCK_DGRAM 等 */
int  ai_protocol;    /* TCP/IP 协议 */
size_t ai_addrlen;    /* 地址长度 */
char  *ai_canonname;          /* 节点的规范名称      */
struct sockaddr  *ai_addr;  /* 二进制表示的地址     */
struct addrinfo  *ai_next;  /* 链表的下一个结构体   */
};
```

该结构体中部分字段说明如下。

- 第 1 个参数 ai_flags：值可以取 AI_PASSIVE、AI_CANONNAME 或 AI_NUMERIC HOST。取 AI_PASSIVE，用于获取能够传递 bind()函数的地址。此时，函数 getaddrinfo()中的第 1 个参数 hostname 应设置为 NULL，service 为欲绑定的端口。取 AI_CANONNAME，表示 hostname 是主机名。取 AI_NUMERICHOST，表示 hostname 是一个地址的文本表示。
- 第 2 个参数 ai_family：值可以为 AF_INET 或者 PF_INET；AF_INET6 或者 PF_INET6；AF_UNSPEC，其意思是未指定，可能是 IPv4 或者 IPv6 地址族。
- 第 3 个参数 ai_socktype：值为套接字的类型 SOCK_STREAM 或 SOCK_DGRAM 等。
- 第 4 个参数 ai_protocol：值为 IPPROTO_TCP，即 TCP/IP 协议。

函数 getaddrinfo()的返回值是：如果值是 0，则调用成功，解析后的地址将通过 results 返回。如果名称被解析为多个地址，则返回一个由 ai_next 字段形成的链表。每个由名称解析的地址在 ai_addr 中表示，长度在 ai_addrlen 中表示；如果值为非 0，则出错，调用失败。

在 addrinfo 结构中返回的信息可用于调用 socket 函数，然后调用 connect、sendto(客户

端)或 bind(服务器端)函数。

TCP 客户程序遍历所有返回的 IP 地址，逐一调用 socket 和 connect 函数，直到连接成功或所有地址被试过为止。在 UDP 客户程序中，由函数 getaddrinfo()填写的套接字地址结构被用来调用 sendto 或 connect 函数。如果第一个地址不行，就会尝试剩下的地址。

函数 getnameinfo()与函数 getaddrinfo()相对应，功能正好相反。它以一个套接字地址为参数，返回一个描述主机的字符串和一个描述服务的字符串。它以独立于协议的方式提供这些信息。该函数的语法定义如下：

```
#include <netdb.h>
int getnameinfo(const struct sockaddr *sa, socklen_t salen, char *host,
size_t hostlen, char *serv, size_t servlen, int flags);
```

对函数中部分参数的含义说明如下：

- 第 1 个参数指向包含协议地址的套接字地址结构，它将被转换成可读的字符串。
- 第 2 个参数是结构的长度。
- 第 3 个参数和第 4 个参数是指定主机字符串。
- 第 5 个参数和第 6 个参数是指定服务器字符串。

实例 3：名称与地址转换，程序清单 getaddrinfo_example.c 如下：

```
#include <stdio.h>
#include <stdlib.h>
#include <sys/socket.h>
#include <netinet/in.h>
#include <netdb.h>
#include <string.h>

int main(int argc, char **argv){
   if (argc != 2) {
      fprintf(stderr, "Usage: %s hostname\n",
      argv[1]);
      exit(1);
   }

   struct addrinfo *answer, hint, *curr;
   char ipstr[16];
   bzero(&hint, sizeof(hint));
   hint.ai_family = AF_INET;
   hint.ai_socktype = SOCK_STREAM;

   int ret = getaddrinfo(argv[1], NULL, &hint, &answer);
   if (ret != 0) {
      fprintf(stderr,"getaddrinfo: &s\n",
      gai_strerror(ret));
      exit(1);
   }

   for (curr = answer; curr != NULL; curr = curr->ai_next) {
      inet_ntop(AF_INET,&(((struct sockaddr_in *)(curr->ai_addr))-
>sin_addr),ipstr, 16);
      printf("%s\n", ipstr);
   }
```

```
    freeaddrinfo(answer);/* 调用该函数释放由 getaddrinfo 函数返回的存储空间 */
    exit(0);
}
```

编译运行结果如下：

```
[root@server59 ~]# gcc getaddrinfo_example.c -o getaddrinfo.out
[root@server59 ~]# ./getaddrinfo.out www.163.com
111.178.233.88
61.136.167.33
61.136.167.72
[root@server59 ~]# ./getaddrinfo.out www.google.com
159.106.121.75
```

4.3 基本套接字函数

要真正实现 Socket 的通信，仅仅了解上面所介绍的套接字函数、地址结构和地址转换的函数等是远远不够的。实际上，套接字只是提供了一个通信的接口，要进行通信还必须调用套接字的各个系统函数。本节就介绍一些最基本的系统调用函数。

4.3.1 地址绑定函数 bind()

当使用 socket()函数创建了一个套接字之后，该套接字还处于无名状态。无名套接字就像没有号码的电话，是无法进行数据传递的，因此，就像为一部电话分配一个号码一样，套接字编程需要将套接字绑定到一个地址，而函数 bind()的作用就是用来给套接字分配一个本地端地址，对 AF_INET(IPv4 地址族)来说，端地址是本地 32 位 IPv4 地址和 16 位 TCP(或 UDP)端口号的组合；对 AF_INET6(IPv6 地址族)来说，端地址是 128 位本地 IPv6 地址和 16 位 TCP(或 UDP)端口号的组合。bind()函数的语法定义如下：

```
#include <sys/types.h>
#include <sys/socket.h>
int bind(int socketfd, struct sockaddr *myaddr, int addrlen);
```

函数中的参数说明如下。

- socketfd：调用 socket()函数返回的套接字描述符，bind()函数通过它来访问具体的套接字。
- myaddr：分配给套接字的地址，是一个指向本地套接字地址结构的指针，该结构中包含着本地的端地址信息，这个参数的类型为通用套接字地址结构 sockaddr，前面已经介绍过，这里就不再赘述。
- addrlen：套接字地址结构的长度，它的典型值为 sizeof(struct sockaddr)。

函数 bind()的返回值为：调用成功时返回 0，表示已经将本地 IP 地址和指定的传输层端口号分配给套接字；否则就返回-1。无论是 UDP 服务器还是 TCP 服务器，在监听来自客户端的请求前，都要调用该函数。

4.3.2　套接字监听函数 listen()

函数 listen()的作用是使套接字处于被动监听的状态，指示内核接受指向此套接字的连接请求，它只被 TCP 服务器调用，其语法如下：

```
#include <sys/socket.h>
int listen(int socket, int backlog);
```

函数 listen()中的参数说明如下。

- socket：套接字描述符，含义前面已经讲过。
- backlog：套接字允许排队的最大连接个数(当有多个客户端连接请求同时到达时，服务器可能处理不过来，这些连接就要排队，backlog 实际上规定了队列的最大长度)。注意这里的连接队列包括两部分——已完成连接的队列(即经过了 3 次握手)和未完成连接的队列，TCP 要为监听套接字维护这两个队列。

函数 listen()的返回值为：当调用成功时返回 0，否则就返回-1。

4.3.3　套接字连接函数 connect()

TCP 客户端调用 connect()函数来建立一个与远端 TCP 服务器的连接，其语法如下：

```
#include <sys/socket.h>
int connect(int sockfd, struct sockaddr *servaddr, int addrlen);
```

函数 connect()中的参数说明如下。

- sockfd：socket 函数返回的套接字描述符。
- servaddr：指向远端 TCP 服务器套接字地址结构的指针，该套接字地址结构中应包含服务器的 IP 地址和端口号。
- addrlen：该结构的大小。connect()函数被调用后，内核会根据远端 TCP 服务器的端地址信息生成发往服务器的连接请求报文，并把报文发送出去。

客户端在调用 connect()之前，没有必要调用 bind()，因为内核会选择源 IP 地址和一个临时端口；而服务器则不然，它应该使用熟知端口，这必须由 bind()函数指定；服务器也没有必要调用 connect()，因为面向连接的服务器不主动发起一个连接，它只是被动地在协议端口监听客户的请求。

除了 TCP 客户端外，无连接的客户端也可以使用 connect()函数，不过此时并没有在客户端和服务器之间建立真正的套接字连接，而只是通知客户端的操作系统，把来自指定地址套接字的数据送到本套接字。

函数 connect()的返回值为：当调用成功时，返回 0，否则返回-1。

4.3.4　套接字接收函数 accept()

函数 accept()由 TCP 服务器调用，用于接收来自客户端的连接请求，它返回下一个已经完成的连接，其语法如下：

```
#include <sys/socket.h>
```

```
int accept(int sockfd, struct sockaddr *clientaddr, int *addrlen);
```

函数 accept()中的参数说明如下。

- sockfd：本地套接字描述符。
- clientaddr：一个通用套接字地址结构的指针，该指针指向的地址用于存放客户端的套接字地址结构信息。
- addrlen：一个指针，在该指针指向的位置中存放地址结构的大小。

前面在介绍 listen()函数时，提到 TCP 需要维护两个队列，其中一个是已完成连接的队列，调用 accept()函数时，内核会为此队列队首的连接创建一个新的套接字，并将这个连接从队列中删除，而 accept()则返回指向新的套接字的描述符，以后这个连接上的操作就可以在新建的套接字上进行了。

一般把 accept()函数的第 1 个参数 sockfd 称为监听套接字描述符，而把该函数的返回值称为已连接套接字描述符，这个描述符指向连接到客户端的新套接字。监听套接字描述符和已连接套接字描述符之间是有很大区别的：一个服务器通常只产生一个监听套接字描述符，该描述符在服务器工作期间一直存在；而已连接套接字描述符是在某个客户端连接的过程中存在，一旦服务器完成对这个客户的服务，这个描述符就要关闭，这样一个监听套接字描述符就会对应多个已连接套接字描述符。

需要说明的是，如果监听套接字上没有来自客户端的连接请求，也就是已完成连接的队列为空，那么函数 accept()会一直处于阻塞状态；否则内核会创建一个新的套接字，并将它和请求连接进程的地址联系起来，accept()则返回这个套接字的描述符，即已连接套接字描述符。注意，只有面向连接的服务器才可以调用 accept()，像 UDP 服务器就不能调用该函数。

函数 accept()除了返回已连接套接字描述符外，还可以返回客户端的端地址及该地址的大小(会将它们分别存放到指针 clientaddr 所指结构和 addrlen 所指单元中)。一般情况下服务器不一定对客户的身份感兴趣，所以 accept()函数的后两个参数经常被置为空。

函数 accept()一般和函数 connect()配合使用，用于建立一个完整的传输层连接。

4.3.5 套接字数据发送函数

write()、writev()、send()、sendto()和 sendmsg()这 5 个函数的作用是发送数据。

函数 write()和 writev()不仅适用于套接字描述符，而且可以用于一切描述符，其他 3 个函数只能用于套接字描述符；当应用在套接字描述符时，write()、writev()和 send()这 3 个函数只能用于 TCP 客户端与服务器之间的数据发送，而 sendto()和 sendmsg()则常用于 UDP 客户端与服务器之间的数据发送。下面分别对这些函数进行说明。

(1) 函数 write()的语法如下：

```
#include<sys/socket.h>
int write(int socketid, const void *buff, int len);
```

函数 write()的参数有 3 个：套接字描述符 socketid、指向待发送数据所在缓冲区的指针 buff 和缓冲区的大小 len。由于调用 write()时已经建立了一条 TCP 连接，所以没有必要在函数的参数中指定对方的 IP 地址和端口号，只要第 1 个参数是进行数据传输时连接的套

接字描述符即可。执行 write()函数后，指定缓冲区中的数据就被发往对方主机的相应端口，并返回所发送的字节数，如果失败则返回-1。

(2) 函数 writev()的语法如下：

```
#include <sys/socket.h>
int writev(int socketid, const struct iovec *iovbuf,  int iovbuflen);
```

函数 writev()的功能和 write()差不多，也是将指定缓冲区中的数据发送出去，不过这里的缓冲区可以有多个，这种情况称为集中发送(多个缓冲区集中到一次发送操作中)。因此该函数的参数与 write()有所不同：第 2 个参数是指向发送缓冲区矢量表(iovec 结构的数组)的指针，用以指示待送数据所在的多个缓冲区；第 3 个参数则是发送缓冲区矢量表的大小(也就是这些缓冲区的大小)。

(3) 函数 send()的语法如下：

```
#include <sys/socket.h>
int send(int socketid, const void *buff, int len, int flags);
```

函数 send()与 write()相比，前 3 个参数是完全相同的，只是增加了一个参数 flags，这个参数可以对发送操作进行某些控制。对 send()函数来说，flags 可以取 0(不进行任何控制)、MSGDONTROUTE(不查路由表)、MSGDONTWAIT(本操作不阻塞)、MSGOOB(可发送带外数据)等几个值。当 flags 取 0 时，send()函数的功能与 write()一模一样，取其他值时，也只是在 write()的基础上增加了一些控制规程。注意，flags 的取值可以是上述的单个选项或多个选项(0 除外)的组合。

(4) 函数 sendto()的语法如下：

```
#include <sys/socket.h>
int sendto(int socketid, const void *buff, int len, int flags,
           const struct sockaddr *to, int addrlen);
```

函数 sendto()的前 3 个参数和 write()类似，也是套接字描述符 socketid、指向发送缓冲区的指针 buff 和缓冲区的大小 len，但由于它的应用场合一般是类似 UDP 服务器和客户端通信这样的无连接数据发送，必须指定对方的端地址(IP 地址和端口号)，因此它应该有第 4 个参数——指向对方套接字地址结构(含端地址)的指针 const struct sockaddr *to，以及第 5 个参数——该地址结构的大小 addrlen。类似于 send()函数，sendto()还有一个 flags 参数，其含义及用法与 send()中的差不多。

(5) 函数 sendmsg()的语法如下：

```
#include <sys/socket.h>
int sendmsg(int socketid, struct msghdr *message, int flags);
```

函数 sendmsg()的第 2 个参数是一个指向 msghdr 型结构的指针。在 msghdr 结构中，包含指向数据接收方端地址的指针、地址长度、发送缓冲区矢量表的指针、发送缓冲区矢量表大小、指向访问权限的指针以及访问权限表的大小等参数。它实际上是把多个参数用一个参数来表示，增加了程序的可读性。函数 sendmsg()可以代替 write()、writev()、send()、sendto()等函数，不过它还是经常用于无连接的数据发送。

4.3.6 套接字数据接收函数

read()、readv()、recv()、recvfrom()和 recmsg()这 5 个函数的作用是接收数据，它们与上面介绍的 5 个数据发送的函数是对应的，其中 read()对应于 write()，readv()对应于 writev()，recv()对应于 send()，recvfrom()对应于 sendto()，而 recmsg()则对应于 sendmsg()。

类似地，函数 read()和 readv()适用于一切描述符，recv()、recvfrom()以及 recmsg()这 3 个函数只能用于套接字描述符；read()、readv()和 recv()这 3 个函数用于 TCP 客户端与服务器之间的通信，recvfrom()和 recmsg()常用于 UDP 客户端与服务器之间的通信；recmsg()可以代替 read()、readv()、recv()和 recvfrom()这 4 个函数的功能。

这 5 个函数的原型分别如下所示：

```
#include<sys/socket.h>
int read(int socketid, void *buff, int len);
int readv(int socketid, const struct iovec *iovbuf, int iovbuflen);
          int recv(int socketid, void *buff, int len, int flags);
int recvfrom(int socketid, void *buff, int len, int flags,
struct sockaddr *from, int addrlen);
int recmsg(int socketid, struct msghdr *message, int flags);
```

由于它们与负责数据发送的函数是一一对应的，所以从用法到参数以及返回值都与那些函数差不多，只不过把与数据发送有关的参数(如指向发送缓冲区或发送缓冲区矢量表的指针)换成与数据接收有关的参数(如指向接收缓冲区或接收缓冲区矢量表的指针)而已。需要说明的有两点。

(1) 调用 readv()函数时，由于从多个缓冲区接收数据，所以叫做分散接收(使用 writev 时叫集中发送)。

(2) 函数 recvfrom()的最后两个参数和 accept()的最后两个参数类似，用于返回数据发送方的套接字地址结构及其长度，不过 UDP 的服务器调用该函数接收来自客户端的数据时，一般不能把这两个参数置为空，否则就无法对客户端的请求进行回应，因为 UDP 是无连接的，而且 UDP 服务器是被动应答，它在响应客户端的请求并向客户端发送数据时还要使用客户端的套接字地址结构及长度，即在 sendto()函数中要使用 recvfrom()函数的返回值作参数；而 TCP 服务器调用 accept()函数时则可以把后两个参数置为空，因为 TCP 是面向连接的，accept()调用后已经建立了一条 TCP 连接，以后的通信没有必要指定对方地址；对于 UDP 的客户端来说，函数 recvfrom()的最后两个参数也可以置为空，因为客户端是主动发出数据请求，它的 sendto()函数中的参数不是来自 recvfrom()函数的返回值。

4.3.7 套接字关闭函数 close()

函数 close()用于释放一个套接字，其函数原型如下所示：

```
int close(int socketid);
```

它的参数是需要关闭的套接字的描述符，当所有的数据操作结束以后，就可以调用 close()函数，从而停止在该套接字上的一切数据操作。

除了上面提到的最基本的系统调用函数外，还有许多套接字函数，由于篇幅限制，这里就不一一讲述了。

4.4　套接字编程的通信过程

本节将在前面的基础上，首先介绍客户/服务器模型的概念，然后通过 TCP/UDP 客户与服务器通信来进一步了解套接字的通信过程。

4.4.1　客户与服务器的概念

所谓客户/服务器，是一种分布式系统的模型，按照这一模型，组成一个分布式系统的所有程序在功能上划分为两类：客户程序和服务器程序。

客户程序在运行期间根据需要向某个服务器程序请求特定的服务，服务器响应此请求并提供所要求的服务。在大多数分布式系统中，由少数服务器集中管理和控制系统的特定资源，供大多数客户程序使用，因此服务器要有同时接收和处理多个客户请求的能力，以提高资源访问的吞吐量。

在行为方式上，客户是主动的，服务器是被动的。客户根据需要向特定的服务器提出服务请求，服务器被动地响应到达的请求，在没有任何请求到达时则处于空闲状态。

4.4.2　TCP 客户与服务器通信的过程

TCP 客户与服务器的通信是一个面向连接的可靠通信过程。图 4.2 显示了 TCP 客户端与服务器之间通信的实现流程。

图 4.2 中，TCP 客户端和服务器通信过程的步骤如下。

(1) 服务器首先启动，通过 socket()函数创建一个套接字，并返回相应的套接字描述符。

(2) 服务器调用 bind()函数把自己的端地址绑定到步骤 1 中创建的套接字上，然后调用 listen()函数使这个套接字处于被动监听的状态，即使之成为监听套接字。

(3) 服务器调用 accept()函数，等待来自客户端的连接请求。

(4) 客户端启动，然后创建一个套接字，并返回相应的套接字描述符。

(5) 客户端调用 connect()函数，向服务器发起连接请求。

(6) 服务器收到客户端的连接请求，服务器端的服务进程被唤醒。服务器端和客户端的 TCP 经过 3 次握手后完成了一个连接，服务器为这个连接创建一个新的套接字，称为已连接套接字，accept()函数返回它的描述符，之后服务器就在这个已连接套接字上与建立当前连接的客户端交互数据。

(7) 客户端调用 write()函数向服务器发送数据请求，服务器调用 read()函数读取客户端的请求，并用 write()函数把相应的应答发给客户端，客户端则调用 read()函数读取应答，然后依次循环下去。该步骤中服务器端调用 read()和 write()时，函数中的第 1 个参数都是步骤 6 中 accept()所返回的描述符。

(8) 数据传输完毕后，客户端向服务器发出文件传输结束的信号，并调用 close()函数

关闭自己的套接字。

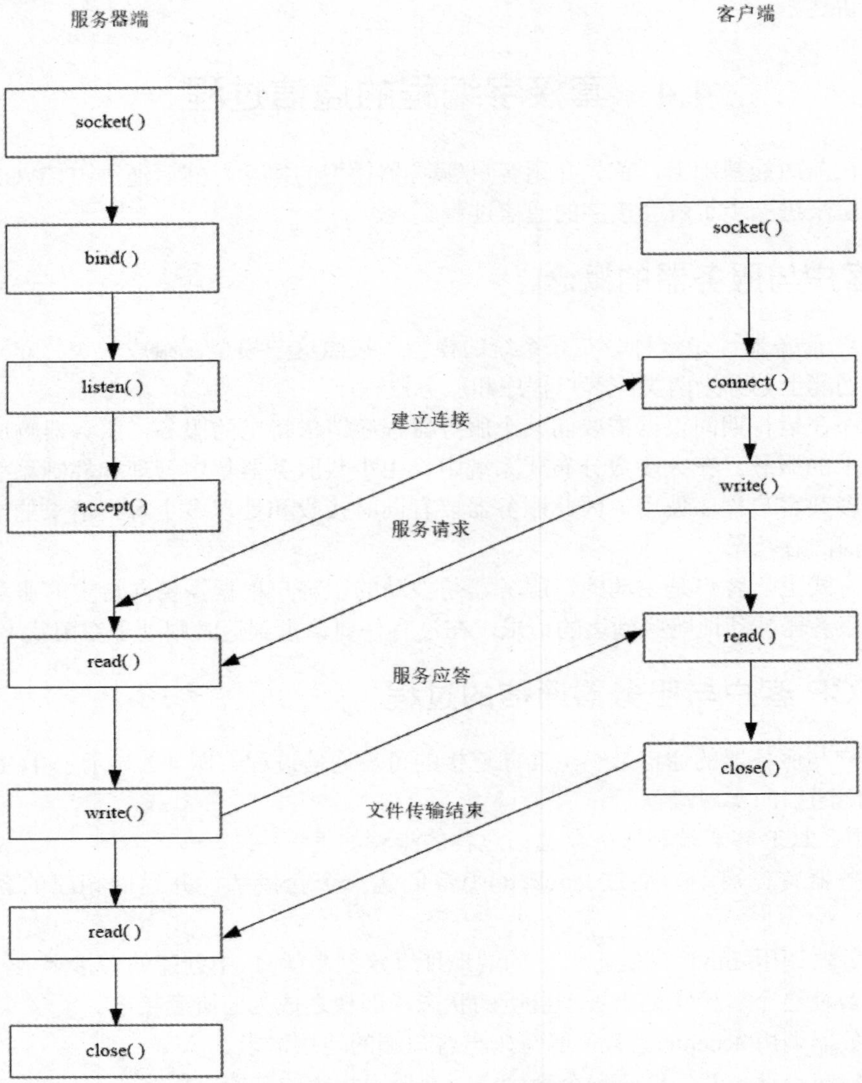

服务器端

客户端

socket( )

bind( )

listen( )

accept( )

read( )

write( )

read( )

close( )

socket( )

connect( )

write( )

read( )

close( )

建立连接

服务请求

服务应答

文件传输结束

图 4.2　TCP 客户与服务器通信的实现流程

(9)　服务器端接收到客户端的通知，也关闭自己在步骤 6 中创建的套接字。

需要说明的几点是：①服务器应该先启动，直到它执行完 accept()函数，才可以接收客户请求；如果客户端先启动，在调用 connect()函数时会出现错误；②上述步骤中的 write()和 read()两个函数完全可以用前面讲述的其他合适的发送/接收函数来代替；③步骤 1 中服务器创建的套接字在服务器工作的过程中一直存在，而步骤 6 中创建的套接字只存在于某个特定的 TCP 连接过程；④为了使服务器可以处理并发的请求，在步骤 6 中调用 fork 函数为客户分配一个子进程，由子进程为客户提供服务，父进程负责监听下一个连接请求，这样一个父进程就派生出多个子进程，从而实现使服务器可以同时为多个客户服务的效果；如果不这样做，服务器实际上是一个迭代服务器，不能处理并发请求。

4.4.3　UDP 客户与服务器通信的过程

UDP 客户端与服务器之间通信的实现与 TCP 相比有一定的差别，其实现流程如图 4.3 所示。

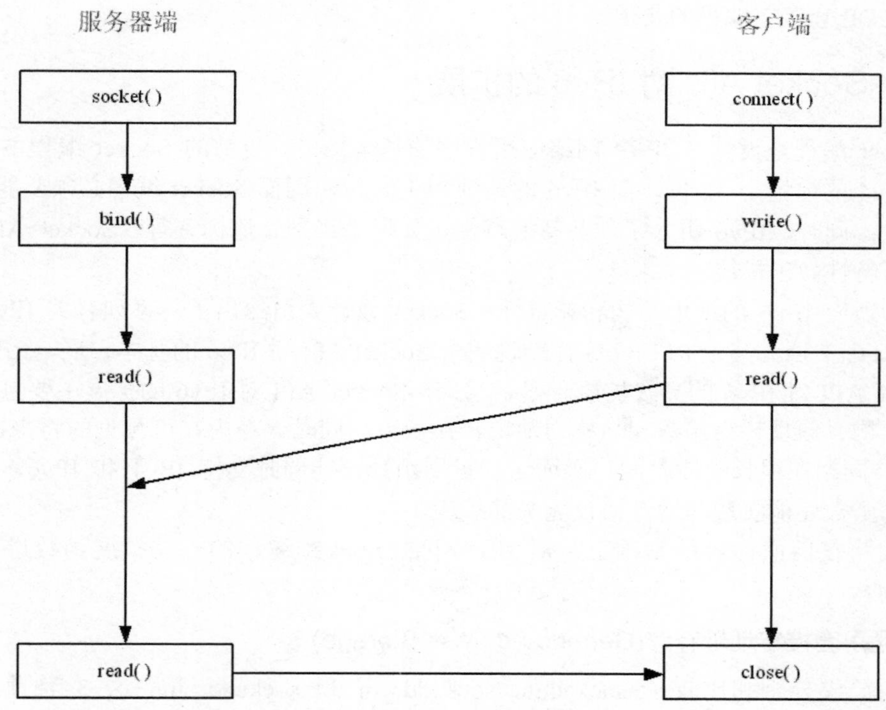

图 4.3　UDP 客户端和服务器通信的实现流程

图 4.3 中，UDP 客户与服务器通信过程的步骤如下。

(1)　服务器端创建一个套接字，并返回相应的套接字描述符。

(2)　服务器调用 bind()函数把自己的端地址绑定到步骤 1 中创建的套接字上。

(3)　服务器调用 recvfrom()函数，准备响应客户端的请求。

(4)　客户端创建一个套接字，并返回相应的套接字描述符。

(5)　客户端调用 sendto()函数向服务器发出数据请求。

(6)　服务器在用 recvfrom()函数收到客户端的数据请求后，会处理该请求，并调用函数 sendto()发送应答数据，客户端则调用 recvfrom()函数接收应答数据，依次循环下去。

(7)　数据传输完毕后，客户端调用 close()函数关闭自己的套接字。

需要说明的几点是：①由于 UDP 是面向无连接的，所以 UDP 的客户端一般不调用 connect()函数，服务器端也不调用 listen()和 accept()函数；②UDP 的服务器也应该先于客户端启动；③UDP 服务器创建的套接字会在服务器工作的过程中一直存在，不会关闭，而客户端的套接字则在完成一次通信后关闭。

4.5 IPv6 套接字编程的实现

在对套接字编程函数和通信过程有了一个大概的了解之后，本节将讨论 IPv6 套接字编程的实现。首先介绍 IPv6 套接字的扩展，然后通过一个编程环境的搭建，来讲述 IPv6 下的 TCP/UDP 套接字编程的实现。

4.5.1 Socket API 对 IPv6 的扩展

Socket 编程是设计 TCP/IP 网络应用程序的基本接口。目前的 Socket 编程主要是基于 IPv4，IPv4 的地址是 32 位，而 IPv6 的地址为 128 位，因而 Socket 编程必须要能处理 128 位的地址；同时，IPv6 引入了一些新的特性，如拥塞级别、流标签等，Socket API 也需要为这些新特性做出扩展。

为了适应 IPv6 的地址结构和新特性，Socket 设计人员给出了一系列有关 IPv6 套接字编程的 RFC 文档，其中 RFC3493 详细说明了 Socket API 对 IPv6 的基本扩展，RFC3542 则是 Socket API 对 IPv6 的高级扩展。概括起来，Socket API 对 IPv6 的扩展主要包括套接字的地址结构、地址转换函数和名称与地址转换函数；同时，考虑在可预见的将来，IPv4 和 IPv6 会共同存在很长一段时间，因而这些扩展函数都能同时支持 IPv4 和 IPv6，另外，这些扩展的函数还能实现与地址协议无关的编程。

下面将在前面内容的基础上，对 IPv6 下的 Socket 编程的一些扩展函数进行讨论和分析。

1. 通用套接字地址存储(Generic Address Storage)

前面已经分析和比较了 sockaddr、sockaddr_in 和 sockaddr_in6 这 3 种地址结构，sockaddr 是一个通用的与协议无关的地址结构，Socket API 中的许多函数都使用该结构体的指针作为参数，以便根据 sa_family 字段的值确定所要处理的地址类型；sockaddr_in 和 sockaddr_in6 都与具体的协议地址有关，它们都不能直接用作函数的参数。但是通用套接字地址结构 sockaddr 提供的地址存储空间很小，因而对于像 sockaddr_in6 这样需要大的地址空间的套接字地址，很难满足要求；另外，这些地址结构都面临可移植性差的情况。为了解决这个问题，Socket 设计开发人员创建了通用套接字地址存储结构 sockaddr_storage，它在 RFC2553 和 RFC3493 中进行了定义，其定义如下：

```
struct sockaddr_storage
{
    u_char ss_len;                          /* 地址长度*/
    sa_family_t ss_family;                  /* 地址族 */
    u_char  padding[128-2];                 /* 填充域，保留 */
};
```

地址结构 sockaddr_storage 用来存储套接字地址信息，它定义了足够大的空间以存储地址信息，并且该结构与 sockaddr 的成员域是同构的，这样能简化从 sockaddr 到 sockaddr_storage 的过渡。Socket 开发人员只需指定 ss_family 字段，就能根据该字段的值确定要处理的地址类型，既可处理 IPv4 地址，也可处理 IPv6 地址。sockaddr_storage 中的

其他 3 个成员都是为填充而用，以确保结构体的大小是 64 比特的整数倍。

总之，sockaddr_storage 是一个新的与协议无关的地址结构，在程序的开发中使用它可提高应用程序的地址协议的无关性，同时也简化了跨平台的应用开发。在 IPv6 的 Socket 编程中都推荐使用该地址结构。

2. IPv6 中的 3 种特殊地址

IPv6 Socket 编程中要使用 3 种特殊的 IPv6 地址，它们分别为——IPv6 通配地址(IPv6 Wildcard Address)、IPv6 回环地址(IPv6 Loopback Address)和 IPv4 地址映射的 IPv6 地址(IPv4-mapped IPv6 Address)。

(1) IPv6 通配地址。

在调用 bind()函数给套接字分配一个本地协议地址时，通过地址与 TCP 或 UDP 端口号的组合，可以指定 IP 地址或端口，也可以不指定。若指定一个通配 IP 地址，则将通知内核为进程选择一个本地 IP 地址。

对于 IPv4 来说，通配地址由常量 INADDR_ANY 来指定，其值一般为 0，IPv4 通配地址的赋值用法如下：

```
struct sockaddr_in serv;
serv.sina_addr.s_addr = htonl(INADDR_ANY);
```

这对 IPv4 是可行的，因为其地址是 32 位的值，可以用一个简单的数字常量来表示(这种情况下为 0)；但在 IPv6 中，就不能利用这项技术，因为 128 位的 IPv6 地址是保存在结构中的，而在 C 语言中，赋值语句的右边无法出现常量结构。因此，系统分配变量 in6addr_any，并将其初始化为常量 IN6ADDR_ANY_INIT，头文件<netinet/inl>中含有 in6addr_any 的 extern 声明：

```
extern const struct in6_addr in6addr_any;
```

而常量 IN6ADDR_ANY_INIT 也在头文件<netinet/in.h>中定义，它用来初始化 in6_addr 地址结构：

```
struct in6_addr anyaddr = IN6ADDR_ANY_INIT;
```

IPv6 通配地址的赋值用法如下：

```
struct sockadd_in6 serv;
serv.sin6_addr = in6addr_any;
```

INADDR_ANY 的值为 0，无论是网络字节顺序还是主机字节顺序都相同，所以不必使用 htonl 函数。但是因为头文件<netinet/in.h>定义的所有以 INADDR 开头的常值都是主机字节顺序，所以在实际编程时应该使用 htonl。

在 IPv6 中使用 in6addr_any 与在 IPv4 中使用 INADDR_ANY 的方式相似，例如，绑定 23 号端口到套接字上，让系统选择 IP 源地址。应用程序的相关代码如下：

```
struct sockaddr_in6 sin6;
sin6.sin6_family = AF_INET6;
sin6.sin6_flowinfo = 0;
sin6.sin6_port = htons(23);
sin6.sin6.addr = in6addr_any;    //内核选择 IPv6 地址
```

```
if(bind(socked,(struct sockaddr *)&sin6,sizeof(sin6)) == -1)
//绑定到IPv6通配地址
```

(2) IPv6 回环地址。

应用程序有时会发送 UDP 数据报，或者发起 TCP 连接到本地节点上的服务。在 IPv4 中，应用程序在调用 connect()，sendto()或 sendmsg()函数时，一般使用 IPv4 回环地址常量 INADDR_LOOPBACK 来连接到本地环路。

IPv6 也提供了一种回环地址来连接到本地的 TCP 和 UDP 服务，IPv6 回环地址是一个 in6_add 结构类型的全局变量，称为 in6addr_loopback，在头文件<netinet/in.h>定义了该变量的外部声明：

```
extern const struct in6_addr in6addr_loopback;
```

IPv6 回环地址还有一种符号常量表示法：IN6ADDR_LOOPBACK_INIT，它也是在头文件<netinet/in.h>中定义，用来初始化 in6addr_loopback 地址结构：

```
struct in6_addr in6addr_loopback = IN6ADDR_LOOPBACK_INIT;
```

在 IPv6 中使用 in6addr_loopback 与在 IPv4 中使用 INADDR_LOOPBACK 的方式相似。例如，客户端建立一个到本地远程服务器(端口号为 23)的 TCP 连接，应用程序的相关代码如下：

```
struct sockaddr_in6 sin6;
sin6.sin6_family = AF_INET6;
sin6.sin6_flowinfo = 0;
sin6.sin6_port = htons(23);
sin6.sin6.addr = in6addr_loopback;    //本地回环地址
if(connect(socked,(struct sockaddr *)&sin6,sizeof(sin6)) == -1)
//建立到回环地址的连接
```

(3) IPv4 地址映射的 IPv6 地址。

使用 IPv4 地址映射的 IPv6 地址可实现对 IPv4 应用程序及 IPv4 节点的兼容性。

当目的主机是个“纯”IPv4 的主机时，可使用 IPv4 地址映射的 IPv6 地址在服务器和客户机之间进行 IPv4 通信。

对于只支持 IPv4 的节点，采用 IPv4 地址映射的 IPv6 地址格式，实现了对 IPv4 节点的兼容性。这种地址格式使得 IPv4 节点的 IPv4 地址被 IPv6 代替——IPv4 地址占低 32 位，高 96 位由固定的前缀 0:0:0:0:0:FFFF 组成。IPv4 地址映射的 IPv6 地址格式如下：

```
::FFFF:<IPv4 地址>
```

当主机只有 IPv4 地址时，通过调用 getipnodebyname()函数就能自动产生这种 IPv4 地址映射的 IPv6 地址。

当应用程序用 PF_INET6 的套接字与 IPv4 节点主动建立 TCP 连接，或者发送 UDP 包给 IPv4 节点时，将目的 IPv4 地址通过编码成 IPv4 地址映射的 IPv6 地址，并将该地址传给 sockaddr_in6 结构，在 connect()或 sendto()调用时使用；当应用程序用 PF_INET6 的套接字接收 IPv4 节点的 TCP 连接，或者接收 IPv4 节点的 UDP 包时，仍然将对端 IPv4 地址编码成 IPv4 地址映射的 IPv6 地址，并将该地址传给 sockaddr_in6 结构，在 accept()、 recvfrom()或者 getpeemame()调用时使用。

3. IPv6 下使用 inet_pton()和 inet_ntop()的分析

前面已经介绍了 inet_pton()和 inet_ntop()两个函数的语法，虽然它们能同时支持 IPv4 和 IPv6，但还是与具体的地址协议族有关，其参数中需要对地址协议族有先验知识的函数，也就是它们的接口参数需要提前传入地址协议族类型，这样，才能针对不同的地址协议族，采用不同的调用方式。

如果预先将地址协议族写死在程序中，将产生协议的相关问题。

4. 协议无关的函数 getaddrinfo()和 getnameinfo()

前面介绍的名称与地址转换函数 getaddrinfo()和 getnameinfo()是与地址协议无关的，它们隐藏了名字到地址和地址到名字转换的大量的细节，既可支持 IPv4，也可用于 IPv6，因而在使用这些函数时，可以大大简化程序的代码量，同时，也能较好地实现与地址协议无关的编程。

下面的程序段显示了客户端使用 getnameinfo()函数来连接服务器的过程：

```
struct addrinfo hints, *res, *res0;
memset(&hints, 0, sizeof(hints));
hints.ai_socktype = SOCK_STREAM;
error = getaddinfo(Server, Port, &hints, &res0);
if(error){
fprintf(stderr, "%s %s\n", argv[1], argv[1], gai_strerror(error));
continue;
exit(1);
/*尝试所有的 sockaddr 直到通信成功*/
for(res=res0; res; res=res->ai_next){
error = getnameinfo(res->ai_aiaddr, res->ai_addrlen, hbuf,
sizeof(hbuf), sbuf, sizeof(sbuf),
NI_NUMERICHOST | NI_NUMERICSERV);
```

5. IPv6 常用的 Socket 函数

IPv6 的 Socket 编程沿用了 IPv4 的部分 Socket 函数，同时也新增、扩展了一些 IPv6 的 Socket 函数。表 4.2 列出这些 IPv6 下常用的 Socket 函数。

表 4.2　IPv6 下常用的 Socket 函数

IPv6 函数名称	函数功能说明
inet_ntop()	字符串地址转换为 IP 地址
inet_pton()	IP 地址转换为字符串地址
getipnodebyname()	由名字获得 IP 地址
getaddrinfo()	获得全部地址信息
getnameinfo()	获得全部名字信息
socket()	创建 Socket
bind()	绑定地址
listen()	网络监听
accept()	接收 TCP 连接
connect()	建立 TCP 连接

续表

IPv6 函数名称	函数功能说明
send()	发送数据(TCP)
sendto()	发送数据(UDP)
recv()	接收数据(TCP)
recvfrom()	接收数据(UDP)
close()	关闭连接

4.5.2 Socket 程序与地址协议族的无关性

在套接字编程中，我们多次提到了程序应尽量实现与地址协议族无关(Address-family Independent)，而所谓与地址协议族无关，就是要求程序在存储和处理 IP 地址时，能消除不同 IP 地址协议间的差异性，对不同的 IP 地址协议能进行统一的无差别的处理，实现程序的通用性和可移植性。

在可预见的将来，IPv4 和 IPv6 会共同存在很长一段时间，为了支持 IPv4/ IPv6 双栈环境，网络程序必须能够同时正确处理 IPv4 与 IPv6。如果在程序中规定了地址族为 AF_INET 或 AF_INET6，那么程序将无法在 IPv4/IPv6 双栈环境中正确运行。这就要求，在移植 IPv4 程序到 IPv6 的过程中，不仅要使其能运行在 IPv6 环境，而且也要能兼容 IPv4；在编写 IPv6 网络程序的时候，也是同样的要求；另外，当一个新的协议投入使用后，也希望以前的网络程序能够适应新协议，而不需为了适应新协议而对程序进行重写。所有这些，只有实现程序与地址协议无关，才能很好地得到解决。

为了实现 Socket 程序与地址协议族的无关性，在设计和开发 Socket 程序时，应该遵循如下原则。

(1) 在地址结构的转换时，使用 struct sockaddr_storage 结构而不是 struct sockaddr_in 和 struct sockaddr_in6 结构。

(2) 在进行名称与地址的解析时，使用 getaddrinfo()和 getnameinfo()这两个函数。

(3) 对于一些特殊的地址，要使用常量地址，以代替硬编码地址。

当然，上面所讨论的只是把应用程序从 IPv4 移植到 IPv6 实现与地址协议无关性时所需要做的最基本的工作，实际中要做的工作复杂得多。例如，在多播、IP 选项和原始套接字等方面，IPv6 和 IPv4 的处理策略差别都很大，消除这些差别对应用程序的影响是一件很棘手的事情，实际解决起来都不是很容易。所以，把应用程序从 IPv4 移植到 IPv6 保持与地址协议无关性的原理很简单，但具体实现的时候，可能需要做的工作有很多。

4.5.3 IPv6 套接字编程环境的搭建

IPv6 套接字编程环境的搭建非常简单，只需要两台主机连成网络即可进行 Socket 编程。图 4.4 显示了 IPv6 套接字编程环境的拓扑结构。

图 4.4 中，服务器端和客户机端的操作系统均为 CentOS_5.11_Final(其内核版本为 Linux version 2.6.18-348.el5)，安装了 C 语言的编程环境如 KDevelop 等，并按照拓扑结构分别在服务器和客户端配置了 IPv4 和 IPv6 的地址。这样，就构成了一个非常简单的客户

端与服务器端的模型。

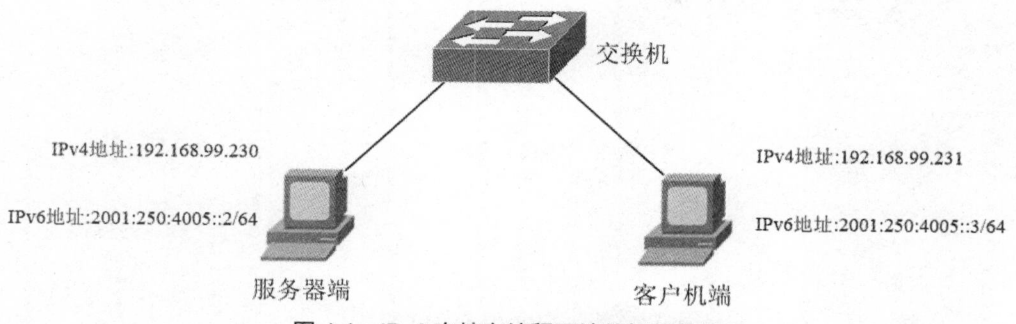

图 4.4　IPv6 套接字编程环境的拓扑结构

> **注意：** 为了使编程环境更简单和方便，可以通过在一台 Windows 7 上安装虚拟机 VMware Workstation 软件，然后在虚拟软件上安装两台 Linux 操作系统(比如 CentOS)，通过桥接就能模拟出图 4.4 中的 IPv6 套接字编程环境；另外，编写和编译运行可采用 VIM、KDevelop 和 Eclipse 等。

4.5.4　基于 IPv6 的客户与服务器的编程实现

根据 TCP 客户与服务器的通信原理，设计了一个 TCP 客户与服务器的程序，并在如图 4.4 所示的结构中进行了编程实现。该程序的功能比较简单，仅仅实现了客户端向服务器进行连接的通信过程，主要目的在于通过一个简单的程序了解 Socket 的通信过程。

服务器端的程序名为 server-ipv6.c，其代码如下：

```
/*
 *  server_ipv6.c
 *  服务器端的程序
 */

#include <stdio.h>
#include <stdlib.h>
#include <sys/types.h>
#include <sys/socket.h>
#include <netinet/in.h>
#include <netdb.h>
#include <sys/times.h>
#include <resolv.h>
#include <arpa/nameser.h>
#include <string.h>

#define BUFSIZE 1024
#define NOREADS 10

int main(int argc, char *argv[]) {
    char *port;
    int listenfd, connfd, n;
    const int on = 1;
    struct addrinfo hints, *res, *ressave;
```

```
socklen_t addrlen;
struct sockaddr *cliaddr;
char* host = NULL;
int i, rc;
char buf[BUFSIZE];

if (argc != 2) {
    fprintf(stderr, "参数格式错误！正确的格式为：运行程序 端口号，比如：
          ./server_ipv6 8888 \n");
    exit(1);
}
port = argv[1];

bzero(&hints, sizeof(struct addrinfo));
hints.ai_flags = AI_PASSIVE;
hints.ai_family = AF_UNSPEC;
hints.ai_socktype = SOCK_STREAM;
hints.ai_protocol = IPPROTO_TCP;

if ((n = getaddrinfo(host, port, &hints, &res)) != 0)
    printf("tcp listen error for %s, %s", host, port, gai_strerror(n));

ressave = res;
if (!res)
    printf("res is NULL\n");

while (res) {
    /*创建套接字*/
    listenfd = socket(res->ai_family, res->ai_socktype, res->ai_protocol);

    if (listenfd < 0) {
        perror("Socket error!");
        continue;
    }
    setsockopt(listenfd, SOL_SOCKET, SO_REUSEADDR, &on, sizeof(on));

    /*绑定套接字*/
    if (bind(listenfd, res->ai_addr, res->ai_addrlen) == 0) {
        printf("bind sucess!\n");
        break;
    } else {
        printf("bind error!\n");

    }
    close(listenfd);
    res = res->ai_next;
}

listen(listenfd, 5);

if (&addrlen)
    addrlen = res->ai_addrlen;

freeaddrinfo(ressave);
```

```
    cliaddr = malloc(addrlen);
    /*接受数据 */
    if ((connfd = accept(listenfd, cliaddr, &addrlen)) < 0) {
        perror("accept");
        exit(1);
    }

    for (i = 0; i < NOREADS; i++) {
        doRead(connfd, buf, BUFSIZE);
        rc = write(connfd, buf, BUFSIZE);
        if (rc < 0) {
            perror("write");
            exit(1);
        }
    }
    printf("建立了一个连接！\n");
    printf("完成了一次 TCP 通信！\n");
    close(connfd);
    close(listenfd);
}

doRead(int sock, char *buf, int amountNeeded) {
    register int i;
    int rc;
    char *bpt;
    int count = amountNeeded;
    int amtread;

    bpt = buf;
    amtread = 0;

    again: if ((rc = read(sock, bpt, count)) < 0) {
        perror("doRead: reading socket stream");
        exit(1);
    }
    amtread += rc;

    if (amtread < amountNeeded) {
        count = count - rc;
        bpt = bpt + rc;
        goto again;
    }
}
```

客户机端的程序名为 client-ipv6.c，其代码如下：

```
/*
 *  client_ipv6.c
 *  客户机端的程序
 */
#include <sys/types.h>
#include <sys/socket.h>
#include <netinet/in.h>
#include <netdb.h>
#include <stdio.h>
```

```
#include <stdlib.h>
#include <sys/times.h>
#include <resolv.h>
#include <arpa/nameser.h>
#include <string.h>

#define BUFSIZE         1024
#define NOREQUESTS      10

static char iobuf[BUFSIZE];

int main(int argc, char *argv[]) {
    int sockfd, n;
    struct addrinfo hints, *res, *ressave;
    char *remote;
    char *port;

    fillBuf(iobuf, BUFSIZE);
    setbuf(stdout, NULL);
    if (argc != 3) {
        fprintf(stderr, "tcpclient remote\n");
        exit(1);
    }
    remote = argv[1];
    printf("remote %s, \n", remote);
    port = argv[2];
    printf("port %s, \n", port);

    bzero(&hints, sizeof(struct addrinfo));
    hints.ai_family = AF_UNSPEC;
    hints.ai_socktype = SOCK_STREAM;
    hints.ai_protocol = IPPROTO_TCP;

    if ((n = getaddrinfo(remote, port, &hints, &res)) != 0)
        printf("getaddrinfo error for %s, %s; %s", remote, port,
                gai_strerror(n));

    ressave = res;

    do {
        sockfd = socket(res->ai_family, res->ai_socktype, res->ai_protocol);

        if (sockfd < 0)
            continue; /*ignore this returned Ip addr*/

        if (connect(sockfd, res->ai_addr, res->ai_addrlen) == 0) {
            doit(sockfd, iobuf);
            printf("connection ok!\n"); /* success*/
            break;
        } else {
            perror("connecting stream socket");
        }

        close(sockfd);/*ignore this one*/
    } while ((res = res->ai_next) != NULL);
```

高等院校计算机教育系列教材

```
    freeaddrinfo(ressave);
}

doit(int sock, char *buf) {
    echoTest(sock, buf);
}

fillBuf(char *buf, int size) {
    char *spt;
    int len;
    int i;
    char current;

    current = 'a';
    spt = buf;

    for (i = 0; i < size; i++) {
        if ((i % 64) == 0) {
            *spt++ = '\n';
            if (i != 0)
                current++;
            continue;
        }
        *spt++ = current;
    }
}

echoTest(int sock, char *buf) {
    register int i;
    int rc;
    unsigned int writecsum, readcsum;
    int noerrs;

    noerrs = 0;

    for (i = 0; i < NOREQUESTS; i++) {
#ifdef DEBUG
        printf("client: iteration %d, about to write\n", i);
#endif
        if ((rc = write(sock, buf, BUFSIZE)) < 0) {
            perror("client: writing on socket stream");
            exit(1);
        }

        doRead(sock, buf, BUFSIZE);
#ifdef DEBUG
        printf("client: iteration %d, readback complete\n", i);
#endif

    }
}

doRead(int sock, char *buf, int amountNeeded) {
```

```
    register int i;
    int rc;
    char *bpt;
    int count = amountNeeded;
    int amtread;

    bpt = buf;
    amtread = 0;

    again: if ((rc = read(sock, bpt, count)) < 0) {
        perror("doRead: reading socket stream");
        exit(1);
    }
    amtread += rc;

    if (amtread < amountNeeded) {
        count = count - rc;
        bpt = bpt + rc;
        goto again;
    }
}
```

将以上程序分别在各自的机器上用 KDevelop 或其他 C/C++编译器进行编辑，编辑完成后，用 GCC 进行编译和调试。

(1) 在服务端和客户端用 GCC 对 server_ipv6.c 和 client_ipv6.c 这两个程序进行编译，其命令如下。

```
服务端：[root@localhost wxj]# gcc server_ipv6.c -o server_ipv6
客户端：[root@localhost whq]# gcc client_ipv6.c -o client_ipv6
```

(2) 启动服务器，命令如下：

```
[root@localhost wxj]# ./server_ipv6  8888
bind success
```

以上可以看到，当启动服务器后，出现了 bind success(绑定成功)的提示，这说明该服务器已经启动，等待客户机发出连接请求。

(3) 在客户端启动客户服务，命令如下：

```
[root@localhost whq]# ./client_ipv6 2001:250:4005::2 8888
remote 2001:250:4005::2,
port 8888,
connection ok!
```

出现的信息表示连接成功。

(4) 从客户端返回服务器端，可以看见下面的提示：

```
[root@localhost wxj]# ./server_ipv6  8888
bind success
接收了一个连接！
一个 TCP 通信成功完成！
[root@localhost wxj]#
```

以上信息说明，服务器已经接收了客户机端的连接，一次 IPv6 下的 TCP 通信过程也

就成功完成。

(5) 在这个程序中，也可使用 IPv4 的地址进行 TCP 通信。重新启动服务器和客户端，其显示的信息如下。

服务端的信息：

```
[root@localhost wxj]# ./server_ipv6  8888
bind success
```

客户端的信息：

```
[root@localhost whq]# ./client01.out 192.168.99.230  8888
remote 192.168.99.230,
port 8888,
connection ok!
[root@localhost whq]#
```

返回服务端，看到的信息如下：

```
[root@localhost wxj]# ./server_ipv6  8888
bind success
接收了一个连接！
一个 TCP 通信成功完成！
[root@localhost wxj]#
```

以上操作还可说明服务端和客户端的程序能够支持 IPv4 和 IPv6 的 TCP 通信。

实　　验

1. 在计算机上安装 VMware Workstation 虚拟软件，并虚拟两台安装有 centos 操作系统的虚拟机，一台为服务器，一台为客户机，拓扑结构如图 4.4 所示 。

2. 阅读下面程序，编写支持 IPv6 的 UDP 服务器和客户程序，并使程序满足如下要求：

(1) 使 UDP 服务器程序更通用——接收请求、处理请求并发回响应。

(2) 使 UDP 客户程序更通用——能够发送客户程序创建的任何请求。

服务器端 udp_server.c 程序如下：

```
#include <stdio.h>
#include <sys/types.h>
#include <sys/socket.h>
#include <netinet/in.h>
#include <arpa/inet.h>
#include <string.h>
int main(int argc, char *argv[]){
    int server_sockfd;
    int len;
    struct sockaddr_in my_addr;
    struct sockaddr_in remote_addr;
    int sin_size;
    char buf[BUFSIZ];
    memset(&my_addr,0,sizeof(my_addr)); //数据初始化—清零
    my_addr.sin_family=AF_INET;
    my_addr.sin_addr.s_addr=INADDR_ANY;//服务器 IP 地址—允许连接到所有本地地址上
```

```
    my_addr.sin_port=htons(8888);

    /*创建服务器端套接字--IPv4 协议，面向无连接通信，UDP 协议*/
    if((server_sockfd=socket(PF_INET,SOCK_DGRAM,0))<0)    {
        perror("socket");
        return 1;
    }

    /*将套接字绑定到服务器的网络地址上*/
    if (bind(server_sockfd,(struct sockaddr *)&my_addr,sizeof(struct
                                            sockaddr))<0)    {
        perror("bind");
        return 1;
    }
    sin_size=sizeof(struct sockaddr_in);
    printf("waiting for a packet...\n");

    /*接收客户端的数据并将其发送给客户端—recvfrom 是无连接的*/
    if((len=recvfrom(server_sockfd,buf,BUFSIZ,0,(struct sockaddr *)
                                    &remote_addr,&sin_size))<0){
        perror("recvfrom");
        return 1;
    }
    printf("received packet from %s:\n",inet_ntoa(remote_addr.sin_addr));
    buf[len]='\0';
    printf("contents: %s\n",buf);
    close(server_sockfd);
    return 0;
}
```

客户端 udp_client.c 程序如下：

```
#include <stdio.h>
#include <sys/types.h>
#include <sys/socket.h>
#include <netinet/in.h>
#include <arpa/inet.h>
#include <string.h>

int main(int argc, char *argv[])
{
    int client_sockfd;
    int len;
        struct sockaddr_in remote_addr;
    int sin_size;
    char buf[BUFSIZ];
    memset(&remote_addr,0,sizeof(remote_addr));
    remote_addr.sin_family=AF_INET;
    remote_addr.sin_addr.s_addr=inet_addr("192.168.99.230");//服务器 IP 地址
    remote_addr.sin_port=htons(8888); //服务器端口号

        /*创建客户端套接字—IPv4 协议，面向无连接通信，UDP 协议*/
    if((client_sockfd=socket(PF_INET,SOCK_DGRAM,0))<0)
    {
        perror("socket");
```

```
        return 1;
    }
    strcpy(buf,"This is a test message");
    printf("sending: '%s'\n",buf);
    sin_size=sizeof(struct sockaddr_in);

    /*向服务器发送数据包*/
    if((len=sendto(client_sockfd,buf,strlen(buf),0,(struct sockaddr *)
                            &remote_addr,sizeof(struct sockaddr)))<0)
    {
        perror("recvfrom");
        return 1;
    }
    close(client_sockfd);
    return 0;
}
```

3. 阅读下面程序，编写支持 IPv6 的 TCP 服务器和客户程序，并使程序满足如下要求：

(1) 使 TCP 服务器程序更通用——接收请求、处理请求并发回响应。

(2) 使 TCP 客户程序更通用——能够发送客户程序创建的任何请求。

服务器端：tcp_server.c

```
#include <stdio.h>
#include <sys/types.h>
#include <sys/socket.h>
#include <netinet/in.h>
#include <arpa/inet.h>
#include <string.h>
int main(int argc, char *argv[])
{
    int server_sockfd;
    int client_sockfd;
    int len;
    struct sockaddr_in my_addr;
    struct sockaddr_in remote_addr;
    int sin_size;
    char buf[BUFSIZ];
    memset(&my_addr,0,sizeof(my_addr));
    my_addr.sin_family=AF_INET;
    my_addr.sin_addr.s_addr=INADDR_ANY;//服务器 IP 地址—允许连接到所有本地地址上
    my_addr.sin_port=htons(9999); //服务器端口号

    /*创建服务器端套接字—IPv4 协议，面向连接通信，TCP 协议*/
    if((server_sockfd=socket(PF_INET,SOCK_STREAM,0))<0)
    {
        perror("socket");
        return 1;
    }

        /*将套接字绑定到服务器的网络地址上*/
    if (bind(server_sockfd,(struct sockaddr *)&my_addr,sizeof(struct
         sockaddr))<0)
    {
        perror("bind");
```

```
        return 1;
    }

    /*监听连接请求--监听队列长度为 5*/
    listen(server_sockfd,5);

    sin_size=sizeof(struct sockaddr_in);

    /*等待客户端连接请求到达*/
    if((client_sockfd=accept(server_sockfd,(struct sockaddr
*)&remote_addr,&sin_size))<0)
    {
        perror("accept");
        return 1;
    }
    printf("accept client %s\n",inet_ntoa(remote_addr.sin_addr));
    len=send(client_sockfd,"Welcome to my server\n",21,0);//发送欢迎信息

    /*接收客户端的数据并将其发送给客户端—recv 返回接收到的字节数，send 返回发送的字节
数*/
    while((len=recv(client_sockfd,buf,BUFSIZ,0))>0)
    {
        buf[len]='\0';
        printf("%s\n",buf);
        if(send(client_sockfd,buf,len,0)<0)
        {
            perror("write");
            return 1;
        }
    }
    close(client_sockfd);
    close(server_sockfd);
        return 0;
}
```

客户端 tcp_client.c 程序如下：

```
#include <stdio.h>
#include <sys/types.h>
#include <sys/socket.h>
#include <netinet/in.h>
#include <arpa/inet.h>
#include <string.h>
int main(int argc, char *argv[])
{
    int client_sockfd;
    int len;
    struct sockaddr_in remote_addr;
    char buf[BUFSIZ];
    memset(&remote_addr,0,sizeof(remote_addr));
    remote_addr.sin_family=AF_INET;
    remote_addr.sin_addr.s_addr=inet_addr("192.168.99.230");//服务器 IP 地址
    remote_addr.sin_port=htons(9999); //服务器端口号

    /*创建客户端套接字--IPv4 协议，面向连接通信，TCP 协议*/
```

```
    if((client_sockfd=socket(PF_INET,SOCK_STREAM,0))<0)
    {
        perror("socket");
        return 1;
    }

    /*将套接字绑定到服务器的网络地址上*/
    if(connect(client_sockfd,(struct sockaddr
*)&remote_addr,sizeof(struct sockaddr))<0)
    {
        perror("connect");
        return 1;
    }
    printf("connected to server\n");
    len=recv(client_sockfd,buf,BUFSIZ,0);//接收服务器端信息
         buf[len]='\0';
    printf("%s",buf); //打印服务器端信息

    /*循环的发送接收信息并打印接收信息--recv 返回接收到的字节数，send 返回发送的字节
数*/
    while(1)
    {
        printf("Enter string to send:");
        scanf("%s",buf);
        if(!strcmp(buf,"quit"))
            break;
        len=send(client_sockfd,buf,strlen(buf),0);
        len=recv(client_sockfd,buf,BUFSIZ,0);
        buf[len]='\0';
        printf("received:%s\n",buf);
    }
    close(client_sockfd);//关闭套接字
        return 0;
}
```

习题与实验

一、选择题

1. 根据套接字通信性质的不同，套接字可以被分为不同的套接字类型。目前常用的套接字类型有三种，下列哪项不是常用的套接字？(　　)

A. SOCK_STREAM　　B. SOCK_DGRAM

C. SOCK_RAW　　D. SOCK_NETROM

2. 下列哪一项不是通用套接字的地址结构？(　　)

A. sockaddr　　B. sockaddr_in

C. sockaddr_in4　　D. sockaddr_in6

3. 实现 IPv6 地址之间转换的的函数是(　　)。

A. inet_addr()和 inet_aton()　　B. inet_pton()和 inet_ntop()

C. inet_pton()和 inet_aton()　　D. inet_addr()和 inet_ntop()

4. 函数 getaddrinfo()实现了名称到地址的转换或解析，函数中哪一个参数返回的是地址信息？(　　)。

A. results　　B. ervice　　C. hints　　D. hostname

5. 能够支持 IPv6 名称与地址的转换函数为(　　)。

A. gethostbyname()和 gethostbyaddr()　B. gethostbyname()和 getaddrinfo()

C. getnameinfo()和 gethostbyaddr()　D. getnameinfo()和 getaddrinfo()

6. 在 UDP 客户端与服务器通信的过程中，下列说法中正确的是(　　)。

A. 服务器调用 sendto()函数向客户端发出数据请求

B. 客户端调用 recvfrom()函数，准备响应服务器的请求

C. 服务器端会创建一个套接字，并返回相应的套接字描述符

D. 客户端用 recvfrom()函数接收服务器的请求

7. 下列哪些函数不是套接字数据发送函数(　　)

A. write()　　B. recvfrom()　　C. sendmsg()　　D. send()

二、填空题

1. Socket 套接字的格式为________________________。

2. 系统为了对内部字节表示顺序和网络字节表示顺序之间的数据进行转换，特地提供了 4 个转换函数：_____、_____、_____和_____。

3. IPv6 Socket 编程中要使用 3 种特殊的 IPv6 地址，它们分别为______________、______________、______________。

三、实验题

在计算机上安装 VMware Workstation 虚拟软件，并虚拟两台安装有 centos 操作系统的虚拟机，一台为服务器，一台为客户机，拓扑结构图如图 4.5 所示。编写支持 IPv6 的 UDP 服务器和客户程序，并使程序满足如下要求：

(1) 使 UDP 服务器程序更通用——接收请求、处理请求并发回响应。

(2) 使 UDP 客户程序更通用——能够发送客户程序创建的任何请求。

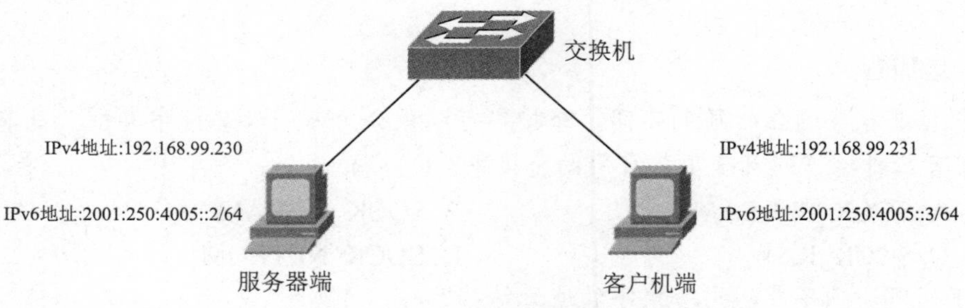

图 4.5　IPv6 套接字编程环境的拓扑结构

第 5 章
IPv6 过渡机制

由于 IPv6 与 IPv4 相比具有诸多的优越性，因而 IPv6 替代 IPv4 已经成为网络发展的必然趋势。然而，由于 IPv4 协议已有广泛的网络建设及应用基础，全球 IPv4 的用户不计其数，要完成从 IPv4 到 IPv6 的过渡将是一个渐进的长期过程。针对这种情况，IETF 很早就开始着手研究 IPv4 到 IPv6 的过渡技术，并提出了许多的过渡机制。

本章将在分析 IPv6 过渡机制的基础上，重点介绍双栈技术、隧道技术和转换机制这 3 种过渡技术，并设计和组建一个 IPv6 实验网来开展过渡机制的实验研究。

5.1　IPv6 过渡机制概述

IPv4 到 IPv6 的过渡将是一个渐进的长期过程，通过对这一过程的分析与研究，可以将其大致分为以下 4 个阶段，如图 5.1 所示。

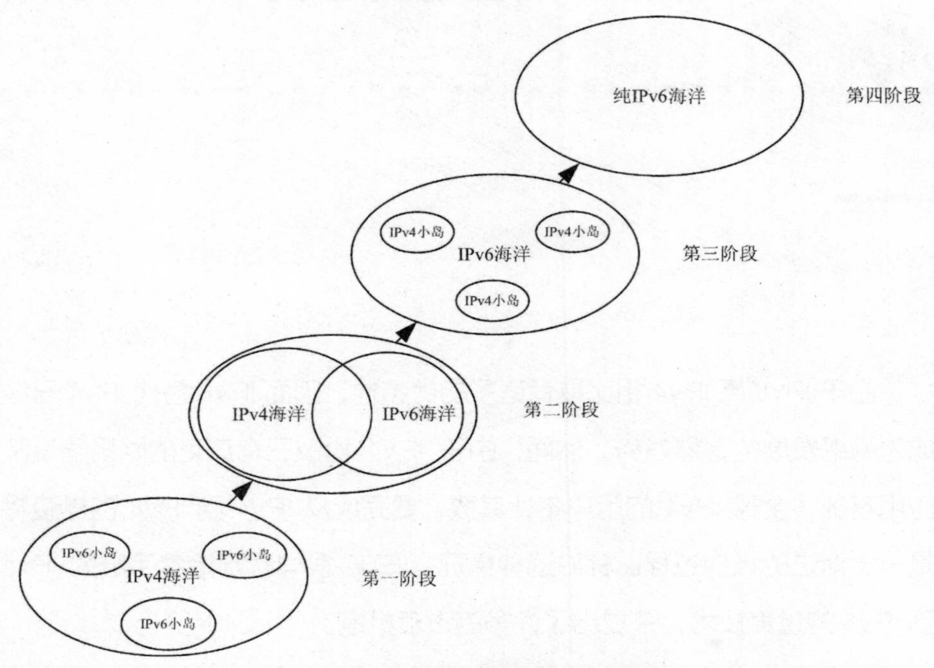

图 5.1　IPv4 到 IPv6 过渡的 4 个阶段

- 第一个阶段：IPv4“海洋”与 IPv6“小岛”。这一阶段的网络以 IPv4 协议为主要的网络协议，随着 IPv6 协议技术的提出，在全球范围内出现了很多 IPv6 试验网，但是规模都很小，分布在 IPv4 网络的各个角落，就像在 IPv4“海洋”中的一个个“小岛”。如何将这些分隔的 IPv6“小岛”互连起来，是这个阶段需要解决的问题。目前的过渡状况就是处于这一阶段。
- 第二个阶段：IPv4“海洋”与 IPv6“海洋”。随着越来越多的 IPv6“小岛”实现互连，加上较大规模的 IPv6 网络的建设，这些“小岛”逐渐地汇集成了一个 IPv6“海洋”，规模同 IPv4“海洋”不相上下。
- 第三个阶段：IPv6“海洋”与 IPv4“小岛”。随着 IPv6 技术的进一步发展，IPv6 网络协议逐渐替代 IPv4 网络协议，成为下一代互联网的主要通信协议；相反，IPv4 技术随着 IPv6 的广泛应用，规模不断缩小，就形成 IPv6“海洋”和 IPv4“小岛”的局面。
- 第四个阶段：纯 IPv6“海洋”。当网络中的 IPv4 协议完全被 IPv6 协议取代时，也就完成了 IPv4 网络向 IPv6 网络的完全过渡。

为了更好地实现 IPv4 网络向 IPv6 网络的过渡，从 20 世纪 90 年代开始，IETF 就成立

了专门的工作组来研究这一过渡问题，并提出了很多种过渡机制，其中最主要有 3 种过渡机制，分别为双栈技术、隧道技术和转换机制。

5.2 双 栈 技 术

双栈(Dual Stack)技术在 RFC 4213 文档进行了描述，它是指在一个系统中同时使用 IPv4/IPv6 两个可以并行工作的协议栈。IPv6 和 IPv4 都属于 TCP/IP 体系结构中的网络层协议，两者都基于相同的物理平台，尽管其实现的细节有很多的不同，但它们的原理是相似的，而且在其上的传输层协议 TCP 和 UDP 没有任何区别，主要的区别是针对不同的数据包所采用的协议栈各不相同。这就是双栈技术的工作机理。

下面以图 5.2 为例来说明双栈技术的实现过程。拥有双栈协议的主机在工作的时候，首先将在物理层截获下来的信息提交给数据链路层，在 MAC 层对收到的帧进行分析，此时便可以根据帧中的相应字段区分是 IPv4 数据包还是 IPv6 数据包，处理结束后继续向上层递交，在网络层(IPv4/IPv6 共存)，根据从底层收上来的包是 IPv4 还是 IPv6 包来做相应的处理，处理结束后继续向上递交给传输层并进行相应的处理，直至上层用户的应用。与单协议栈相比，双栈主机的层与层之间都是利用套接字(Socket)来建立连接的。

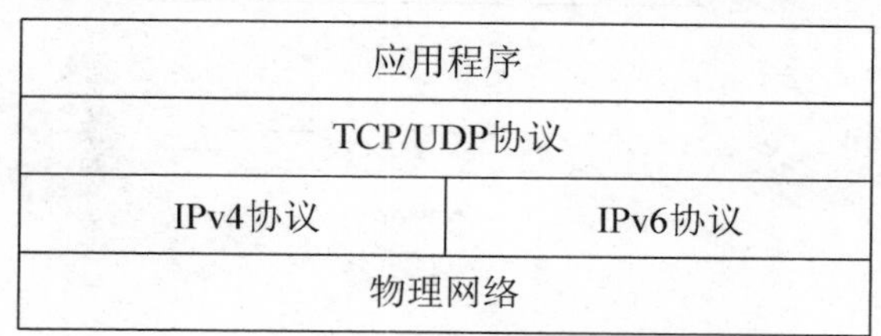

图 5.2　双协议栈模型

两个协议栈并行工作的主要困难在于需要同时处理两套不同的地址方案。首先，双协议栈技术应该能独立地配置 IPv4 和 IPv6 的地址，双栈节点的 IPv4 地址能使用传统的 DHCP、BOOTP 或手动配置的方法来获得，IPv6 的地址应能手动配置。其次，采用双协议栈还要解决域名服务器(DNS)问题。现有的 32 位域名服务器不能解决 IPv6 使用的 128 位地址命名问题。为此，IETF 定义了一个 IPv6 下的 DNS 标准 RFC1886，该标准定义了 AAAA 型的记录类型，用以实现主机域名与 IPv6 地址的映射。

由于 IPv4 地址的划分有公有 IPv4 地址和私有 IPv4 地址，因此，对于双栈过渡机制可以分为公网双栈和私网双栈两大类。公网或私网双栈机制为终端用户或网络设备分配一个公网或私网 IPv4 地址和一个 IPv6 地址，即使 IPv4 地址分配枯竭，这样的双栈机制也是存在的。对于私网双栈技术，目前已经有私网双栈地址翻译(NAT444)方式和轻量级私网双栈隧道方式(DS-Lite)这两种过渡策略。两者都属于私网双栈过渡技术，都能有效缓解地址枯竭的困境，技术基础相近，功能差异不大，对于业务的影响相同，适用于不同的网络应用场景。关于这两种过渡策略将在后面的章节中介绍，此处不再赘述。

双协议栈技术的优点是互通性好、易于理解；缺点是需要给每个运行 IPv6 协议的网络设备和终端分配 IPv4 地址，不能有效地解决 IPv4 地址匮乏所带来的问题。在 IPv6 网络建设初期，由于 IPv4 地址相对充足，这种方案是可行的；当 IPv6 网络发展到一定阶段，为每个节点分配两个全局地址 IPv4 将很难实现，这就需要借助其他过渡机制来对双栈中私有 IPv4 地址进行翻译或转换，比如上面介绍的 NAT444 过渡策略。

5.3 隧道技术

隧道技术是指一个节点或网络通过报文封装的形式，连接被其他类型的网络分隔但属于同一类型的节点或网络的技术。隧道的入口和出口是隧道的两个端点，它们可以是路由器，也可以是主机，但必须都是双协议栈的节点。

由于目前的互联网主要是以 IPv4 网络为主，在 IPv4 向 IPv6 过渡的初期或一个时期，隧道技术是连接 IPv6 单独网络的主要手段。图 5.3 表示了两个单独的 IPv6 网络如何通过隧道技术穿越 IPv4 网络进行相互通信的。其隧道技术的工作原理是：隧道入口节点把 IPv6 数据包封装在 IPv4 数据包中，IPv4 数据包的源地址和目的地址分别为两端节点的 IPv4 地址，封装后的数据包经 IPv4 网络传输到达隧道出口节点后解封还原为 IPv6 包，并送往目的地。这里隧道是指隧道入口和隧道出口之间的逻辑关系。

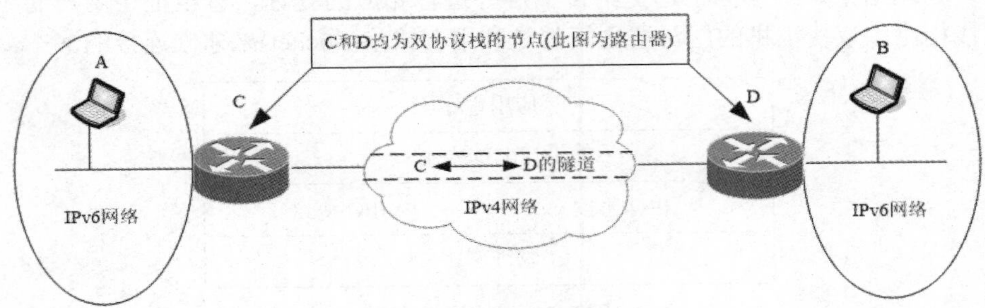

图 5.3 IPv6 经过 IPv4 隧道传输

隧道技术的机制实际上是一种封装与解封装的过程。图 5.4 表示了隧道技术中封装与解封装的机制。图中，入口处的端点 C 将 IPv6 数据报封装在 IPv4 报文中，将此 IPv6 报文当作 IPv4 的负载数据，并将该 IPv4 报文的协议字段设置为 41，以说明该 IPv4 封装报文的负载是一个 IPv6 封装报文，然后在 IPv4 网络上传送该封装报文。当协议字段标为 41 的 IPv4 封装报文到达隧道出口点 D 时，该端点解开封装报文的 IPv4 报头，解封还原为 IPv6 包，并送往目的地。

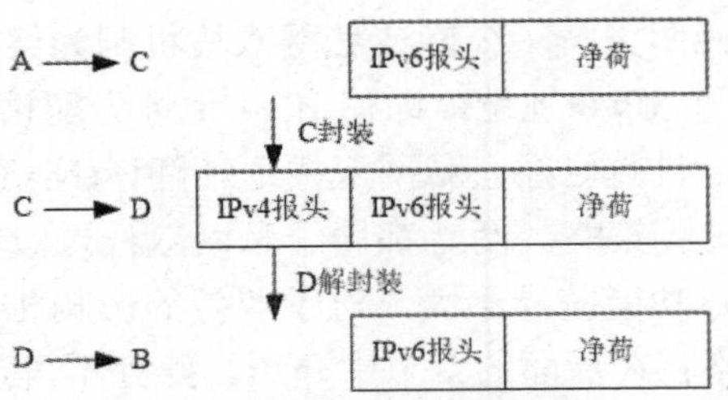

图 5.4 隧道封装和解封装过程

上面介绍了将 IPv6 报文封装在 IPv4 报文中在 IPv4 网络中进行传输的隧道技术，随着 IPv6 网络建设和应用的深入，也会遇到 IPv4 用户要经过 IPv6 网络访问 IPv4 网络的过渡场景，

在这样的情况下，也可以使用将 IPv4 报文封装在 IPv6 报文中在 IPv6 网络中进行传输的隧道技术。

总之，隧道技术是目前和将来一段时间向 IPv6 过渡最常用的技术手段。根据其使用的技术不同，隧道技术目前有配置隧道、自动隧道和基于 MPLS 技术的隧道等 3 种类型。

5.3.1 配置隧道

配置隧道是指将 IPv6 数据包封装在 IPv4 数据包中，并通过 IPv4 网络传输的一种端到端的隧道，隧道的出口地址需要通过在入口处手工配置来得到。目前主要有 IPv6 配置隧道和 GRE over IPv4 隧道。

1. IPv6 配置隧道

IPv6 配置隧道(Configured Tunneling of IPv6 over IPv4)在 RFC2893 和 RFC4213 中进行了描述，它是一种应用最早、最成熟和最广泛的过渡技术，通过手工方式配置隧道的出口和入口地址，在入口节点处将 IPv6 数据包封装在 IPv4 数据包中，然后通过 IPv4 网络传输到出口处，最后在出口节点进行解封装，这样就为处于不同的 IPv6 网络中 IPv6 节点通过 IPv4 网络提供一条互通的隧道。这种配置隧道技术要求隧道的出口和入口至少具有一个全球唯一的 IPv4 地址，出口和入口的路由器需要支持双栈协议，网络中的每台主机都至少需要支持 IPv6，需要合法的 IPv6 地址。隧道只起到了物理通道的作用，可以在此隧道上传输组播、设置 BGP 对等体等。

图 5.5 是 IPv6 配置隧道的示意图。图中双栈路由器 R1 和 R2 分别连接两个 IPv6 网络，R1 和 R2 之间通过 IPv4 网络连接。当两个 IPv6 网络中主机彼此进行通信时，需要穿透双栈路由器 R1 和 R2 之间的 IPv4 网络，此时手工完成双栈路由器 R1 和 R2 之间隧道的出口和入口的 IP 地址的配置。

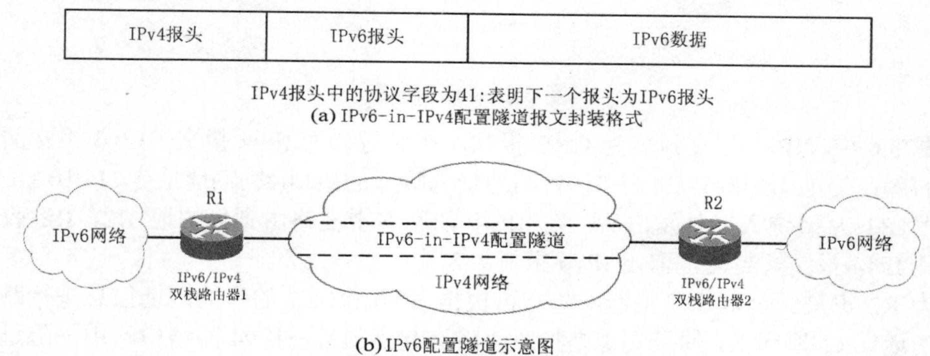

图 5.5 配置隧道示意图

配置隧道也有一些不足：由于配置隧道需要人工完成，这样的隧道需求越多，配置也将越麻烦，而且一旦隧道两端的 IP 地址发生变化，就需要人工重新配置。另外，这种配置隧道技术无法穿越 NAT 设备，因此隧道路径中不能有 NAT 设备，如果隧道要穿越防火墙，则需要保证 IPv6 中的协议 41 不被过滤掉。配置隧道也不能实现 IPv4 主机和 IPv6 主机之间的通信。

目前，由于已知的支持 IPv6 的平台都支持这种配置隧道，使得这种配置隧道获得了非

常广泛的应用。

2. GRE over IPv4 隧道

通用路由协议封装(Generic Routing Encapsulation，GRE)最早是由 Cisco 和 Net-smiths 等公司于 1994 年提交给 IETF 的，标号为 RFC1701 和 RFC1702，GRE 规定了如何用一种网络协议去封装另一种网络协议的方法。

2000 年 3 月，RFC2784 在前面 FRC1701 和 RFC1702 的基础上，对 IPv6 如何使用 GRE 协议进行了描述和说明。

GRE 隧道是一种配置隧道，它属于两点之间的协议，每条链路都是一条单独的隧道。隧道把 IPv6 协议称为乘客协议，把 GRE 称为承载协议。所配置的 IPv6 地址是在 Tunnel 接口上配置的，而所配置的 Tunnel 地址是 Tunnel 源地址和目的地址，也就是隧道的起点和终点。

GRE 隧道主要用于两个边缘路由器或终端系统与边缘路由器之间定期安全通信的稳定连接。边缘路由器与终端系统必须实现双栈。

图 5.6 为 GRE 隧道的示意图。假定两个 IPv6 子网分别是 IPv6 子网 1 和 IPv6 子网 2，它们之间使用路由器 R1 和 R2 通过 GRE 隧道协议互连。其中，R1 和 R2 的隧道接口地址为手动配置的全局 IPv6 地址，分别是 3ffe:8765::1/64 和 3ffe:8765::2/64；隧道的源地址与目的地址也需要手动配置，分别配置为 57.24.15.3 和 57.24.16.1。

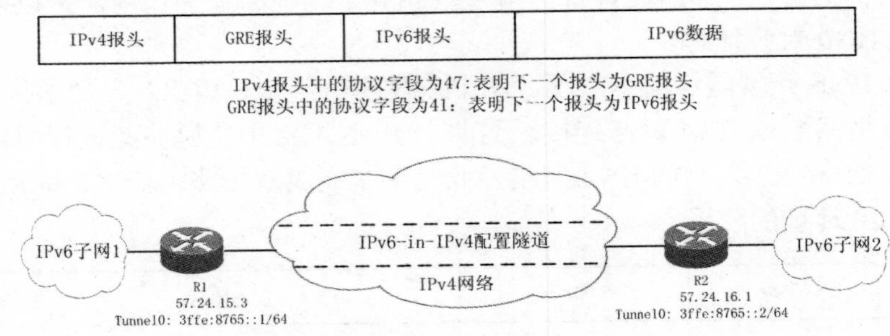

图 5.6 GRE 隧道

在图 5.6 中，IPv6 报文封装为 GRE 报文，最后封装为 IPv4 报文。IPv4 报文的源地址为隧道的入口(起始)地址 57.24.15.3，目的地址为隧道的出口(终点)地址 57.24.16.1，该报文被路由器 R1 从隧道入口处发出后，在 IPv4 的网络中被路由到目的地 R2，R2 收到报文后，对此 IPv4 报文解封装，取出 IPv6 报文。

因为 R2 也是一个双栈路由器，故它再根据 IPv6 报文中的目的地址信息进行路由，并送到目的地。R2 返回 R1 的报文也是按照“隧道起点封装→IPv4 网络中路由→隧道终点解封装”过程进行的。

5.3.2 自动隧道

自动隧道和配置隧道相比，不用手工配置隧道终点。根据自动寻找隧道终点方式的不同，自动隧道有如下几种形式：

- 6over4。
- IPv4 兼容 IPv6 自动隧道技术。

- 6to4。
- ISATAP。
- 隧道代理。
- Teredo。
- 6rd 隧道技术。

下面将分别加以介绍。

1. 6over4

6over4 过渡技术是一种自动建立隧道的机制，在 RFC2529 文档中进行了描述和定义。这种机制所建立的隧道是一种虚拟的非显式的隧道，具体来说，就是利用 IPv4 多播机制来实现虚拟链路，在 IPv4 的多播域上承载 IPv6 链路本地地址，IPv6 的链路本地地址映射到 IPv4 多播域上，采用邻居发现的方法来确定这种隧道端点的 IPv4 地址。

6over4 与手工配置隧道不同的是，它不需要任何地址配置；另外，它也不要求使用 IPv4 兼容的 IPv6 地址，但是采用这种机制的前提就是 IPv4 网络基础设施必须支持 IPv4 多播。这里的 IPv4 多播域可以是采用全球唯一的 IPv4 地址的网络，也可以是一个私有的 IPv4 网络的一部分。这种机制适合于 IPv6 路由器没有直接连接的物理链路上的孤立的 IPv6 主机，使得它们能够将 IPv4 广播域作为它们的虚拟链路，成为功能完全的 IPv6 站点。

6over4 主机的 IPv6 地址由 64 位单播地址前缀和规定格式的 64 位接口标识符::wwxx:yyzz 组成，其中 wwxx:yyzz 是主机的 IPv4 地址(w:x:y:z)的冒号十六进制表示。默认情况下，6over4 主机为每个 6over4 接口自动配置链路本地地址 FE80::wwxx:yyzz。

图 5.7 是 6over4 隧道工作机制的示意图，主机 A 和主机 B 通过 IPv6 over IPv4 隧道连接，它们所穿过的网络是支持多播的 IPv4 网络。如果想和外部 IPv6 网络通信，通过 IPv6/IPv4 双栈路由器完成。

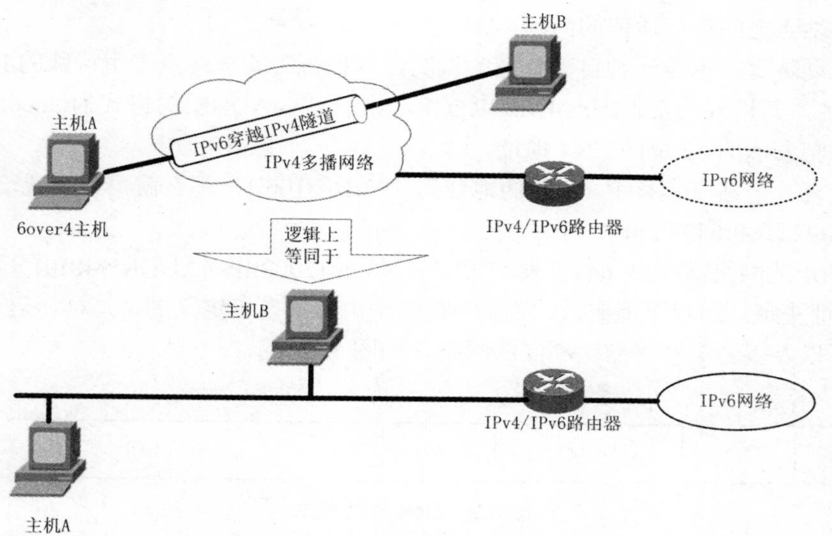

图 5.7　6over4 配置示意图

由于 6over4 需要在 IPv4 多播网络中才能正常工作，而现有 Internet 中多播网络并没有

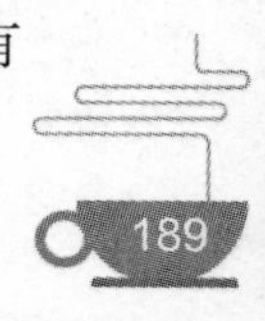

被大量应用，因此，这种过渡机制并没有被广泛使用。

2. IPv4 兼容 IPv6 自动隧道技术

IPv4 兼容 IPv6 自动隧道(Automatic Tunneling of IPv6 over IPv4)最早在 RFC2893 进行了说明和定义，它通过使用 IPv4 兼容地址来完成出口 IPv4 地址的自动发现和隧道的自动生成。在 IPv4 兼容 IPv6 自动隧道中，只需告诉设备隧道的起点，隧道的终点由设备自动生成。为了完成设备自动产生终点的目的，IPv4 兼容 IPv6 自动隧道需要使用 IPv4 兼容 IPv6 地址，这是一种 IPv6 地址的格式，它在一个 IPv4 地址前面加上了 96 个 0 组成了一个 128 位的 IPv6 地址，其形式为::w.x.y.z，这里 w.x.y.z 是一个公共 IPv4 地址。IPv4 兼容 IPv6 自动隧道正是使用除 96 位 0 前缀外的 32 位地址(公共 IPv4 地址)来自动确定隧道的目的地址的。

这种自动隧道的 IPv6 网络中，所有主机和路由器都必须是双栈，而且都要有全球唯一的 IPv4 地址，有违 IPv6 的使用初衷，因此只用于研究试验，没有太大的实用价值。图 5.8 为 IPv4 兼容 IPv6 自动隧道配置示意图。

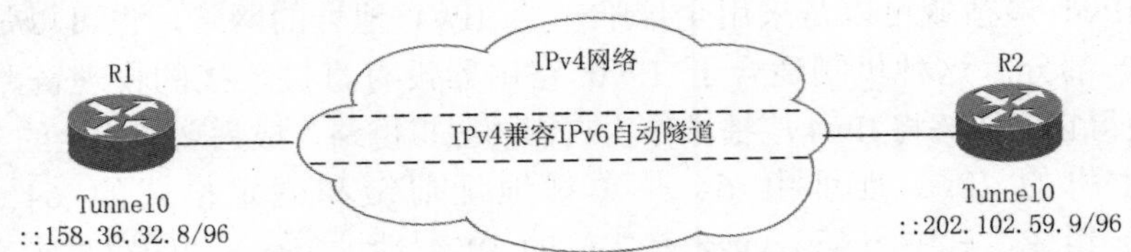

图 5.8　IPv4 兼容 IPv6 自动隧道配置示意图

3. 6to4 自动隧道

6to4 自动隧道技术在 RFC3056 文档中进行了定义和说明，它主要解决在没有 Internet 服务提供 IPv6 互连服务的条件下，孤立的 IPv6 站点之间，以及这些孤立的站点与 IPv6 主干网内部各站点之间进行通信的问题。

6to4 自动隧道技术是一种自动隧道的机制，这种机制要求站点采用特殊的 IPv6 地址，即 6to4 地址，其格式为 2002:IPv4ADDR::/48，其中 IPv4ADDR 的格式为 abcd:efgh，是用冒号十六进制表示的 32 位的 IPv4 地址。

比如，有一个站点具有了 IPv4 的地址为 192.168.100.1，那么就可以构成一个 6to4 的前缀，即 2002:c0a8:6401::/48。

6to4 地址的网络前缀有 64 位长，其中前 48 位(2002:IPv4ADDR::/48)由分配给路由器的 IPv4 地址决定，用户不能更改，而后 16 位是由用户自己定义的，这样，这个边界路由器后面就可以连接一组网络前缀不同的网络，如图 5.9 所示。

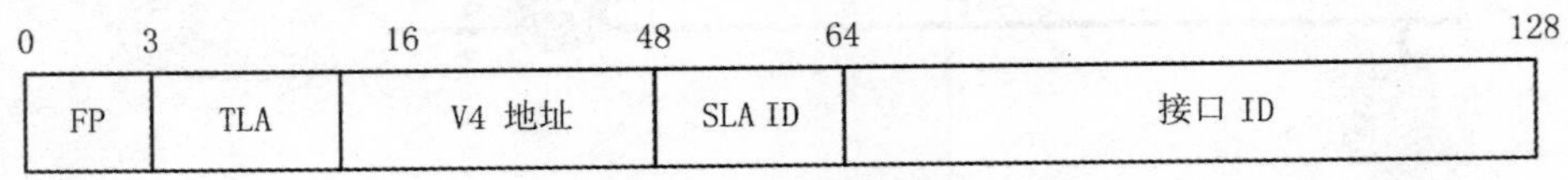

图 5.9　6to4 地址格式

由于这种地址是自动从站点的 IPv4 地址派生出来的，所以每个采用 6to4 机制的节点至少必须具有一个全球唯一的 IPv4 地址。

在 RFC3056 中，6to4 隧道协议定义了 3 种通信实体，分别为 6to4 主机、6to4 路由器

和 6to4 中继路由器。

(1) 6to4 主机是指那些至少配置了一个 6to4 地址(带 2002::/16 前缀的全球单播地址)的主机。6to4 主机使用地址自动配置机制来创建 6to4 地址。

(2) 6to4 路由器也称边界路由器，是支持使用 6to4 隧道接口的 IPv6/IPv4 路由器，它通常位于一个站点中的 6to4 主机与 IPv4 网络之间，用于与 IPv4 网络中其他 6to4 路由器或 6to4 中继路由器之间转发目标为 6to4 地址的通信。

(3) 6to4 中继路由器通常位于 IPv4 主干网与 IPv6 主干网的结合点，除了具有 6to4 路由器的功能外，它还负责向 IPv6 主干网提供 IPv4 主干网中所连接的 6to4 站点的可达性，同时向 IPv4 主干网中的 6to4 路由器提供 IPv6 主干网各站点的可达性。

6to4 采用了特殊的地址，使 IPv4 网络中的 IPv6 主机能相互连接。6to4 自动隧道是通过隧道的虚拟接口实现的，6to4 隧道入口的 IPv4 地址由手工指定，隧道的目的地址是由通过隧道转发的报文来决定的。如果 IPv6 报文的目的地址是 6to4 地址，则从报文的目的地址中提取 IPv4 地址(即 IPv6 地址前缀的 IPv4 地址)作为隧道的目的地址；如果 IPv6 报文的目的地址不是 6to4 地址，但下一跳是 6to4 地址，则从下一跳地址中提取出 IPv4 地址作为隧道的目的地址，后者也称为 6to4 中继。图 5.10 是 6to4 隧道的通信原理示意图。下面将以图 5.10 为例来分析 6to4 隧道的通信过程。

首先分析 6to4 主机之间的通信过程。假如站点 1 的 6to4 主机 A1 要与站点 2 的 6to4 主机 B1 进行通信，在获得站点 2 的 6to4 主机 B1 的地址后向其发送数据包，该数据包的源地址为 2002:c0a8:6401:2::2/64，目的地址为 2002:c0a8:3201:2::2/64，该数据包被路由至 6to4 路由器 A，路由器 A 发现数据包的目的地址含有 6to4 前缀的 2002(IANA 指定 2002::/16 为 6to4 地址前缀)，于是从数据包的 IPv6 源地址和目的地址中提出隧道两端的 IPv4 地址，分别为 192.168.100.1 和 192.168.50.1，然后再用 IPv4 封装数据包，封装后的报文目的地址为站点 2 的 6to4 路由器 B 的 IPv4 地址，从而建立一条从 A 到 B 的隧道。作为隧道端点的路由器 B 收到数据包后对其进行解封装，去掉 IPv4 头部，得到一个 IPv6 数据包，然后发送，直到数据包最后到达站点 2 的 6to4 主机 B1。

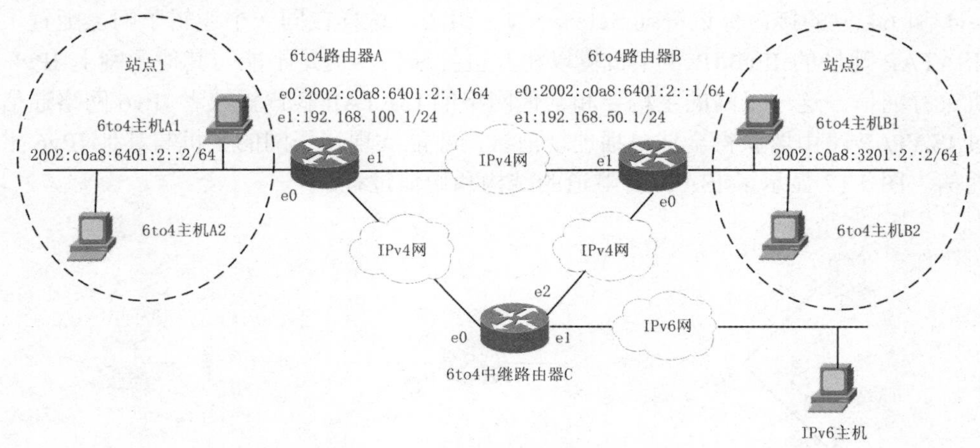

图 5.10　6to4 隧道通信原理

下面再分析 6to4 主机与 IPv6 主干网中的 IPv6 主机的通信过程。6to4 中继路由器通常

位于 IPv6 主干网，除了具有 6to4 路由器的功能外，它还负责向 IPv6 主干网宣告它对其他 6to4 站点的可达性，同时向其他 6to4 路由器宣告它对主干网内各站点的可达性。6to4 中继路由器用于 6to4 主机和一般 IPv6 主机之间的通信。以图 5.10 为例，站点 1 的 6to4 主机 A1 获得主干网上某个 IPv6 主机的地址后向其发送数据包，该数据包被路由至 6to4 路由器 A，路由器 A 通过查找路由表得到下一跳的 IPv6 地址为中继路由器 C 的 6to4 地址，从该地址提取出 C 的 IPv6 地址，以此作为目的 IPv6 地址对数据包进行封装，建立一条从 A 到 C 的隧道。C 收到数据包后解封装，得到一个 IPv6 数据包并发往主干网，最终到达目的 IPv6 主机。

6to4 隧道容易管理，是目前最重要的自动隧道技术之一，而且它根据 IPv4 地址自动产生一个 48 位的前缀，所以不必向互联网注册机构申请 IPv6 地址就可以运行，但与此同时，它也破坏了 IPv6 层次化的路由体系。

4. ISATAP 隧道技术

站间自动隧道寻址协议(Intra-Site Automatic Tunnel Addressing Protocol，ISATAP)在 RFC4214 文档中进行了定义和说明，它为被隔离于 IPv4 网络的 IPv6 主机之间的连接提供了自动配置的隧道，解决了 IPv4 网络中的 IPv6 节点间通信的问题。

ISATAP 隧道使用了特殊的地址格式，其具体格式如图 5.11 所示。

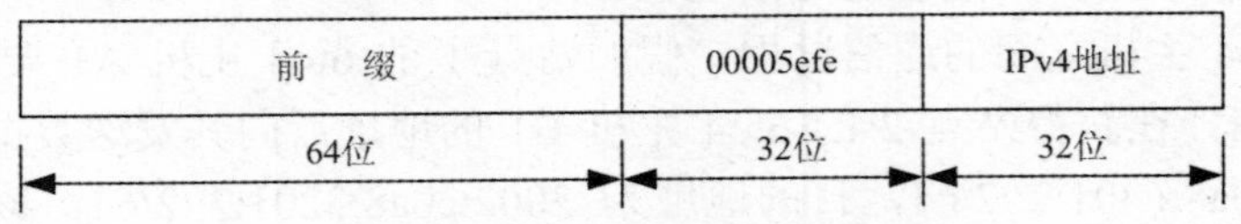

图 5.11 ISATAP 地址的格式

图 5.11 中，ISATAP 地址的 64 位前缀是通过 ISATAP 路由器发送请求报文获得的，后面的 64 位称为 ISATAP 接口标识符，具有修改的 EUI-64 接口标识符的格式，必须为::0:5efe:w.x.y.z，其中前 32 位的值为::0:5efe，是由互联网地址分配机构(IANA)分配的，后面的 32 位 w.x.y.z 为 IPv4 的地址。

支持 ISATAP 的双栈主机会自动在隧道接口上生成链路本地的 ISATAP 地址，由前缀 fe80::/64 和 64 位的接口标识符::0:5efe:w.x.y.z 组成，这样在同一个逻辑子网上配置了链路本地 ISATAP 地址的 IPv6/IPv4 主机可以相互进行通信，但是不能与其他子网上 IPv6 地址的主机进行通信。这一子网的主机要和其他网络的 ISATAP 客户机或者 IPv6 网络通信，必须通过 ISATAP 路由器获得全球单播地址前缀，才能实现该子网的主机与其他 IPv6 主机和网络通信。图 5.12 显示了 ISATAP 隧道的结构和通信过程。

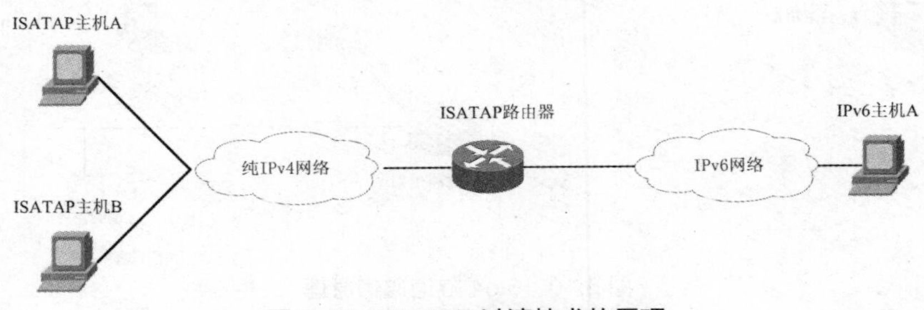

图 5.12 ISATAP 过渡技术的原理

下面将根据图 5.12 来分析 ISATAP 隧道的通信过程。

(1) 在同一个 IPv4 网络内 ISATAP 主机间的通信过程。

ISATAP 主机 A 获得 ISATAP 主机 B 的 ISATAP 地址后，将需要发送的数据包交给 ISATAP 接口进行发送；ISATAP 从该数据包的 IPv6 源地址和目的地址中提取出相应的 IPv4 源地址和目的地址，并对该数据包用 IPv4 头部进行封装；封装后的数据包按照其 IPv4 目的地址被发送到 ISATAP 主机 B；ISATAP 主机 B 接收到该数据包后对其解封装，得到原始 IPv6 数据包；ISATAP 主机 B 通过与上述过程类似的过程将应答数据返回给 ISATAP 主机 A。

从上面的通信过程中我们可以看出，ISATAP 实际上是将 IPv4 网络作为一个承载平台，通过在其上面建立一个 IPv6-in-IPv4 自动隧道来完成 IPv6 通信的。

(2) ISATAP 主机与其他网络之间的通信过程。

ISATAP 主机获得 ISATAP 地址(站点本地地址)，并将下一跳 next_hop 设为 ISATAP 路由器的 ISATAP 地址(站点本地地址)；当 ISATAP 主机送出目的地为所在子网络以外的地址时，ISATAP 先将 IPv6 数据包进行 IPv4 封装，然后以隧道方式送到 ISATAP 路由器的 IPv4 地址；ISATAP 路由器除去 IPv4 包头后，将 IPv6 数据包转送给 IPv6 网络中的目的 IPv6 服务器；IPv6 路由器直接将应答的 IPv6 数据包发回给 ISATAP 网络；在应答 IPv6 数据包经过 ISATAP 路由器时，ISATAP 路由器先将应答 IPv6 数据包进行 IPv4 封装，然后再转发给 ISATAP 主机；ISATAP 主机收到应答数据包后，将数据包去掉 IPv4 包头，恢复成原始 IPv6 数据包。

通过上述步骤，ISATAP 主机与 IPv6 网络中的 IPv6 路由器完成了一次完整的数据通信过程。

ISATAP 隧道的主要优点是它不要求隧道端节点必须是具有全球唯一的 IPv4 地址，因此可用于在内部私有网中各双栈主机之间进行 IPv6 通信，如果 ISATAP 和 6to4 隧道技术相结合，ISATAP 还可以使内部网的双栈主机接入 IPv6 主干网。

5. 隧道代理

随着 IPv6 网络规模的扩大，手工配置隧道带来的配置和维护的工作量越来越大，与之相匹配的路由表条目也越来越多，这将使得隧道的维护工作变得复杂而且庞大，因此，实现隧道的自动配置管理是很有必要的。隧道代理(Tunnel Broker，TB)就是一种实现这种自动配置管理的技术，在 RFC3053 文档中描述了隧道代理的构成框架和基本原理，它一般由 IPv4/IPv6 双栈客户端、隧道代理、隧道服务器(Tunnel Server，TS)和域名服务器(DNS 服务器)等 4 个通信实体组成，能为孤立的 IPv6/IPv4 节点与纯 IPv6 网络的互连互通提供一条 IPv6-in-IPv4 隧道。隧道代理的基本的框架和工作原理如图 5.13 所示。

图 5.13 中，双栈客户端是指有隧道需求的用户，它可以是个人用户，也可以是集团用户，即客户端可以是主机，也可以是路由器，但是都必须支持 IPv4/IPv6 双栈协议。

隧道代理 TB 负责根据用户(双栈节点)的要求建立、更改和拆除隧道。为了均衡负载，隧道代理 TB 可以在多个隧道服务器中选择一个，隧道代理 TB 还负责将用户的 IPv6 地址和名字信息存放到 DNS 里。

隧道服务器 TS 是提供实际 IPv6 网络接入的路由器或装有路由协议软件的服务器，它

连接在 IPv6 网络中，同时支持 IPv4/IPv6 双栈协议，从隧道代理 TB 处接收命令，负责与客户端之间的隧道建立和管理工作，比如建立或撤销 IPv6 路由表或地址等。

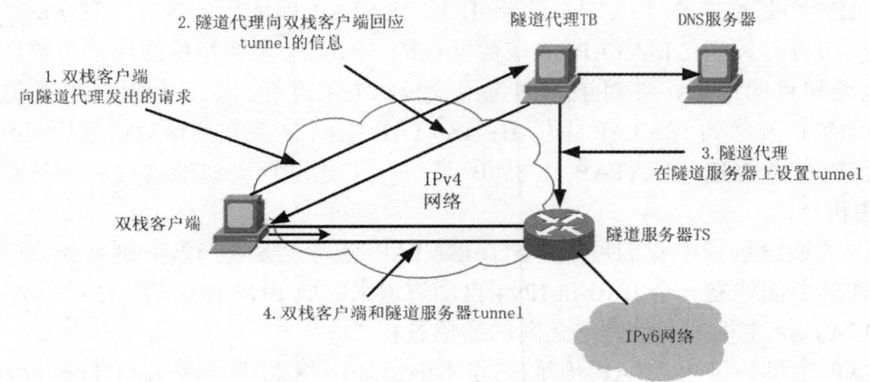

图 5.13　隧道代理工作原理示意图

域名服务器也称为 DNS 服务器，它负责解析分配给客户端的 IPv6 地址的域名，支持 IPv4/IPv6 两种地址的解析。

隧道代理的基本原理是——双栈客户端先向隧道代理 TB 提出申请，并提供客户端的 IPv4 地址等信息；隧道代理 TB 接到客户申请后，首先选择一个隧道服务器 TS 作为隧道的端点，同时选出 IPv6 的前缀分配给客户端，并用分配给客户的 IPv6 地址更新 DNS；接下来配置隧道的隧道服务器 TS 端，同时把该隧道的信息和参数通知给客户端，完成隧道的配置工作。经过配置后，从客户端到隧道服务器 TS 端的 IPv6-in-IPv4 隧道就建立起来了，用户就可以访问隧道服务器 TS 所连接的 IPv6 网络。

通过上面的论述，可以更清楚地认识隧道代理不是一种隧道机制，而是一种自动配置管理的技术，它简化了隧道的配置过程，方便了用户和网络管理者。当然，它也有一些不足的地方，如：它要求隧道的双方都必须支持双栈并要有可用的 IPv4 地址，不支持 NAT 技术，这些都限制了隧道代理的使用和推广。

6. Teredo

前面介绍的几种过渡机制，如手工配置隧道、6over4 隧道 、IPv4 兼容 IPv6 自动隧道、6to4 隧道、ISATAP 隧道和隧道代理，其 IPv6 数据包都采用了 IPv6-in-IPv4 封装方式，但由于大多数 NAT 设备只支持 TCP、UDP、ICMP 等常见报文的转发，因此，IPv6-over-IPv4 数据包(IP 报头类型字段值为 41)无法穿越 NAT 设备，因此这些隧道都不允许隧道主体上存在 NAT 设备，另外，6to4 等隧道机制要求端节点必须具备公有 IP 地址，NAT 用户显然无法满足这样的要求。

Teredo 是微软公司专为 NAT 用户设计的一种隧道技术，这种技术采用了将 IPv6 数据包封装在 IPv4 的 UDP 载荷中的方式，由于 IPv4 的 UDP 数据包能够穿越 NAT 设备，所以采用这种形式封装的 IPv6 数据包也能穿越 NAT 设备，因此就解决了前面所介绍的几种隧道不支持 NAT 的问题。

在 RFC4380 文档中对 Teredo 协议进行了描述，它定义了 3 种不同的实体，分别为 Teredo 客户端、Teredo 服务器、Teredo 中继。Teredo 的网络拓扑结构由这 3 个实体组成，

如图 5.14 所示。

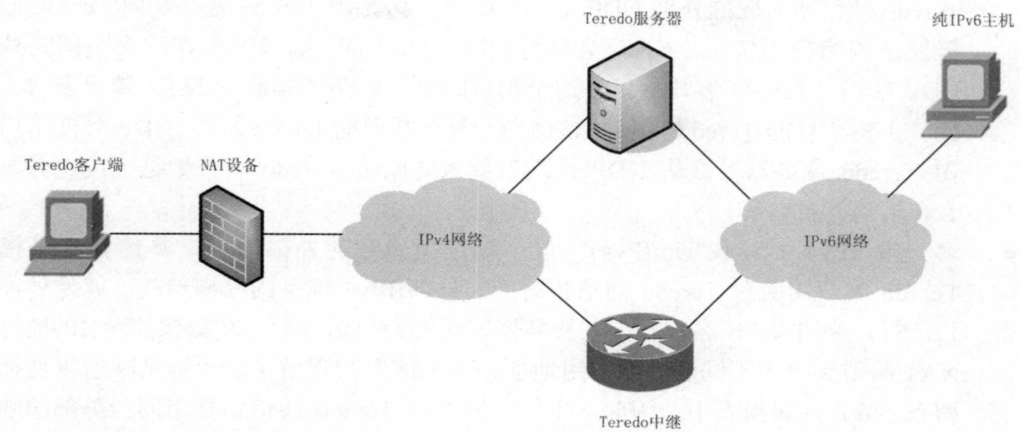

图 5.14　Teredo 网络拓扑结构

(1) Teredo 客户端是指处于 NAT 域内、希望获得与 IPv6 网络进行通信并支持 Teredo 隧道接口的 IPv6/IPv4 的节点，通过此隧道接口，数据包可以传送给其他的 Teredo 客户端以及 IPv6 网络中的其他节点(通过 Teredo 中继)。

(2) Teredo 服务器是指连接 IPv4 网络与 IPv6 网络的 IPv6/IPv4 节点，支持用来接收数据包的 Teredo 隧道接口。Teredo 服务器的主要作用是帮助 Teredo 客户端的地址配置以及协助在 Teredo 客户端之间或者客户端与纯 IPv6 主机之间与其他 Teredo 客户端建立通信连接。Teredo 服务器使用 UDP 3544 端口侦听 Teredo 通信。Teredo 服务器具有全局地址，并且能够为 Teredo 客户端分配 Teredo 地址。

(3) Teredo 中继是指能够在 IPv4 网络的 Teredo 客户端之间以及与纯 IPv6 主机之间传送数据包的 IPv6/IPv4 路由器。在某些情况下，Teredo 中继和 Teredo 服务器协同工作，帮助在 Teredo 客户端之间以及与纯 IPv6 主机之间建立连接。Teredo 中继使用 UDP 3544 端口侦听 Teredo 通信。

Teredo 定义了一个特殊的地址，即 Teredo 地址，其地址格式如图 5.15 所示。

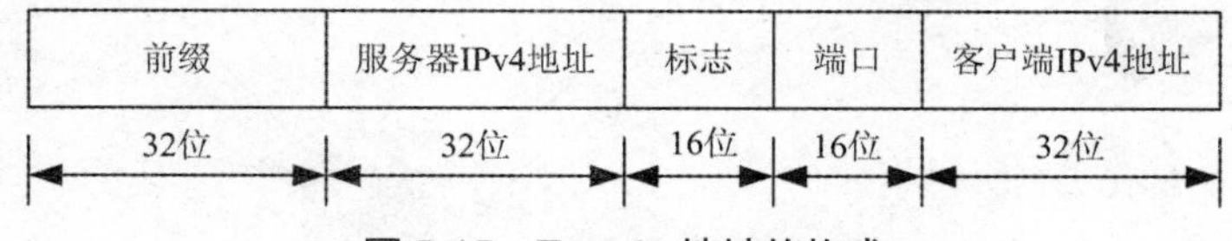

图 5.15　Teredo 地址的格式

在图 5.15 中，各字段的含义如下。

- 前缀(Prefix)：该字段是指 Teredo 地址前缀，所有的 Teredo 地址前缀都是相同的，在 RFC4380 中被分配的值为 2001::/32。
- 服务器 IPv4 地址(Server IPv4)：该字段是指 Teredo 服务器的 IPv4 地址，Teredo 服务器根据这些地址来帮助配置客户端的 Teredo 地址。
- 标志(Flags)：该字段在 Teredo 地址配置过程中获得，用于指明客户端中 NAT 设备的类型。

- 端口(Port)：该字段是指隐藏的外部端口，具体含义指与该 Teredo 客户端所有 Teredo 通信相对应的外部 UDP 端口的隐藏模式。当 Teredo 客户端向 Teredo 服务器发送初始数据包时，NAT 会将源数据包的 UDP 端口映射到一个不同的外部 UDP 端口。Teredo 客户保留了这个端口映射，以便使其留在 NAT 转换表中。因此，主机所有的 Teredo 通信均使用同一外部映射的 UDP 端口。UDP 外部端口是由 Teredo 服务器根据从 UDP 源端口导入的原始 Teredo 客户数据包决定并发回 Teredo 客户的。
- 客户端 IPv4 地址(ClientIPv4)：该字段是指隐藏的外部地址，具体含义是指与 Teredo 客户端所有 Teredo 通信相对应的外部 IPv4 地址的模糊形式。就像外部端口一样，当 Teredo 客户端向其服务器发送初始数据包后，数据包的源 IP 地址被 NAT 映射到一个不同的外部公用地址。Teredo 客户保留了这个地址映射以便使其留在 NAT 的转换表中。因此，主机上所有的 Teredo 通信均使用同一外部的映射公用 IPv4 地址。外部 IPv4 地址是由 Teredo 服务器根据 Teredo 客户发送的原始数据包的源 IPv4 地址决定的，并且发回给 Teredo 客户。

Teredo 地址的配置是在 Teredo 客户端和服务器之间进行信息交换中完成的。Teredo 客户端和服务器之间交换路由请求和路由通告信息，使客户端能够确定 64 位的地址前缀、有关 NAT 设备的类型、外部端口和外部地址的值。

在 RFC4380 中，列举了在许多不同情形下的 Teredo 的通信过程，它们涉及不同类型的 NAT 设备，不同的 Teredo 客户端，以及 IPv6 网络中的纯 IPv6 主机。图 5.16 显示了一个 Teredo 客户端和纯 IPv6 主机之间的通信过程。

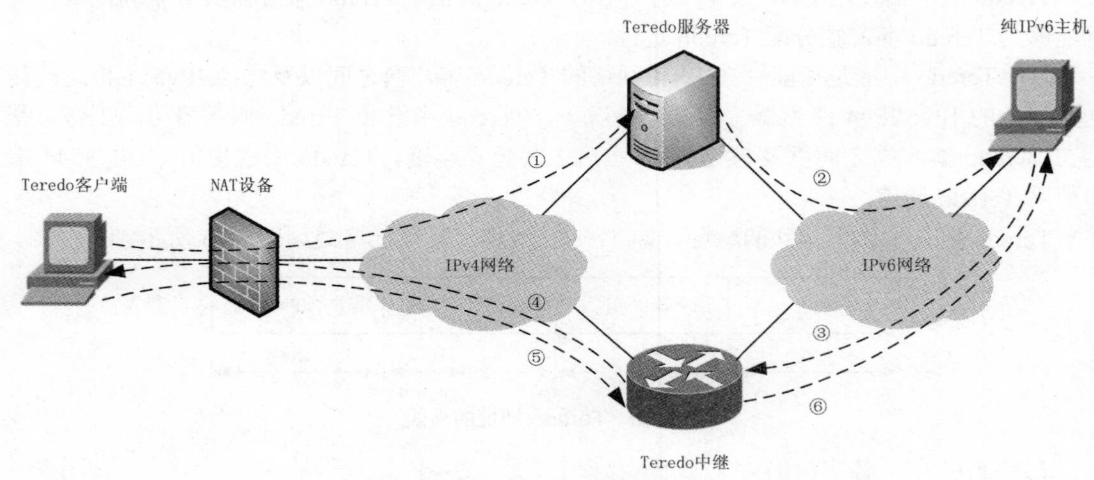

图 5.16　Teredo 的通信过程示意图

其通信的过程如下。

(1) Teredo 客户端向 Teredo 服务器发送一个 IPv6 回送请求报文。

(2) Teredo 服务器将此 IPv6 回送请求报文继续发给纯 IPv6 主机。

(3) 纯 IPv6 主机发送一个 IPv6 回送应答报文，报文中目的地址为 Teredo 客户端的地址，将此报文路由至最近的以 2000::/32 为前缀路由的 Teredo 中继。

(4) Teredo 中继通过隧道把回送应答报文发送到 Teredo 客户端，并从 Teredo 地址中提取其外部 IP 地址和外部端口。

(5) Teredo 客户端从回送应答报文的 IPv6 源地址和 UDP 端口号确认 Teredo 中继的 IPv4 地址最接近 IPv6 主机，然后将数据包发送至 Teredo 中继的 IPv4 地址和 UDP 端口上。

(6) 中继接收 IPv6 数据包，并转发给纯 IPv6 主机，以后所有往返于 Teredo 客户端和纯 IPv6 主机的数据包均采用经由 Teredo 中继的路径。

Teredo 技术能使 IPv6 数据包穿越 NAT 设备，实现 Teredo 主机与 IPv6 网络或节点的通信。但 Teredo 不能为用户分配固定不变的 IPv6 地址，也不支持对称类型的 NAT 用户。

7. 6rd 隧道技术

6rd 是 IPv6 Rapid Deployment 的缩写，意思为 IPv6 快速部署。该技术最早在 2010 年 1 月发布的 RFC 5569 文档中进行了定义和描述，同年 8 月又发布了 RFC5969，对 6rd 隧道的一些术语、授权前缀、配置和报文的封装等协议规范进行了更为详细的说明。

6rd 是基于 6to4 隧道技术的一种改进，网络服务提供商 ISP 通过快速部署 6rd 隧道技术，可以为有 IPv4 网络接入的用户提供 IPv6 单播服务。6rd 使用无状态地址映射方式，将 IPv6 报文封装至 IPv4 数据包中，这样数据包就可以在 IPv4 网络传输，这是 6rd 与 6to4 的共同点。与 6to4 不同的是，6to4 使用固定的 IPv6 前缀(2002::/16)，而 6rd 使用的是网络服务提供商 ISP 自己的 IPv6 前缀。

在 6rd 隧道技术中，引入了一些术语，下面对几个重要的术语加以解释。

- 6rd 前缀(6rd prefix)：由网络服务商为 6rd 域提供一个 IPv6 前缀。
- 6rd 客户边缘设备(Customer Edge (6rd CE))：面向用户接入，实际上可以认为是一个接入路由器或家庭网关。
- 6rd 边界中继设备(Border Relay (BR))：实际上就是一个边界中继路由器。
- 6rd 授权前缀(6rd Delegated Prefix)：实际上是由 6rd 前缀与全部或者部分 CE 的 IPv4 地址拼接而成，这个前缀从逻辑上来说类似于 DHCPv6 中指派的 IPv6 前缀。

一个 6rd 域(6rd domain)由多个 6rd 客户边缘设备(CE)和一个或多个 6rd 边界中继设备(BR)组成。图 5.17 显示了 6rd 隧道技术拓扑结构图。

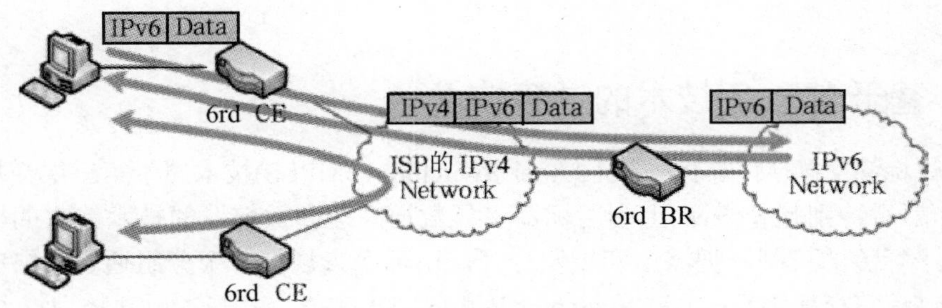

图 5-17　6rd 隧道技术拓扑结构图

在图中，6rd 客户边缘设备(CE)和 6rd 边界中继设备(BR)都是双栈设备，通过扩展的 DHCP 选项，6rd CE 的 WAN 接口得到运营商为其分配的 IPv6 前缀、IPv4 地址(公有或私有)以及 6rd BR 的 IPv4 地址等参数。CE 在 LAN 接口上通过将上述 6rd IPv6 前缀与 IPv4

地址拼接，构造出用户的 IPv6 前缀。当用户开始发起 IPv6 会话，IPv6 报文到达 CE 后，CE 用 IPv4 包头将其封装进隧道，被封装的 IPv6 报文通过 IPv4 包头进行路由，中间的设备对其中的 IPv6 报文不感知。BR 作为隧道对端，收到 IPv4 数据包后进行解封装，将解封装后的 IPv6 报文转发到全球 IPv6 网络中，从而实现终端用户对 IPv6 业务的访问。

客户端使用的 6rd 授权 IPv6 地址前缀是由 6rd 前缀与全部或者部分 CE 的 IPv4 地址拼接而成。由此可知，6rd 授权前缀是 CE 获得 IPv4 服务后为客户端生成的。6rd 授权 IPv6 地址前缀是通过连接 6rd 前缀与 CE 的 IPv4 地址中一组连续的位形成的。6rd 授权 IPv6 地址前缀的长度等于 6rd 前缀的长度(n)加上 CE 的 IPv4 地址的位数(o)，如图 5.18 所示。

n位	o位	m位	(128-n-m-o)位
6rd 前缀	IPv4地址	子网ID	接口ID
6rd授权前缀			

图 5.18　IPv6 授权前缀

对于一个给定的 6rd 域，BR 与 CE 必须有如下 4 项配置，这 4 项配置的值在同一个 6rd 域内必须是相同的。

(1) IPv4MaskLen。在给定的 6rd 域内，所有 CE 的 IPv4 地址的高位相同的位数。如果没有相同的位，则 IPv4MaskLen 为 0。如果有 8 位相同(例如使用的是 10.0.0.0/8 的私有地址)，IPv4MaskLen 就等于 8，且 IPv4 地址的高 8 位在组成 6rd 授权 IPv6 前缀时会被忽略。

(2) 6rdPrefix。给定 6rd 域内的 IPv6 前缀。

(3) 6rdPrefixLen。给定 6rd 域内的 IPv6 前缀的长度。

(4) 6rdBRIPv4Address。给定 6rd 域的 BR 的 IPv4 地址。

6rd 对运营商的核心网络影响极小，整个过程无状态。它为运营商在 IPv6 过渡初期引入 IPv6 服务提供了思路。这种方案中，需要同时为终端分配 IPv6 前缀和 IPv4 公有/私有地址，所以不能减少 IPv4 地址的消耗。由于 IPv6 地址前缀受 IPv4 地址影响，该方案也存在 IPv6 地址欺骗的缺点；同时，该方案也要求分配给 CE 的 IPv4 地址需要较长的租用期。

5.3.3　基于 MPLS 技术的过渡技术

多协议标签交换(Multi-Protocol Label Switching，MPLS)技术属于第三层交换技术，是一种在通信网(特别是骨干网)上利用标签引导数据高速高效转发的技术。它的核心思想是引入了基于标签的机制，把路由和转发分开，由标签来规定一个分组通过网络的路径，数据传输通过标签交换路径(Label Switched Path，LSP)完成，其基本原理是为每个 IP 数据包提供一个标签，MPLS 路由器在把数据包转送到其路径前，仅读取数据包标签，无须读取每个数据包的 IP 地址及标头，就能迅速地在网络上进行传送，大大减少了数据包的时延。

目前，多协议标签交换(MPLS)技术以其高效的转发性能、支持流量工程等特点，正在被广泛地使用在 IPv4 网络中，特别是融合 BGP 和 MPLS 技术的 BGP/MPLS VPN 技术已经成为了运营商在骨干网中为客户提供 VPN 服务的主要形式。

由于 MPLS 在 IPv4 上已经应用得比较成熟，因而利用现有的 IPv4 MPLS 骨干网向 IPv6 过渡也将是实现 IPv4 向 IPv6 过渡的一个重要途径，目前已有如下几种基于 IPv6 的 MPLS 的过渡技术。

1. CE-to-CE IPv4/IPv6 隧道

CE-to-CE IPv4/IPv6 隧道方式是指在 CE 路由器(Customer Edge router)上配置隧道，它要求将连接 IPv6 网络的 CE 路由器升级为双栈以支持 IPv6，CE 和 PE(Provider edge router interfaces with CE routers)之间运行 IPv4，CE 负责将 IPv6 数据包封装在 IPv4 中通过 MPLS 传送到对端的 CE 路由器，从而在 IPv6 网络之间建立了一条 IPv6 over IPv4 的隧道来进行 IPv6 网络之间的通信，其拓扑结构如图 5.19 所示。

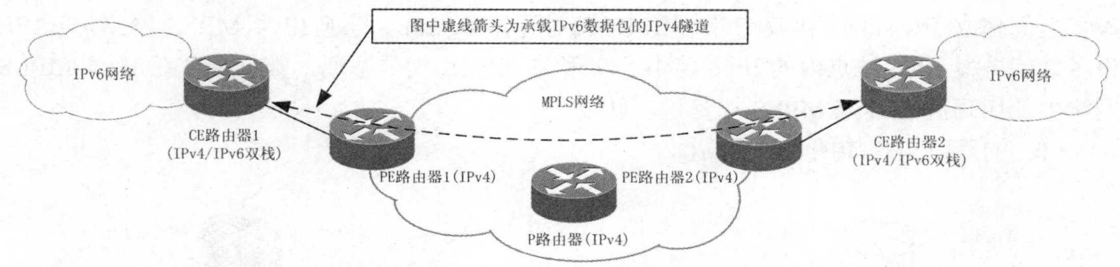

图 5.19　CE-to-CE IPv4/IPv6 隧道拓扑结构

这种在支持 IPv4/IPv6 双协议栈的 CE 路由器之间建立隧道，对整个 MPLS 网络而言，其承载的数据包都是 IPv4 的，因而不会影响到 MPLS 网络的运作，因此是 MPLS 过渡技术中最简单的方式，它不需要对核心网络的 P 路由器和连接客户端的 PE 路由器做任何改动。但其缺点也非常明显：这种隧道方式要求将 IPv6 数据包封装在 IPv4 数据包内进行传输，因而增大了网络开销。

另外，这种方式的隧道不能实现 IPv4 网络与 IPv6 网络的互通。因此，该方案只适合于在网络过渡初期两个孤立的 IPv6 小岛之间进行通信的场景。

2. 基于 MPLS 二层的 VPN 隧道

基于 MPLS 二层的 VPN 隧道是将 IPv6 数据包在 PE 路由器上通过 ATM、Ethernet 或者 Frame Relay 的接口进行转发，同时要对这些接口进行 Any Transport over MPLS(AToM)或者 Ethernet over MPLS 的相关配置。

此时，只有 CE 路由器需要升级为双栈以支持 IPv6，而 PE 路由器将 CE 路由器发送的 IPv6 数据包当成纯二层的数据帧(或信元)来传递，所以对于 MPLS 网络而言，其承载的是二层数据，不需要关心是 IPv4 还是 IPv6，其拓扑结构如图 5.20 所示。

本方案的优点是能进行全透明的 IPv6 通信且不影响 MPLS 网络的运作，但实际上，本方案把 IPv6 网络设置成为一个完全独立的网络，将 IPv4 和 Pv6 的数据包完全分开，不能实现 IPv4 网络和 IPv6 网络之间的互通。

3. 在 PE 路由器上采用 IPv6

在 PE 路由器上采用 IPv6，需要将 PE 路由器升级为支持 IPv4/IPv6 双栈功能，不需要

升级运营商的核心网络，该方案常被称为 6PE(Connecting IPv6 Islands over IPv4 MPLS Using IPv6 Provider Edge Routers)方案。这是一种从 IPv4 向 IPv6 过渡的常用技术，

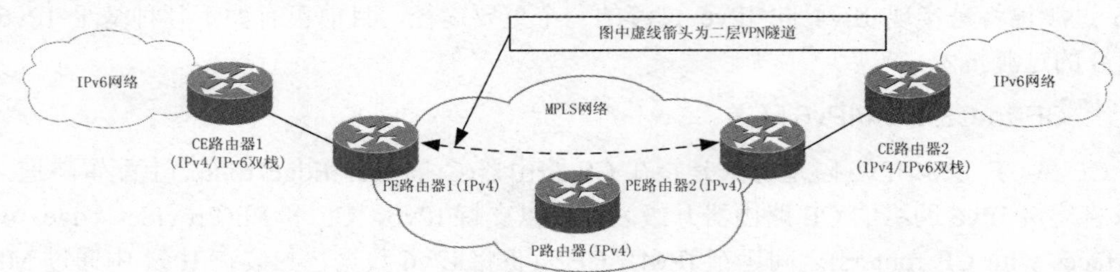

图 5.20　基于 MPLS 二层的 VPN 隧道拓扑结构

6PE 的隧道利用已有的 IPv4 MPLS 隧道，借用了 BGP/MPLS VPN 的技术原理，在 PE 设备之间建立 IPv4 的多协议 BGP(MP-BGP)对等体(Peers)，跨越 IPv4 MPLS 网络，在 PE 设备之间分发 IPv6 站点内的 IPv6 路由，实现 IPv6 孤岛间的互通，数据报文在 IPv4 MPLS 网络中使用顶层的 IPv4 MPLS 标签进行转发。

6PE 的网络拓扑如图 5.21 所示。

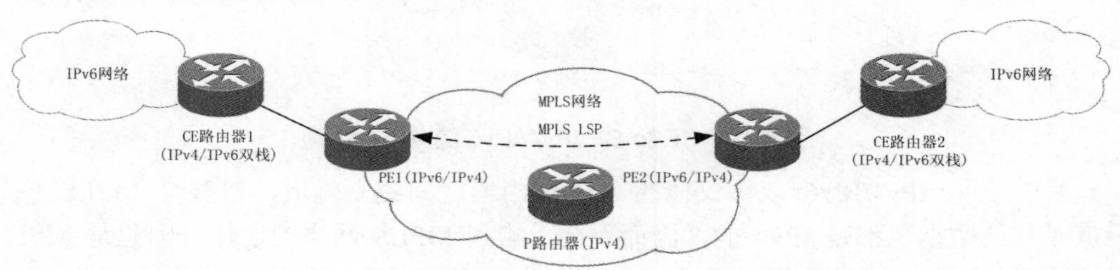

图 5.21　6PE 技术的网络拓扑

这种方案保留了当前的 IPv4 MPLS 功能，同时能够为企业用户提供本地 IPv6 服务。

5.3.4　Dual-Stack Lite 轻量级双栈过渡技术简介

随着 IPv4 地址的枯竭，IPv6 业务的增长，IPv4 业务会逐渐变成“孤岛”，IPv6 业务则成为主流，这些 IPv4 所构成的“孤岛”之间如何通过 IPv6 网络进行通信？另外，即使 IPv4 的地址枯竭，但 IPv4 各种各样的应用会在未来相当长的时间内存在，也许这个未来是不可预测的，如何让 IPv6 网络不仅可以提供 IPv4 和 IPv6 双栈业务，而且还可提供单栈 IPv6 业务呢？

针对这样的过渡场景，IETF 提出了 Dual-Stack Lite 过渡技术，称为轻量级双栈过渡技术，简称 DS-Lite。这里所说的“轻量级”，也被称为精简版或简化版，无论是称为轻量级，还是精简版或简化版，都是相对于前面所介绍的双栈技术而言。双栈技术要求通信的两端都具备双栈能力且必须同时开启双栈能力，随着 IPv4 地址的枯竭，这样的要求越来越难以实现，尤其是对于有网络接入要求的用户，不借助于其他过渡技术，根本无法实现双栈过渡技术。而 DS-Lite 轻量级双栈过渡技术不要求节点都具备双栈能力并且同时开启双栈功能，用户可以配置私有 IPv4 地址，或者是 IPv6 地址，也可以是任意组合，对用户接入的要求更简单、更灵活。

DS-Lite 标准在 RFC6333 文档中进行了定义和描述。在这个 RFC 标准中，引入了两个新设备的概念，分别是 B4 和 AFTR。B4，英文全称为 Base Bridging BroadBand Element，翻译为基本桥接宽带组件。因为该名称中有 4 个 B，所以简称为 B4，它具备双栈的能力，实际上可理解为是一个路由器型的网关，可以在用户终端(比如主机)或者 CPE(Customer Premises Equipment，用户侧设备)设备上实现，所以也常称为家庭网关或者用户终端。AFTR，英文全称为 Address Family Transition Router element，翻译为地址族转换路由器组件。DS-Lite 技术通过在 IPv6 核心网和用户接入之间部署 B4 和 AFTR 这两个设备，并采用 IPv4-in-IPv6 隧道和 NAT 这两个熟知的技术，实现 IPv4/IPv6 用户通过 IPv6 核心网来完成 IPv4/IPv6 业务的传输。图 5.22 是 DS-lite 技术原理示意图。

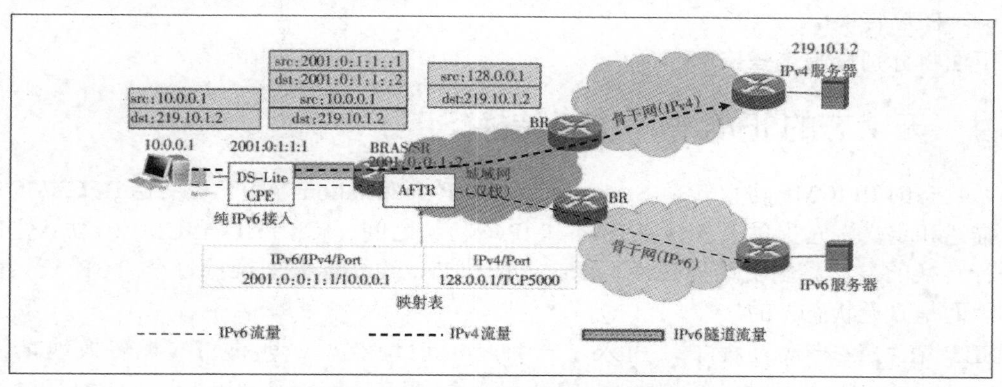

图 5.22　DS-lite 技术原理示意图

在图中，每个客户端的接入点配置一个 B4 家庭网关，B4 通过 IPv6 网络和 AFTR 连接，AFTR 和 IPv4 或 IPv6 网络相连接。B4 开启 DHCPv4 Server 功能，为用户终端分配私有 IPv4 地址，如 B4 为在用户终端实现的软终端，则固化私有 IPv4 地址；除此之外，运营商网络通过静态配置或 DHCPv6 等方式通告 AFTR 位置信息(如 IPv6 地址)；然后将客户的 IPv4 报文封装在 IPv6 报文中，并发起建立到 AFTR 的 IPv4 in IPv6 隧道。该隧道的两端是 B4 和 AFTR，属于双向、无状态隧道。AFTR 收到从 B4 传输过来的 IPv6 报文进行解封装，解封装的方式为将 IPv6 报文头剥离，露出 IPv4 报文。然后 AFTR 还必须进行 NAT 转换，具体是将解封装出来的私有 IPv4 地址映射成公网 IPv4 地址，完成私网到公网的 NAT 转换。通过这一个过程完成客户端到端的 IPv4 网络的业务传输。客户端可以是 IPv4 地址，也可以是 IPv6 地址，或者双栈地址。如果客户仅仅采用 IPv6 地址进行端到端的通信，那么通过传统的 IPv6 路由就可完成。

5.4　转换机制

隧道技术解决了在 IPv4 的海洋中 IPv6 和 IPv6 之间进行通信的问题。但是，由于 IPv6 过渡初期是一个非常长的时期，IPv4 和 IPv6 共存的情况将持续一个很长的时间，因此在网络中会同时存在纯 IPv6 节点和 IPv4 节点。如何解决纯 IPv6 和纯 IPv4 节点进行通信的问题？这将涉及纯 IPv6 节点如何访问 IPv4 节点以及纯 IPv4 节点如何访问纯 IPv6 节点的问题。针对这种现状，转换机制可以用来解决这一问题。

转换机制根据协议转换在网络中的位置，可以分为网络层协议转换、传输层协议转换和应用层协议转换等 3 类。

(1) 使用网络层协议转换的技术主要有：

- 无状态的 IP/ICMP 协议转换(SIIT)。
- 网络地址转换和协议转换(NAT-PT)。
- BIS 转换。

(2) 使用传输层协议转换的技术主要有：传输层中继(TRT)。

(3) 使用应用层协议转换的技术主要有：

- SOCKS64 转换。
- BIA 转换。

下面将分别介绍这些技术。

5.4.1 无状态的 IP/ICMP 协议转换(SIIT)

无状态的 IP/ICMP 协议转换(Stateless IP/ICMP Translation，SIIT)在文档 RFC2765 中进行了描述和定义，它提供了一种在 IPv4 和 IPv6 协议之间、ICMPv4 与 ICMPv6 协议之间相互进行转换的方法。由于这种转换不记录流的状态，也不需要去维持每个 TCP 连接的状态，因而是“无状态”的。

SIIT 在协议转换过程中，引入了一种新的地址类型，叫做 IPv4 转换地址(IPv4 Translated Address)，其地址结构为 0::ffff:0:a.b.c.d，其中 a.b.c.d 是 IPv4 节点认为 IPv6 节点在 IPv4 网络中的地址。在 SIIT 协议转换过程中，IPv6 节点需要配置成格式为 0::ffff:0:a.b.c.d 的 IPv4 转换地址，也就是将这种地址分配给一个 IPv6 节点，其网络前缀是 0::ffff:0:0:0/96。纯 IPv6 节点使用该转换地址与纯 IPv4 节点进行通信。SIIT 算法假定有一个 IPv4 地址池，用于产生 IPv4 转换地址。

当纯 IPv6 节点通过 SIIT 转换器与纯 IPv4 节点通信时，它发出的数据报的目的地址用一个映射 IPv4 的 IPv6 地址(格式为 0::ffff:a.b.c.d)来表示纯 IPv4 节点，源地址为一个 IPv4 转换地址。当 SIIT 收到这个数据报时，通过 IPv4 映射的 IPv6 地址就知道这个 IP 数据包需要进行协议转换。当 IPv4 节点发送数据报时，这些数据报需要 SIIT 将其转换成用 IPv4 转换地址作为目的地址的数据报。SIIT 技术的原理如图 5.23 所示。

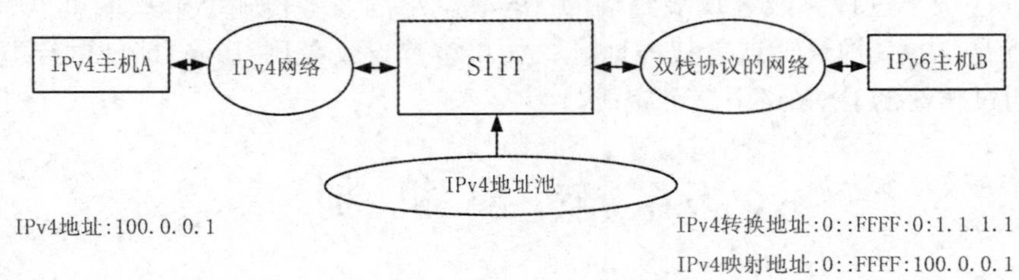

图 5.23 SIIT 技术的原理

在图 5.23 中，IPv4 主机 A 的 IPv4 地址为 100.0.0.1，IPv6 主机 B 的地址是 0::ffff:0:1.1.1.1 的 IPv4 转换地址，并且 1.1.1.1 是全局 IPv4 地址。

假设主机 A 要访问主机 B，则主机 A 发出的访问主机 B 的数据报到达 SIIT 协议转换

器时，数据报的目的地址是主机 B 的低 32 位，即 1.1.1.1，SIIT 判断出此地址属于其管理的纯 IPv6 节点的 IPv4 地址空间(假设为 1.1.1.1～1.1.1.254)，就进行 IPv4 到 IPv6 的协议报头转换，把源地址转换成 IPv4 的映射地址，目的地址转换为 IPv4 的转换地址 0::ffff:0:1.1.1.1，再把此报文传给主机 B。即：

源地址 100.0.0.1→::ffff:100.0.0.1，目的地址 1.1.1.1→::ffff:0:1.1.1.1。

如果主机 B 要访问主机 A，那么当 B 发出的访问 A 的数据报到达 SIIT 协议转换器时，数据报的源地址是主机 B 的转换地址 0::ffff:0:1.1.1.1，目的地址是主机 A 的映射地址 0::ffff:100.0.0.1，若 SIIT 判断出目的地址是 IPv4 的映射地址，就进行 IPv6 到 IPv4 的协议报头的转换，转换的结果为：

源地址 0::ffff:0:1.1.1.1→1.1.1.1，目的地址 0::ffff:100.0.0.1→100.0.0.1。

在上面介绍的 IPv4 和 IPv6 进行相互通信的过程中，涉及 IPv4 到 IPv6 的协议、ICMPv4 与 ICMPv6 协议等的相互转换。在 SIIT 协议转换中，定义了它们之间的转换算法。这些算法包括如下两个方面。

(1) IPv4 到 IPv6 的协议的转换，它包括 IPv4 报头到 IPv6 报头的转换，IPv4 的 UDP 的转换，ICMPv4 报头到 ICMPv6 报头的转换，ICMPv4 错误信息到 ICMPv6 的转换。一个 SIIT 协议转换器知道其用来标识 IPv6 节点的可分配的 IPv4 地址池，因此，当一个 IPv4 数据包到达 SIIT 协议转换器后，如果 SIIT 发现其目的地址对应 IPv4 地址池中的某个地址时，那么就必须对这个 IP 数据报进行 IPv4 到 IPv6 的协议转换。IPv4 转换 IPv6 的各种具体算法可参见 RFC2765。

(2) IPv6 到 IPv4 的转换，它包括 IPv6 报头到 IPv4 报头的转换，ICMPv6 报头到 ICMPv4 报头的转换，ICMPv6 错误信息到 ICMPv4 的转换。当 SIIT 协议转换器接收到的 IPv6 数据报的目的地址是一个 IPv4 映射地址时，就要对该数据报进行 IPv6 到 IPv4 的协议转换。IPv6 转换成 IPv4 的具体算法在 RFC2765 中有详细的定义和描述。

SIIT 实现地址和协议转换时，需要有一个全局的 IPv4 地址池给与 IPv4 节点通信的 IPv6 节点分配 IPv4 地址，但由于 IPv4 地址即将耗尽，SIIT 又无法进行地址复用，所以地址池的空间限制了 IPv6 节点的数量；同时，当 SIIT 的 IPv4 地址池中的地址分配完后，新的 IPv6 节点如果需要同 IPv4 节点通信，就会因为没有足够的 IPv4 地址空间导致 SIIT 无法进行协议转换，造成通信中断。因此，SIIT 地址和协议转换技术有其很大的局限性。正因为如此，SIIT 常常和其他机制(如 NAT-PT)结合来实现纯 IPv6 和纯 IPv4 节点之间的通信。

5.4.2 网络地址转换与协议转换(NAT-PT)

网络地址转换与协议转换(Network Address Translation-Protocol Translation，NAT-PT)在 RFC2766 文档中进行了描述和定义，是一种将 SIIT 协议转换和 IPv4 网络中地址翻译(NAT)结合起来的技术。它利用了 SIIT 技术的工作机制，同时又采用了传统的 IPv4 网络下的 NAT 技术，也就是指在 IPv4 与 IPv6 之间进行地址转换(NAT)的同时，还必须在 IPv4 数据报和 IPv6 数据报之间进行协议(报头和语义)的翻译(PT)，动态地给访问 IPv4 节点的 IPv6 节点分配 IPv4 地址，很好地解决了 SIIT 技术中全局 IPv4 地址池规模有限或耗尽

的问题。

图 5.24 显示了 NAT-PT 基本的工作原理。

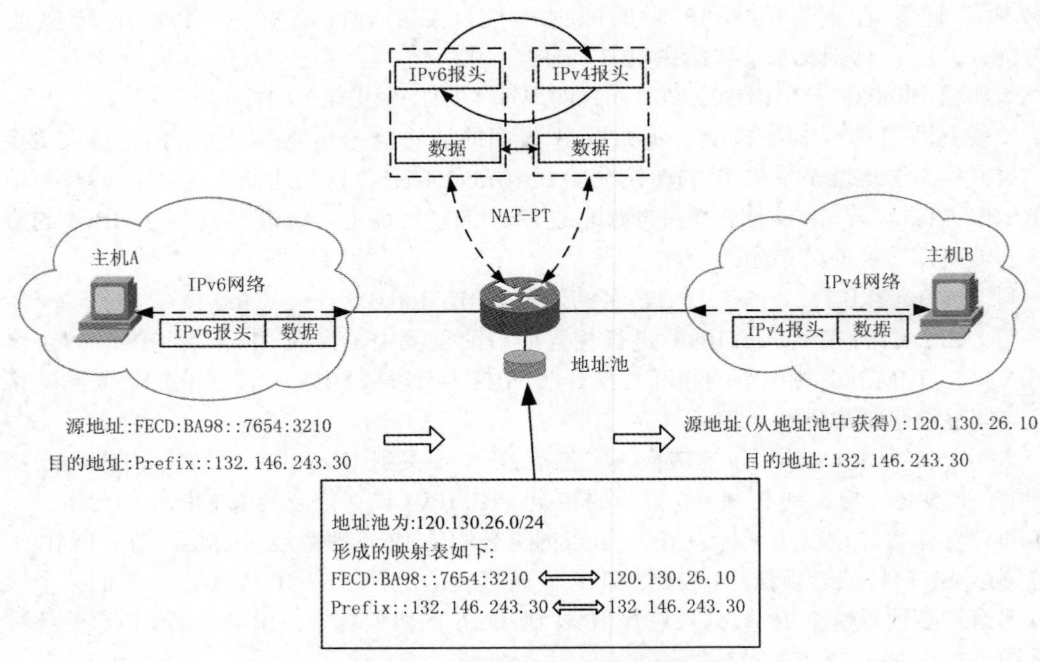

图 5.24 NAT-PT 基本的工作原理

NAT-PT 处于 IPv4 和 IPv6 网络的交界处，当主机 A 要和主机 B 进行通信时，它将向主机 B 发送 IPv6 数据包，其源地址为 FECD:BA98::7654:3210，目的地址为 Prefix::132.146.243.30，前缀 Prefix 由管理员指定。数据包被路由到 NAT-PT，再被转换成 IPv4 的数据包，在转换的过程中，NAT-PT 会从地址池中找一个 IPv4 的地址来作为 IPv6 数据包中源地址 FECD:BA98::7654:3210 的映射，以维持所建立起来的会话。现假如这个 IPv4 的地址为 120.130.26.10，这样，IPv6 数据包经过 NAT-PT 转换变为 IPv4 数据包，其源地址为 120.130.26.10，目的地址直接去掉前缀变为 132.146.243.30，然后再被路由到主机 B。在此转换的过程中，NAT-PT 会将 IPv6 地址与 IPv4 地址的映射关系保存到映射表中。

当主机 B 对上面的请求进行应答时，其返回应答的数据包的源地址和目的地址分别为 132.146.243.30 和 120.130.26.10。该数据包被转发到 NAT-PT 时，由于 NAT-PT 保存了 IPv6 地址与 IPv4 地址的映射关系，因而会根据这一映射关系将 IPv4 数据包转换成 IPv6 数据包，数据包的源地址和目的地址分别为 Prefix::132.146.243.30 和 FECD:BA98::7654:3210。

通过以上过程，就完成了从 IPv6 网络中 IPv6 主机 A 发起的与 IPv4 网络中的 IPv4 主机 B 的通信。

在对 NAT-PT 工作原理的分析过程中可以发现，为了实现 IPv6 地址到 IPv4 地址的转换，NAT-PT 必须要维护一个 IPv6 和 IPv4 地址之间的映射关系。

这种映射关系的形成可以采用静态地址映射、动态地址映射和地址/端口映射这 3 种形式。

(1) 静态地址映射是指 NAT-PT 中拥有一组 IPv4 地址池，它们与一组 IPv6 地址构成

一一对应的映射关系，这样就形成了一个地址映射表。当需要转换的 IP 数据报到达网关时，就可以直接通过查找地址映射表来完成地址和报文的转换。比如在图 5.24 中，IPv6 地址 FECD:BA98::7654:3210 到 IPv4 地址 120.130.26.10 的映射就属于静态地址映射。静态地址映射必须为每个 IPv6 地址映射一个 IPv4 地址，这样就会消耗过多的 IPv4 地址。因此，这种静态地址映射的原理尽管简单易懂，但是需要大量的全局 IPv4 地址，同时如果静态映射表中的映射表项过于庞大，那么表项查询也会存在效率低下的问题。因此，这种静态的映射方式在 IPv4 全局地址十分匮乏的情况下，并不是十分适用。

(2) 动态地址映射方式比静态地址映射灵活，可以避免 IPv4 地址不足的问题，这种方法不用为每个 IPv6 地址指定一个 IPv4 地址，而是分配给 NAT-PT 一个 IPv4 地址池，里面储存着一定数量的 IPv4 全局地址。当有 IPv6 需要通过 NAT-PT 与 IPv4 通信时，NAT-PT 动态地从地址池中选择一个 IPv4 地址，映射到发起会话的 IPv6 地址，动态地建立两者之间的对应关系；在通信结束后，将 IPv4 重新放回到地址池中去，等待下一次转换使用。在这个过程中，NAT-PT 会记录这一地址映射。

(3) 由于 IPv4 地址越来越匮乏，如果发起通信的 IPv6 主机越来越多，NAT-PT 就存在 IPv4 地址用完的可能，在这种情况下，可以将 NAT-PT 和端口信息相结合，也就是采用地址/端口映射 NAPT-PT，它通过采用传输层的标识即 IP 与不同的端口对应单一 IPv6 地址的方法，这样使用少量的 IPv4 地址就可以完成地址转换的目的。

上面所介绍的 NAT-PT 只能满足 IPv6 网络访问 IPv4 网络的要求，也就是说这种会话是单向的，只能由 IPv6 发起与 IPv4 网络的通信，反之则不能，而且 IPv6 主机访问 IPv4 主机只能使用 IP 地址，不能使用域名直接访问，不能真正实现 IPv6 网络与 IPv4 网络的双向互通。要实现利用域名访问以及 IPv6 网络与 IPv4 网络的双向互通，必须为 NAT-PT 提供 DNS-ALG。

DNS 就是常说的域名解析，而 ALG 的全称为 Application Layer Gateway，即应用层网关，它是一种允许纯 IPv4 节点和纯 IPv6 节点之间通信的特殊的应用代理。由于一些应用级的通信在报文的数据载荷中携带了 IP 地址，而 NAT-PT 本身对在载荷中携带了 IP 地址的应用无能为力，也不会去检测载荷的内容，所以将 ALG 与 NAT-PT 结合起来使用，才能对应用层的多种通信提供有效的支持。其常用的应用层网关有 DNS-ALG、FTP-ALG 等。

图 5.25 说明 DNS-ALG 在 NAT-PT 环境中所扮演的角色，以及什么时候需要用到 DNS-ALG。

在图 5.25 中，NAT-PT 使用 DNS-ALG 建立 IPv6 到 IPv4 的连接，其过程如下。

(1) IPv6 主机要与 IPv4 主机建立连接，但是不知道该 IPv4 主机的 IPv6 地址，于是发出 DNS 请求(Request)询问 ipv4.cs.nthu.edu.tw 的 IPv6 地址，DNS 请求(Request)转给 IPv6 DNS，但在 IPv6 的 DNS 服务器中找不到 IPv4 主机的 A 记录(Record)。

(2) 于是 IPv6 的 DNS 服务器将此 Request 转发出去，被 DNS-ALG 拦截。

(3) DNS-ALG 将 Request 中的 AAAA 改为 A(IPv6 的资源记录是 AAAA 或 A6 而 IPv4 的是 A，关于资源记录的知识请参见后文)，向 IPv4 网络发送。

(4) IPv4 的 DNS 服务器接收到此 Request，回复 IPv4 节点的地址为 140.114.78.58。

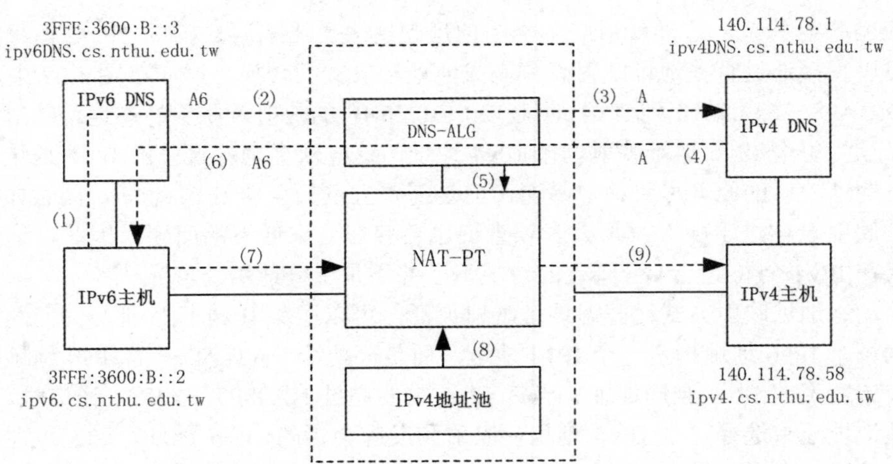

图 5.25　使用 DNS-ALG 建立 IPv6 到 IPv4 的连接

(5) DNS-ALG 接收到地址信息后，向 NAT-PT 要 prefix，把它加上后变成 IPv6 地址，即 prefix::140.114.78.58。

(6) DNS-ALG 将 A 改为 AAAA 之后继续把 DNS 回应送回给 IPv6 的 DNS 服务器，然后由此服务器再转给 IPv6 主机。

(7) IPv6 主机现在知道 IPv4 主机的 IPv6 地址为 Prefix::140.114.78.58，所以发送源地址和目的地址分别为 3FFE:3600:B::2 和 prefix::140.114.78.58 的数据包。

(8) 途中经过 NAT-PT，NAT-PT 看到这是一个建立新连接的数据包，于是从 IPv4 址址池中找一个没有用掉的地址给 IPv6 主机，假设是 203.69.0.1，并且建立地址映射。

(9) NAT-PT 通过 SIIT 算法将 IPv6 数据包转换成 IPv4 数据包，数据包的源地址和目的地址分别是 203.69.0.1 和 140.114.78.58。

NAT-PT 通过上面的过程就实现了 IPv6 到 IPv4 的连接和通信，反之亦然。

NAT-PT 简单易行，不需要 IPv4 或 IPv6 节点进行任何更换或升级，它唯一需要做的是在网络交界处安装 NAT-PT 设备，有效地解决 IPv4 节点与 IPv6 节点互通的问题。

但该技术在应用上有些限制。

- 首先，NAT 会使时延增大。因为要转换每个数据报报头中的 IP 地址，自然就会增加转发时延；而且在拓扑结构上要求一次会话中所有报文的转换都在同一个路由器上，因此 NAT-PT 方法较适用于只有一个路由器出口的网络。
- 其次，使用和实施 NAT-PT 很不利的一点是无法实现对 IP 端到端的路径跟踪。在经过了使用 NAT 地址转换的多跳之后，对数据报的路径跟踪将变得十分困难。
- 另外，NAT 也可能会使某些要使用内嵌 IP 地址的应用不能正常工作，因为它隐藏了端到端的 IP 地址。某些直接使用 IP 地址而不能通过合法域名进行寻址的应用可能也无法与外部网络资源通信，并且协议转换方法也缺乏端到端的安全性。

该机制适用于过渡的初始阶段，这种技术允许不支持 IPv6 应用程序透明地访问纯 IPv6 节点。

5.4.3　BIS 转换机制

BIS(Bump in the Stack)转换机制在 RFC2767 文档中进行了描述和定义，其基本的原理是通过在 IPv4 协议栈中添加 3 个特殊的扩展模块——域名解析模块、地址映射模块和报头转换模块，来分别扩展原有的域名解析功能，使其支持 IPv6 地址查询，实现 IPv4 地址与 IPv6 地址之间的映射，以及 IPv4 报文与 IPv6 报文之间的转换。图 5.26 显示了 BIS 转换机制的系统结构图。

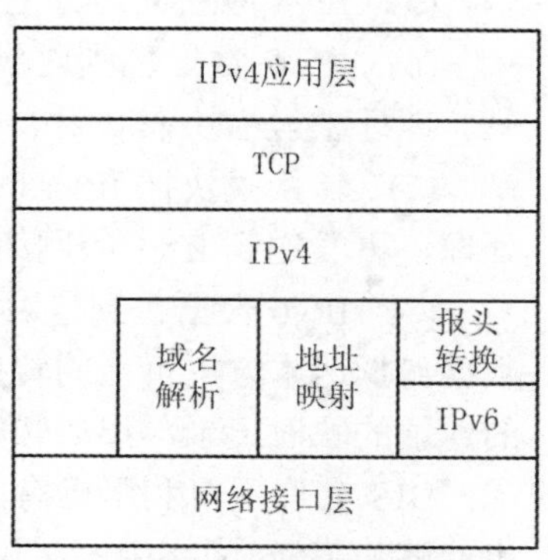

图 5.26　BIS 的系统结构

对图 5.26 中 BIS 系统结构的 3 个扩展模块的作用描述如下。

1. 域名解析模块

域名解析用于对来自 IPv4 应用的请求返回一个响应。上层应用会向 DNS 服务器发出一个解析目标主机名的 A 记录的查询请求。域名解析收到这种查询请求后，按所查询的目标主机名生成另外的包含 A 和 AAAA 两种资源记录的查询请求，并发向 DNS 服务器。如果 DNS 服务器返回 A 记录，域名解析就把该记录原封不动地返回给应用；如果只能解析出 AAAA 记录，域名解析就会要求地址转换模块给这个 IPv6 地址分配一个 IPv4 地址，然后把这个 IPv4 地址作为 A 记录返回给应用。

2. 地址映射模块

地址映射模块负责管理一个 IPv4 地址池，并且维护一张包含有 IPv4 和 IPv6 地址对的映射表。当域名解析和地址映射需要为一个 IPv6 地址分配一个 IPv4 地址时，地址映射模块从其管理的地址池中选出一个 IPv4 地址，并在映射表中动态地记录下地址之间的映射关系。

3. 报头转换模块

报头转换模块的作用是进行 IPv4 和 IPv6 之间的转换。当转换模块收到来自 IPv4 应用的数据包时，将 IPv4 报头转换为 IPv6 报头，然后对转换后的数据包进行适当的处理，再发送到 IPv6 网络中。当从 IPv6 网络中接收到 IPv6 的数据包时，报头转换模块做相反的转换。

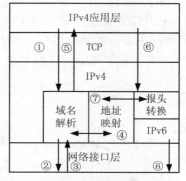

图 5.27　BIS 的通信过程

图 5.27 显示了 BIS 的通信过程，其具体过程如下。

(1)　双栈主机的应用向域名解析模块发出一个查询对方主机 A 记录的请求。

(2)　域名解析模块捕获到这个请求，并生成另一个查询主机 A 和 AAAA 两种资源记录的请求，发给域名解析模块。在本次通信中，只解析得到 AAAA 记录，于是域名解析模块要求地址映射模块给解析得到的 IPv6 地址分配一个 IPv4 地址。

(3)　地址映射模块从地址池中选择一个 IPv4 地址，并返回给域名解析模块。

(4)　域名解析模块为分配的 IPv4 地址产生 A 型记录，并返回给应用。

(5) IPv4 应用向对方主机发送 IPv4 数据包。

(6) IPv4 数据包到达报头转换模块，转换模块请求地址映射模块为其提供地址映射记录，地址映射模块在映射表中搜索，返回相应的 IPv6 源地址和目的地址给转换模块。

(7) 转换模块把 IPv4 的数据包翻译成 IPv6 的数据包，并根据需要对 IPv6 数据包进行处理，再发送到 IPv6 的网络上。

(8) IPv6 数据包到达对方主机后，对方主机回应，发送一个 IPv6 数据包回来。此 IPv6 数据包抵达本方主机上的转换模块，转换模块从地址映射模块中得到前面 IPv6 源地址和目的地址的映射记录，然后转换模块把 IPv6 的数据包翻译成 IPv4 数据包，上交给应用。

BIS 允许主机利用已有的 IPv4 应用与 IPv6 主机进行通信，即使主机没有 IPv6 应用，也能够与 IPv6 网络中的主机保持连通。由于 IPv4 报文与 IPv6 报文结构不同，翻译器不能把 IPv4 的参数都转换成 IPv6 相应的参数，并且 BIS 在进行 IP 地址转换的时候很难完整地转换应用时包含的参数(如 FTP)，所以造成一些应用无法使用；而且由于数据中含有 IP 地址，所以网络层之上的安全策略不能在采用这种机制的主机上使用。

5.4.4 传输层中继(TRT)技术

传输层中继(Transport Relay Translator，TRT)技术在 RFC3142 文档中进行了描述和定义，一个传输中继转换器位于纯 IPv6 主机与纯 IPv4 主机之间，通过这个传输中继转换器，来实现在传输层上的 IPv6 的 TCP 或 UDP 与 IPv4 的 TCP 或 UDP 数据的相互转换。

传输层中继 TRT 中，IPv6 与 IPv4 之间的通信借助了一个特殊地址，该特殊地址是由一个 64 位前缀和后面接一个目的节点的 IPv4 地址构成的，其中，64 位前缀是 TRT 转换机制保留的一个 IPv6 前缀 C6::/64，它属于站点的全球单播地址空间中的一部分。

图 5.28 显示了传输层中继 TRT 的工作原理。假如由 IPv6 主机发起通信，那么它将与 TRT 系统建立连接，在配置路由信息时，必须使包含 C6::/64 的前缀分组能转发到 TRT 系统，TRT 系统从这个特殊类型的地址中提取 IPv4 地址信息，然后 TRT 再建立一个到最终的 IPv4 目的地的连接，并在这两个连接之间转发数据，这样通过跨越两个不同的 TCP 连接就实现了不同协议栈主机之间的通信。类似地，通信发起方也可以是 IPv4 主机。

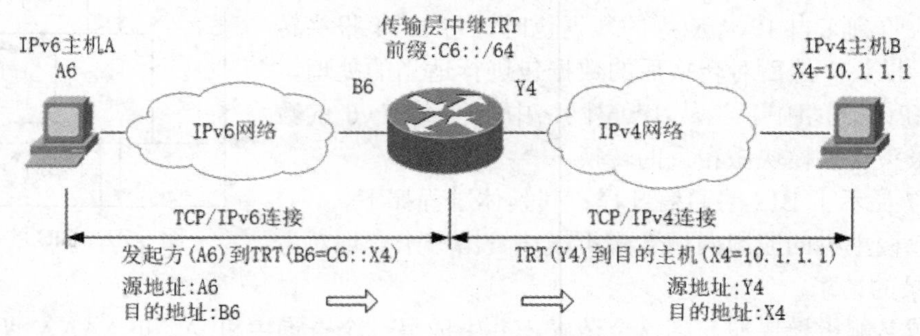

图 5.28 TRT 工作原理示意图

下面以图 5.28 为例，较为详细地分析 TCP 的转换过程。假定源主机是 IPv6 主机 A，其 IPv6 地址为 A6，目的主机是 IPv4 主机 B，其 IPv4 地址为 X4。当发起方源主机 A 希望与目的主机 B 通信时，首先发送一个 TCP/IPv6 的连接请求，目的地址为 C6::X4。包含前

缀(C6::/64)的数据包被路由转发到 TRT 系统，并且被它们捕获，这个 TRT 系统接受了位于 A6 和 C6:: X4 之间的 TCP/IPv6 连接，即与 A6 建立通信关系。

这个 TRT 系统根据目的地址的低 32 位而得到一个真实的 IPv4 目标地址(IPv4 地址是 X4)，并建立了一条从 Y4 到 X4 的 TCP/IPv4 连接，然后在这个 TCP 连接之间转发数据流。这样，TRT 系统为一个 TCP 会话建立并维护两条 TCP 连接，一条是 TCP/IPv6，另一条是 TCP/IPv4，从而实现了不同协议栈主机之间的通信。UDP 的转换过程与 TCP 的类似。

TRT 机制的优点是能在不需要修改 IPv6 主机和纯 IPv4 主机的情况下工作，另外，由于 TRT 工作在传输层，所以不需要考虑 PMTU 和数据包分段的问题。

TRT 只支持双向的通信业务的传送，不支持单向的组播数据的数据包的转换；另外，TRT 由于需要在通信对等体之间维护两个 Socket 连接，因此，TRT 系统的处理能力将受到影响。

5.4.5　SOCKS64 转换机制

SOCKS 名为套接字安全性，其英文全称为 Socket Security，它是一种网络代理协议，该协议所描述的是一种内部主机(使用私有 IP 地址)通过 SOCKS 服务器访问 Internet 的方法。目前的 SOCKS 协议版本是第 5 版(SOCKSv5)，在 RFC1928 文档中进行了描述和定义。

SOCKS64 实际上是一种基于 IPv6/IPv4 网关机制的 SOCKS(A SOCKS-based IPv6/IPv4 Gateway Mechanism)的简称，在 RFC3089 文档中进行了描述和定义，它是以 SOCKSv5 协议为基础，通过对 SOCKS 协议的扩展，并将其应用到 IPv6/IPv4 网关技术下来实现 IPv4 和 IPv6 两种不同协议之间的通信。

SOCKS64 转换机制的实现需要一个 SOCKS64 的网关和一个 SOCKS64 的客户端进行协同工作，其基本的工作原理如图 5.29 所示。

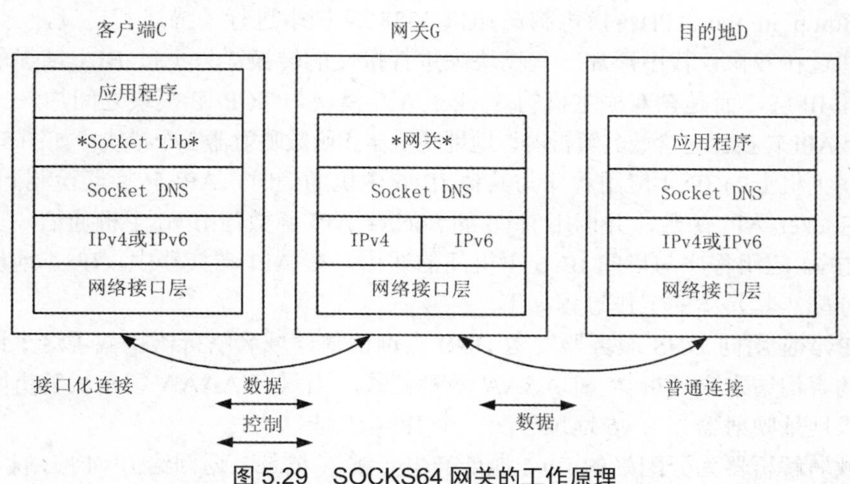

图 5.29　SOCKS64 网关的工作原理

图 5.29 中，SOCKS64 网关和 SOCKS64 客户端分别为网关 G 和客户端 C。网关 G 是一个具有 IPv4/IPv6 双协议栈的主机，它可以同时与所有的 IPv4 和 IPv6 主机进行通信。客

户端 C 只与网关 G 进行直接通信，与 IPv4 或 IPv6 目的主机之间的通信实际上由网关 G 来完成。由于 SOCKS 网关含有 IPv4/IPv6 两个不同的协议栈，因而无论客户端是 IPv4 主机还是 IPv6 主机，都可以与其他任何类型的目的地主机进行通信。

SOCKS64 转换机制对 SOCKSv5 协议进行了一些扩展，增加了两个新的功能模块——套接字库函数 Socks Lib 和网关 Gateway，在图 5.29 中已用“*”号进行了标注。

套接字库函数(Socks Lib)是在客户端引入的，被安置在客户端 C 的应用层和原来的传输层之间，用来替代原来的 Socket API 和 DNS 域名解析 API。对于安装过这个 Lib 库的机器，它的应用程序直接调用的是被替换后的 Socks Lib。一般来说，客户端的 Socks Lib 与一般的 Socket5 的客户软件完全相同，并不需要做任何修改，因此对于本来就使用 Socket5 协议的客户端用户，它们可以直接访问几乎所有的 IPv6 站点。

网关的功能模块被安装在一个 IPv4/IPv6 双协议栈主机上，如图 5.29 中的网关 G。它增强了一般的 IPv4 Socks Server 的功能，允许任意协议的客户端 IPv4 或 IPv6 和任意协议的目的地端 IPv4 或 IPv6 进行通信。当客户端的 Socks Lib 开始一个代理通信时，一个相应的网关处理程序就生成一个子进程来单独处理这次通信。

有了这两个模块以后，Socks Lib 就可以用普通的 Socket 协议来进行通信，在客户端和网关之间的特殊连接称为 Socksified Connection(插口化连接)，它不光传输数据而且可以传输控制命令。而网关和目的地之间的连接则和普通的连接没有什么区别，仅仅传输数据。

SOCKS64 这种机制不需要修改 DNS 或者地址映射，但由于所有操作都靠 SOCKS64 双栈代理服务器来转发完成，因而 SOCKS64 代理服务器相当于高层软件网关，实现代价很大，并需要在客户端支持 SOCKS 代理的软件，对用户来讲是不透明的，只能作为临时过渡技术。

5.4.6 BIA 转换机制

BIA(Bump in the API)转换机制在 RFC3338 文档中进行了描述和定义，它与 BIS 类似，都是通过在双协议栈中添加一些模块来进行报文的转换，只不过 BIA 增加的模块不是在协议栈即 IP 层，而是在双栈主机的 Socket API 模块与 TCP/IP 模块之间加入一个 API 转换器，这个 API 转换器包含域名解析器、地址映射器和函数映射器 3 个模块，如图 5.30 所示。

当双栈主机上的 IPv4 应用程序与其他 IPv6 主机通信时，API 转换器检测到 IPv4 应用程序中的 Socket API 函数，并调用 IPv6 的 Socket API 函数与 IPv6 主机通信，反之亦然。为了支持 IPv4 应用程序与目的 IPv6 主机间的通信，在 API 转换器中，IPv4 地址由域名解析器进行分配。其具体的工作过程如下。

(1) IPv4 应用向 DNS 服务器发送 DNS 查询请求，域名解析器拦截了这个请求，并产生一个新的查询请求来解析 A 和 AAAA 两种记录。当只有 AAAA 记录被解析时，域名解析器会要求地址映射器为 IPv6 地址分配一个 IPv4 地址。

(2) 域名解析器为分配好的 IPv4 地址产生一条 A 记录，返回给 IPv4 应用程序。

(3) 为使 IPv4 应用程序能够向对方发送 IPv4 数据包，调用 IPv4 的 Socket API 函数。

(4) 函数映射器检测到来自于 IPv4 应用的 Socket API 函数，向地址映射器请求一个

IPv6 地址，地址映射器从表中查找到相应的 IPv6 地址，函数映射器使用这个地址调用相应的 IPv6 Socket API 函数，然后通过 IPv6 协议栈将数据发到对端的 IPv6 主机。

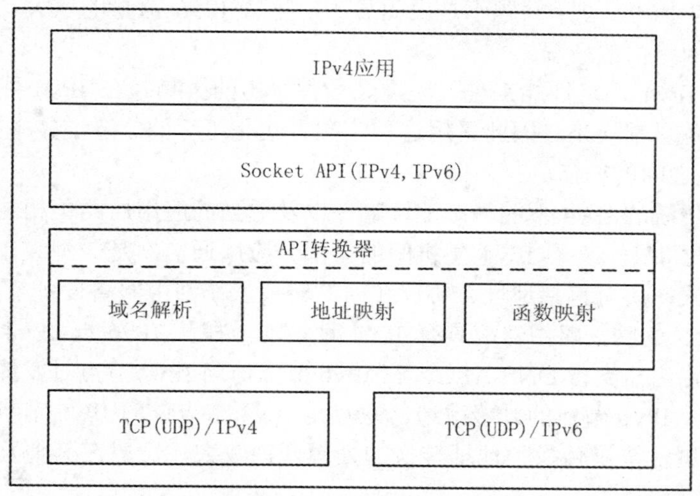

图 5.30　BIA 模块的组成

BIA 的机制与 BIS 一样，它使 IPv4 应用程序无须任何修改即可与 IPv6 主机通信，然而，BIS 适用于无 IPv6 协议栈的系统，而 BIA 适用于那些有 IPv6 协议栈的系统。BIA 只对单播有效，若要用于组播，则需要在函数映射模块中加入相应功能。由于 BIA 机制在 Socket API 层对 API 进行转换，所以当主机用 BIA 机制与那些使用 IPv4 应用程序的 IPv6 主机通信时，主机可以利用网络层的安全策略(如 IPSec)。

5.5　几种过渡技术的分析

前面讨论了双栈技术、隧道技术和转换机制这几种常用的过渡技术，它们各有自己的优点和不足，在具体使用时，需根据特定的网络环境加以选择。同时，这些过渡技术的使用并不是孤立的，它们可以相互配合使用。

由于目前的操作系统和一些网络设备都正在逐步支持双栈协议，因此双栈技术作为 IPv4/IPv6 共存过渡时期最主要的技术之一，运用非常广泛。

采用双栈技术，需要为网络上的每个节点(包括主机或路由器)分配一个 IPv4 和一个 IPv6 地址。其优点是不需要购置专门的 IPv6 路由器和铺设专门的链路，节省了硬件投资。其不足是节点或路由器等网络设备必须维护和运行两个独立的协议栈，增加了系统复杂性。另外，在 IPv6 网络建设的初期，由于还有一定数量的 IPv4 地址，因而这种方案的实施具有可行性；但当 IPv6 网络发展到一定阶段，要为每个节点或路由器分配一个 IPv4 的全局地址将是十分困难的，因此，双栈技术的实施方案将是很难实现的。

隧道方式只是把 IPv4 网络作为一种传输介质。实现隧道的方案很多，如手工配置隧道、自动配置的隧道、6to4、6over4、Tunnel Broker 等。其优点是不需要大量的 IPv6 专用路由器设备和专用链路，可以明显地减少投资。其缺点是在 IPv4 网络上配置隧道是一个比较麻烦的过程，特别是在隧道数目增加到一定程度时。因此，采用隧道方案特别是手工隧

道时一定要做好详细的文档记录。

IPv6 的流量和原有的 IPv4 流量之间会争抢带宽和路由器资源(CPU、缓冲和路由表)，在 IPv6 的流量较小时，这个问题不是很明显，但随着 IPv6 流量的增大，这个问题将来会很突出，存在迂回路由的情况。

这对于整个 IPv4 网络性能来说，无疑是一种恶劣的影响。在 IPv6 网络建设的初期，其网络规模和业务量都较小，因此采用这种连接方式是可行的。隧道技术并不能实现 IPv6 主机和 IPv4 主机之间的通信。

转换机制和传统的 IPv4 下的动态地址翻译以及适当的应用层网关相结合，实现了只安装了 IPv6 的主机和只安装了 IPv4 主机间的大部分应用通信，是一种纯 IPv6 节点和 IPv4 节点间的互通方式，所有包括地址、协议在内的转换工作都由网络设备来完成。

支持 NAT-PT 的网关路由器应具有 IPv4 地址池，在从 IPv6 向 IPv4 域中转发包时使用。此外，网关路由器支持 DNS-ALG，在 IPv6 节点访问 IPv4 节点时发挥作用。其优点是不需要进行 IPv4、IPv6 节点的升级改造。缺点是 IPv4 节点访问 IPv6 节点的实现方法比较复杂，网络设备进行协议转换、地址转换的处理开销较大，一般在其他互通方式无法使用的情况下使用。

表 5.1 是三种过渡技术的比较。

表 5.1　三种过渡技术的比较

过渡技术	优　点	不　足
双栈技术	可以实现 IPv4 节点和 IPv6 节点之间业务相互通信的要求	要对现有的网络环境中的路由器、主机等设备以及应用软件进行升级、改造，技术复杂；对运营网络的改造可能还要承担对公共业务造成影响的风险
隧道技术	可以解决 IPv6 网络之间通过 IPv4 网络实现互通的问题	无法解决 IPv4 网络与 IPv6 网络中业务节点之间的互通问题
网络地址与协议转换	可以实现 IPv4 节点和 IPv6 节点之间业务相互通信的要求	对所支持的应用有较大的局限性，NAT-PT 设备需要针对不同的应用层网关的功能

5.6　IPv6 实验网的设计与组建

在对 IPv6 协议、路由技术及其过渡机制分析和研究的基础上，本节通过一个 IPv6 实验网的设计与组建，来进行 IPv6 的基础应用。

5.6.1　IPv6 实验网的设计与组建

1. CNGI 与 CERNET2

CNGI 是 2003 年由国家发展和改革委员会牵头，中国工程院、科技部、教育部、中科院、信息产业部、国务院信息化办公室、国家自然基金会等 8 部委联合酝酿并共同组织的中国下一代互联网示范工程(Chinese Next Generation Internet，CNGI)项目，该工程研究确定了基础性研究、示范工程关键技术试验与重大应用示范、关键设备与软件研发和产业化等四大方面的内容，其总体目标为“建设国家创新能力信息基础实施平台，提供基础性研

究和技术开发试验环境，攻克下一代互联网及其重大应用的基础性技术和关键技术，进一步推动并实现产业化”。

截至目前，CNGI 核心网已经完成建设任务，该核心网由六个主干网、两个国际交换中心及相应的传输链路组成，六个主干网由在北京和上海的国际交换中心实现互连。目前 CERNET2、中国电信、中国网通/中科院、中国移动、中国联通和中国铁通这六个主干网含国际交换中心已全部完成验收。CNGI 核心网实际建成包括 22 个城市 59 个节点以及北京和上海两个国际交换中心的网络。

CNGI 已成为我国研究下一代互联网技术、开发重大应用、推动下一代互联网产业发展的关键性基础设施，为提高我国在国际下一代互联网技术竞争地位做出了重要的贡献，为未来我国信息化产业乃至整个社会经济转型，奠定了重要的基础。

CERNET2 是指第二代中国教育和科研计算机网，它是中国下一代互联网示范工程核心网络 CNGI 的重要组成部分，是 CNGI 最大的核心网和唯一的全国性的学术网，是目前世界上规模最大的采用纯 IPv6 技术的下一代互联网主干网。

2004 年 12 月 25 日，CERNET2 在北京举行了开通仪式，正式成为中国第一个 IPv6 国家主干网。

CERNET2 主干网连接分布在我国 20 个主要城市的 CERNET2 核心节点，传输速率为 2.5～10Gbps，实现了全国 200 余所著名高校的高速接入，同时为全国其他科研院所和研发机构就近接入提供条件，并通过下一代互联网交换中心与国内其他下一代互联网、国际下一代互联网实现高速互联，从而形成我国开展下一代互联网及其应用研究的重要实验环境。

2. IPv6 实验网设计与组建的目的和内容

随着 CERNET2 的建设和使用，给各个高校也提供了接入 CERNET2 并进行科学研究的契机。因此，设计一个 IPv6 实验网，并穿越 IPv4 校园网，实现和 CERNET2 的连接是非常必要的。

基于这一点，我们依托学校 IPv4 校园网，设计并组建了一个 IPv6 实验网，其主要目的和内容如下。

(1) 实现 IPv6 实验网与核心网 CERNET2 的连接。

通过一个边缘路由器，以隧道的方式，穿越 IPv6 校园网，与 CERNET2 华中网络中心主节点相连，实现 IPv6 实验网与 CERNET2 的连接，为校园网 IPv6 用户提供访问外界 IPv6 资源的通道。

(2) 建设 IPv6 的应用服务。

建立 IPv6 实验网，其目的就是要开展 IPv6 的各种应用以及实验研究，因此，在该 IPv6 实验网中，将建立 IPv6 下的 DNS、WWW、FTP 等方面的应用。

(3) 进行 IPv6 过渡机制的实验，并实现 IPv4 与 IPv6 的互连互通。

通过 IPv6 实验网，进行 IPv6 过渡机制的实验研究，为校园网从 IPv4 向 IPv6 的过渡打下良好的基础。

(4) 提供路由、安全和移动 IPv6 的实验环境。

IPv6 实验网的设计与组建，能提供路由、安全和移动 IPv6 的实验环境。

3. IPv6 实验网的 IPv6 地址及域名

在实验网的组建之前，先从中国教育和科研计算机网申请 IPv6 地址和 IPv6 的域名。学校从中国教育和科研计算机网络获得的地址与域名分别如下。

- IPv6 地址范围：2001:250:4005::/48
- IPv6 域名：jcut6.edu.cn

4. IPv6 实验网的拓扑结构

根据 IPv6 实验网设计和组建的目的与内容，其设计的 IPv6 实验网的拓扑结构如图 5.31 所示。

在图 5.31 中，IPv6 实验网通过一个 IPv6 双栈路由器 R1 经过 IPv4 校园网与 CERNET 2 华中节点相连，最后进入到 CERNET2 纯 IPv6 网络。

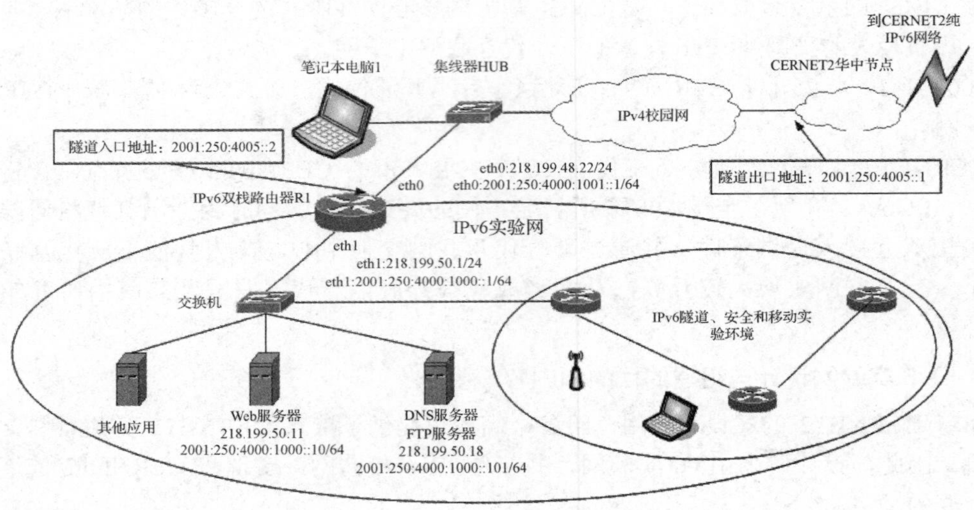

图 5.31　IPv6 实验网的网络拓扑结构

IPv6 双栈路由器由一台配置了双网卡、安装了操作系统 Centos 5.2 和 Quagga 路由模拟软件的计算机承担，接口 eth0 经过集线器 HUB(或交换机)与 IPv4 校园网相连，接口 eth1 连接 IPv6 实验网。

IPv6 实验网中，已经搭建了 IPv6 隧道、IPv6 基本应用(如 DNS、Web 和 FTP)、安全和移动等的实验环境。

笔记本电脑 1 接在集线器 HUB 上，主要是为了捕获从 R1 到 CERNET 2 华中节点之间的数据包。该笔记本电脑安装了捕获软件 Ethereal。

5.6.2　利用双栈和配置隧道技术连接 CERNET2

由于连接 CERNET2 需要一个公网地址，而 eNSP 条件有限无法完成本次实验，因此此次实验是用 Quagga 软件将现实中的主机模拟成 IPv6 路由器再搭配公网的条件下完成。

Quagga 是一个开源的路由软件包，它是从 GNU Zebra 派生出来的。Quagga 提供了基于 TCP/IP 的路由服务，同 Cisco 公司路由器的网络操作系统(IOS)类似。它的发行遵循 GNU 通用公共许可协议，运行于 Unix/Linux 等操作系统之上，支持 IPv4 和 IPv6 路由协议。目前，可以支持的动态路由协议有 RIPv1、RIPv2、RIPng、OSPFv2、OSPFv3、BGP4 和 BGP4+等。

在图 5.31 中，IPv6 双栈路由器 R1 和 CERNET2 华中节点的一个路由器构成了隧道的两个端点，其简化了的拓扑结构如图 5.32 所示。

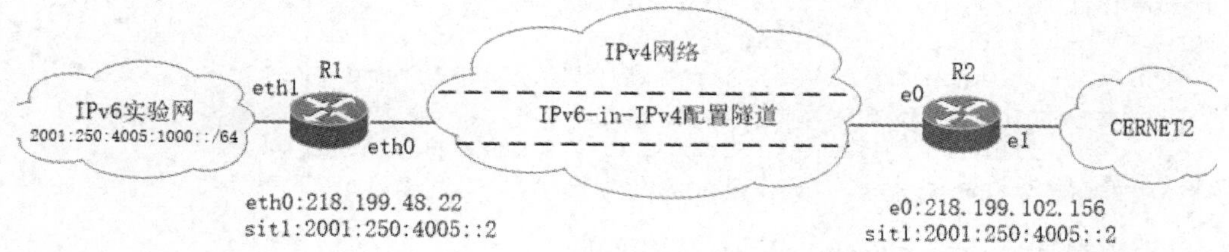

图 5.32　IPv6 连接 CERNET2 的配置隧道的示意图

按照图 5.32 进行隧道的配置。隧道的配置是通过修改路由器 R1 的操作系统 Linux 下的配置文件来完成的，打开/etc/rc.d/rc.local，进行如下配置：

```
#connect to cernet          //连接到 cernet 的隧道
ip tunnel add sit1 mode sit remote 218.199.102.156 local 218.199.48.22
ttl 255
//218.199.102.156 是隧道远端的隧道地址，218.199.48.22 是隧道本地的隧道地址
ifconfig sit1 up
ifconfig sit1 add 2001:250:4005::2/64
#route -A inet6 add ::/0 gw 2001:250:4005::1
ip -6 route add 2000::/3 dev sit1
```

保存后退出。

在图 5.31 中 Web 服务器上按照图中的标注配置 IPv4 和 IPv6 地址。对于 IPv6 地址的配置请参照 1.4.1 小节，具体命令如下。

(1)　vi /etc/sysconfig/network：

```
NETWORKING=yes
NETWORKING_IPV6=yes
IPV6_DEFAULTGW=2001:250:4005:1000::1%eth0
HOSTNAME=Ipv6.localdomain
```

(2)　vi /etc/sysconfig/network-scripts/ifcfg-eth0：

```
DEVICE=eth0
BOOTPROTO=none
HWADDR=00:11:85:C3:CC:CB
ONBOOT=yes
TYPE=Ethernet
USERCTL=no
IPV6ADDR=2001:250:4005:1000::10/64
```

```
IPV6INIT=yes
NETMASK=255.255.255.0
IPADDR=218.199.50.11
GATEWAY=218.199.50.1
PEERDNS=yes
```

配置完成后，检查到 R1 是否连通，如果是，就在笔记本电脑 1 上启动 Ethereal 进行数据包的捕获，然后在 Web 服务器使用 ping6 命令测试与上海交通大学 IPv6 网站 ipv6.sjtu.edu.cn 的连通性，其数据如下：

```
[root@Ipv6 ~]# ping6 ipv6.sjtu.edu.cn
PING ipv6.sjtu.edu.cn(cernet2.net) 56 data bytes
64 bytes from cernet2.net: icmp_seq=0 ttl=116 time=28.0 ms
64 bytes from cernet2.net: icmp_seq=1 ttl=116 time=27.6 ms
64 bytes from cernet2.net: icmp_seq=2 ttl=116 time=27.3 ms
64 bytes from cernet2.net: icmp_seq=3 ttl=116 time=31.3 ms
```

以上数据显示，到 ipv6.sjtu.edu.cn 是相通的。

使用 ping 命令完成之后，接着用浏览器访问上海交通大学 IPv6 网站，可以看到上海交通大学 IPv6 网页。图 5.33 是网页首页的部分截图，图中显示了所访问的 IPv6 地址为 2001:250:4005:1000::10，这正是 IPv6 实验网中的 Web 服务器的 IPv6 地址(见图 5.31)。

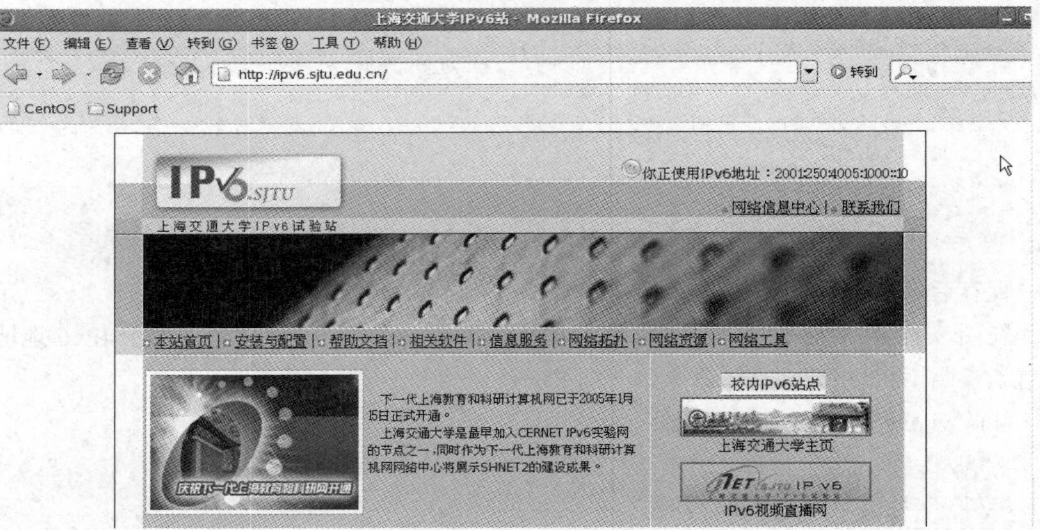

图 5.33 上海交通大学 IPv6 网站首页的部分截图

通过使用 ping 命令和浏览器，都显示了网络是连通的，因而说明隧道配置是成功的。

停止数据包的捕获并保存。图 5.34 和图 5.35 截取的是刚才在 Web 服务器上 ping 上海交通大学 IPv6 网站所产生的一个回送请求和一个回送应答的数据报文。

在图 5.34 中，最上面的第 57 条显示了源地址为 2001:250:4005:1000::10 的 Web 服务器向目的地址 2001:da8:8000:1::80(该地址为上海交通大学 IPv6 网站的地址)发送的一条回送请求报文，下面的窗口是该条报文的详细结构。

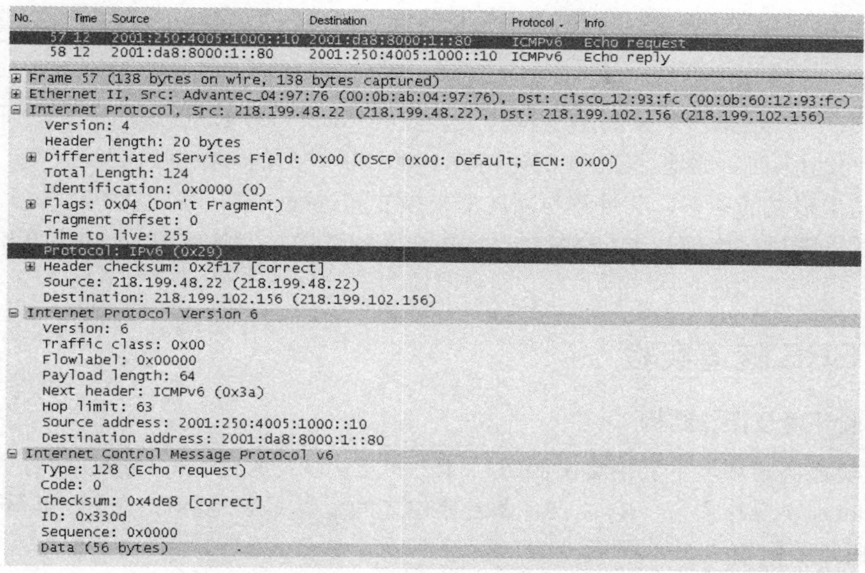

```
No.   Time  Source                   Destination              Protocol  Info
57 12       2001:250:4005:1000::10   2001:da8:8000:1::80      ICMPv6    Echo request
58 12       2001:da8:8000:1::80      2001:250:4005:1000::10   ICMPv6    Echo reply

⊞ Frame 57 (138 bytes on wire, 138 bytes captured)
⊞ Ethernet II, Src: Advantec_04:97:76 (00:0b:ab:04:97:76), Dst: Cisco_12:93:fc (00:0b:60:12:93:fc)
⊟ Internet Protocol, Src: 218.199.48.22 (218.199.48.22), Dst: 218.199.102.156 (218.199.102.156)
    Version: 4
    Header length: 20 bytes
  ⊞ Differentiated Services Field: 0x00 (DSCP 0x00: Default; ECN: 0x00)
    Total Length: 124
    Identification: 0x0000 (0)
  ⊞ Flags: 0x04 (Don't Fragment)
    Fragment offset: 0
    Time to live: 255
    Protocol: IPv6 (0x29)
  ⊞ Header checksum: 0x2f17 [correct]
    Source: 218.199.48.22 (218.199.48.22)
    Destination: 218.199.102.156 (218.199.102.156)
⊟ Internet Protocol Version 6
    Version: 6
    Traffic class: 0x00
    Flowlabel: 0x00000
    Payload length: 64
    Next header: ICMPv6 (0x3a)
    Hop limit: 63
    Source address: 2001:250:4005:1000::10
    Destination address: 2001:da8:8000:1::80
⊟ Internet Control Message Protocol v6
    Type: 128 (Echo request)
    Code: 0
    Checksum: 0x4de8 [correct]
    ID: 0x330d
    Sequence: 0x0000
    Data (56 bytes)
```

图 5.34 回送请求报文的详细结构

```
No.   Time  Source                   Destination              Protocol  Info
57 12       2001:250:4005:1000::10   2001:da8:8000:1::80      ICMPv6    Echo request
58 12       2001:da8:8000:1::80      2001:250:4005:1000::10   ICMPv6    Echo reply

⊞ Frame 58 (138 bytes on wire, 138 bytes captured)
⊞ Ethernet II, Src: Cisco_12:93:fc (00:0b:60:12:93:fc), Dst: Advantec_04:97:76 (00:0b:ab:04:97:76)
⊟ Internet Protocol, Src: 218.199.102.156 (218.199.102.156), Dst: 218.199.48.22 (218.199.48.22)
    Version: 4
    Header length: 20 bytes
  ⊞ Differentiated Services Field: 0x00 (DSCP 0x00: Default; ECN: 0x00)
    Total Length: 124
    Identification: 0xfd7a (64890)
  ⊞ Flags: 0x00
    Fragment offset: 0
    Time to live: 25
    Protocol: IPv6 (0x29)
  ⊞ Header checksum: 0x579d [correct]
    Source: 218.199.102.156 (218.199.102.156)
    Destination: 218.199.48.22 (218.199.48.22)
⊟ Internet Protocol Version 6
    Version: 6
    Traffic class: 0x00
    Flowlabel: 0x00000
    Payload length: 64
    Next header: ICMPv6 (0x3a)
    Hop limit: 117
    Source address: 2001:da8:8000:1::80
    Destination address: 2001:250:4005:1000::10
⊟ Internet Control Message Protocol v6
    Type: 129 (Echo reply)
    Code: 0
    Checksum: 0x4ce8 [correct]
    ID: 0x330d
    Sequence: 0x0000
    Data (56 bytes)
```

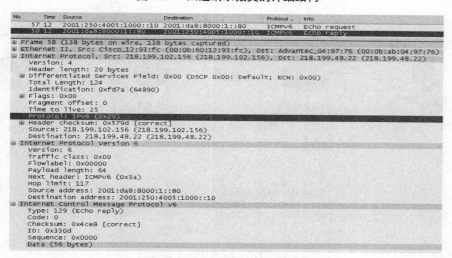

图 5.35 回送应答报文的详细结构

在 IPv4 的数据包中，协议字段为 0x29，换算成十六进制即为 41，表示在 IPv4 数据包中封装了 IPv6 数据包，源地址字段为 IPv4 的地址 218.199.48.22，该地址为 R1 中隧道的入口地址，目的地址字段为 IPv4 地址 218.199.102.156，该地址为隧道的出口地址。

封装在 IPv4 的 IPv6 数据包中，下一个报头字段的值为 ICMPv6，源地址字段为 2001:250:4005:1000::10，目的地址字段为 2001:da8:8000:1::80。

在 ICMPv6 中，显示了类型值为 128，表示是一条回送请求报文。

上面所捕获的数据包清晰地显示了从 IPv6 实验网中的 Web 服务器向上海交通大学 IPv6 网站发送 IPv6 数据包的转发过程。首先是 IPv6 实验网中的 Web 服务器将 IPv6 数据包路由到 R1 这台边缘路由器，该路由器将 IPv6 数据包封装在 IPv4 数据包中，经过路由器 R1 的隧道入口通过隧道转发到路由器 R2 的隧道出口上，然后路由器 R2 将 IPv6 从

IPv4 中解封装，最后将该 IPv6 数据包路由转发到目的地址 2001:da8:8000:1::80 上，即上海交通大学 IPv6 网络中。

在图 5.35 中，第 58 条显示了源地址为 2001:da8:8000:1::80(该地址为上海交通大学 IPv6 网站的地址)向目的地址 2001:250:4005:1000::10 发送的一条回送应答报文，它是对上面的回送请求报文的应答，其过程与回送请求报文的过程一样，在此就不再分析。

通过这一隧道，实现与 CERNET2 纯 IPv6 网的连接，为以后 IPv6 的实验和应用打下了基础。

5.6.3 GRE 隧道实验

1. 实验环境及拓扑结构

GRE 隧道实验环境主要由路由器 R1、R2 和 R3 以及两台主机组成，两台主机安装系统为 Windows 7 操作系统，R1 和 R3 两台路由之间配置 GRE 隧道，在 eNSP 环境下 GRE 隧道实验拓扑结构如图 5.36 所示。

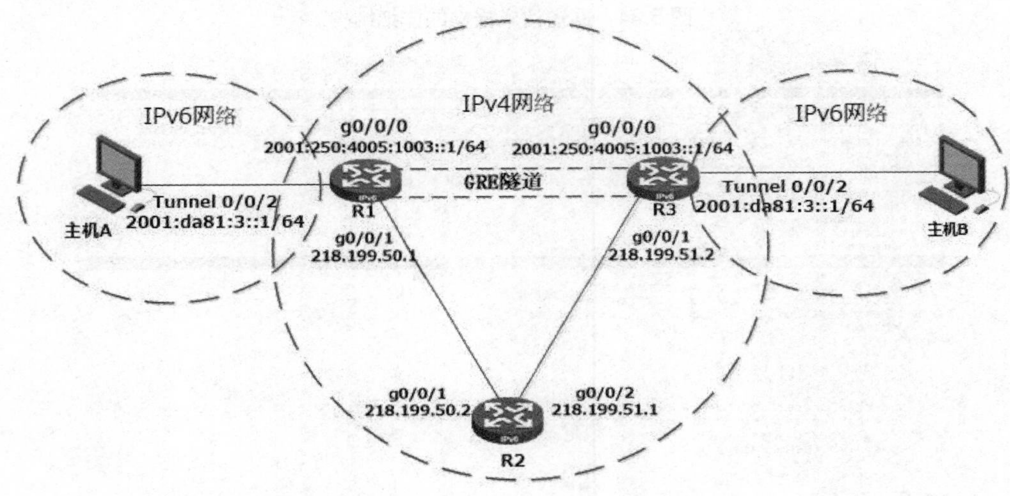

图 5.36　GRE 隧道实验拓扑结构

2. 实验过程与分析

(1) 配置路由器 R1、R2 和 R3 的 IPv4 地址。

按照图 5.36 为 3 台路由器 R1、R2 和 R3 分别配置 IPv4 地址。

(2) 配置路由器 R1、R3 的 g0/0/0 接口的 IPv6 地址和 R1 与 R2 之间的路由。

分别在 R1 和 R2 这两台路由器的接口 g0/0/0 上配置接口的 IPv6 地址，并增加 IPv4 的路由。

① R1 上的配置：

```
interface g0/0/0
ipv6 enable
ipv6 address 2001:250:4005:1003::1/64
ip route-static 218.199.51.0 255.255.255.0 218.199.50.2
```

② R3 上的配置：

```
interface g0/0/0
ipv6 enable
ipv6 address2001:250:4005:1004::1/64
ip route-static 218.199.50.0 255.255.255.0 218.199.51.1
```

(3) GRE 隧道和路由的配置。

① 路由器 R1：

```
interface tunnel 0/0/2
ipv6 enable
ipv6 address 2001:DA8:1:3::1/64
tunnel-protocol gre
source 218.199.50.1
destination 218.199.51.2
ipv6 route-static 2001:250:4005:1004:: 64 2001:da8:1:3::2
```

② 路由器 R3：

```
interface tunnel0/0/2
ipv6 enable
ipv6 address 2001:DA8:1:3::2/64
tunnel-protocol gre
source 218.199.51.2
destination 218.199.50.1
ipv6 route-static 2001:250:4005:1003:: 64 2001:DA8:1:3::1
```

(4) 设置主机 A 和主机 B 的 IPv6 地址。

设置主机 A 的 IPv6 地址为 2001:250:4005:1003::2，前缀长度 64，IPv6 网关 2001:250:4005:1003::1。

设置主机 B 的 IPv6 地址为 2001:250:4005:1004::2，前缀长度 64，IPv6 网关 2001:250:4005:1004::1

(5) 测试主机 A 和主机 B 之间的连通性并捕获 R1 和 R2 之间的数据包。

在进行 ping 之前，首先启动 Ethereal 进行数据包的捕获。

在主机 A 上 ping 主机 B，得到的数据如下：

```
PC>ping 2001:250:4005:1004::2

Ping 2001:250:4005:1004::2: 32 data bytes, Press Ctrl_C to break
From 2001:250:4005:1004::2: bytes=32 seq=1 hop limit=253 time=47 ms
From 2001:250:4005:1004::2: bytes=32 seq=2 hop limit=253 time=32 ms
From 2001:250:4005:1004::2: bytes=32 seq=3 hop limit=253 time=31 ms
From 2001:250:4005:1004::2: bytes=32 seq=4 hop limit=253 time=31 ms
From 2001:250:4005:1004::2: bytes=32 seq=5 hop limit=253 time=31 ms

--- 2001:250:4005:1004::2 ping statistics ---
  5 packet(s) transmitted
  5 packet(s) received
  0.00% packet loss
  round-trip min/avg/max = 31/34/47 ms
```

以上数据显示主机 A 到主机 B 是相通的。

在主机 B 上 ping 主机 A，得到的数据如下：

```
PC>ping 2001:250:4005:1003::2

Ping 2001:250:4005:1003::2: 32 data bytes, Press Ctrl_C to break
From 2001:250:4005:1003::2: bytes=32 seq=1 hop limit=253 time=31 ms
From 2001:250:4005:1003::2: bytes=32 seq=2 hop limit=253 time=31 ms
From 2001:250:4005:1003::2: bytes=32 seq=3 hop limit=253 time=32 ms
From 2001:250:4005:1003::2: bytes=32 seq=4 hop limit=253 time=31 ms
From 2001:250:4005:1003::2: bytes=32 seq=5 hop limit=253 time=31 ms

--- 2001:250:4005:1003::2 ping statistics ---
  5 packet(s) transmitted
  5 packet(s) received
  0.00% packet loss
  round-trip min/avg/max = 31/31/32 ms
```

以上数据显示主机 B 到主机 A 是相通的。综合上面的数据，主机 A 与主机 B 相互是连通的，说明所配置的 GRE 隧道起作用，因而是成功的。

停止数据包的捕获并保存分析。图 5.37 和图 5.38 截取的是刚才在主机 A 上 ping 主机 B 所产生的一个回送请求和一个回送应答的数据报文。

```
No.  Time       Source                 Destination            Protocol Info
   3 0.016000   2001:250:4005:1003:2001:250:4005:1004:ICMPv6 Echo (ping) request id=0xae76, seq=1
   4 0.047000   2001:250:4005:1004:2001:250:4005:1003:ICMPv6 Echo (ping) reply id=0xae76, seq=1
⊞ Frame 3: 94 bytes on wire (752 bits), 94 bytes captured (752 bits)
⊞ Ethernet II, Src: HuaweiTe_4d:69:70 (54:89:98:4d:69:70), Dst: HuaweiTe_1e:50:fb (00:e0:fc:1e:50:fb)
⊟ Internet Protocol Version 6, Src: 2001:250:4005:1003::2 (2001:250:4005:1003::2), Dst: 2001:250:4005:1004::2 (2001:250:4005:1004::2)
  ⊞ 0110 .... = Version: 6
  ⊞ .... 0000 0000 .... .... .... .... .... = Traffic class: 0x00000000
    .... .... .... 0000 0000 0000 0000 0000 = Flowlabel: 0x00000000
    Payload length: 40
    Next header: ICMPv6 (0x3a)
    Hop limit: 255
    Source: 2001:250:4005:1003::2 (2001:250:4005:1003::2)
    Destination: 2001:250:4005:1004::2 (2001:250:4005:1004::2)
⊟ Internet Control Message Protocol v6
    Type: 128 (Echo (ping) request)
    Code: 0 (Should always be zero)
    Checksum: 0x7aec [correct]
    ID: 0xae76
    Sequence: 1
  ⊞ Data (32 bytes)
```

图 5.37　GRE 隧道中 IPv6 封装的回送请求报文结构

```
No.  Time       Source                 Destination            Protocol Info
   3 0.016000   2001:250:4005:1003:2001:250:4005:1004:ICMPv6 Echo (ping) request id=0xae76, seq=1
   4 0.047000   2001:250:4005:1004:2001:250:4005:1003:ICMPv6 Echo (ping) reply id=0xae76, seq=1
⊞ Frame 4: 94 bytes on wire (752 bits), 94 bytes captured (752 bits)
⊞ Ethernet II, Src: HuaweiTe_1e:50:fb (00:e0:fc:1e:50:fb), Dst: HuaweiTe_4d:69:70 (54:89:98:4d:69:70)
⊟ Internet Protocol Version 6, Src: 2001:250:4005:1004::2 (2001:250:4005:1004::2), Dst: 2001:250:4005:1003::2 (2001:250:4005:1003::2)
  ⊞ 0110 .... = Version: 6
  ⊞ .... 0000 0000 .... .... .... .... .... = Traffic class: 0x00000000
    .... .... .... 0000 0000 0000 0000 0000 = Flowlabel: 0x00000000
    Payload length: 40
    Next header: ICMPv6 (0x3a)
    Hop limit: 253
    Source: 2001:250:4005:1004::2 (2001:250:4005:1004::2)
    Destination: 2001:250:4005:1003::2 (2001:250:4005:1003::2)
⊟ Internet Control Message Protocol v6
    Type: 129 (Echo (ping) reply)
    Code: 0 (Should always be zero)
    Checksum: 0x79ec [correct]
    ID: 0xae76
    Sequence: 1
  ⊞ Data (32 bytes)
```

图 5.38　GRE 隧道中 IPv6 封装的回送应答报文结构

在图 5.37 中的数据包的详细结构中，可以清楚地看到 IPv4 数据包中的协议字段为 GRE，值为 0x2f，换算成十进制即为 47，源地址和目的地址分别为隧道的 IPv4 地址 218.199.50.1 和 218.199.51.2，即 GRE 数据包是封装于 IPv4 数据包中的。在 GRE 数据包

中，协议字段为 IPv6，即 IPv6 数据包是封装于 GRE 数据包中的。在 IPv6 数据包中，其下一个字段为 ICMPv6，是主机 A 发送给主机 B 的一条回送请求报文。

由图 5.37 可清晰地分析出：当主机 A 将报文转发到路由器 R1 之后，在隧道入口处被封装到 GRE 报文中，而 GRE 又被封装到 IPv4 报文中，然后经过 IPv4 网络的 GRE 隧道被转发到路由器 R3 中，R3 根据目的地址转发到主机 B，这样就实现了 IPv6 数据包经过 GRE 隧道到达主机 B 的通信过程。

图 5.38 是主机 B 对刚才发送回送请求报文的应答，是一条回送应答报文，其通信过程与主机 A 发送回送请求报文的过程是一样的，就不再重复论述。

5.6.4　6to4 隧道实验

1. 实验环境及拓扑结构

6to4 实验环境主要由路由器 R1、R2 和 R3 以及两台主机组成，两台主机安装 Windows 操作系统，R1 和 R3 分别为 6to4 路由器，eNSP 环境下 6to4 实验拓扑结构如图 5.39 所示。

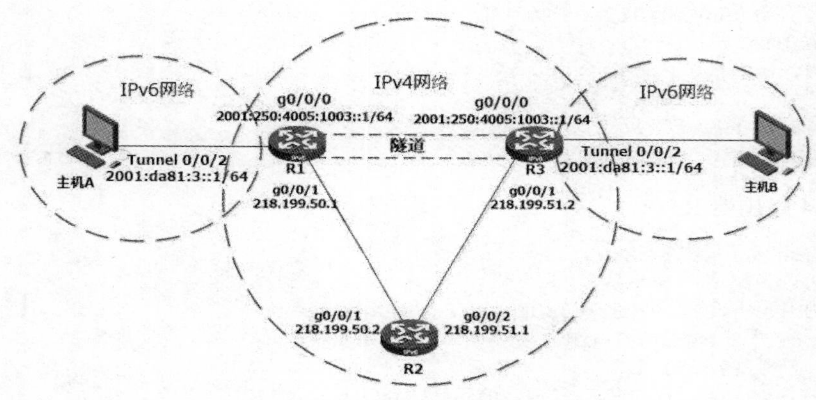

图 5.39　6to4 隧道实验拓扑结构

2. 实验过程与分析

(1)　配置 IPv4 地址。

按照图 5.39 为 3 台路由器 R1、R2 和 R3 分别配置 IPv4 地址。

(2)　计算并配置 R1 和 R3 上接口 g0/0/2 的 6to4 地址和路由。

根据 6to4 地址的格式，首先要将 6to4 路由器 R1 和 R3 的接口 g0/0/1 上的 IPv4 地址转换成十六进制，然后加上 2002，构成 64 位的 6to4 地址前缀。

218.199.50.1 和 218.199.51.2 转换为十六进制分别为 dac7:3201 和 dac7:3302。将这两个转换好的十六进制的 IPv4 地址嵌入到 6to4 的地址格式中，就构成了 R1 和 R3 这两台路由器的 48 位的 6to4 地址前缀，分别如下。

- 6to4 路由器 R1 的 48 位的 6to4 地址前缀：2002:dac7:3201::/64。
- 6to4 路由器 R3 的 48 位的 6to4 地址前缀：2002:dac7:3302::/64。

根据 6to4 地址前缀，分别为路由器 R1 和 R3 分配 6to4 地址为 2002:dac7:3201:1::1 和

2002:dac7:3302:1::1，分别在这两台路由器的接口 g0/0/1 上配置这两个 6to4 地址和路由，主要的配置如下。

① R1 上的主要配置：

```
interface g0/0/1
Ipv6 enable
ipv6 address 2002:dac7:3201:1::1/64
ip route-static 218.199.51.0/24 218.199.50.2        //添加 IPv4 路由
```

② R3 上的主要配置：

```
interface g0/0/1
Ipv6 enable
ipv6 address 2002:dac7:3302:1::1/64
ip route-static 218.199.50.0/24 218.199.51.1        //添加 IPv4 路由
```

(3) 6to4 隧道的 6to4 地址和路由的配置。

6to4 隧道是通过修改路由器 R1 和 R3 来完成的，具体如下。

① 6to4 路由器 R1：

```
Interface tunnel0/0/2
Ipv6 enable
Ipv6 address 2002:dac7:3201:2::1/64
Tunnel-protocol ipv6-ipv4 6to4
Source 218.199.50.1
Ipv6 route-static 2000:: 3 tunnel0/0/2
```

② 6to4 路由器 R3：

```
Interface tunnel0/0/2
Ipv6 enable
Ipv6 address 2002:dac7:3302:2::1/64
Tunnel-protocol ipv6-ipv4 6to4
Source 218.199.51.2
Ipv6 route-static 2000:: 3 tunnel0/0/2
```

(4) 设置主机 A 和主机 B 的 IPv6 地址。

设置主机 A 的 IPv6 地址 2002:dac7:3201:1::2，前缀长度 64，IPv6 网关 2002:dac7:3201:1::1。

设置主机 B 的 IPv6 地址 2002:dac7:3302:1::2，前缀长度 64，IPv6 网关 2002:dac7:3302:1::1。

(5) 测试主机 A 和主机 B 之间的连通性并在 R1 和 R2 之间捕获数据包。

在进行 ping 之前，首先启动 Ethereal 进行数据包的捕获。

① 在主机 A 上 ping 主机 B，得到的数据如下：

```
PC>ping 2002:dac7:3302:1::2

Ping 2002:dac7:3302:1::2: 32 data bytes, Press Ctrl_C to break
From 2002:dac7:3302:1::2: bytes=32 seq=1 hop limit=253 time=203 ms
From 2002:dac7:3302:1::2: bytes=32 seq=2 hop limit=253 time=78 ms
From 2002:dac7:3302:1::2: bytes=32 seq=3 hop limit=253 time=94 ms
From 2002:dac7:3302:1::2: bytes=32 seq=4 hop limit=253 time=93 ms
```

```
From 2002:dac7:3302:1::2: bytes=32 seq=5 hop limit=253 time=79 ms

--- 2002:dac7:3302:1::2 ping statistics ---
  5 packet(s) transmitted
  5 packet(s) received
  0.00% packet loss
  round-trip min/avg/max = 78/109/203 ms
```

以上数据显示主机 B 到主机 A 是相通的。

② 在主机 B 上 ping 主机 A，得到的数据如下：

```
PC>ping 2002:dac7:3201:1::2

Ping 2002:dac7:3201:1::2: 32 data bytes, Press Ctrl_C to break
From 2002:dac7:3201:1::2: bytes=32 seq=1 hop limit=253 time=109 ms
From 2002:dac7:3201:1::2: bytes=32 seq=2 hop limit=253 time=94 ms
From 2002:dac7:3201:1::2: bytes=32 seq=3 hop limit=253 time=78 ms
From 2002:dac7:3201:1::2: bytes=32 seq=4 hop limit=253 time=78 ms
From 2002:dac7:3201:1::2: bytes=32 seq=5 hop limit=253 time=110 ms

--- 2002:dac7:3201:1::2 ping statistics ---
  5 packet(s) transmitted
  5 packet(s) received
  0.00% packet loss
  round-trip min/avg/max = 78/93/110 ms
```

以上数据显示主机 B 到主机 A 是相通的。

综合上面的数据，主机 A 与主机 B 是相互连通的，说明所配置的 6to4 隧道起作用，因而是成功的。

停止数据包的捕获并保存分析。图 5.40 和图 5.41 截取的是刚才在主机 B 上 ping 主机 A 所产生的一个回送请求和一个回送应答的数据报文。

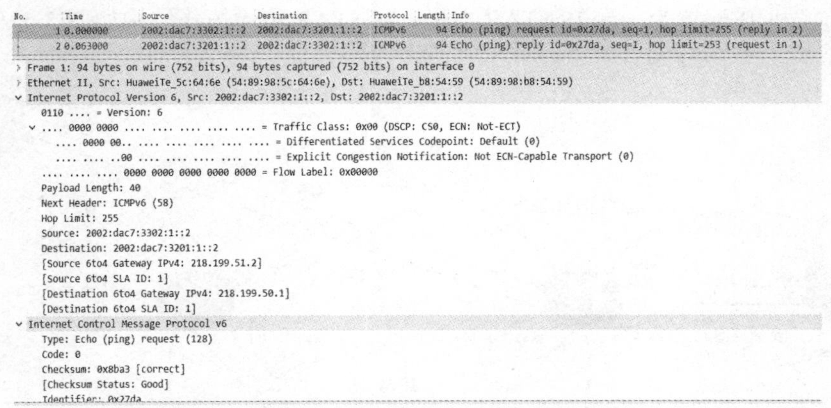

图 5.40 6to4 隧道中回送请求报文封装的结构

在图 5.40 的数据包的详细结构中，可以清楚地看到 IPv4 数据包中的协议字段为 IPv6，值为 0x29，换算成十进制即为 41，源地址和目的地址分别为隧道的 IPv4 地址——218.199.51.2 和 218.199.50.1，即 IPv6 数据包是封装于 IPv4 数据包中的。在 IPv6 数据包中，其下一个字段为 ICMPv6，是主机 B 发送给主机 A 的一条回送请求报文。

图 5.41 显示了主机 A 向主机 B 的回送请求报文所发送的一个回送应答报文封装的结构。

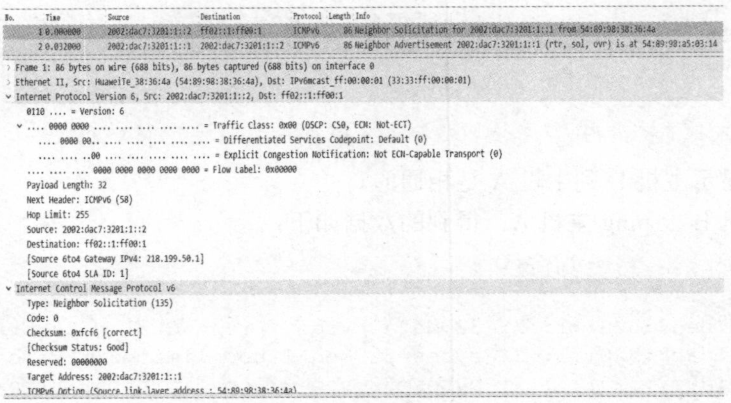

图 5.41　6to4 隧道中回送应答报文封装的结构

5.6.5　ISATAP 隧道实验

1. 实验环境及拓扑结构

ISATAP 隧道实验因 eNSP、Cisco 等模拟器没有集成部分命令行无法配置双栈主机，因此不能通过模拟器来完成实验。以下是利用 Quagga 路由器软件搭配安装了 Windows 操作系统的主机来实现的。实验环境主要由路由器 R1、R2 和 R3 以及两台主机组成，R1、R2 和 R3 这 3 台路由器分别是由安装了 Fedora 11(内核为 2.6.29)和 Quagga 路由模拟软件的主机所承担，Fedora 11 是基于 Linux 的集最新自由开源软件于一体的操作系统，它支持 GRE、SIT、ISATAP 等隧道。

R1 要配置为一台 ISATAP 路由器，主机 A 和主机 B 安装的操作系统均为 Windows XP，其中将主机 B 配置为一台 ISATAP 主机。ISATAP 实验拓扑结构如图 5.42 所示。

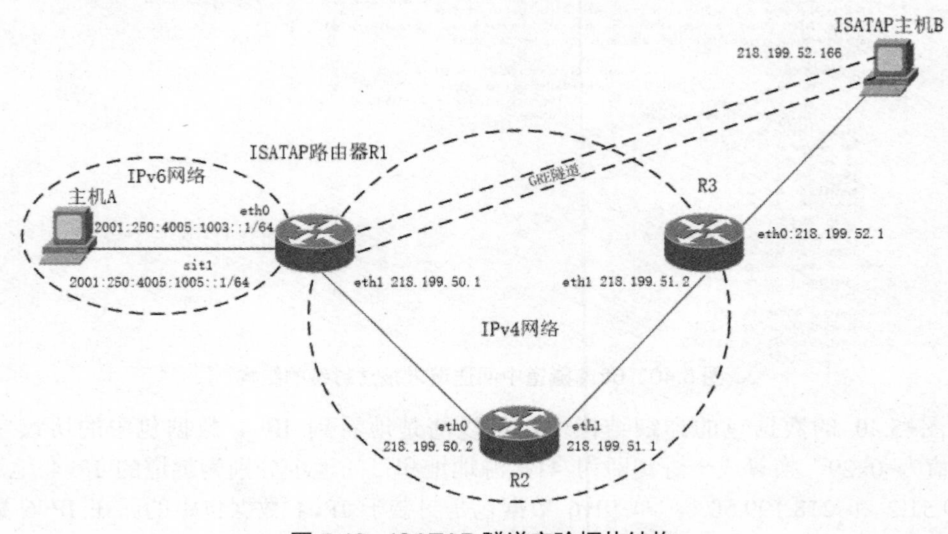

图 5.42　ISATAP 隧道实验拓扑结构

高等院校计算机教育系列教材

2. 实验过程与分析

(1) 配置 IPv4 地址。

按照图 5.42 为 3 台路由器 R1、R2、R3 和 ISATAP 主机 B 分别配置 IPv4 地址。

(2) 配置路由器 R1 为 ISATAP 路由器。

Fedora 11(内核 2.6.29)已经支持 ISATAP 隧道，因而要将 R1 配置为 ISATAP 路由器，只需配置一些相关的文件即可完成，具体如下。

① 配置/etc/rc.local：

```
ip tunnel add name sit1 mode isatap local 218.199.50.1
ip link set sit1 up
ip -6 addr add 2001:250:4005:1005::1/64 dev sit1
```

② 配置/etc/radvd.conf：Radvd 是一个路由广播程序，通过它可以向主机发送路由前缀信息。安装 Radvd 程序后，通过配置/etc/radvd.conf 文件就可以使路由器 R1 具有路由通告的功能。具体配置如下。

```
interface sit1
{
AdvSendAdvert on;
UnicastOnly on;
prefix 2001:250:4005:1005::/64
{
AdvOnLink on;
AdvRouterAddr on;
};
};
```

启动 Quagga 路由模拟软件，增加 IPv4 的路由，同时添加 R3 路由器上 eth0 的 IPv6 地址并启用前缀发现(关于在 Quagga 路由模拟软件中配置接口地址的方法请参见 3.5 节)。

R1 上的主要配置为：

```
interface eth0
ipv6 address 2001:250:4005:1003::1/64
no ipv6 nd suppress-ra
ipv6 nd prefix 2001:250:4005:1003::/64 //在 eth0 接口启用邻居发现地址前缀通告
ip route 218.199.51.0/24 218.199.50.2          //添加 IPv4 路由
ip route 218.199.52.0/24 218.199.50.2
```

R2 上的主要配置为：

```
ip route 218.199.52.0/24 218.199.51.2          //添加 IPv4 路由
```

R3 上的主要配置为：

```
ip route 218.199.50.0/24 218.199.51.1          //添加 IPv4 路由
```

(3) 配置 ISATAP 客户端并查看其地址的情况。

按照图 5.42 所示，将主机 B 配置成 ISATAP 客户端，具体命令如下：

```
C:\Documents and Settings\Administrator>netsh
netsh>interface ipv6 isatap
netsh interface ipv6 isatap>set router 218.199.50.1 enable
#设置 ISATAP 隧道路由
```

在主机 B 上配置了 ISATAP 隧道后，接着查看其获得 IPv6 地址的情况，其中在虚拟的一个隧道接口上获得了一个全局的 ISATAP 地址，具体如下：

```
Tunnel adapter Automatic Tunneling Pseudo-Interface:
Connection-specific DNS Suffix  . :
Description . . . . . . . . . . . : Automatic Tunneling Pseudo-Interface
Physical Address. . . . . . . . . : DA-C7-34-A6
Dhcp Enabled. . . . . . . . . . . : No
IP Address. . . . . . . . . : 2001:250:4005:1005:0:5efe:218.199.52.166
IP Address. . . . . . . . . . . . : fe80::5efe:218.199.52.166%2
Default Gateway . . . . . . . : fe80::200:5efe:218.199.50.1%2
```

上面“2001:250:4005:1005:0:5efe:218.199.52.166”就是主机 B 所获得的一个 ISATAP 地址，其中前缀部分是从 ISATAP 路由器那里获得的，中间的 32 位是规定的值“0:5efe”，最后的 32 位是主机的 IPv4 地址。

(4) 测试主机 A 和主机 B 的连通性。

在进行 ping 之前，首先启动 Ethereal 进行数据包的捕获。

在主机 A 上 ping 主机 B，得到以下数据：

```
C:\Documents and Settings\Administrator>ping6
2001:250:4005:1005:0:5efe:218.199.
52.166
Pinging 2001:250:4005:1005:0:5efe:218.199.52.166
from 2001:250:4005:1003:55bc:463e:a0fc:983a with 32 bytes of data:
Reply from 2001:250:4005:1005:0:5efe:218.199.52.166: bytes=32 time=1ms
Reply from 2001:250:4005:1005:0:5efe:218.199.52.166: bytes=32 time<1ms
Reply from 2001:250:4005:1005:0:5efe:218.199.52.166: bytes=32 time<1ms
Reply from 2001:250:4005:1005:0:5efe:218.199.52.166: bytes=32 time<1ms
Ping statistics for 2001:250:4005:1005:0:5efe:218.199.52.166:
    Packets: Sent = 4, Received = 4, Lost = 0 (0% loss),
Approximate round trip times in milli-seconds:
    Minimum = 0ms, Maximum = 1ms, Average = 0ms
```

在主机 B 上 ping 主机 A，得到以下数据：

```
C:\Documents and Settings\Administrator>ping6
2001:250:4005:1003:211:43ff:fe3a:a9d1
Pinging 2001:250:4005:1003:211:43ff:fe3a:a9d1
from 2001:250:4005:1005:0:5efe:218.199.52.166 with 32 bytes of data:
Reply from 2001:250:4005:1003:211:43ff:fe3a:a9d1: bytes=32 time=1ms
Reply from 2001:250:4005:1003:211:43ff:fe3a:a9d1: bytes=32 time<1ms
Reply from 2001:250:4005:1003:211:43ff:fe3a:a9d1: bytes=32 time<1ms
Reply from 2001:250:4005:1003:211:43ff:fe3a:a9d1: bytes=32 time<1ms
Ping statistics for 2001:250:4005:1003:211:43ff:fe3a:a9d1:
    Packets: Sent = 4, Received = 4, Lost = 0 (0% loss),
Approximate round trip times in milli-seconds:
    Minimum = 0ms, Maximum = 1ms, Average = 0ms
```

上面的数据显示，主机 A 和主机 B 之间能双向通信，这说明 ISATAP 隧道配置是成功的。

(5) 对捕获的数据包进行分析。

停止数据包的捕获并保存，图 5.43 和图 5.44 为刚才所捕获到的数据部分的截图。

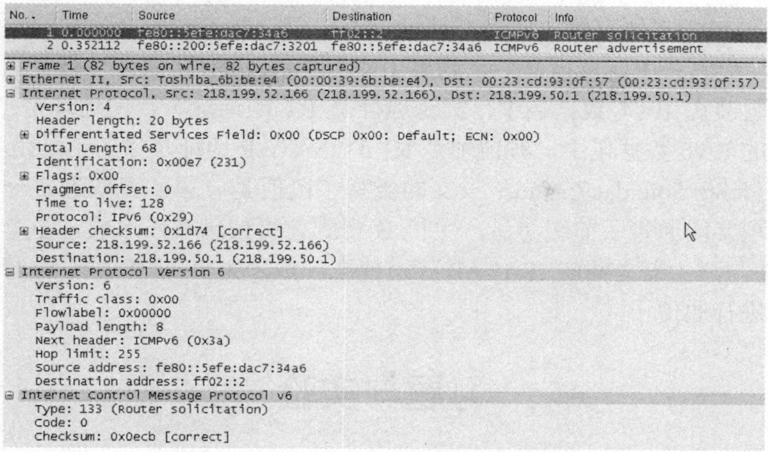

图 5.43　ISATAP 隧道中路由解析的报文

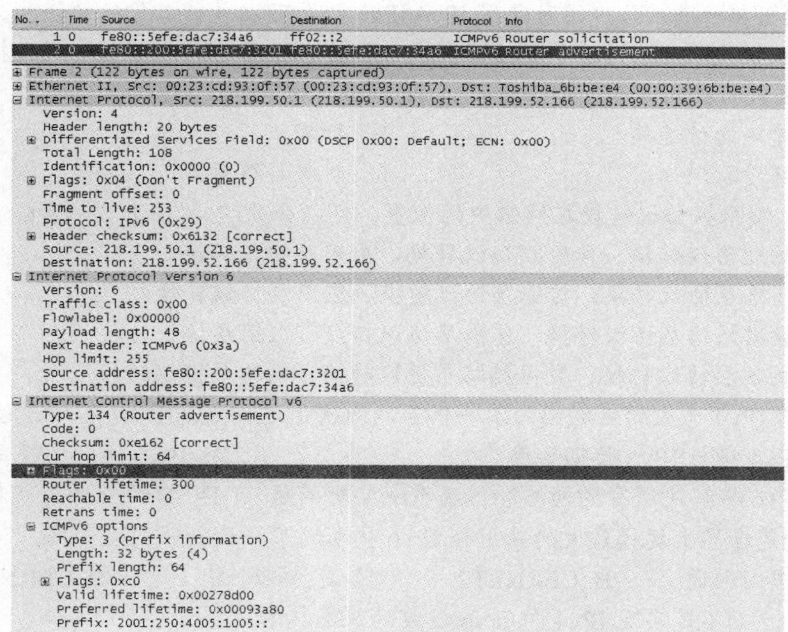

图 5.44　ISATAP 隧道中路由通告的报文

下面根据图 5.43 和图 5.44，对主机 B 获得的全局 ISATAP 地址和 ISATAP 隧道的建立过程进行分析。

在默认情况下，Windows XP 操作系统支持 ISATAP 隧道机制，因此，当主机 B 分配了 IPv4 的地址 218.199.52.166 后，系统会自动为它生成链路本地 ISATAP 地址 fe80::5efe:218.199.52.166。当主机 B 配置了 ISATAP 隧道后，主机 B 根据配置的隧道路由向 ISATAP 路由器 R1 发送路由请求报文(Router Solicitation)，该报文被封装在 IPv4 数据包中。数据包的源地址是主机 B 的 IPv4 地址 218.199.52.166，目的地址为 218.199.50.1，在 IPv4 数据包之后是 IPv6 数据包，其类型字段值为 133，表明这是一个路由器请求报文，数据报的源地址是 fe80::5efe:dac7:34a6，也即 fe80::5efe:218.199.52.166，由于这是一个路由器请求报

文，目的地址是 ff02::2(所有路由器多播地址)。

路由器 R1 收到路由请求报文后，剥离 IPv4 报头，读取路由请求报文后发送路由通告报文，该报文封装在 IPv4 数据包中，其源地址是 R1 的地址，目的地址是主机 B 的 IPv4 地址，在其后的 IPv6 数据包中，源地址是 R1 的 ISATAP 地址，目的地址是主机 B 的 IPv6 链路本地地址 fe80::5efe:dac7:34a6，报文的类型字段值是 134，表明这是一个路由通告报文，报文的选项字段通告了前缀信息。主机 B 得到前缀信息后，形成它的全局 ISATAP 地址;此时主机 B 与路由器之间的 ISATAP 隧道建立完成，主机 A 和主机 B 通过 ISATAP 隧道就可以相互进行通信了。

习题与实验

一、选择题

1. (　　)指在一个系统中同时使用 IPv4/IPv6 两个可以并行工作的协议栈。

A. 双栈技术　　B. 单栈技术　　C. 共存技术　　D. 隧道技术

2. 隧道技术的机制实际上是一种(　　)的过程。

A. 建立通信连接　　B. 封装

C. 解封装　　D. 封装与解封装

3. 转换机制根据协议转换在网络中的位置，可以分为(　　)、(　　)和(　　)等 3 类。

A. 物理协议转换、传输层协议转换、应用层协议转换

C. 网络层协议转换、传输层协议转换、应用层协议转换

B. 数据链路层协议转换、传输层协议转换、应用层协议转换

D. 物理层协议转换、数据链路层协议转换、网络层协议转换

4. 在当前 IPv4 为主的互联网向下一代互联网演化过程中，下面(　　)说法是正确的。

A. IPv4 将与 IPv6 长期共存　　B. IPv6 协议已经发展完善

C. IPv6 将解决所有的网络和信息系统安全问题　　D. 前面三个论断都正确

5. (　　)是世界上规模最大的采用纯 IPv6 技术的下一代互联网主干网。

A. 中国网通　　B. CERNET2　　C. 中科院　　D. CERNET2

6. 以下(　　)不是实现 IPv4 向 IPv6 过渡的基本技术。

A. 双栈技术　　B. 隧道技术　　C. 路由技术　　D. 翻译技术

7. 校园网接入 CERNET2 时默认分到的 IPv6 地址前缀长度是(　　)。

A. 48　　B. 56　　C. 64　　D. 96

二、简答题

1. IPv4 到 IPv6 的过渡将是一个渐进的长期过程，通过对这一过程的分析与研究，可以将其大致分为哪 4 个阶段?

2. 自动隧道技术有哪几种方式?

3. 请简述双协议栈、隧道技术、NAT-PT 3 种 IPv4 到 IPv6 过渡技术。

第 6 章 IPv6 的基本应用

IPv6 网络的建设和发展为 IPv6 网络的各种应用提供了平台，但它要发展出像目前 IPv4 网络所提供的成熟稳定、丰富多样的应用，还需要一个相当长的时期。

本章将介绍与 IPv4 类似的基于 IPv6 的基本应用，如 DNS、WWW 和 FTP 等，在重点讨论其基本原理的基础上，将通过第 5 章所建立的 IPv6 网络实验室，来实现这些 IPv6 的基本应用；除此之外，还将对 IPv6 的特色应用如视频等做一些简单介绍。

6.1 域名系统 DNS

在以 IPv6 为核心协议的下一代互联网中，域名系统(Domain Name System，DNS)作为最基础的应用，其地位会更加巩固，因为 128 位的 IPv6 地址长度将更难让人们记忆，人们将会更加依赖于 DNS 的服务。

为了能实现 IPv6 的域名系统，IETF 发布了一系列的 RFC 文档，其中最主要的有 RFC1886、RFC2874、RFC3363 和 RFC3596。

RFC1886 是 IETF 于 1995 年 12 月发布的，它定义了一种新的资源记录，即 AAAA 资源记录类型，这种支持 IPv6 的域名扩展的方法很容易理解和接受。

2000 年 7 月，IETF 又公布了一种支持 IPv6 聚合和重编号的 DNS 扩展的 RFC2874 文档，该文档也定义了一种新的资源记录，即 A6 记录，由于该标准所涉及的内容过于庞大，很多细节的分析和实践都没有完成，因而，在 2002 年 8 月发布的 RFC3363 标准中，将 RFC2874 的状态改变为实践性的阶段，即取消了这种新定义的迁移。

到 2003 年，在 RFC1886 的基础上，于同年 10 月发布了 RFC3596。

本节将在介绍域名基本概念的基础上，重点讨论 RFC1886 和 RFC3596 所提到的资源记录，最后讲解基于 BIND 的 DNS 的实现。

6.1.1 域名系统 DNS 的基本概念

1. IPv6 域名系统的体系结构

尽管 IPv6 与 IPv4 是两个不同的协议，但并不意味着 IPv6 网络要采用一套不同于 IPv4 的新的域名体系。事实上，为了保证 IPv4 到 IPv6 的平滑过渡，IPv6 和 IPv4 采用了统一的域名空间，使一个域名能同时对应多个 IPv4 和 IPv6 地址，它们共同拥有统一的域名体系结构，因而，IPv6 的体系结构仍然保持了 IPv4 的采用树形结构的域名空间，其体系结构如图 6.1 所示。

在图 6.1 的最顶端是 DNS 树形结构中的根，它是唯一的，用点号“.”表示。根的下一级称为顶级域名(Top Level Domain，TLD)，顶级域名的管理与分配由互联网名字与编号分配机构(The Internet Corporation for Assigned Names and Numbers，ICANN)定义和分配，目前分为如下 3 大类。

- 国家顶级域名 nTLD(National Top Level Domain)：也常称为 ccTLD(Country Code Top Level Domain)，如.cn 表示中国，.us 表示美国，.uk 表示英国等。现在使用的国家顶级域名有 200 多个。
- 国际顶级域名 iTLD(International Top Level Domain)：采用.int。国际性组织可在.int 下注册。
- 通用顶级域名 gTLD(General Top Level Domain)：截至 2019 年上半年共有 1214 个 gTLD。

顶级域的下级就是二级域，二级域的下级就是三级域，以此类推。

每个域都是其上级域的子域，例如 jcut6 是荆楚理工学院在 edu 域中所申请的纯 IPv6

的域，下面的 www.jcut6.edu.cn 和 ftp.jcut6.edu.cn 既是.jcut6.edu.cn 的子域，也是 edu.cn 的子域。

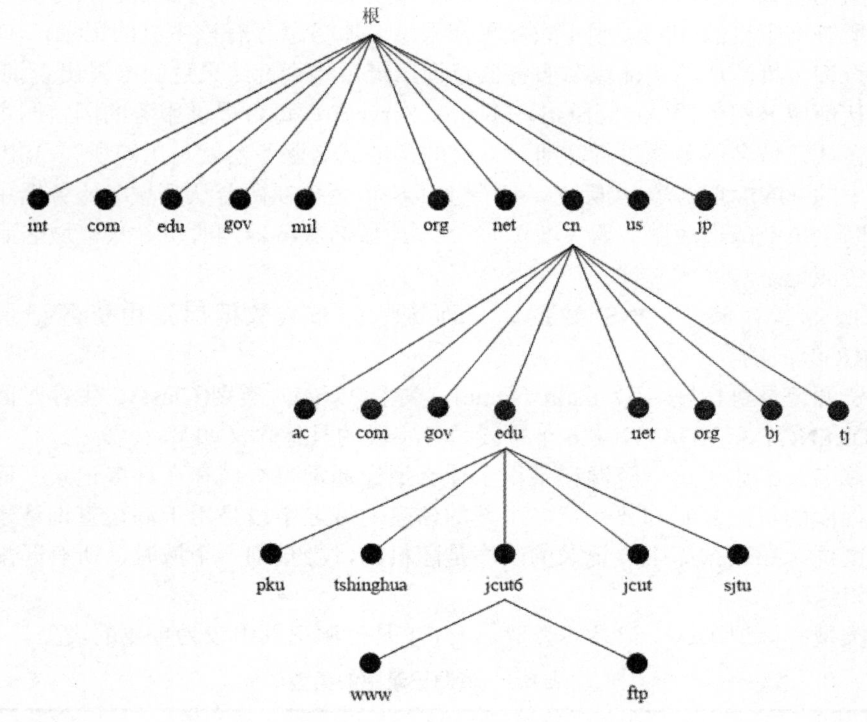

图 6.1　DNS 系统的体系结构

关于顶级域名相关情况，请访问 ICANN 的官方网站(http://www.icann.org/)。

2. DNS 域名解析

DNS 域名解析是一个非常复杂的过程，除了上面所讲的域名体系结构外，还需要了解域名服务器、资源记录与区域文件、高速缓存等。

(1) 域名服务器。

域名服务器中存储了 DNS 域名与 IP 地址之间映射关系的数据库，这是一个非常庞大的数据库，需要使用大量的域名服务器来存储，实际上这些域名服务器是以层次形结构分布在世界各地。每台域名服务器只能存储部分 DNS 数据库。目前，共有 3 种类型的域名服务器，分别是：本地域名服务器、根域名服务器和认证域名服务器，其作用和功能如下。

- 本地域名服务器(Local Name Servers)：每个互联网服务提供商(Internet Service Provider，ISP)都有本地域名服务器(首选 DNS 服务器)。本地域名服务器一般距用户较近，如在学校里，域名服务器与用户主机往往在同一个网络中，这样的 DNS 可以提供快速服务。
- 根域名服务器(Root Name Servers)：所有根域名服务器由互联网名字与编号分配机构 ICANN 统一管理，负责全球互联网根域名服务器、域名体系和 IP 地址的管理。目前，全球共有 13 个根域名服务器，其中，美国 10 个(1 个主根和 9 个辅

根)、欧洲 2 个(位于英国和瑞典)和亚洲 1 个(位于日本)。根域名服务器拥有很详细的主机域名映射的"认证域名服务器"的 IP 地址。当本地域名服务器不能满足用户查询要求时，它会转而向根域名服务器发出查询，根域名服务器可以直接以所查询主机的 IP 地址回复(如果在根域名服务器存有该主机的记录)，或者再向所查询主机注册的认证域名服务器查询，最后将查询结果返回给发出查询的主机。

- 认证域名服务器(Authoritative Name Servers)：每台提供服务的因特网主机都应该在认证域名服务器进行注册。一般的认证域名服务器就是用户所在 ISP 本地主机中的 DNS 服务器(实际上，每台主机应该至少在两台认证域名服务器中注册，以防主机故障造成服务器失败)。许多本地域名服务器同时也是认证域名服务器。

(2) 资源记录与区域文件。

域名服务器存储了 DNS 数据库，而这些分布式数据库是由资源记录(Resource Record，RR)组成的。

一个资源记录包括域名(Domain Name)、类型(Type)、类别(Class)、生存时间(Time To Live)、RDLENGT 和 RDATA 这 6 个字段。各字段的具体含义如下。

- 域名：描述了这一资源记录用于什么域。通常每个域存在许多记录，而 DNS 数据库的每次复制都要包括多个域的信息。域名字段是用于满足查询请求的主要关键词。在数据库中，记录的次序是随机的，当查询一个域时，所有匹配的记录都将返回。
- 类型：标识了这一记录的类型。表 6.1 是资源记录中较为重要的类型。

表 6.1　资源记录中的类型

类　型	说　明
SOA	SOA(Start Of Authority)，授权的开始
A	提供从域名到 IPv4 地址的映射
AAAA	提供从域名到 IPv6 地址的映射
MX	标识了准备接收电子邮件的指定域的域名
NS	标识了域名服务器
CNAME	指定主机的别名
PTR	代表 IP 地址与主机名之间的对应关系
HINFO	记录了主机对应的硬件和操作系统等信息
TXT	一般指对某个主机名或域名设置的说明，它与 HINFO 都是为了方便用户了解有关的信息

- 类别：对 Internet 信息而言均是 IN，而对于非 Internet 信息将使用其他代码。
- 生存时间：表示 DNS 记录在 DNS 服务器上的缓存时间，标识了记录的时间稳定性，高度稳定的记录应分配大的数值，如 86400(表示一天的秒数)，而易变的记录则分配较小的数值，如 60(表示 1 分钟的秒数)。
- RDLENGT：RDATA 的长度。
- RDATA：类型依赖的数据。对于 A 类型的资源记录来说，RDATA 是 IPv4 地址。

一系列的资源记录组成了一个区域，每个区域又对应着区域文件，所谓区域文件实际

上是这个区域的一系列资源记录的文本表示。在区域文件中，区域的每一个记录以如下的格式表示：

```
NAME [<TTL>] [<CLASS>] <TYPE> <RDATA>
```

或：

```
NAME [<CLASS>] [<TTL>] <TYPE> <RDATA>
```

例如：一个 A 类型的记录提供了从域名 www.jcut.edu.cn 到 218.199.48.20 的映射，生存时间是 3600s，则该记录的文本表示形式为：

```
www.jcut.edu.cn 3600  IN  A  218.199.48.20
```

其中，TTL 和 CLASS 字段是可以省略的，特别是 CLASS 字段，在后面的介绍中均被省略，因为它们都是 IN 类别。

(3) 高速缓存。

若服务器收到查询的名字不在它的域中，它就要在其数据库中查询一个服务器的 IP 地址。为了减少这种查询的查找时间，DNS 采用了一种高速缓存的机制来处理这个问题。当服务器向另一个服务器请求映射并收到它的响应时，它会在把信息发送给客户机之前，将这个信息存储在它的高速缓存中。若同一客户机或另一个客户机请求同样的映射，它就检查高速缓存的记录，这样就减少了查询所需要的时间。但是，要通知客户机这个响应是来自高速缓存而不是来自一个授权的信息源，这个服务器就把响应标记为未授权的。

高速缓存加速了解析过程，但仍然存在问题。若服务器把映射放入高速缓存已有很长的时间，则它可能把过时的映射发给了客户机。要解决这个问题，有两种技术可以使用。

一种方法是授权服务器把生存时间 TTL 的一块信息添加在映射上。生存时间定义了接收信息的服务器可以把信息放入高速缓存的时间(以秒计)。经过这段时间后，这个映射就变成为无效的，而任何查询都必须再发送给授权服务器。

另一种方法是 DNS 要求每一个服务器对每一个进行高速缓存的映射保留一个 TTL 计数器。高速缓存必须定期搜索，并清除 TTL 到期的那些映射。

(4) DNS 解析过程的分析。

DNS 的解析就是将域名映射为 IP 地址或把 IP 地址映射成域名。整个解析的过程其实质是由查询 DNS 服务器来完成的。名称查询从客户端计算开始，客户端可以使用先前的查询获得的缓存信息就地应答查询，如不能查询到，就传送到本网络的本地域名(DNS)服务器进行解析；如果不能在本机或本网络进行解析查询，可根据设定的查询 DNS 服务器来解析名称。

在具体的查询方式上，可采用递归和迭代两种方式。所谓递归，是指 DNS 服务器可以代表请求客户端或联系其他 DNS 服务器，以便完全解析该名称，并将应答返回至客户端，这种解析方式要求一次性完成全部域名与地址的转换；而迭代是指客户端本身也可尝试联系其他的 DNS 服务器来解析名称，然后根据来自 DNS 服务器的参考答案，使用其他的独立查询，迭代解析实际上是一种反复解析的方式，每次请求一个服务器，如不行再请求别的服务器。

下面通过一些具体的实例来说明 DNS 解析过程。

① 本地解析。

当客户端提出解析请求时，首先将请求传送至 DNS 客户服务，以便使用本地缓存信息进行解析，如果可以解析所要查询的名称，则 DNS 客户服务应答该查询，该请求处理过程结束。本地 DNS 服务客户解析过程如图 6.2 所示。

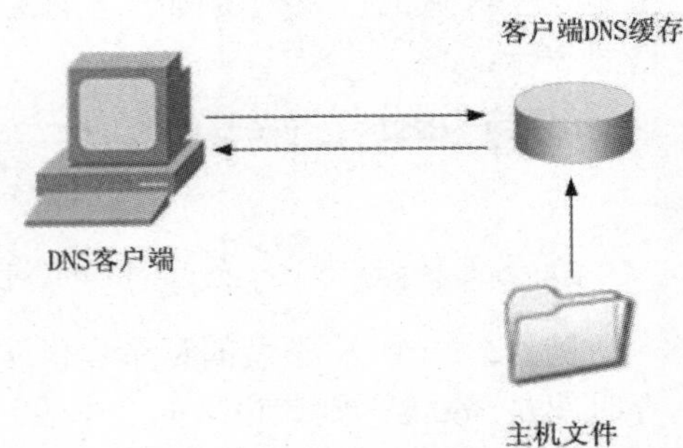

图 6.2 本地 DNS 服务客户解析过程

本地解析程序的缓存包括两种名称信息，它们是主机文件和资源记录。所谓主机文件是指本地配置的主机文件，是主机名称到地址的映射；而资源记录是指从以前的 DNS 查询应答的响应中获取的资源记录，它被保留在缓存中一段时间。

在图 6.2 中，如果查询与本机缓存中的项目不匹配，则解析过程将继续进行，客户端将查询 DNS 服务器来解析名称。

② 查询 DNS 服务器。

当客户端请求无法在本地解析时，将请求发送至 DNS 服务器。DNS 服务器接收到查询请求时，首先检查它能否在服务器的本地配置区域中获取资源记录信息做出应答，其原理如图 6.3 所示。

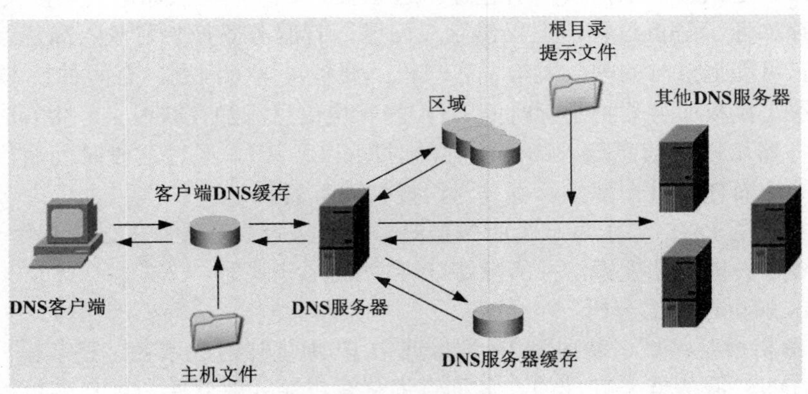

图 6.3 查询 DNS 服务器

如果查询的名称与本地区域信息中的相应资源记录匹配，则使用该信息来解析查询的名称，服务器做出应答，此次查询完成。

如果区域信息中没有查询的名称，则服务器检查它能否通过来自先前查询的本地缓存信息来解析该名称。如果从中发现了匹配的信息，则服务器使用该信息应答查询，此次查询完成。

如果无论从缓存还是从区域信息，查询的名称在首选服务器中都未发现匹配的应答，那么查询过程可继续进行，使用递归来完全解析名称。

递归查询的工作过程如下：如图 6.4 所示，如要递归查询 163.com 地址，首选 DNS 服务器通过分析完全合格的域名，向顶层域 com 查询，而 com 的 DNS 服务器与 163.com 服

务器联系以获得更进一步的地址，这样循环查询直到获得所需要的结果，并一级级地向上返回查询结果，最终完成查询工作。

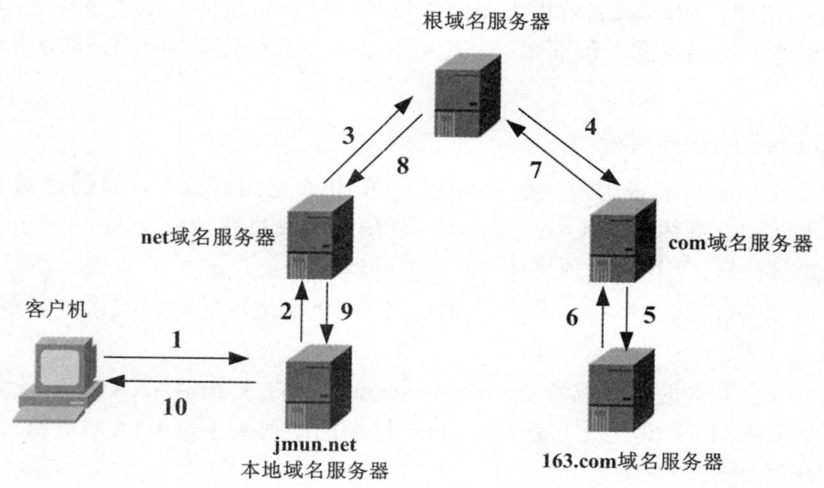

图 6.4　递归查询

> 注意：为了让 DNS 服务可以正确运行递归查询，需要有些必要的信息，该信息通常以根目录的形式来提供，借助于使用根目录提示寻找根域服务器，DNS 服务器可以完成递归查询。

如果客户端申请使用递归过程，但在 DNS 服务器上禁用递归或客户端没有申请使用递归时，则使用迭代的方式查询。

迭代查询的工作过程如下：如图 6.5 所示，如要迭代查询 www.163.com 的地址，首先 DNS 服务器在本地查询不到客户端请求的信息时，就会以 DNS 客户端的身份向其他配置的 DNS 服务器继续进行查询，以便解析该名称。在大多数情况下，可能将搜索一直扩展到 Internet 上的根域服务器，但根域服务器并不会对该请求进行完整的应答，它只会返回 163.com 服务器查询，由 163.com 服务器完成对 www.163.com 域名的解析后，再将结果返回 DNS 服务器。

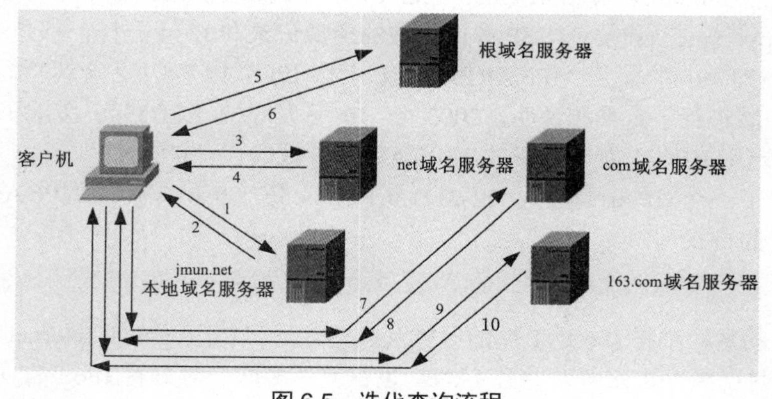

图 6.5　迭代查询流程

6.1.2 IPv6 域名解析

在 IPv6 网络中，IPv6 域名解析由正向解析和反向解析组成。由于 A6 及其相关的反向解析的规范都处于实验状态，因而本书将主要讨论以 AAAA 为基础的正向解析及其相关的反向解析。

1. IPv6 DNS 的正向解析

IPv4 地址正向解析的资源记录是 A 记录，在 IPv6 正向解析中，是通过对 IPv4 域名解析的扩展来实现的，具体是 AAAA 记录，该资源记录最早在 RFC1886 中提出，它是对 A 记录的一种简单扩展，由于 IP 地址由 32 位扩展到 128 位，扩大了 4 倍，所以资源记录由 A 扩大成了 4 个 A，即 AAAA，用于表示域名和 IPv6 地址的对应关系，它不支持地址的层次性。

清单 6.1 显示了主机名或域名 www.kame.example 的 A 和 AAAA 资源记录的格式，A 资源记录表示了 IPv6 环境下从主机名到 IPv4 地址的映射关系，AAAA 资源记录代表了从主机名到 IPv6 地址的映射关系。

【清单 6.1】

```
www.kame.example.     3600   A       192.0.2.1
www.kame.example.     3600   AAAA    2345:OOC1:CA11:0001:1234:5678:9ABC:DEF0
```

2. IPv6 DNS 的反向解析

在 RFC1035 中定义了 in-addr.arpa 域用于对 IPv4 的域名反向解析，与此相对应，在 RFC1886 提出了 IPv6 域名的反向解析为 IP6.INT 域。

在 IP6.INT 域中，地址表示形式是采用半位元标记格式(Nibble Label Format)，即用“.”分隔的半字节十六进制数字格式，低位地址在前，高位地址在后，域后缀是 IP6.INT。

例如，地址为 3ffe:3217:4000:1::11 的反向域名查找记录表示为：

```
$ORIGIN 1.0.0.0.0.0.0.4.7.1.2.3.e.f.f.3.ip6.int.
1.1.0.0.0.0.0.0.0.0.0.0.0.0.0.0 IN PTR www.ipv6.xmeda.dhs.org.
```

说明在 1.0.0.0.0.0.0.4.7.1.2.3.e.f.f.3.ip6.int.域中 IPv6 地址 3ffe:3217:4000:1::11 所对应的域名为 www.ipv6.xmeda.dhs.org。IPv6 反向域的资源记录和 IPv4 一样，都是 PTR。

在 RFC2874 中引入了“IP6.ARPA”域用于 IPv6 域名的反向解析，RFC3152 对“IP6.ARPA”域进行了定义和说明，2003 年 10 月发布的 RFC3596 废除了 RFC1886 和 RFC3152，决定用 RFC3152 中定义的“IP6.ARPA”域取代“IP6.INT”域。

这样，对于一个 IPv6 地址，如 4321:0:1:2:3:4:567:89ab，使用“IP6.ARPA”域进行 IPv6 反向解析的格式为：

```
b.a.9.8.7.6.5.0.4.0.0.0.3.0.0.0.2.0.0.0.1.0.0.0.0.0.0.0.1.2.3.4.IP6.ARPA.
```

需要说明的是，维护 IP6.INT 域的区域互联网注册机构(Regional Internet Registry，RIR)在 2006 年 6 月已经停止服务，并且 IANA 也在差不多同一时刻将 IP6.INT 域的授权从 int 区域中去除，因此，目前 IP6.ARPA 域已经成为唯一的 IPv6 域名的反向解析的后缀。

6.1.3　IPv6 DNS 的实现

本小节将以本书 5.6 节所建立的 IPv6 实验网(即图 5.31)为例，并利用域名服务器软件 BIND，在 CentOS 5.3 下配置 DNS 服务器，以实现 IPv6 实验网的域名解析。

1. DNS 的规划和环境

在进行 DNS 配置之前，先规划 IPv6 实验网中 IP 与域名的对应关系。按照图 5.31 进行 IP 与域名的规划，如表 6.2 所示。

表 6.2　IP 与域名的对应关系

服务器操作系统	服务器 IP 地址	服务器域名	说　明
Solaris	218.199.48.8	jcut.edu.cn	主 DNS 服务器
CentOS 5.3	2001:250:4005:1000::101	jcut6.edu.cn	IPv6 实验网的 DNS 服务器
CentOS 5.3	2001:250:4005:1000::10	www.jcut6.edu.cn	IPv6 实验网的 Web 服务器
CentOS 5.3	2001:250:4005:1000::101	ftp.jcut6.edu.cn	IPv6 实验网的 FTP 服务器

2. BIND 软件的简介

BIND(Berkeley Internet Name Domain)是一款开放源码的 DNS 服务器软件。它最早是美国 DARPA 资助伯克利大学开设的一门研究生课题，后来经过多年的变化发展，已经成为世界上使用最为广泛的 DNS 服务器软件，目前 BIND 软件由因特网软件联合会(Internet Software Consortium，ISC)这个非营利性机构负责开发和维护，软件可以在 ISC 的官方网站(http://www.isc.org/)免费下载。

BIND 软件经历了第 4 版、第 8 版和第 9 版，其中，版本 8(BIND8)和版本 9(BIND9)得到了广泛的应用。目前，版本 9 是 ISC 推荐的版本，其主要原因是版本 9 具有一些高级特性，如完全符合最新的 DNS 协议的标准、支持 IPv6 等。

3. BIND 软件的安装

根据表 6.2，DNS 服务器使用的操作系统为 CentOS 5.3(内核为 Linux 2.6.18-128.el5)，系统已经自带有 BIND 软件的安装，安装操作系统时选取所有 BIND 工具，则即完成了 BIND 软件的安装。

也可以通过源代码安装，具体为：

```
[root@smilecat /]#mkdir /usr/local/bind9
[root@smilecat home]#wget http://ftp.isc.org/isc/bind9/9.3.4-P1/bind-
9.3.4-P1.tar.gz
[root@smilecat home]#tar zxvf bind-9.3.4-P1.tar.gz
[root@smilecat home]#cd bind-9.3.4-P1
[root@smilecat bind-9.3.4-P1]#./configure --prefix=/usr/local/bind9 -
enable-ipv6    #指定安装目录为/usr/local/bind9
[root@smilecat bind-9.3.4-P1]#make && make install
```

如果不出现错误提示，即表示安装成功。

4. IPv6 DNS 的配置

BIND 软件中与用户配置有关系的文件有两部分，第一部分是 named.conf 文件，另外一部分是域文件，在不同的安装方式下，这两部分文件位置各有不同。

在 rpm 包或者自带安装方式下，named.conf 在/var/named/chroot/etc 目录下，而其他域文件在/var/named/chroot/var/named 目录下。本书采用的就是这一种安装方式。

在源码安装方式下，named.conf 在/etc 目录下，而域文件在/var/named 目录下面。

关于 chroot，表示 change to root，它是 Linux 所带的一个功能，即通过切换根目录的方式带来系统的安全性。

下面根据图 5.31 和表 6.2 的要求对以上一些文件进行配置。

(1) named.conf 配置文件。

named.conf 配置文件是 BIND 配置 DNS 服务器的核心，位于/var/named/chroot/etc/目录下，其主要内容包括服务器使用权限、区域(zone)及区域文件(zone file)等。清单 6.2 是 IPv6 网络实验室中配置 DNS 服务器的 named.conf 配置文件。

【清单 6.2】

```
Options    //使用 Options 定义整个 DNS 服务器的相关环境，如查询文件放置的目录等
{
directory "/var/named";       // directory 配置文件目录
listen-on-v6{any;};           // 启用 IPv6 支持
};
key "rndckey" {
algorithm hmac-md5;
secret "6QaTkXo/d7ZFIXxZbo5pyw==";
};
controls {
inet 127.0.0.1 port 953
allow { 127.0.0.1; } keys { "rndckey"; };
};
zone "."                     //定义了区域的根文件
{
type hint;
file "named.ca";
};
zone  "jcut6.edu.cn"     //定义正向解析的区域文件
{
type master;
file "named.jcut6.edu.cn";
};
zone "0.0.0.1.5.0.0.4.0.5.2.0.1.0.0.2.ip6.arpa." //定义反向解析的区域文件
{
type master;
file "named.2001:250:4005:1000";
};
```

注意： key 和 controls 部分用于控制通道，不属于 DNS 协议的操作部分。key 所提供的密钥值仅供参考，不应复制到实际的配置文件中。在实际的操作中，管理员应该使用独立的名为 rndc-confgen 的配置工具，rndc-confgen 将自动产生高度唯一性的密钥。

(2) named.jcut6.edu.cn 区域文件。

区域 zone "jcut6.edu.cn"所对应的区域文件为 named.jcut6.edu.cn，该文件是 DNS 服务器的正向解析，通过使用 vi /var/named/chroot/var/named/named.jcut6.edu.cn 可完成该区域文件的配置，详细内容如清单 6.3 所示。

【清单 6.3】

```
$TTL    86400
@       IN      SOA     jcut6.jcut6.edu.cn.     root.localhost. (
        2009110102
        28800
        14400
        7200000
        86400 )
@         IN      NS      jcut6
jcut6     IN      AAAA    2001:250:4005:1000::101
www       IN      AAAA    2001:250:4005:1000::10
ftp       IN      AAAA    2001:250:4005:1000::101
```

(3) named.2001:250:4005:1000 区域文件。

区域 zone "0.0.0.1.5.0.0.4.0.5.2.0.1.0.0.2.ip6.arpa."所对应的区域文件为 named. 2001:250:4005:1000，该文件是 DNS 服务器的反向解析，通过使用 vi /var/named/ chroot/var/named/named.2001:250:4005:1000 可完成该区域文件的配置，详细内容如清单 6.4 所示。

【清单 6.4】

```
$TTL    86400
@       IN      SOA     jcut6.jcut6.edu.cn.     root.localhost. (
        2009110302
        28800
        14400
        7200000
        86400 )
@       IN      NS      jcut6
$ORIGIN 0.0.0.1.5.0.0.4.0.5.2.0.1.0.0.2.ip6.arpa.
0.1.0.0.0.0.0.0.0.0.0.0.0.0.0.0 IN      PTR     www.jcut6.edu.cn.
1.0.1.0.0.0.0.0.0.0.0.0.0.0.0.0 IN      PTR     ftp.jcut6.edu.cn.
```

(4) 启动 DNS 服务。

以上配置文件完成后，启动 BIND 软件，DNS 服务就开始运行。启动的命令如下：

```
/etc/init.d/named start
```

也可以使用 service named start。

为了查看 DNS 启动过程日志信息和服务器的状态，可以分别使用如下命令：

```
[root@smilecat named]# tail -n 15 /var/log/messages
[root@smilecat etc]# rndc status
```

5. DNS 的测试

BIND 软件包含一些用于测试 DNS 服务器是否配置成功的命令，其中最主要的是 dig 和 nslookup 两个命令。

使用 dig 命令查询 jcut6.edu.cn 是否生效，命令如下：

```
[root@smilecat named]# dig @2001:250:4005:1000::101 www.jcut6.edu.cn any
; <<>> DiG 9.3.4-P1 <<>> @2001:250:4005:1000::101 www.jcut6.edu.cn any
; (1 server found)
;; global options:  printcmd
;; Got answer:
;; ->>HEADER<<- opcode: QUERY,  status: NOERROR,  id: 26402
;; flags: qr aa rd ra; QUERY: 1,  ANSWER: 1,  AUTHORITY: 1,  ADDITIONAL: 1
;; QUESTION SECTION:
;www.jcut6.edu.cn.              IN      ANY
;; ANSWER SECTION:
www.jcut6.edu.cn.      86400   IN      AAAA   2001:250:4005:1000::10
;; AUTHORITY SECTION:
jcut6.edu.cn.          86400   IN      NS     jcut6.jcut6.edu.cn.
;; ADDITIONAL SECTION:
jcut6.jcut6.edu.cn.    86400   IN      AAAA   2001:250:4005:1000::101
;; Query time: 5 msec
;; SERVER: 2001:250:4005:1000::101#53(2001:250:4005:1000::101)
;; WHEN: Fri Nov  6 20:37:06 2009
;; MSG SIZE  rcvd: 110
```

以上信息是 DNS 所解析出的一些信息，配置的信息如清单 6.3 一样，说明刚才所配置的 DNS 服务器是成功的。

dig 命令是提供了各种信息的一个非常有用的工具。还有一个 nslookup 命令比 dig 命令稍微简单，也能进行 DNS 的测试，其命令如下：

```
[root@smilecat named]# nslookup
> 2001:250:4005:1000::101
Server:          2001:250:4005:1000::101
Address:         2001:250:4005:1000::101#53
1.0.1.0.0.0.0.0.0.0.0.0.0.0.0.0.0.0.0.0.1.5.0.0.4.0.5.2.0.1.0.0.2.ip6.arpa
name = www.jcut6.edu.cn.
1.0.1.0.0.0.0.0.0.0.0.0.0.0.0.0.0.0.0.0.1.5.0.0.4.0.5.2.0.1.0.0.2.ip6.arpa
name = ftp.jcut6.edu.cn.
```

以上信息是 DNS 所解析出的一些信息，配置的信息如清单 6.4 一样，也说明了刚才所配置的 DNS 服务器是成功的。

6.2 Web 服务

本节将在介绍 Web 服务基本原理的基础上，按照本书 5.6 节所建立的 IPv6 实验网即图 5.31 的规划，利用 Web 服务器软件 Apache，在 CentOS 5.3 下配置 Web 服务器，以实现 IPv6 实验网的 Web 服务。

6.2.1 Web 服务概述

万维网是 WWW(World Wide Web)的中文译名，简称为 Web，它是日内瓦的欧洲原子核研究委员会 CERN(CERN 是该组织的法文缩写)于 1989 年提出，其目的是使分散在不同国家的物理学家能方便地进行交换研究报告、图形、图片和资料等的协同工作。1991 年，

Web 首次在 Internet 上出现，引起强烈反响，并迅速得到推广应用。其基本结构如图 6.6 所示。

图 6.6　Web 的基本结构

万维网是一个大规模的、联机式的信息储藏所，它基于客户/服务器方式工作。客户是指安装网络浏览器的主机，网络浏览器是一个程序或软件，目前常用的有 Internet Explorer 和 FireFox 等，为用户提供了一个基于超文本传输协议(HyperText Transfer Protocol，HTTP)的用户界面，用户通过网络浏览器提交所要完成的任务，等待服务器的响应；而服务器是存储超文本标记语言(HyperText Markup Language，HTML)网页文件的主机，负责对客户所提交的任务进行响应、解析，并将结果反馈到客户机的网络浏览器显示。

Web 服务的基本编程语言为超文本标记语言 HTML。使用 HTML 语言编写超文本文档，浏览器通过超文本传输协议 HTTP 访问并显示超文本页面。浏览器的基本功能是一个 HTML 语言的解释器。用户可以在显示的页面上，用鼠标选择检索项，获取下一个要浏览的页面；浏览器的另一个重要功能是通过统一资源定位符(Uniform Resource Locator，URL)，在浏览器上实现 E-mail、FTP、Gohper、WAIS 等服务，从而进一步扩展浏览器的功能。

为了达到对网上资源进行交互式动态访问的目的，浏览器需要访问网上数据库资源。Web 服务器中的公共网关接口 CGI，提供了与网上其他资源(包括数据库资源)连接的可能性。通过设计一个中间件可以实现 Web 服务器与数据库资源的连接，中间件的基本功能为：中间件将 HTML 静态页面中数据库访问的检索项转换成 SQL 语句访问数据库，而数据库资源再由中间件转换成浏览器能解释的 HTML 语言显示在用户的浏览器上。

6.2.2　超文本传输协议(HTTP)

1. HTTP 协议

超文本传输协议 HTTP 是 Web 客户机与 Web 服务器之间的传输协议，处于应用层，建立在 TCP 协议基础之上，其面向对象的特点和丰富的操作功能，适用于分布式系统和多种类型信息处理的要求。

HTTP 协议采取请求/响应模型。客户端向服务器发送一个请求，请求头包含请求的方法、URI、协议版本、包含请求修饰符、客户信息和内容类似于 MIME 的消息结构。服务器用一个状态行作为响应，相应的内容包括消息协议的版本，成功或者错误编码加上包含服务器信息、实体信息以及可能的实体内容。图 6.7 显示了 HTTP 的工作模式。

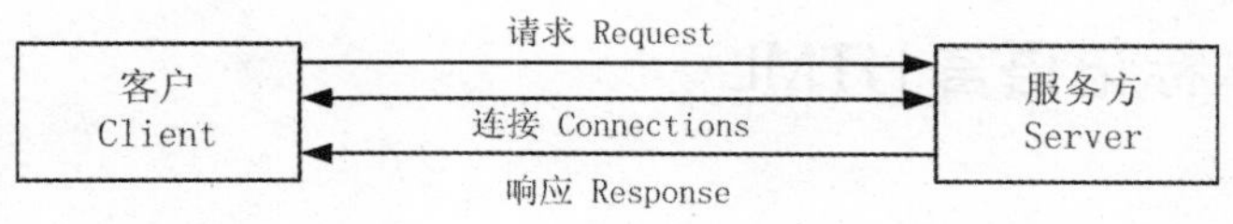

图 6.7　HTTP 工作模式

下面通过一个实例来说明 Web 客户机与 Web 服务器之间利用 HTTP 协议进行交互的过程。假如用户要访问 www.163.com 的网站，其流程如下。

(1) 在浏览器的 URL 地址栏输入“http://www.163.com”。

(2) 浏览器请求域名服务器解析 www.163.com 的 IP 地址为 220.181.28.42。

(3) 浏览器向主机 220.181.28.42 的 80 端口请求一个 TCP 连接。

(4) WWW 服务器对连接请求进行确认，建立连接。

(5) 浏览器发出请求页面报文，如 GET/index.html。

(6) WWW 服务器给出响应，将页面 index.html 上的文本信息发送给浏览器。

(7) WWW 服务器 TCP 连接释放。

(8) 浏览器将页面 index.html 显示在浏览器的屏幕上。

2. HTTP 的报文结构

HTTP 有两类报文，分别是从客户到服务器的请求报文和从服务器到客户的响应报文。由于 HTTP 是面向正文的(text-oriented)，因此在报文中的每一个字段都是 ASCII 码串，因而每个字段的长度不确定。其中客户请求报文由请求方法、请求数据和请求头三部分组成。图 6.8 是这两种报文的一般结构。

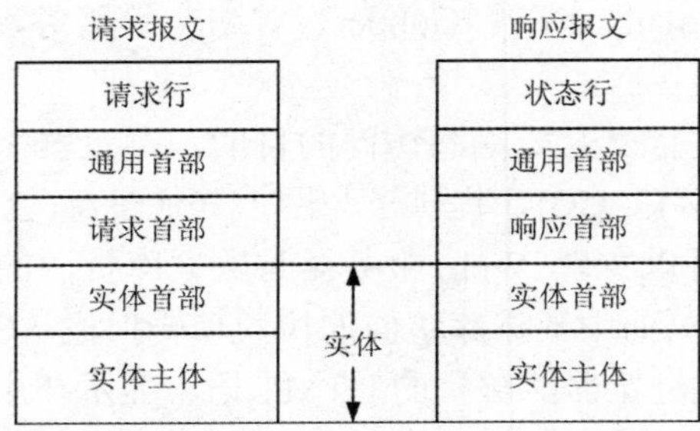

图 6.8 HTTP 的报文结构

每种报文由 5 个字段组成，其中第 1 个字段和第 3 字段分别用于请求报文或响应报文。

- 第 1 字段是请求行(Request-Line)或状态行(Status-Line)。
- 第 2 字段是通用首部(General-Header)。
- 第 3 字段是请求首部(Request-Header)或响应首部(Re-sponse-Header)。
- 第 4 字段是实体首部(Entity-Header)。
- 第 5 字段是实体主体(Entity-Body)。

这里的“实体”，就是指报文。上面这 5 个字段就是完整的请求(Full-Request)和完整响应(Full-Response)的报文结构，其中的实体主体字段是可选的。响应报文的开始行是状态行。状态行包括 3 项内容，即 HTTP 的版本、状态码，以及解释状态码的简单短语。

6.2.3 超文本标记语言 HTML

1. HTML 概述

超文本标记语言 HTML 是一种用于建立超文本、超媒体文档的标记语言，超文本是由多个文本信息源链接而成，通过链接，用户能够找到其他文档，而超媒体与超文本的区别

在于文本内容的不同，超媒体信息包括了声音、图像、活动图像等。

HTML 语言最初是由 Tim Berners-Lee 开发的，在 20 世纪 90 年代，HTML 语言随着 Web 发展和 NCSA 开发的 Mosaic 浏览器而流行于世界。在此期间，HTML 语言在诸多方面有了进一步的扩展。HTML 2.0 于 1995 年 11 月作为 RFC1866 标准发布，1996 年 1 月公布了 HTML 3.2，它增加了表格、Applet 和环绕图像的文本等功能，并且与 HTML 2.0 完全兼容。1997 年 12 月发布了 HTML 4.0，它除了文本、多媒体和超链接功能以外，还支持更多的多媒体选项、脚本语言、样式表和更好的打印功能，并可使残疾人用户更容易访问各类文档。1999 年 12 月发布的 HTML 4.01 只是对 HTML 4.0 作了一些微小的改进。

使用 HTML 语言编写的文档称为 HTML 文档，扩展名通常是 htm 和 html，它独立于各种操作系统平台(如 Windows、Linux 和 Unix 等)。HTML 文档需要通过 Web 浏览器显示出效果。

能够阅读 HTML 文档的客户端程序称为浏览器。HTML 文档内容的显示风格、字符的大小、行间距等，都是由浏览器决定。浏览器按从左到右、从上到下的顺序自动分行显示文件。浏览器的种类很多，同一个 HTML 文档的显示形式可能不同。HTML 文档与简单的文本文件一样，可以在文件编辑器上进行编辑。HTML 语言为文档的国际化做出了巨大的贡献，使 Web 真正成为世界范围内的网络。

2. 统一资源定位符 URL

统一资源定位符 URL 是对可以从因特网上得到的资源的位置和访问方法的一种简洁的表示。URL 为资源的位置提供一种抽象的识别方法，并用这种方法给资源定位。对资源定位后，系统就可以对资源进行各种操作，如存取、更新、替换和查找属性。URL 相当于一个文件名在网络范围的扩展，因此 URL 是与因特网相连的机器上的任何可访问对象的一个指针。

HTML 语言通过 URL 语法，可以描述跨越 Internet 节点的超链接，简单而实用地实现了以整个 Internet 空间为操作背景的超文本、超媒体的数据存取，具有易于在不同系统上移植而保持文献逻辑完整性的特点。

Web 上的文档成千上万，如何识别文档的具体位置成为一个问题。为此，使用 URL 来区别这些文档。URL 好像是 Web 文档的地址，每个文档都有一个唯一的 URL。下面给出了相应的一些例子：

```
http://www.sina.com.cn
ftp://tv6.sjtu.edu.cn:5566
```

每个 URL 由 3 部分组成：协议、服务器和文件名。使用 HTTP 的 URL 的一般形式为：

```
http://<主机>：<端口>/<路径>
```

对于 Web 浏览器来说，最常见的协议是 http://和 ftp://。服务器可以是机器的域名，也可以是 IP 地址。有时在服务器后面跟有一个数字，如 www.abletree.com:8080，这意味着该服务使用的 TCP 端口是 8080，而不是默认的 80。接下来是文件名，如果文件名为空，服务器就自动查找名为 index.html 或 default.html 的文件。如果找不到，服务器就返回该目

录下的文件列表(在允许目录浏览的情况下)。

6.2.4 IPv6 Web 服务器的实现

Web 服务是 Internet 技术发展的里程碑，是人们目前使用最多的网络应用，因此 IPv6 Web 服务是人们了解 IPv6 的开始，是 IPv6 最基础也是最重要的网络应用。

IPv4 网络环境中，最常用的 Web 服务器软件主要是 Apache 和微软的 IIS，前者具有以下的一些特点：Apache 能运行在 Unix、Linux 和 Windows 等多种操作平台上；其次，Apache 借助开放源代码开发模式的优势，得到全世界许多程序员的支持，程序员们为 Apache 编写了能完成许多有用功能的模块，借助于这些功能模块，Apache 在功能扩展、工作性能和稳定性等方面，远远领先于其他同类产品；另外，Apache 自 2.0 之后的版本开始支持 IPv6。由于这些特点，所以本节主要介绍在 Linux 下 IPv6 Web 服务器的实现。

1. Apache 服务器的安装

目前几乎所有的 Linux 发行版都捆绑了 Apache，Red Hat Linux 也不例外，默认的情况下安装程序会将 Apache 安装在系统上。如果系统还未安装 Apache，那么只需要将系统安装光盘放入光驱安装即可。

2. Apache 服务基本配置的说明

配置 Apache 服务器的运行参数，是通过编辑 Apache 的主配置文件 httpd.conf 来实现的。该文件的位置随着安装方式的不同而不同，如果使用 RPM 的方式安装，该文件通常存放在/etc/httpd/conf 目录下；如果使用编译源代码的方式安装，该文件通常存放在 Apache 安装目录的 conf 子目录下。由于 httpd.conf 是一个文本文件，因此可以使用任何文本编辑器(如 vi)对其进行编辑。

(1) httpd.conf 文件的格式。

httpd.conf 配置文件主要由全局环境(Section 1: Global Environment)、主服务器配置(Section 2: “Main” server configuration)和虚拟主机(Section 3: Virtual Hosts)这 3 个部分组成。每部分都有相应的配置语句，该文件所有配置语句的语法为“配置参数名称 参数值”的形式，配置语句可以放在文件的任何地方，但为了增强文件的可读性，最好将配置语句放在相应的部分中。

httpd.conf 中每行包括一条语句，行末使用反斜杠“\”可以执行，但是反斜杠与下一行中间不能有任何其他字符(包括空白)。httpd.conf 的配置语句除了选项的参数值以外，所有选项指令均不区分大小写，可以在每一行前用“#”号表示注释。

注意： 在默认的 httpd.conf 文件中，每个配置语句和参数都有详细的解释，建议初学者在不熟悉配置方法的情况，先使用 Apache 默认的 httpd.conf 文件作为模板进行修改设置，而且在修改之前先做好备份，这样即便修改发生了错误也能进行还原。

(2) Web 服务的基本配置。

Web 服务的配置主要是通过配置文件 httpd.conf 来完成的。下面对一些主要的配置进行说明。

①　设置主目录的路径。

Apache 服务器主目录由以下语句指定：

```
DocumentRoot "/var/www/html"
```

该语句表示了主目录的默认路径位于“/var/www/html”，需要发布的网页可以放在这个目录下。

不过也可以将主目录的路径修改为其他目录，如将 Apache 服务器主目录路径设为“/home/www”，将以上默认路径修改为 DocumentRoot “/home/www”。

②　设置默认文档。

默认文档是指在 Web 浏览器中输入 Web 站点的 IP 地址或域名即显示出来的 Web 页面(即在 URL 中没有指定要访问的页面)，也就是通常所说的主页。在默认的情况下，Apache 的默认文档名为 index.html，默认文档名由 DirectoryIndex 语句进行定义，可以将 DirectoryIndex 语句中的默认文档名修改为其他文件：

```
DirectoryIndex index.html index.html.var
```

如果有多个文件名，各个文件名之间须用空格分隔。Apache 会根据文件名的先后顺序查找在“主目录”列表中指定的文件名，如能找到第 1 个则调用第 1 个，否则再寻找并调用第 2 个，依次类推。

如添加 index.htm 和 index.php 文件作为默认文档。可以通过修改其配置文件的一条语句“DirectoryIndex index.html index.htm index.php index.html.var”来完成。

③　设置 Apache 监听的 IP 地址和端口号。

Apache 默认会在本机所有可用 IP 地址上的 TCP80 端口监听客户端的请求。可以使用多个 Listen 语句，以便在多个地址和端口上监听请求。

如设置服务器监听 IP 地址为 192.168.0.221 的 80 端口和 192.168.0.221 的 8080 端口请求，可以使用以下配置语句：

```
Listen 192.168.0.221:80
Listen 192.168.0.221:8080
```

④　设置相对根目录的路径。

相对根目录通常是 Apache 存放配置文件和日志文件的地方。在默认的情况下，相对根目录是/etc/httpd，它一般包含 conf 和 logs 子目录：

```
ServerRoot "/etc/httpd"
```

⑤　设置日志文件。

日志文件可以说是网络管理员最好的帮手，分析日志文件是每个网络管理员必不可少的工作，通过日志文件可以监控 Apache 的运行情况、出错原因和安全的问题。

⑥　设置网络管理员的 E-mail 地址。

当客户端访问服务器发生错误时，服务器通常会向客户端返回错误提示网页，为了方便解决这个错误，在这个网页中通常含有管理员的 E-mail 地址。可以使用 ServerAdmin 语句来设置管理员的 E-mail 地址：

```
ServerAdmin WoolfLighthouse@163.com
```

⑦ 设置服务器主机名称。

为了方便 Apache 识别服务器自身的信息，可以使用 ServerName 语句来设置服务器的主机名称。在 ServerName 语句中，如果服务器有域名，则填入服务器的域名；如果没有域名，则填入服务器的 IP 地址：

```
ServerName 192.168.0.221:80
```

⑧ 设置默认字符集。

AddDefaultCharset 选项定义了服务器返回客户机的默认字符集。由于西欧(UTF-8)是 Apache 的默认字符集，因此当客户端访问服务器的中文网页时会出现乱码的现象，解决的方法是将语句“AddDefaultCharset UTF-8”改为“AddDefaultCharset GB2312”，然后重新启动 Apache 服务，中文网页就能正常显示了。

(3) 创建虚拟目录。

要从主目录以外的其他目录中进行发布，就必须创建虚拟目录。虚拟目录是一个位于 Apache 主目录外的目录，它不包含在 Apache 的主目录中，但在访问 Web 站点的用户看来，它与位于主目录中的子目录是一样的。每个虚拟目录都有一个别名，用户在 Web 浏览器中可以通过此别名来访问虚拟目录，如 http://服务器 IP 地址/别名/文件名，就可以访问虚拟目录下面的任何文件了。

使用 Alias 选项可以创建虚拟目录，在主配置文件中，Apache 默认已经创建了两个虚拟目录。下面这两条语句分别建立了“/icons/”和“/manual”两个虚拟目录，它们对应的物理路径分别是“/var/www/icons/”和“/var/www/manual”：

```
Alias /icons/  "/var/www/icons/"
Alias /manual "/var/www/manual"
```

如要创建名为/down 的虚拟目录，它对应的物理路径是“/software/download”，则配置语句为：

```
Alias /down "/software /download"
```

如要创建名为/ftp 的虚拟目录，它对应的物理路径是“/var/ftp”，则配置语句为：

```
Alias /ftp  "/var/ftp"
```

(4) 设置目录权限。

可以使用<Directory 目录路径>...</Directory>这对语句为主目录或虚拟目录设置权限，它们是一对容器语句，必须成对出现，它们之间封装的是具体的设置目录权限语句，这些语句仅对被设置目录及其子目录起作用。

下面是主配置文件中设置目录权限的例子：

```
<Directory " /var/www/icons " >
Options Indexes MultiViews
Allowoverride None
Order allow, deny
Allow from all
</Directory>
```

下面举一些实例来说明 Order、Allow 和 Deny 语句的使用方法。

① 允许所有客户机访问时，使用下面的语句：

```
Order allow, deny
Allow from all
```

② 除了来自 hacker.com 域和 IP 地址为 192.168.0.3 的客户机外，允许所有客户机的访问。其配置方法有两种不同的写法：

```
Order deny, allow
Deny from hacker.com
Deny from 192.168.0.3
```

或者：

```
Order allow, deny
Allow from all
Deny from hacker.com
Deny from 192.168.0.3
```

③ 仅允许来自网络 192.168.16.0/24 客户机的访问，但 IP 地址为 192.168.16.128 的客户机除外。其配置方法为：

```
Order allow, deny
Allow from 192.168.16.0/24
Deny from 192.168.16.128
```

虽然 Allow 语句里面限制的 IP 范围已经包含了 Deny 语句里面的 IP，但在 Order allow，deny 这种格式下，Deny 语句起主要作用，所以最后一条是可以生效的。试对比：

```
Order deny, allow
Allow from 192.168.16.0/24
Deny from 192.168.16.128
```

由于 Allow 语句里面限制的 IP 范围已经包含了 Deny 语句里面的 IP，在 Order deny，Allow 这种格式下，Allow 语句是覆盖掉 Deny 语句的，加上默认是允许所有的客户访问的，因此这 3 条语句的意思是允许所有的客户访问。

3. IPv6 实验网中 Web 服务器的配置

对于 IPv6 实验网中 Web 配置服务器，修改配置文件 httpd.conf 如下几个地方。

- 将 DocumentRoot 中内容修改为：DocumentRoot "/var/www/html/ipv6"，表示 IPv6 网络实验室网页放置的地方。
- 将 Listen 中的内容修改为：

```
Listen [::]:8080
Listen 80
```

  对 IPv4 和 IPv6 所有地址都进行监听。

- 将 AddDefaultCharset 修改为：AddDefaultCharset gb2312。

重新启动 Apache 使其配置生效，命令如下：

```
/etc/init.d/httpd restart
```

如果需要一个更安全更稳定的 Web 服务器，还需要根据“Apache 服务基本配置的说明”做进一步的配置，在此不再赘述。

4. 测试 Apache 服务器

执行“/etc/init.d/httpd”命令，确定 Web 服务已经启动后，在客户端的 Web 浏览器中输入“http://wwwjcut6.edu.cn”进行访问，出现如图 6.9 所示的 IPv6 实验网的主页，表示 Web 服务器设置成功。

图 6.9　IPv6 实验网的主页

6.3　文件传输协议 FTP

本节将在介绍 FTP 工作原理的基础上，根据 5.6 节所建立的 IPv6 实验网，即图 5.31 的规划，利用 PureFTPD 软件，实现 IPv6 实验网的 FTP 服务器。

6.3.1　FTP 的工作原理

FTP 是一个应用很广泛的文件传输协议，RFC959 是它的正式规范，利用 FTP 可以很方便地在不同主机之间进行文件的传输。FTP 支持异构系统，也就是说，利用 FTP 传输文件的两台主机的操作系统、文件结构和字符集等都可以不同。

FTP 采用的是客户/服务器模型。在客户端输入登录 FTP 服务器的命令，就可以进入服务器，在权限允许的情况下输入规定的命令，就能得到文件列表、上传或下载文件。

与一般的应用层协议不同，FTP 要使用两条 TCP 连接来传输文件：一条是控制连接，另一条是数据连接。这是因为 FTP 是一个交互式会话系统，客户端每次调用 FTP，就与服务器建立一个会话，控制连接用来维持会话，传输控制信息(如客户命令)；客户每发出一个传输数据的请求，服务器就会和客户端建立一条数据连接，用于传输数据，在数据传输完毕后，数据连接撤销，但控制连接仍然存在。可以看出，在一个 FTP 会话的过程中，存

在着一条控制连接和多条数据连接(假设传输多次文件的话)。

图 6.10 显示了 FTP 服务器的会话过程。

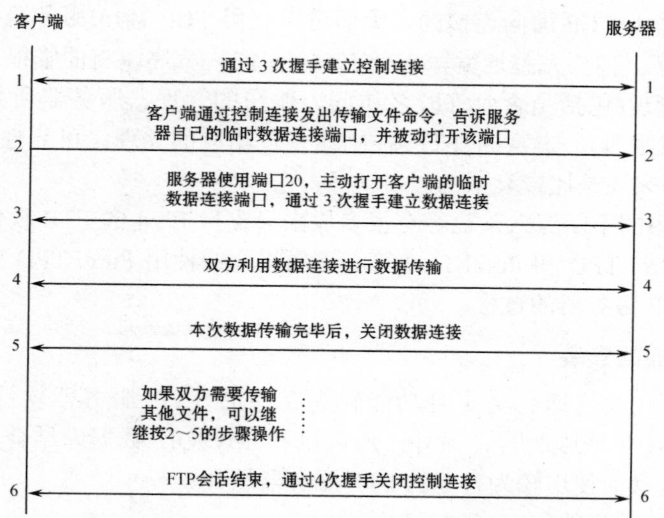
客户端
服务器
通过 3 次握手建立控制连接
1
1
客户端通过控制连接发出传输文件命令，告诉服务器自己的临时数据连接端口，并被动打开该端口
2
2
服务器使用端口20，主动打开客户端的临时数据连接端口，通过 3 次握手建立数据连接
3
3
双方利用数据连接进行数据传输
4
4
本次数据传输完毕后，关闭数据连接
5
5
如果双方需要传输其他文件，可以继续接2～5的步骤操作
FTP会话结束，通过4次握手关闭控制连接
6
6

图 6.10　FTP 服务器的会话过程

其建立和拆除两条连接的过程如下。

(1) 服务器以被动的方式打开用于 FTP 的服务器端口 21，等待客户的连接。

(2) 客户端申请一个本地临时端口，向 FTP 服务器的 21 端口发出连接请求。

(3) 服务器响应客户端的请求，并给客户端发送应答，控制连接建立。在整个 FTP 会话的过程中，控制连接一直存在，直到会话的结束，在这一过程中，控制连接负责把客户端的命令传给服务器，并把服务器的应答传给客户端。

(4) 客户端通过控制连接向服务器发出一个传输文件(可以是从客户端向服务器发送文件，也可以是从服务器向客户端发送文件)的命令，此时，客户端需要为数据连接选择一个临时端口，并被动打开该端口，把端口号告诉服务器。

(5) 服务器对客户端的命令进行应答，并申请一个端口号(通常是 20)，向客户端的数据连接端口发出连接请求。

(6) 客户端响应该请求，数据连接建立。

(7) 传输数据。

(8) 数据传输完毕后，服务器端关闭数据连接，如果客户端需要传输其他文件，重复步骤 4～8。

(9) FTP 会话结束，客户端关闭控制连接。

从上面的过程可以看出，在建立控制连接时，客户端主动发出连接请求，服务器的端口是被动打开的；而在建立数据连接时，情况恰好相反，客户端被动打开数据连接端口，服务器主动发出连接请求，从客户/服务器模型的角度来看，此时 FTP 服务器和客户端的角色正好反了过来。

6.3.2 FTP 在 IPv6 下的实现

由于 FTP 是基于 TCP 面向连接的，因而可以利用 TCP 客户/服务器模型的套接字编程来完成 FTP 的程序。但要完整地编写一个 IPv6 下 FTP 程序，将面临很多的工作，如对用户访问的控制和管理(包括是否允许匿名访问、账户的管理、服务器所允许的最大连接个数、某些目录的权限等)，丰富的 FTP 控制命令及相应的处理，可靠性保证(如断点续传)等，这些工作做起来还是比较复杂的。

随着 IPv6 应用的不断深入，已经有很多原来只支持 IPv4 的 FTP 软件开始支持 IPv6，比如 SmartFTP、ProFTPD 和 PureFTPD 等。下面将介绍使用 PureFTPD 软件在 CentOS 5.3 上建立 IPv6 下 FTP 服务器的过程。

1. FTP 服务器的安装

PureFTPD 是一款快速、稳定且功能较为完善的 FTP 服务器软件，它支持 IPv6、chroot、虚拟域名、带宽限制等，另外，还可以和 MySQL 数据库结合来实现对用户的管理，安全性高，是目前使用较为普遍的 FTP 服务器软件。

PureFTPD 可以从它的官方网站下载，具体为：

```
[root@IPV6 ftp]#wget http://download.pureftpd.org/pub/pure-
ftpd/releases/pure-ftpd-1.0.24.tar.gz
[root@IPV6 ftp]# cd pure-ftpd-1.0.24
[root@IPV6 pure-ftpd-1.0.24]# ./configure --prefix=/usr/local/pureftpd -
with-language=simplified-chinese
```

注意：--prefix=/usr/local/pureftpd 是安装的目标目录；with-language=simplified-chinese 是采用中文作为提示语言；with-everything 是安装所有功能。

接下来开始进行编译安装，命令如下：

```
[root@IPV6 pure-ftpd-1.0.24]#make
[root@IPV6 pure-ftpd-1.0.24]#make check
[root@IPV6 pure-ftpd-1.0.24]#make install
[root@IPV6 pure-ftpd-1.0.24]cd configuration-file
[root@IPV6 configuration-file]# mkdir /usr/local/pureftpd/etc
[root@IPV6 configuration-file]#chmod u+x pure-config.pl
[root@IPV6 configuration-file]#cp pure-config.pl
/usr/local/pureftpd/sbin
[root@IPV6 configuration-file]#cp pure-ftpd.conf /usr/local/pureftpd/etc
```

以上安装过程，如果没有出现错误提示，则表示 PureFTPD 安装成功。

2. FTP 服务器的配置

PureFTPD 的一些运行参数，是通过其 pure-ftpd.conf 配置文件来实现的，它位于 usr/local /etc/pure-ftpd.conf 目录下。下面对 pure-ftpd.conf 配置文件中一些主要选项进行说明。

(1) 设置是否将用户限制或锁定在主目录下。

ChrootEveryone 选项定义了是否将用户锁定在主目录中，锁定用户在主目录中可以提高系统的安全性。如果确定要将用户锁定在主目录中，则命令如下：

```
ChrootEveryone yes #限制每个用户到自己的根目录
```

(2) 设置同时登录到 FTP 服务器的最大连接数。

MaxClientsNumber 选项定义了同时登录到 FTP 服务器的最大连接数，限制同一时间最大的用户访问数，确保服务器能承受的负载。该值应根据服务器的硬件、软件条件和网络的情况来进行摄制。比如：

```
MaxClientsNumber 50  #表示服务器只能允许 50 个用户同时登录，即最大用户数为 50
```

(3) 设置每个 IP 地址的最大连接数。

MaxClientsPerIP 选项定义了服务器允许来自某个 IP 地址的最大连接数。很多用户在下载文件时，往往会使用一些下载软件同时打开多个线程，这对于 FTP 服务器来说，不仅占用了带宽，而且还挤占了用户的登录数，因此，通过设置这一参数能防止此种情况的出现。其命令如下：

```
MaxClientsPerIP 8   #同一 IP 允许同时连接的用户数为 8
```

(4) 设置是否只允许匿名用户连接。

AnonymousOnly 参数定义了是否只允许匿名用户连接。如果作为公共 FTP 服务器，只希望匿名用户访问，就可以将该参数设置为 yes，这样普通的 FTP 用户就无法使用用户名和口令登录。命令如下：

```
AnonymousOnly yes
```

(5) 设置是否允许匿名用户登录。

NoAnnoymous 参数定义了是否允许匿名用户登录。如果允许匿名用户登录，需要将该参数设置为 no。如：

```
NoAnonymous no
```

(6) 设置登录欢迎信息文件的位置。

FortunesFile 参数用来定义登录欢迎信息文件的位置。欢迎信息文件是一个文本文件，它需要网络管理员手工建立。如：

```
FortunesFile  /etc/ftpmsg
```

(7) 设置用户空闲时间超时时间。

MaxIdleTime 参数定义了服务器断开未活动用户的时限，单位为分钟。当用户空闲超过这个时间限制后，软件将关闭与它的连接，以释放其占用的资源。如：

```
MaxIdleTime  15
```

(8) 设置是否允许匿名用户建立目录。

AnonymousCanCreateDirs 参数定义了是否允许匿名用户自己建立新的目录。如果允许，则参数设置为 yes，否则，设为 no。如：

```
AnonymousCanCreateDirs no
```

(9) 设置 FTP 服务器绑定的 IP 地址和端口。

Bind 参数定义了 FTP 服务器绑定的 IP 地址和端口。如果配置文件默认注释该语句，

即绑定服务器所有可用的 IP 地址的 TCP 协议的 21 端口。否则，就是对某个 IP 地址进行绑定。如：

```
Bind 218.199.48.25 21
```

(10) 设置匿名用户的带宽。

AnonymousBandwidth 参数定义匿名用户占用的带宽，单位是 kbps。例如，设置占用带宽为 200kbps，则命令如下：

```
AnonymousBandwidth 200
```

(11) 设置是否允许匿名用户上传文件。

AnonymousCantUpload 参数定义了是否允许匿名用户上传文件。如果允许匿名用户上传文件，则需要将该参数设置为 no。如：

```
AnonymousCantUpload no
```

根据以上一些介绍，用户可以自己进行选择，本书采用其默认配置。

3. FTP 服务器的运行与测试

在 FTP 服务器使用如下命令以启动 FTP 服务：

```
#/usr/local/pureftpd/sbin/pure-config.pl /usr/local/pureftpd/etc/pure-ftpd.conf
```

用一台 IPv6 客户机，比如图 5.31 中的笔记本电脑 1 来进行测试，该机器安装的操作系统为 Windows XP 操作平台。在笔记本电脑 1 的浏览器中输入“ftp://ftp.jcut6.edu.cn”，出现如图 6.11 所示的窗口。

图 6.11 表示图 5.31 中的笔记本电脑 1 匿名登录到了 FTP 服务器，打开了 FTP 服务器，并能够下载文件。这说明 FTP 服务器已经配置成功。

当然，该 FTP 服务器仅仅满足了一些最简单的功能，要真正实用，还可以与 MySQL 结合，实现用户的管理，以建立更复杂、更安全的 FTP 服务器。

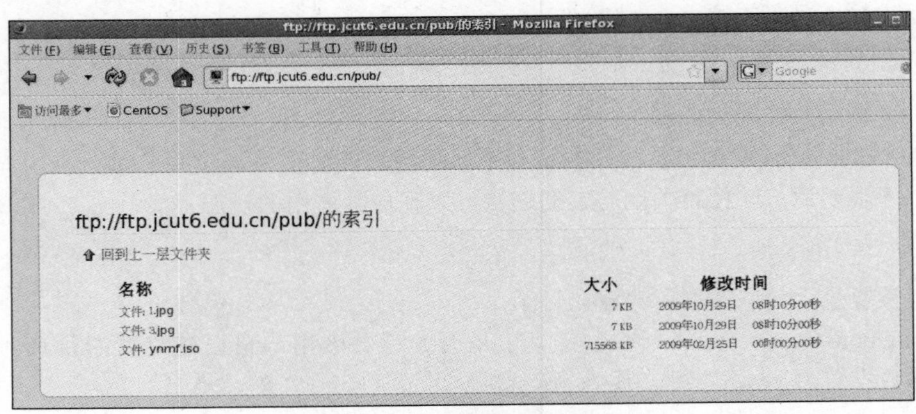

图 6.11　FTP 服务器登录

6.4　IPv6 的其他应用

IPv6 协议的设计目的就是要解决目前 IPv4 应用所遇到的地址匮乏、安全性差、移动性和扩展性不灵活等问题，因此 IPv6 为各种应用提供了强大的技术支持，尤其对视频、语音、移动和安全等业务的发展有极大的促进作用。

本节将主要对 IPv6 在视频等方面的应用做简单的介绍。

1. 视频应用

随着 IP 宽带业务的不断普及和发展，越来越多的行业、企业开始大量采用视频技术开展远程会议、视频点播和广播、远程教学、远程医疗、远程监控、可视电话等多种应用，以满足人们对交互式可视化沟通的需要。IPv6 协议具有丰富的地址空间，解决了地址匮乏问题，优化了地址结构，提高了选路效率和数据吞吐量，适应了视频通信大信息量传输的需要，有助于发展用户；IPv6 协议组播功能的加强和扩展，使用了更多的组播地址，对组播域进行了划分，取消了 IPv4 广播，可以更加有效地利用网络带宽，实现基于组播、具有网络性能保障的大规模视频会议和高清晰度电视广播应用；同时 IPv6 协议使用 IPSec 协议提供更高的安全性，使用流标签为数据包所属类型提供个性化的网络服务，有效保障了相关业务的服务质量，对商业用户的安全性提供了充分的保障，并可以对视频应用中各种媒体信息根据紧急性和服务类别确定数据包的优先级，协调视频应用中语音、视频、数据流的优先顺序，获得更佳的信息传输质量。

2. 网络家电

Internet 经过多年的发展，目前已拥有数量庞大的个人用户群体，且数量不断迅速增加。用户的需求也逐渐从拨号上网转变为目前的宽带接入、光纤接入，并将成为新 Internet 增值业务的最大潜在用户。IPv6 的标准实现为运营商开创新的业务提供了技术基础，而网络家电为运营商开创了新的业务，是 IPv6 下一代网络中的重要应用之一，可以通过个人电脑、PDA 等设备对连接在家庭网络中的空调、电饭煲、微波炉、冰箱、电视、音响和照明设备等家用电器进行远距离遥控。

IPv6 技术大容量 IP 地址结构能够实现每一个家用电器获得一个 IP 地址，并可以通过网络把这些家电管理起来，方便用户随时了解家中的状况，可以实现家庭安全、家庭健康、音乐/电影和电视节目的点播以及家庭能源的管理。而 IPv6 的无状态地址自动配置，使 IPv6 终端能够快速连接到网络上，实现真正的即插即用。

当然，要实现真正的网络家电，目前还需进一步研究网络操作的安全性和操作的轻便性两项内容，IPv6 技术可以使用 IPSec 所具有的认证和加密机制来保证安全性，并通过相关的认证服务等系统加以实现。

3. 传感器网络

日常生活中的地质、环境(大气、水文和水质)等自然状况与老百姓的生产和生活息息相关，也关系到国民经济和可持续发展，同时生产活动对各种环境也产生一定的影响，所以需要对地质和环境进行监测和保护，这就需要使用大量的传感设备对环境参数进行大规模的采集并进行分析。IPv6 技术中的大容量地址空间特性，可以实现为每个传感器分配一

个单独的 IPv6 地址，通过 IPv6 互联网络，实时采集地震、大气和水文等各种环境监测数据，进行分析和研究。而 IPv6 无状态地址自动配置技术，更能体现 IPv6 技术的方便性，使分布在不同地域的、大量的传感器自动获得 IPv6 地址，无须人工分配。如使用 IPv6 技术，通过开发可寻址、可联网的地质监测传感器可以建立全国地震监测网，实时采集各种地质数据，分析地质活动情况，提高对地震等灾害的监测能力，为人民生活和国民经济发展提供更好的服务。

4. 视频监控

IPv6 带来地址的极大丰富，大量部署网络摄像头成为可能，且可方便地进行管理和控制。通过对 IPv6 协议的支持，网络摄像终端具有更强的生命力。从国外视频监控市场可以看出，个人用户同样是视频监控的重要客户，而我国的视频监控主要还集中在行业用户，在个人用户方面有很大的发展潜力。视频监控已经开始展现出蓬勃的生命力，而规模化、可运营的监控网络则为运营商提供了广阔的商机。

5. 智能终端、物联网

随着 PDA、智能手机等个人终端联入互联网，越来越多的电子设备都有了联网功能的需求，包括个人智能终端、工业传感器、自动售货机、汽车等，由此将产生巨大的 IP 地址的需求。IPv6 的“即插即用”的地址分配方式及巨大的地址空间可以满足智能终端的需求。

6. 智能家庭网络

基于 CNGI 的家庭网络是一个研究的热点。未来家庭网络中会包括智能家电、流媒体应用系统、视频监控系统、家居控制系统等多样化的组件，集通信、娱乐、控制应用于一体。结合 IPv6 技术可以更方便地实现智能家庭网络的部署。

从目前国内外的应用情况来看，IPv6 业务已经有了很大进展，运营商、设备提供商、科研机构的积极参与使得 IPv6 向大规模商用迈进。市场是技术最好的驱动力，相信伴随着部署和应用的逐步展开，IPv6 的优势将在具体应用中得到越来越突出的显现。

习题与实验

一、选择题

1. 用户将文件从 FTP 服务器复制到自己计算机的过程，称为(　　)。
   A. 上传　　B. 下载　　C. 共享　　D. 打印
2. 用户在访问 Web 资源时需要使用统一的格式进行访问，这种格式被称为(　　)。
   A. 物理地址　　B. IP 地址　　C. 邮箱地址　　D. 统一资源定位符
3. 下面是某单位的主页的 Web 地址 URL，其中符合 URL 格式的是(　　)。
   A. Http//www.jnu.edu.cn　　B. Http:www.jnu.edu.cn
   C. Http://www.jnu.edu.cn　　D. Http:/www.jnu.edu.cn"
4. 用于将域名解析到 IPv6 地址的 DNS 记录是哪一个？(　　)
   A. AV6　　B. AAAA　　C. A6　　D. NAME6

5. 以下关于 DNS 服务器的叙述中，错误的是(　　)。

A. 用户只能使用本网段内 DNS 服务器进行域名解析

B. 主域名服务器负责维护这个区域的所有域名信息

C. 辅助域名服务器作为主域名服务器的备份服务器提供域名解析服务

D. 转发域名服务器负责非本地域名的查询

二、填空题

1. DNS 是一个分布式数据库系统，它提供将域名转换成对应的________信息。

2. 利用________协议，用户可以将远程计算机上的文件下载到自己计算机的磁盘中，也可以将自己的文件上传到远程计算机上。

3. HTTP 有两类报文，分别是从客户到服务器的________报文和从服务器到客户的________报文。

三、简答题

1. 简述什么是 DNS，其主要功能是什么。

2. 简述 HTML 和 HTTP 的区别和联系。

四、实验

使用 BIND 配置 DNS 服务器。

第 7 章 IPv6 的安全机制

由于 IPv4 在设计之初没有过多地考虑网络的安全性，随着 Internet 的飞速发展，各种应用越来越多和越来越深入，这种设计的不完善性引发了越来越多的网络安全问题，尽管后来在应用程序级上采用了一些安全机制，如加密和安全套接字层(Secure Socket Layer，SSL)等技术，但依然无法从 IP 层来保证网络的安全。而 IPSec 协议恰恰是解决 IP 层安全的一种可行的网络安全机制，该协议对 IPv4 来说是可选项，但对 IPv6 来说是必选的，它是 IPv6 网络安全的核心。

本章将在分析 IPSec 协议标准的基础上，介绍 IPSec 的体系结构和相关协议，讨论密钥交换 IKE 的有关消息协商的过程。

7.1　IPsec 协议概述

1994 年，Internet 体系结构委员会(Internet Architecture Board，IAB)就网络安全问题提交了一份“Internet 体系结构的安全”(RFC1636)的报告。报告指出，Internet 需要更多更好的安全，并就安全机制的关键领域达成共识，其中包括必须防止未经授权访问网络基础设施；必须对网络通信业务流进行控制；必须使用加密和验证机制，保护终端用户间的通信等。IAB 的报告提出后，其下属机构 IETF 立即组织人员进行研究，并于 1995 年 8 月公布了 RFC1825、RFC1826、RFC1827 和 RFC1828 等 IP 安全标准的系列文档。

在前面这些文档的基础上，IETF 于 1998 年 11 月发布了 RFC2401 至 RFC2409 等一系列 RFC 文档，这一系列的相关文档被称为 Internet Protocol Security，即 IPSec 协议。其中 RFC2401 至 RFC2409 所涉及的内容如下。

- RFC2401：IPsec 协议的安全体系结构(Security Architecture for the Internet Protocol)，它描述了 IPsec 的基本框架，包括认证报头 AH 和封装安全有效载荷 ESP 能够提供的基本安全功能，安全联盟 SA 的基本概念和主要功能，SAD 和 SPD 的相互作用，SA 的手动和自动密钥管理功能简介。
- RFC2402：认证报头(IP Authentication Header，AH)，它描述了 AH 的协议封装和相关的处理过程。
- RFC2403：在 ESP 和 AH 中 HMAC-MD5-96 的使用。
- RFC2404：在 ESP 和 AH 中 HMAC-SHA-1-96 的使用。
- RFC2405：显式初始向量中的 ESP 在 DES-CBC 模式的加密算法(The ESP DES-CBC Cipher Algorithm with Explicit IV)。
- RFC2406：封装安全有效载荷(Encapsulating Security Payload，ESP)，描述了 ESP 的协议封装和相关的处理过程。
- RFC2407：ISAKMP 的互联网 IP 安全的解释域(The Internet IP Security Domain of Interpretation for ISAKMP)。
- RFC2408：互联网络安全联盟与密钥管理协议(Internet Security Association and Key Management Protocol，ISAKMP)。
- RFC2409：互联网密钥交换(The Internet Key Exchange，IKE)。

上面的 RFC2403、RFC2404 和 RFC2405 等，主要是与 IPSec 协议的验证和加密算法相关，更多地涉及了密码学的内容。而 RFC2407、RFC2408 和 RFC2409 这几个 RFC 文档主要描述了 SA 建立和管理的基本过程及在这个过程中所使用的密钥确定和交换的方法。

随着 IPSec 协议广泛而深入地使用，IPSec 也逐渐暴露出了一些缺陷与不足，比如 IKE 实体配置过于复杂，访问证书或密钥管理机构不完善等。针对出现的问题，IETF 组织下的 IP 安全工作组也一直不断地对该协议进行完善，并先后发布了十余个草案，最后终于在 2005 年 12 月再次发布了 IPSec 新的文档，这些文档分别定义在 RFC4301 至 RFC4309 中。其中 RFC4301 至 RFC4309 所涉及的内容如下。

- RFC4301：IPsec 协议的安全体系结构。旧版本为 RFC2401。
- RFC4302：认证报头 AH。旧版本为 RFC2402。

- RFC4303：封装安全有效载荷 ESP。旧版本为 RFC2406。
- RFC4304：对 IPsec 解释域中关于互联网络安全联盟和密钥管理协议的扩展序列号的增补(Extended Sequence Number(ESN) Addendum to IPsec Domain of Interpretation(DOI) for Internet Security Association and Key Management Protocol (ISAKMP))。
- RFC4305：关于 ESP 和 AH 的加密算法的执行需求(Cryptographic Algorithm Implementation Requirements for Encapsulating Security Payload(ESP) and Authentication Header(AH))。涉及的旧版本为 RFC2402 和 RFC2406，而最新的版本是 2007 年 4 月发布的 RFC4835。
- RFC4306：互联网密钥交换协议(Internet Key Exchange(IKEv2) Protocol)。涉及的旧版本为 2407、2408 和 2409，最近更新的版本是 2008 年 8 月公布的 RFC5282 文档。
- RFC4307：在互联网密钥管理第 2 版中使用的加密算法(Cryptographic Algorithms for Use in the Internet Key Exchange Version 2(IKEv2))。
- RFC4308：适用于 IPsec 的密码(Cryptographic Suites for IPsec)。
- RFC4309：在 ESP 中使用高级的基于 CCM 模式的加密标准(Using Advanced Encryption Standard(AES) CCM Mode with IPsec Encapsulating Security Payload (ESP))。

从上面的分析可知，IPSec 是一系列协议的组合，这些协议的组合提供了以下几方面的网络安全服务。

- 基于无连接的数据完整性：使用 IPsec 能在不参照其他包的情况下，对任一单独的 IP 数据包进行完整性校验，此时每个包都是独立的，可以通过自身来确认。此功能可以通过使用安全散列技术来完成。
- 数据机密性：数据机密性是指允许身份验证正确者访问数据，对其他任何人一律不允许，它是通过使用加密来实现的。
- 数据源认证：IPsec 提供了一项安全性服务，是对 IP 数据包内包含的数据的来源进行标识，此功能是通过使用数据签名来完成的。
- 访问控制：如果没有正确的密码，就不能访问一个服务或系统，可以调用安全性协议来控制密钥的安全交换，用户身份验证可以用于访问控制。
- 抗重播：作为无连接协议，IP 很容易受到重播攻击的威胁。重播攻击是指攻击者发送多个目的主机已接收过的包，通过占有接收系统的资源，使系统的可用性受到损害，为此，IPsec 提供了包记数器机制。
- 有限业务流机密性：有时候只使用加密数据不足以保护系统，只要知道一次加密交换的末端点、交互的频度或有关数据传送的其他信息，攻击者就有足够的信息来使系统混乱或毁灭系统。通过使用 IP 隧道方法，尤其是与安全网关的共同使用，IPsec 提供了有限业务流机密性。

由于 RFC2401 这一系列的文档使用的广泛性，因此本章将主要以此来讨论 IPSec 协议，同时对 RFC4301 等文档有选择地做一些简单的介绍。

7.2　IPsec 协议的体系结构

IPSec 协议是由一系列能够为 IP 网络提供完整安全方案的协议所构成，这些协议的组合为应用实体提供了多种保护措施，也构成了 IPSec 的体系结构。本节将主要介绍 IPSec 的体系结构以及其核心——安全联盟、主要的数据库、实施和工作模式。

7.2.1　IPsec 协议的体系结构

IPSec 协议的安全体系结构如图 7.1 所示。

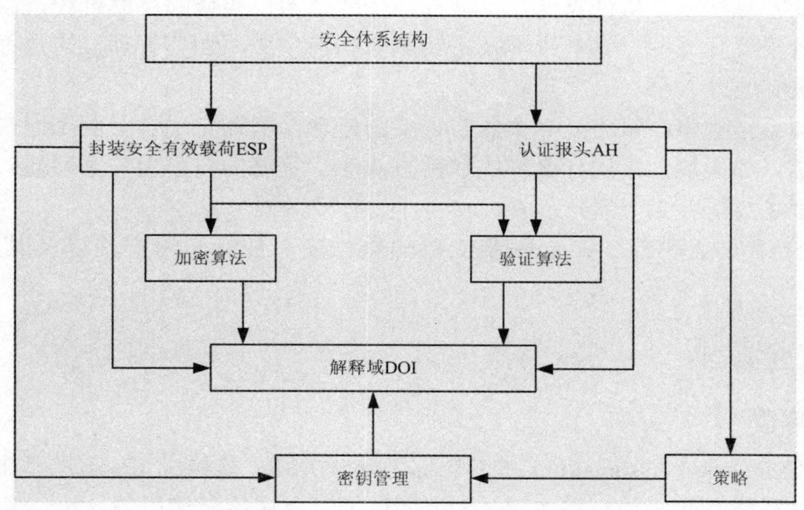

图 7.1　IPsec 协议的体系结构关系

对图 7.1 中各个组成部分的含义说明如下。

- 安全体系结构：是对网络层上的一般的概念、安全需求和机制的概述性描述。
- 封装安全有效载荷(ESP)：ESP 定义了 ESP 加密及验证处理的相关报文的格式和处理规则。
- 认证报头(AH)：AH 定义了 AH 验证处理的相关报文的格式和处理规则。
- 加密算法：加密算法描述各种加密算法如何用于 ESP 中。
- 验证算法：验证算法描述各种身份验证算法如何应用于 AH 和 ESP 中。
- 解释域 DOI：DOI 定义了密钥协商协议彼此相关部分的标识符及参数。
- 密钥管理：在 IPsec 安全体系中，可以采用手动或自动两种方式完成密钥的管理工作。手动创建密钥需要网络管理人员亲自动手将信息写入相应的数据库，并定期修改维护。它一般适用于规模较小的网络。对于规模较大的网络，必须借助于自动方式完成密钥管理工作。密钥交换协议 IKE 是 IPsec 体系规定的自动密钥管理协议，使用者也可以采用其他的密钥分配技术来完成密钥的自动管理。
- 策略：策略则决定两个实体之间能否通信以及如何进行通信的方式或方法。

安全体系结构提出了一种安全方面的需求，比如，对于两个通信实体，要采用 IPsec

来实现通信实体的数据起源地验证，无连接数据的完整性验证，数据内容的机密性，抗重播保护以及有限的数据流机密性保证等，这样的安全需求通过什么样的措施和手段来进行保证？

根据安全体系结构，IPsec 是通过使用“封装安全有效载荷 ESP”或者“认证报头 AH”来对 IP 数据包或上层协议进行保护的。其中，AH 可验证数据的起源地，保障数据的完整性以及数据包的抗重播特性。ESP 除具有 AH 的所有功能之外，还可选择保障数据的机密性，以及为数据流提供有限的机密性保证。

在采用 ESP 或 AH 对 IP 数据包进行保护时，IPsec 还制定了一套默认的、强制实施的加密和验证算法，以确保不同的实施方案之间可以互通。

无论是加密算法还是认证算法，都涉及至少两个通信实体的协商过程，这些协商过程的参数都包含于解释域中。这其中涉及密钥参数如何生成，如何管理，这些都可以通过使用密钥管理来完成。

在整个体系结构中，策略是一个非常重要的概念，因为它决定了两个通信实体之间是否能进行通信，如果能，采用什么样的加密方式等。策略的核心由安全联盟、安全联盟数据库和安全策略数据库 3 个部分组成。

下面将介绍安全联盟、安全联盟主要的数据库、IPSec 的实施以及其工作方式等内容。

7.2.2 安全联盟

1. 安全联盟

安全联盟(Security Association，SA)也称为安全关联，是构成 IPsec 的基础，它是两个通信实体经协商建立起来的一种协定。SA 规定了安全通信要使用的 IPsec 协议、转码方式、密钥和密钥的有效期等。在具体实施 IPSec 时，必须首先在两个应用实体(主机、路由器)间建立 SA，由 SA 来决定保护什么，如何保护以及谁来保护通信的数据。

一个 SA 只保护单向数据流，因此对外出和进入的数据包需要分别使用不同的 SA，而且需要各自维护一张单独的 SA 数据表。例如两个主机 A 和 B 正在进行 IPsec 安全通信，那么主机 A 需要有一个外出 SA，即 SA(out)，用来处理外发的数据包；另外还需要有一个进入 SA，即 SA(in)，用来处理进入的数据包。主机 A 的 SA(out)和主机 B 的 SA(in)将共享相同的加密参数(比如说密钥)。类似地，主机 A 的 SA(in)和主机 B 的 SA(out)也会共享同样的加密参数。

另外，不同的协议会有不同的 SA。如果主机 A 和主机 B 同时通过 AH 和 ESP 进行安全通信，那么每个主机会针对每一种协议来构建一个独立的 SA，即每个主机有 AH 外出 SA、AH 进入 SA、ESP 外出 SA 和 ESP 进入 SA 共 4 个 SA。由这些 SA 组成的集合称为 SA 束。

安全联盟由 3 个参数标识，它们是安全参数索引(Security Parameters Index，SPI)、源或目的 IP 地址、IPsec 安全协议，用三元组表示为：

```
<安全参数索引 SPI，源或目的 IP 地址，IPsec 安全协议>
```

这个三元组唯一表示了安全联盟。其中安全参数索引 SPI 是一个非常重要的参数，它

实际上是一个长度为 32 位的数据实体，用于唯一地标识出接收端上的一个 SA，SPI 加载在 AH 和 ESP 的报头；源或目的 IP 地址是指 SA 的 IP 地址，对于外来数据包指目的 IP 地址，对于进入 IP 数据包指源 IP 地址；IPsec 安全协议指出了这个联盟 SA 是采用 AH 还是采用 ESP。

2. 安全联盟(SA)的创建与删除

SA 的创建分两步进行，首先协商 SA 参数，再用 SA 更新安全联盟数据库 SAD。

ASSA 参数的协商有两种方式——人工密钥协商和自动密钥协商。人工密钥协商是指通信双方通过离线的方式(如电话、信件等)协商 SA 的各项参数，这种方式难以保证 SA 的实时更新；另外，这些 SA 永不过期，直到以人工方式删除才行。这在一定程度上将大大影响数据的安全性。这种方式主要适合一些小规模的应用场合。

在已经配置好 IPsec 的一个环境中，SA 的建立通过一种 Internet 标准密钥管理协议(比如 IKE)来完成。如果安全策略要求建立安全、保密的连接，但却找不到相应的 SA，IPsec 的内核便会自动调用 IKE。IKE 会与目标主机或途中的主机/路由器协商具体的 SA，而且如果策略要求，还需要创建这个 SA。SA 创建完成且加入安全联盟数据库 SAD 后，保密数据包便会在两个主机间正常“流动”。

当出现下列任何一种情况时，就应当删除 SA：

- SA 生存时间过期。
- SA 所使用的密钥遭破解。
- 使用该 SA 加/解密或者验证的字节数已经超过安全策略设定的最大值(阈值)。
- 通信的另一方要求删除该 SA(如会话结束时)。

SA 可以通过手工或 IKE 来删除。为降低他人破解系统的可能性，经常需要更改密钥。IPsec 本身没有提供更新密钥的能力。为此，必须先删除现有的 SA，再协商并建立一个新的 SA。一旦 SA 被删除，它所使用的安全参数索引 SPI 便可以重新使用。

为避免耽搁通信，必须在现有的 SA 过期之前，协商好一个新的 SA。如果 SA 的存活周期非常短，那么在即将到期的 SA 被删除之前，拥有多个 SA 的通信双方便可利用老的 SA 来保障通信的安全。然而，最好的做法还是创建 SA，尽量避免使用以前的 SA。

7.2.3　安全联盟主要的数据库

1. 安全联盟数据库

安全联盟数据库(Security Association Database，SAD)用来保存协商好的 SA，为进入和外出数据包处理维持一个活动的 SA 数据表。安全联盟数据库 SAD 是由各个 SA 聚集在一起形成的，可以通过手工或是使用 IKE 之类的自动密钥管理系统来管理。安全联盟数据库 SAD 中的记录项定义了与 SA 相关联的参数，每个 SA 都会在安全联盟数据库 SAD 中有一条记录项相对应。对于进入处理，使用三元组<安全参数索引 SPI，源或目的 IP 地址，IPsec 安全协议>标识来查询安全联盟数据库 SAD 的记录，找到对应 SA。对于外出处理，则首先在安全策略数据库 SPD 中查找指向 SAD 中 SA 的指针，然后在安全联盟数据库 SAD 中查找对应的 SA 或 SA 束。如果此时 SA 尚未建立，则需要通过协商建立 SA，存储到安全联盟数据库 SAD 中，并将安全策略数据库 SPD 中的项与安全联盟数据库 SAD 的记

录项关联起来。

安全联盟数据库 SAD 记录项中的有关参数如下。

(1) 目的地址：对于隧道模式中的 IPsec 来说，需用该字段指出隧道的目的地，即外部报头的目标 IP 地址。

(2) 安全协议：AH 或 ESP。

(3) 安全参数索引 SPI：一个 32 比特字段，用于区别同一个目的地和协议的 SA。

(4) 序号计数器：一个 32 比特字段，用于产生 AH 或 ESP 头的序号。

(5) 序号计数器溢出标志：用来标识序号计数器是否溢出。如溢出，则产生一个审计事件，并禁止用该 SA 继续发送数据包。

(6) 抗重播窗口：一个 32 比特计数器，用于决定进入的 AH 或 ESP 数据包是否为重发。该参数为可选的，如接收方不选择抗重播服务(如手工设置 SA 时)，则不使用抗重播窗口。

(7) SA 的生存期：这是一个时间间隔。超过这一间隔后，应建立一个新的 SA(以及一个新的 SPI)或终止通信。生存期可以用时间或字节数为标准，也可一起使用。生存期分为软、硬两种。软生存期过期时，只是发出警告要更换 SA；而硬生存期过期时，则指明当前 SA 必须终止。如数据包在 SA 生存期内未传输，则应丢弃。

(8) IPsec 协议模式：IPsec 协议可同时用于隧道模式及传输模式。依据这个字段的值，载荷的处理方式也会有所区别。可将该字段设为隧道模式、传输模式或者一个通配符。如果将该字段设为“通配符”，则意味着该 SA 既可用于隧道模式，亦可用于传输模式。

(9) PMTU：记录所经过路径的 MTU 及其寿命变量。在隧道模式下使用 IPsec 时，必须维持正确的 PMTU 信息，以便对这个数据包进行相应的分段。

2. 安全策略数据库

安全策略(Security Policy，SP)是指对 IP 数据包提供何种保护，并以何种方式实施保护。SP 主要根据源 IP 地址、目的 IP 地址、进入数据还是外出数据等来标识。IPsec 还定义了用户能以何种粒度来设定自己的安全策略，由“选择符”来控制粒度的大小，不仅可以控制到 IP 地址，还可以控制到传输层协议或者 TCP/UDP 端口等。

安全策略数据库(Security Policy Database，SPD)是指将所有的安全策略 SP 以某种数据结构集中存储的列表。

SPD 的每一个条目表示一个策略，定义如何处理在此策略下所覆盖的流量。任何输入和输出数据包都要按以下 3 种方式之一进行处理——丢弃、执行 IPsec 处理或绕过 IPsec 处理。SPD 策略条目包括一个 SA 或一个需经 IPsec 处理的 SA 集束(Bundle)流量规范。一个 SA 集束是指在可用的流量被处理时按序应用的 SA 的集合。

数据包与策略条目的匹配借助于选择符，选择符的功能类似于搜索键。一个选择符是 IP 与上层协议字段的集合，它把通信流映射到 SPD 中的安全策略等。构成选择符的可能字段有：

- 源地址。
- 目的地址。

- 传输层协议。
- 源和目的协议端口。
- 用 X.500 名或 FQDN 表示的用户 ID 或系统名。

通常，每一个 SPD 条目都维护以下信息。

- 源地址范围：分组的源地址。
- 目的地址范围：分组的目的地址。目的地址是指在隧道模式下隧道端处理后的内部分组地址。
- 传输层协议：要保护的协议(即 TCP、UDP)编号。
- 源和目的端口：要保护的传输层协议端口号。
- 流量方向：通信流。可以指定为流入或者流出。
- 鉴别方法：AH 或 ESP。
- 机密性算法：加密算法、初始化向量(IV)、密钥等。
- IPsec 协议的操作模式：隧道模式或传输模式。
- 保护级别：请求(始终)或使用(尽可能) 。

如果所传输的分组必须始终被保护，则必须指定“请求”(Require)级别。如果希望尽可能保护分组，就使用“使用”(Use)级别。

在指定“使用”级别时，没有任何 IPsec 保护甚至没有匹配的 SA 能传送分组。对于“请求”级别，如果没有匹配的条目，则丢弃分组。

3. 对等体认证数据库

现有 IPSec 体系结构中的 IKE 实体配置过于复杂，访问证书或密钥管理机构不完善，SPD 和 IKE 之间也缺乏联系，有欺骗攻击的漏洞。RFC4301 提出，在此体系结构上可以构建一个新的实体授权数据库(Peer Authorization Database，PAD)，用于在安全策略数据库 SPD 和 IKE 之间提供连接，负责存储、维护实体的认证信息以及端系统或一组端系统的授权网关信息。

有关对等体认证数据库 PAD 的详细内容请参见 RFC4301。

7.2.4　IPsec 的实施及工作模式

根据用户的不同安全需求，IPsec 可在以下几种情况进行布置实施：主机之间、网络安全网关(如路由器或防火墙)之间以及主机与安全网关之间。根据所实施的场合不同，IPSec 主要有三种实施方式，分别为与操作系统集成的方式、堆栈中的块(Bump In The Stack，BITS)和线缆中的块(Bump In The Wire，BITW)。

1. 与操作系统的集成

所谓与操作系统集成，实际上是将 IPsec 协议无缝地集成在系统(或主机)的操作系统中，与 IP 协议一样同处在网络层，如图 7.2 所示。

由于无缝地接入了网络层，因而有利于 IP 分段、PMTU 和用户套接字之类的网络服务，可以很容易根据每个数据流的级别提供不同的安全服务。与此同时，由于这种集成要对操作系统网络层内核的源代码进行熟悉和做大量的修改，实现起来较为困难。这一般由

操作系统厂商提供解决方案。

这种与操作系统集成的方案主要用于主机和路由器中的实施。

2. 堆栈中的块

堆栈中的块(Bump In The Stack，BITS)是指将 IPsec 协议插入到系统中原有的 IP 层和网络设备驱动层之间，如图 7.3 所示。

应用层
传输层
网络层+IPsec层
数据链路层

图 7.2　IPsec 与操作系统集成

应用层
传输层
网络层
IPsec层
数据链路层

图 7.3　IPsec 实施在堆栈中的块

此方案中，IPsec 作为一个相对独立的模块实现，不需要修改操作系统源代码，并且一次实现即可提供完整的方案，但是这种方式最大的问题就是功能的重复，使分段、PMTU 和路由之类问题的处理变得更加复杂。

3. 线缆中的块

线缆中的块(Bump In The Wire，BITS)通常在路由器中实施，如图 7.4 所示，它多使用一个专用硬件设备实现 IPsec。该设备直接接入路由器的物理接口，一般不运行任何路由算法，而专用于执行公共密钥运算、随机数生成、加密/解密以及散列计算。

图 7.4　IPsec 实施在线缆中的块

IPsec 协议(包括 AH 和 ESP)既可用来保护一个完整的 IP 载荷，亦可用来保护某个 IP 载荷的上层协议。为此 IPsec 定义了两种不同的工作模式——传输模式和隧道模式。所谓传输模式，是只对 IP 数据包的有效载荷进行加密或认证。此时，继续使用以前的报头，只对 IP 报头的部分进行修改，而把 IPsec 协议头部插入到 IP 报头和传输层报头之间。所谓隧道模式，是对整个 IP 数据包进行加密或认证。此时，需要新产生一个 IP 报头，IPsec 报头被放在新产生的 IP 报头和以前的 IP 数据包之间，从而组成一个新的 IP 报头。两种 IPsec 协议 AH 和 ESP 均能同时以传输模式或隧道模式工作。这两种模式的比较如图 7.5 所示。

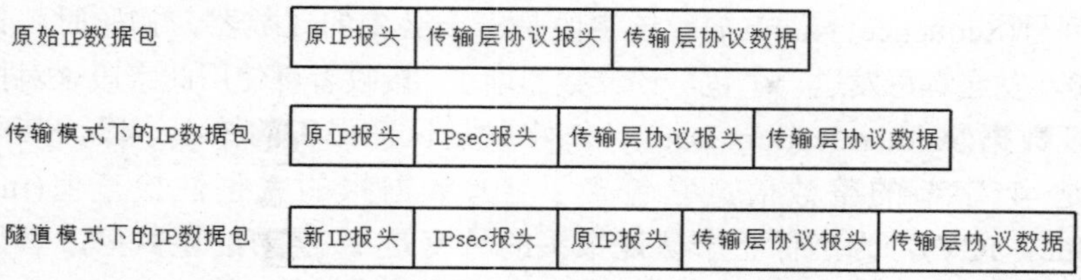

原始IP数据包	原IP报头	传输层协议报头	传输层协议数据		
传输模式下的IP数据包	原IP报头	IPsec报头	传输层协议报头	传输层协议数据	
隧道模式下的IP数据包	新IP报头	IPsec报头	原IP报头	传输层协议报头	传输层协议数据

图 7.5　传输模式和隧道模式下 IPsec 保护的 IP 数据包

7.3　认证报头

IPsec 协议的认证报头(AH)为 IPv6 数据报提供了数据鉴定、数据完整性检测和抗重播保护等的安全保护功能。本节将从认证报头 AH 的格式、传输模式和处理过程等几个方面来讨论认证报头 AH。

7.3.1　认证报头 AH 的格式

认证报头 AH 的格式在 RFC2402 进行了定义，其分配到的协议值为 51。对于 IPv4 来说，也就是受 AH 保护的 IPv4 数据报的协议字段是 51，表明 IP 报头之后是一个 AH 报头。对于 IPv6 来说，认证报头 AH 由前一个报头中的下一个报头字段的值 51 来标识，其格式如图 7.6 所示。

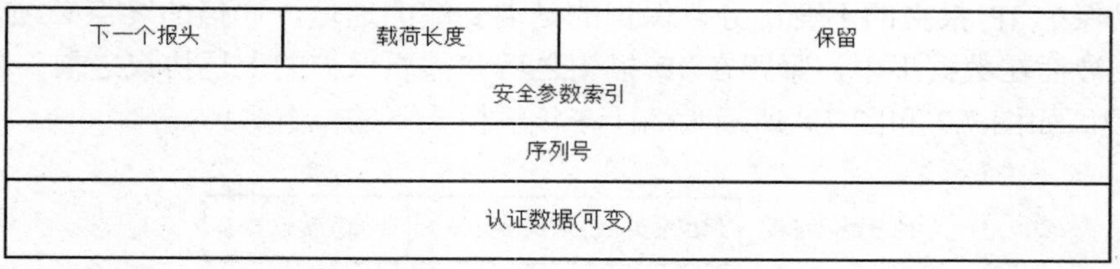

下一个报头	载荷长度	保留
安全参数索引		
序列号		
认证数据(可变)		

图 7.6　认证报头

对图 7.6 中各字段的含义解释如下。

- 下一个报头(Next Header)：该字段表明紧跟在认证报头 AH 后面的下一个报头的类型。对于传输模式，它代表被保护的上层协议，如 UDP 或 TCP；对于隧道模式，该字段的值为 4，表示是 IPv4 封装包，如果是 41，则代表是 IPv6 封装包。
- 载荷长度(Payload Length)：该字段表示 AH 的长度，其值是以 32 比特为单位的 AH 的长度再减去 2。之所以减 2 是因为 AH 实际上是一个 IPv6 扩展报头。IPv6 规范 RFC1883 规定计算扩展头长度时应首先从报头长度中减去一个 64 比特的字。由于载荷长度用 32 比特度量，两个 32 比特的字也就相当于一个 64 比特的字，因此要从总认证头长度中减去 2。
- 保留(Reserved)：该字段保留为将来使用，现全为 0。
- 安全参数索引(Security Parameters Index，SPI)：该字段是一个任意数，与目的 IP 地址和安全性协议一起使用，唯一地标识了一个安全联盟 SA。其中 1～255 被 Internet 分配号码授权机构 IANA 保留以供将来使用，若 SPI 值为 0，则表示只用于本地。

- 序列号(Sequence Number)：该字段是一个必备的计数器，初始时，该计数器的值为 0，发送者每发送一个包，该计数器增 1。接收者可使用此字段来对抗重播攻击。
- 认证数据(Authentication Data)：该字段是认证报头的核心字段，其内容的长度必须是 4 字节的整数倍，它包含了 IP 数据报的完整性检查值(Integrity Check Value，ICV)，为确保整个认证报头的长度是 8 字节的整数倍，必须添加填充值使 ICV 的长度到达所需要的长度。认证数据针对整个 IP 数据报净荷来计算，因此任何对数据报的修改都会使 IP 数据报失去完整性进而达到预防欺骗的目的。

AH 协议可采用多种验证算法，已经被定义的验证算法有 HMAC-MD5 和 HMAC-SHA1，其中 MD5 是 Message Digest 5(消息摘要 5)的简写，SHA 是 Security Hash Algorithm (安全散列算法)的简写。

通信双方中的一方用密钥对整个 IP 数据包进行计算得到摘要值，另一方用同样的密钥和算法进行计算，如果两者的结果相同，则说明数据包在传输的过程中没有被改变，IP 数据包就通过了身份验证。因此，数据的完整性和验证安全得到了保证。

7.3.2 AH 的传输模式

AH 可用于传输模式和隧道模式。在两种情况下，AH 都要对外部 IP 报头的固有部分进行身份验证。

1. 传输模式

AH 只保护 IP 报文的不变部分，保护的是端到端的通信，通信的终点必须是 IPsec 终点。AH 头被插在数据报中，紧跟在 IP 报头之后和需要保护的上层协议之前，对数据报进行安全保护。如图 7.7 和图 7.8 所示为 AH 在传输模式下的位置。

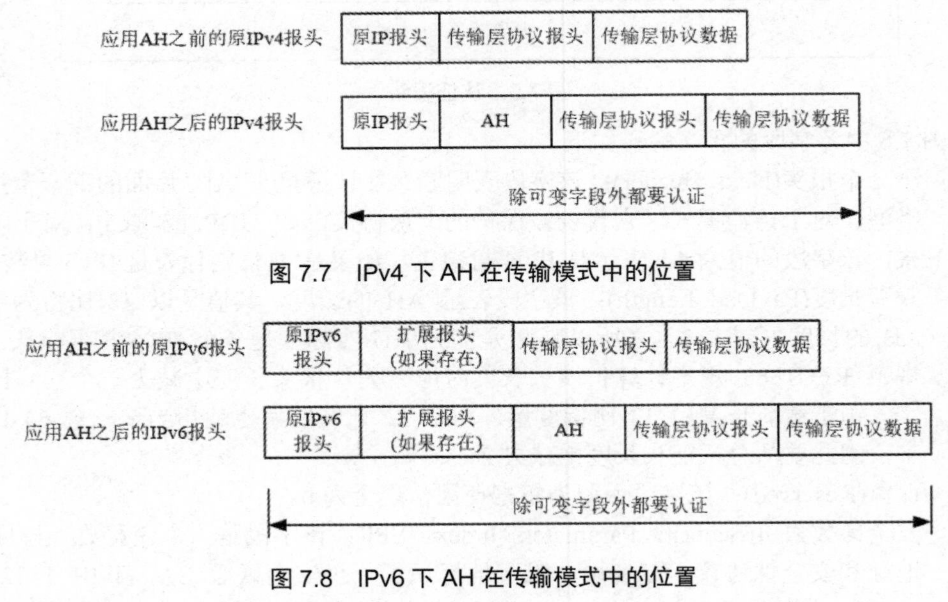

图 7.7　IPv4 下 AH 在传输模式中的位置

图 7.8　IPv6 下 AH 在传输模式中的位置

2. 隧道模式

AH 用于隧道模式时，它将自己保护的数据包封装起来。另外，在 AH 头之前，添了一个 IP 报头。如图 7.9 和图 7.10 所示分别为 AH 在隧道模式下的位置。

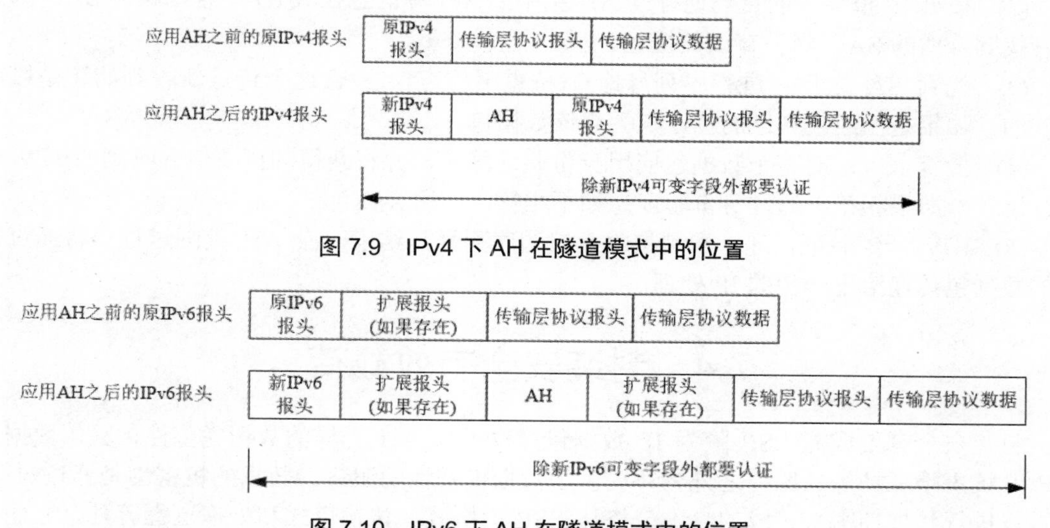

图 7.9　IPv4 下 AH 在隧道模式中的位置

图 7.10　IPv6 下 AH 在隧道模式中的位置

7.3.3　认证报头 AH 的处理过程

AH 的处理过程包括输出处理和输入处理这两个过程，输出处理是指对发送的数据包进行添加 AH 报头的过程；输入处理是指对收到的含有 AH 报头的数据包进行还原的过程。

1. 输出处理

当外出数据包与一个 SPD 条目相匹配时，说明此数据包采用了 IPsec 的保护功能，此时则要求 SAD 查看是否存在一个合适的 SA。如果没有，可用 IKE 动态地建立一个 SA。如果有，SA 指出使用 AH 协议，并将 AH 应用到这个与之相符的数据包。其具体过程如下。

(1)　创建一个外出 SA(手工或通过 IKE)，其序列号计数器初始化为 0，这是为了保证每个 AH 报头中的序列号都是一个独一无二的、非零的和单向递增的数。

(2)　填充 AH 报头的各字段：SPI 置为外出 SA 的 SPI；外出 SA 的序列号计数器加 1，填写序列号；填写长度字段的值；验证数据置为 0。

(3)　计算验证数据 ICV。

(4)　AH 报头中的下一报头置为原 IP 报头中的协议字段的值，原 IP 报头的协议字段置为 51(代表 AH)。

至此，AH 处理结束，AH 保护的 IP 数据包可以传输。

2. 输入处理

显然，如果一个受安全保护的数据包在被收到之前分成了几段，就要求在 AH 输入处理之前，对这些分段进行重新组合。然后，一个完整的、受 AH 保护的 IP 数据包可以传送到 AH 输入处理。其具体处理过程如下。

(1) 检查 IP 报头的“协议”字段是否为 51(AH 协议)。

(2) 根据 IP 报头中的目的地址及 AH 头中的 SPI 等信息在 SAD 中查询相应 SA，如果没有找到合适的 SA，则丢弃该数据包。

(3) 找到 SA 之后，进行序列号检查(抗重播检查)，检查这个包是新收到的还是以前收到的。如果是已经收到过的包，则丢弃该数据包。

(4) 检查 ICV：对整个数据包应用身份验证算法，并将获得的摘要值同收到的 ICV 值进行比较。如果相符，通过身份验证；如不相符，便丢弃该包。

(5) ICV 一经验证，递增滑动接收窗口的序列号，结束一次 AH 处理过程。将通过验证的数据包传递给下一步的 IP 处理。

7.4 封装安全有效载荷

封装安全有效载荷 ESP 除为 IP 数据包提供了与 AH 一样的数据完整性校验、数据认证以及抗重播保护等的服务之外，还提供了数据机密性的服务。数据的机密性是通过对 IP 数据包进行数据加密来完成的。本节将从 ESP 的格式、传输模式和处理过程等几个方面来讨论 ESP。

7.4.1 ESP 的格式

封装安全有效载荷 ESP 是在 RFC2406 中单独定义的，目前最新的版本是 RFC4303。当 ESP 用于保护一个 IP 数据包时，对于属于 IPv4 的数据包，其 IPv4 报头的协议字段为 50，以表明 IP 报头之后是一个 ESP 报头；对于 IPv6 的数据包，ESP 由前一个报头中“下一个报头”字段中的值为 50 来标识，其格式如图 7.11 所示。

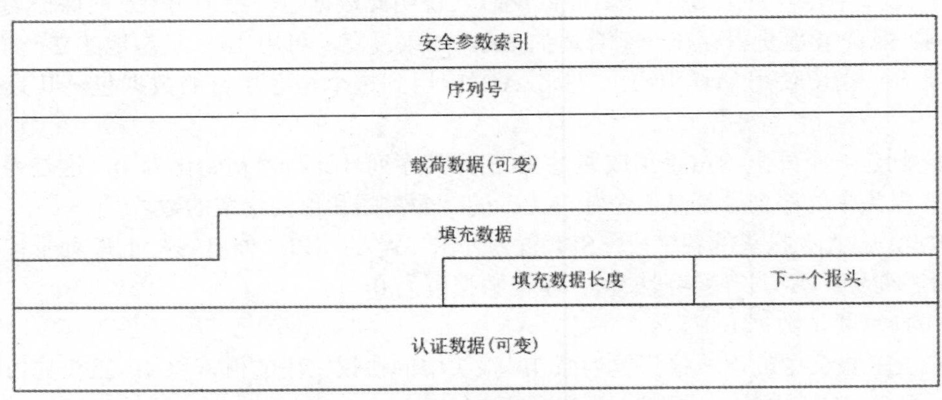

图 7.11 封装安全有效载荷报头的格式

对图 7.11 中各字段的含义解释如下。

- 安全参数索引(Security Parameters Index)：该字段是一个任意的 32 位值，与目的 IP 地址和安全性协议一起使用，唯一地标识了一个安全联盟 SA。其中 1～255 被

Internet 分配号码授权机构 IANA 保留以供将来使用，若 SPI 值为 0，则表示只用于本地。SPI 字段是强制性的。

- 序列号(Sequence Number)：该字段是一个唯一的单向递增的计数器，与 AH 类似，提供抗重播保护的能力。
- 载荷数据(Payload Data)：该字段是一个可变长字段，它包含由下一个报头字段描述的数据，是强制性的，其长度是字节的整数倍。如果加密有效载荷的算法要求加密同步数据，例如初始化向量(Initialization Vector，IV)，那么这个数据(如 IV)可以明确地装载在有效载荷数据字段中。在最新版本的 ESP 文档 RFC4303 中已明确地将 IV 作为一个可选字段加入到有效载荷数据字段中。
- 填充数据(Padding)：该字段用于保证有效载荷在正确的位置结束。发送者可以填充 0～255 字节的填充数据。
- 填充数据长度(Padding Length)：该字段指明紧接其前的填充字节的个数，有效值范围是 0～255，0 表明没有填充字节。
- 下一个报头(Next Header)：该字段指明 ESP 头后面的扩展头或者是上层协议的报头，要注意的是下一个报头指明的数据实际上已经被加密后置前了(紧跟在序列号字段后面)。
- 认证数据(Authentication Data)：该字段是可选的，它包含了一个完整性检查值(Integrity Check Value)，长度必须是 4 字节的整数倍，验证的内容包括 ESP 报头、密文和 ESP 尾部。

7.4.2 ESP 的传输模式

与 AH 的情况一样，ESP 在 IP 数据包中的位置取决于 ESP 的工作模式。ESP 有两种操作方式——传输模式和隧道模式。

1. 传输模式

在传输模式中，ESP 报头插在 IP 报头之后以及紧跟在后的如 TCP、UDP 和 ICMP 等协议之前，确保端到端的安全性。对于 IPv4 来说，在传输模式下，ESP 报头位于 IPv4 报头之后和在上层协议之前。图 7.12 显示了 ESP 在传输模式下所处的位置。图中标明了数据报所受的加密和认证的部分。

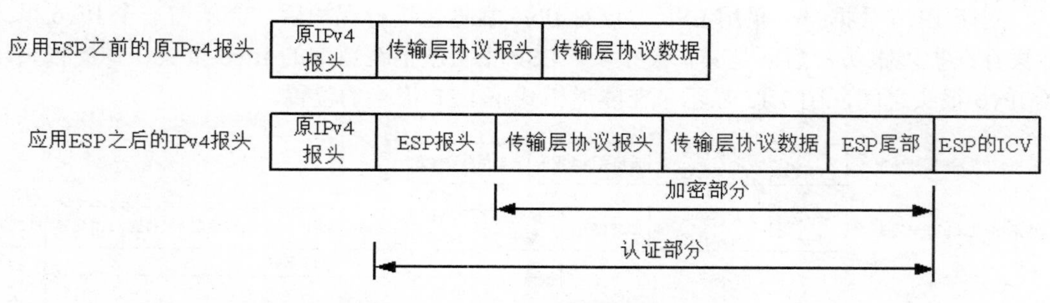

图 7.12 IPv4 下 ESP 在传输模式中的位置

对于 IPv6 数据报，ESP 插在逐跳、路由和分段扩展报头之后，目的选项扩展报头可以放在 ESP 报头的前面或后面。如果目的选项报头由 IPv6 目的地址中的第 1 个目的主机以及由路由报头列出的后续目的主机处理，那目的选项报头将放在 ESP 之前。如果它仅被目的节点处理，则可以放在 ESP 之后。图 7.13 显示了在传输模式下 ESP 相对于其他 IPv6 扩展报头的位置。

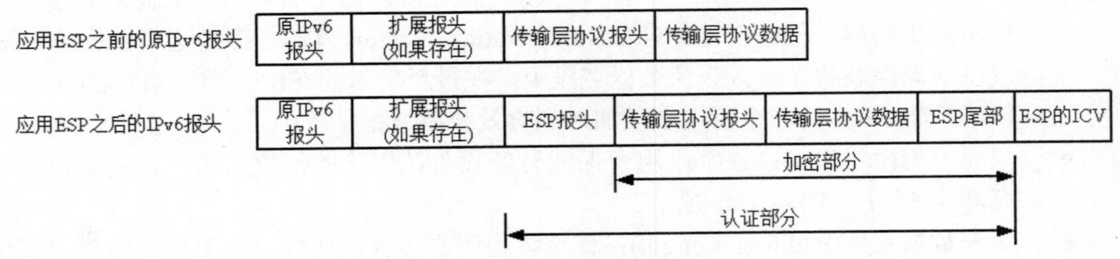

图 7.13　IPv6 下 ESP 在传输模式中的位置

2. 隧道模式

在隧道模式下，通过增加一个新的 IP 报头，并将受保护的 IP 数据包封装起来，组成一个新的 IP 数据包，从而实现对整个 IP 报文的保护。

对于 IPv4 来说，在隧道模式下，使用 ESP 协议对 IPv4 数据包进行保护后，增加了一个新的 IPv4 报头，ESP 报头插在这个新增的 IPv4 报头和原来的原始 IPv4 包之间，如图 7.14 所示显示了 ESP 在传输模式下所处的位置，图中标明了数据报所受的加密和认证的部分。

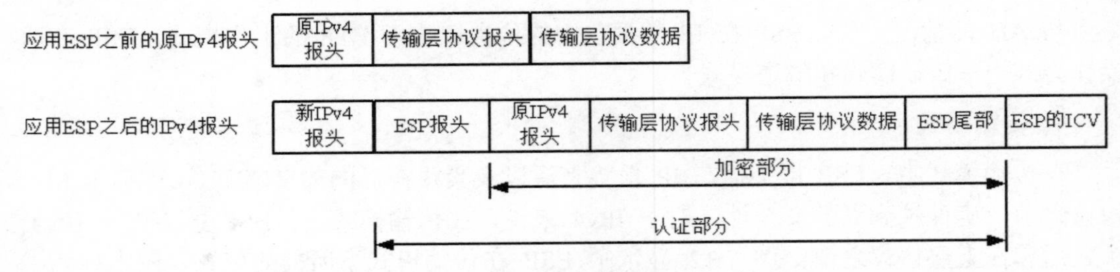

图 7.14　IPv4 下 ESP 在隧道模式中的位置

对于 IPv6 数据报，采用 ESP 协议对 IPv6 数据包进行保护后，会新增一个 IPv6 报头，如果存在扩展报头，后面是其扩展报头，ESP 报头就插在新增的 IPv6 报头、扩展报头与原始 IPv6 报头之间，图 7.15 显示了在隧道模式下 ESP 报头的位置。

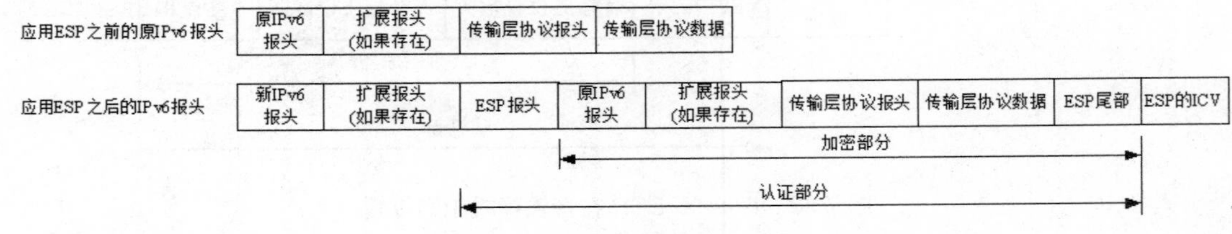

图 7.15　IPv6 下 ESP 在隧道模式中的位置

7.4.3 ESP 的处理过程

ESP 的处理过程会因 ESP 采用的不同模式而有所不同，但无论在哪种情况之下，报文均需要加密，并进行完整性验证。对于外出包，首先进行加密处理，然后进行验证；对于进入包，首先进行验证，然后进行解密处理。因此，ESP 的处理过程可以分为输出处理和输入处理。

1. 输出处理

(1) 对于传输模式，首先进行如下处理。

① 将 IP 报头的协议字段复制到 ESP 报头的“下一个报头”字段中。

② 填充 ESP 报头的其余字段——SPI 字段填入来自 SAD 中的特定的 SPI 值，序列号字段填入序列中的下一个值，插入填充数据以及填充长度值。

③ IP 报头的协议字段填入 ESP 协议值 50。

(2) 而对于隧道模式，则进行如下处理。

① 将 ESP 报头的“下一个报头”字段填入 4(IPv4)或 41(IPv6)。

② 填充 ESP 报头的其余字段。

③ 在 ESP 报头的前面新增一个 IP 报头，并对相应的字段进行填充。

(3) 然后进行如下处理。

① 从合适的 SA 中选择相应的加密算法，对包进行加密(从载荷数据的开头，一直到“下一个报头”字段)。

② 使用 SA 中相应的验证算法，对包进行验证(自 ESP 头开始，一直至 ESP 尾)，并将验证结果插入 ESP 尾的“认证数据”字段中。

③ 重新计算位于 ESP 前面的 IP 报头的校验和。

2. 输入处理

当接收到一个 ESP 包后，进行如下处理。

(1) 查询该包的 SA 是否存在，如不存在，则丢弃该包，处理结束；否则进入下一步。

(2) 检查序列号是否有效，判断是否是一个重播的数据包。如无效，则丢弃该包，处理结束，否则进入下一步。

(3) 数据验证——利用相应的验证算法对该 ESP 包验证，如果其结果与“认证数据”字段中包含的数据相符，表明验证成功，进入下一步，否则丢弃该包，处理结束。

(4) 进行数据解密——从 SA 取得密钥和密码算法，完成数据解密工作。至此，ESP 的输入处理完成。

ESP 协议既要实现数据加密，又要实现数据验证，因此必须给它同时定义加密算法和验证算法。ESP 采用的验证算法与 AH 的相同，即 HMAC-MD5 和 HMAC-SHA1；它所采用的加密算法一开始定义为数据加密标准(Data Encryption Standard，DES)，通常是将 56 位的密钥应用于 64 位的数据块，对密钥的每 7 位加上一位奇偶校验位扩展为 64 位。对第 1 个数据块的加密需要用到一个初始化向量 IV，IV 必须具有健壮的伪随机特性，以确保完全一致的明文不会产生完全一致的密文。但是 DES 由于其密钥(56bit)长度太短，无法抵挡

对密钥的强力(Brute-force)搜索攻击，已经不再安全。目前对 DES 算法的改进有两种方案，一种是采用 3DES，即连续使用 3 次 DES 进行加密，每次都用不同的密钥，于是密钥长度可认为是 168 位，这样就克服了 DES 密钥长度太短的缺点，但 3DES 进行加密处理的时间是 DES 的 3 倍；还有一种方案是使用高级加密标准(Advanced Encryption Standard，AES)，AES 是一种块加密算法(每块 128bit)，它的密钥长度可为 128、192 或 256bit，而且它的处理速度比 3DES 要快得多。

在通常情况下，接收方收到一个 ESP 包后，首先检查序列号，验证是否是重播的数据包，若合法再对这个包进行身份验证，若验证通过，则进行解密工作，从 SA 中可以得到密钥和密码算法。判断解密是否成功的一个最简单的测试是检验其填充。由于填充内容具有决定意义，它要么是一个从 1 开始的单项递增的数，要么通过加密算法来决定，对填充内容进行验证将决定这个数据包是否已成功解密。

7.5 Internet 密钥交换协议

Internet 密钥交换协议(The Internet Key Exchange，IKE)解决了在不安全的网络环境中安全地建立或更新共享密钥的问题。本节将介绍 Internet 密钥交换有关的概念和交换过程。

7.5.1 Internet 密钥交换协议概述

Internet 密钥交换协议 IKE 是 IPsec 协议族中最重要的协议之一，它在 RFC2409 中进行了定义，为 IPsec 中的 AH 和 ESP 提供安全服务，对通信双方进行身份认证，对所采用的加密算法、验证算法、封装协议和有效期进行协商，同时安全地生成以上算法所需的经过验证的密钥。

IKE 建立在由 Internet 安全联盟和密钥管理协议 ISAKMP 定义的一个框架上，采用了 OAKLEY 密钥确定协议的模式，借鉴了 SKEME 协议的密钥共享和密钥更新技术，从而定义出自己的经过验证的密钥材料生成技术和共享策略，因而它是一种混合型的协议。

IKE 的协商过程通过两个阶段来完成，第一阶段通信各方彼此间建立一个已通过身份验证和安全保护的通道(IKE SA)，第二阶段利用这个通过了验证和安全保护的通道为 IPSec 协商安全服务(IPsec SA)。IPsec SA 主要包含 IPsec 协议(AH 或 ESP)、加密和验证算法、会话密钥以及密钥的生成时间等。

IKE 协议提供了 4 种不同的服务模式，分别为主模式(Main Mode)、积极模式(Aggressive Mode)、快速模式(Quick Mode)和新群模式(New Group Mode)。主模式和积极模式在第一阶段使用，其区别在于主模式提供对协商双方的身份认证，而积极模式没有。快速模式在第二阶段使用，在 IKE SA 的保护下可以并发地进行多个快速模式协商。新群模式允许双方协商自己的私有 Oakley 群。新群模式既不属于第一阶段也不属于第二阶段，但是它必须在第一阶段完成后才能进行。

7.5.2 ISAKMP、OAKLEY 和 SKEM 协议简介

前面已经提到 IKE 是建立在 ISAKMP、OAKLEY 和 SKEM 这三种协议基础之上的混

合型协议。为了更进一步地了解 IKE，下面将对三种协议进行一些简单的介绍。

1. ISAKMP 协议

Internet 安全联盟与密钥管理协议(Internet Security Association and Key Management Protocol，ISAKMP)是 IPsec 体系结构中的一种主要协议，在 RFC2408 文档中给出了详细的定义和描述。

ISAKMP 协议定义了一套程序和信息包格式，用于建立、协商、修改和删除安全联盟 SA，提供了传输密钥和认证数据的统一框架，但没有详细定义一次特定的密钥交换是如何完成的，也未说明建立安全联盟所需要的属性，而是把这方面的定义留给了其他标准，如 RFC2407 所定义的解释域和 RFC2409 所描述的密钥交换。

ISAKMP 协议由一个定长的报头和不定数量的有效载荷组成，定长的报头包含着协议，用来保持并处理有效载荷所必需的信息。ISAKMP 协议报头的格式如图 7.16 所示。

0	8	16		31
发起者Cookie				
响应者Cookie				
下一个载荷	主版本	副版本	交换类型	标志
报文ID				
报文长度				

图 7.16　ISAKMP 协议报头的格式

对图 7.16 中各字段的含义解释如下。

- 发起者 Cookie(Initiator Cookie)：该字段是启动安全联盟 SA 建立、SA 通知和 SA 删除的实体 Cookie。
- 响应者 Cookie(Responder Cookie)：该字段是响应安全联盟 SA 建立、SA 通知和 SA 删除的实体 Cookie。
- 下一个载荷(Next Payload)：该字段指出在各个 ISAKMP 载荷中，紧跟在后的是哪一个载荷。在 ISAKMP 中定义了 13 种类型的报文载荷，一种载荷就像积木中的一个小方块。在一个 ISAKMP 报文中，不同类型的 ISAKMP 载荷连接在一起，类似于 IPv6 协议中扩展报头的定义方式，下一个载荷字段指出后续载荷是哪一个。报文载荷类型及值如表 7.1 所示。

表 7.1　报文载荷类型与值

值	载荷类型	描　述
0	None	
1	安全关联 (Security Association(SA))	定义一个要建立的 SA，内容包括 DOI 的值，与提案和转换载荷结合使用，提供 SA 协商的算法、安全协议等内容
2	提案(Proposal(P))	提供了表示算法的转码的数量、使用的安全协议、SPI 值，依赖于安全关联载荷，由 SA 封装，不会单独出现

续表

值	载荷类型	描　述
3	转码(Transform(T))	提供协商时让对方选择的一组安全属性字段的取值，例如算法、SA 生存期、密钥长度等，不会单独出现
4	密钥交换 (Key Exchange(KE))	包含执行一次密钥交换需要的信息
5	身份(Identification(ID))	互相交换身份信息，在 SA 协商时，发起方通过该载荷告诉对方自己的身份，响应方根据发起方身份确定采取何种安全策略
6	证书(Certificate(CERT))	用于在身份认证时向对方提供证书或其他相关内容
7	证书请求 (Certificate Request(CR))	提供证书请求的方法，请求对方发送证书
8	散列(Hash(HASH))	为一个散列函数运算结果
9	签名(Signature(SIG))	包含由数字签名函数产生的数据，用来验证数据来源及数据完整性，还可以用来反拒认
10	当前(Nonce(NONCE))	在交换期间用于保证存活和防止重播攻击的一串伪随机数值，可作为密钥交换载荷的一部分，也可作为一个独立的载荷
11	通知(Notification(N))	向通信双方发送告知采取措施的信息，例如错误状态
12	删除(Delete(D))	告诉对方已经从 SAD 中删除给定 IPsec 协议(例如 AH、ESP、ISAKMP)的 SA，不需要对方应答，是建议对方删除 SA
13	厂商 ID (Vendor ID(VID))	识别厂商的唯一 ID，该机制允许厂商在维持向后兼容性的同时，试验新的特性
14～127	保留(RESERVED)	
128～255	私有用途(Private Use)	

- 主版本(Major Version)：该字段指出了 ISAKMP 协议的主要版本，长度为 4bit。
- 副版本(Minor Version)：该字段指出了 ISAKMP 协议的次要版本，长度为 4bit。
- 交换类型(Exchange Type)：该字段指明了 ISAKMP 协议中正在使用的交换类型。目前定义了 5 种常用的交换类型，如表 7.2 所示。

表 7.2　交换类型

交换类型值	交换类型名称
0	None
1	基本交换(Base)
2	身份保护交换(Identity Protection)
3	纯认证交换(Authentication Only)
4	积极交换(Aggressive)
5	信息交换(Informational)
6～31	保留将来用(ISAKMP Future Use)
32～239	DOI 专用(DOI Specific Use)
240～255	私有用途(Private Use)

- 标志(Flags)：ISAKMP 协议交换设置的各种选项，标志位用掩码标识，定义了三个标志，分别为：加密(0x01)，指出紧随协议报头后面的载荷已经加密；提交(0x02)，指出了通信一方在交换完后收到通知；纯认证(0x04)，为 ISAKMP 引入密钥恢复机制时用。
- 报文 ID(Message ID)：用于识别第二阶段的协议状态，为唯一的信息标识符。
- 报文长度(Length)：该字段包括协议报头和有效载荷全部信息的长度。

ISAKMP 协议共定义了 13 种不同的有效载荷，每个有效载荷都具有一个通用的有效载荷报头，其格式如图 7.17 所示。

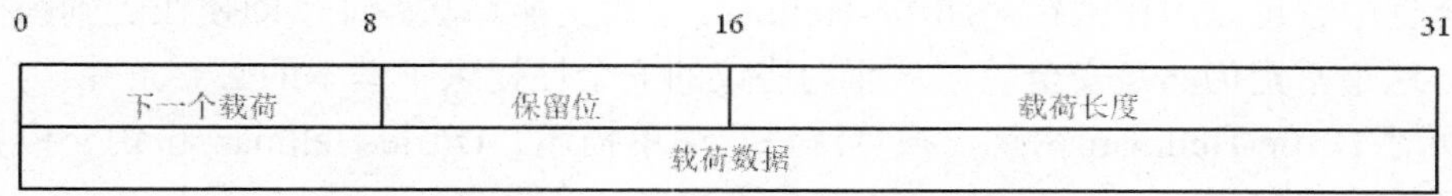

图 7.17　ISAKMP 通用有效载荷的格式

对图 7.17 中 3 个字段的含义解释如下。

- 下一个载荷(Next Payload)：该字段标识了报文中下一个载荷的类型。如果目前的载荷处在报文的最后，则该字段值为 0。下一个载荷字段为 ISAKMP 报文提供了一种链表(Chaining)的能力。
- 保留位(Reserved)：保留位，设置为 0。
- 载荷长度(Payload Length)：该字段表示当前有效载荷的长度，包括通用有效载荷。

在一条 ISAKMP 报文中，通过定义通用报头中的“下一个载荷”字段，将载荷链接到一起，形成了一个链表，如图 7.18 所示。ISAKMP 报头的下一个载荷字段指出了紧接在该报头之后的第一个载荷，同时每个载荷也指出了接下去的那个载荷。报文中的最后一个载荷为 0。ISAKMP 通信是通过 UDP 端口 500 来进行的。

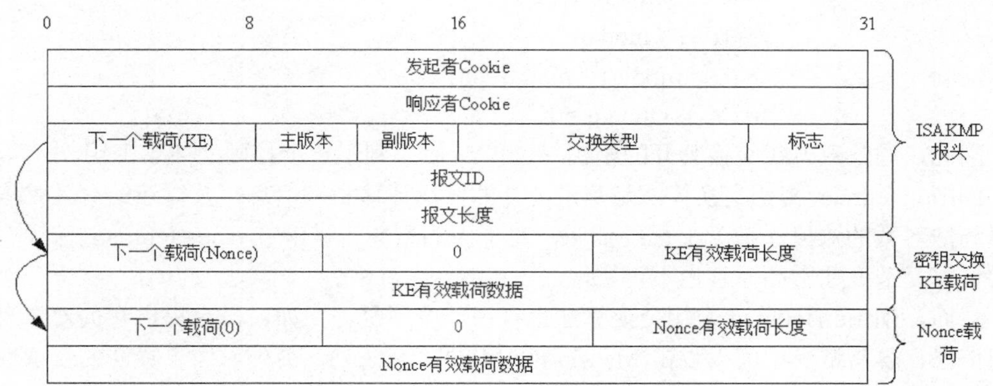

图 7.18　ISAKMP 载荷链接构成消息

ISAKMP 在两个实体之间建立一个安全联盟 SA 需要分为两个独立的阶段进行：第一阶段，建立 ISAKMP SA，用来保护 ISAKMP 报文自身和建立一个已通过身份验证和安全保护的通道；第二阶段，利用 ISAKMP SA 建立的安全通道为另外一个不同的协议(如

IPSec)协商安全服务。

关于 ISAKMP 协议中有效载荷的格式和详细说明请参见 RFC2408。

2. OAKLEY 协议

OAKLEY 协议在 RFC2412 中进行了详细的定义，其主要目的就是要使需要保密通信的双方能够通过这个协议证明自己的身份、认证对方的身份、确定采用的加密算法和通信密钥，从而建立起安全的通信连接。

OAKLEY 协议的核心技术就是 Diffie-Hellman 密钥交换算法，它提供了建立安全连接的基本框架，允许通信双方在不加密的情况下协商并共享一个秘密的数值，而这个数值在后面的会话中就可以用作密钥。Diffie-Hellman 密钥交换算法保证了即使在受到积极攻击的情况下，这个密钥仍然是安全的，从而为协议的安全性提供了基本的必要条件。

下面对 Diffie-Hellman 密钥交换算法进行简单描述。Diffie-Hellman 密钥交换算法大致由以下几个步骤组成。

(1) 通信双方 A 和 B 协商并确定两个 Diffie-Hellman 参数 q 和 a，其中 q 是一个大素数，a 是一个整数，a 是 q 的一个原根。q 和 a 这两个数不需要保密，是可以公开的。

(2) 通信双方各自计算公开的密钥 Y_A 和 Y_B。假设 A 和 B 希望交换一个密钥，用户 A 选择一个私有密钥的随机数 $X_A<q$，并计算公开密钥 $Y_A = a \wedge X_A \bmod q$。A 对 X_A 的值保密存放而使 Y_A 能被 B 公开获得。类似地，B 选择一个私有的随机数 $X_B<q$，并计算公开密钥 $Y_B = a \wedge X_B \bmod q$。B 对 X_B 的值保密存放而是 Y_B 能被 A 公开获得。

(3) 通信双方交换 Y_A 和 Y_B。用户 A 产生共享密钥的计算方式是 $K = (Y_B)^{X_A} \bmod q$。同样，用户 B 产生共享密钥的计算是 $K' = (Y_A)^{X_B} \bmod q$。这两个计算产生相同的结果：

$$
\begin{aligned}
K &= (Y_B)^{X_A} \bmod q \\
&= (\alpha^{X_B} \bmod q)^{X_A} \bmod q \\
&= (\alpha^{X_B})^{X_A} \bmod q \qquad \text{(根据取模运算规则得到)} \\
&= \alpha^{X_B X_A} \bmod q \\
&= (\alpha^{X_A})^{X_B} \bmod q \\
&= (\alpha^{X_A} \bmod q)^{X_B} \bmod q \\
&= (Y_A)^{X_B} \bmod q = K'
\end{aligned}
$$

因此，通信双方在交换公开的密钥 Y_A 和 Y_B 后得到了一个相同的共享密钥。

Diffie-Hellman 密钥交换算法是基于公开的信息计算私有信息，其算法的有效性依赖于计算离散对数的难度，数学上已经证明，对于大的素数，破解 Diffie-Hellman 密钥交换算法的计算复杂度非常高而且也不可实现。

然而，Diffie-Hellman 密钥交换算法也存在一些不足，比如，没有提供有关双方身份的任何信息，容易遭受中间人攻击(Man-in-the-Middle Attack)，另外，由于算法的复杂性，容易遭受泛洪攻击(Flooding Attack)。

攻击者可以制造大量伪造 IP 的请求密钥包，被攻击者需要进行开销巨大的幂运算处理，会造成系统的阻塞。为此，OAKLEY 协议对 Diffie-Hellman 密钥交换算法进行了优化，并主要增加了如下安全功能。

- OAKLEY 协议在 Diffie-Hellman 算法的基础上加入了辅助的加密算法(如 RSA)、

散列算法(如 SHA/MDS)和认证算法(如 RSA/DSS)，包括认证用户的机制，提供了附加的安全性。作为协议的一部分，公开密钥证书存储于 DNS 中，以抵御对 Diffie-Hellman 的中间人攻击。使用该协议产生的密钥与以往产生的任何密钥都无关，因此攻击者无法通过破获几个主密钥来导出会话密钥。

- 针对泛洪攻击时 Diffie-Hellman 算法的脆弱性，Oakley 算法采用了 Cookie 机制。Cookie 机制必须依赖于特定双方，是在 IP 源和目的地址、UDP 源和目的端口以及一个本地生成的秘密值上完成的一个快速散列。发出实体 A 必须在初始报文中发送 Cookie 程序，而另一方 B 要对其确认，只有 A 响应后 B 才可能进行 Diffie-Hellman 算法，这样可以防止攻击者伪造 IP 地址或端口号构造请求来淹没受害者。
- OAKLEY 协议采用 Nonce(一个伪随机数)来抵抗重播攻击。每个 Nonce 是一个本地生成的伪随机数，限时出现在应答中，且要被加密以保证它们的安全使用，保证数据的获取和后继传输。
- OAKLEY 协议对 Diffie-Hellman 算法进行认证以对抗中间人攻击。使用了 3 种不同的认证方法：①数字签名，通过签署一个相互可以获得的散列代码对交换进行认证，每方都使用自己的私有密钥对散列代码加密；②公开密钥加密，通过使用发送者的私有密钥对 ID 和现时参数进行加密认证交换；③对称密钥加密，通过使用某种共享密钥对获得的密钥对交换参数进行对称加密，实现交换的认证。

关于 OAKLEY 协议的详细说明请参见 RFC2412。

3. SKEME 协议

Hugo Krawczik 提出的“安全密钥交换机制(Secure Key Exchange Mechanism，SKEME)”描述了通用密钥交换技术，提供匿名性、防抵赖和快速刷新。

其中，通信各方利用公共密钥加密实现相互间的验证，同时共享交换的组件。每一方都要用到对方的公共密钥来加密一个随机数字，两个随机数都会对最终的密钥产生影响。IKE 在它的公共密钥加密验证中直接借用了 SKEME 的这种技术，同时也借用了它定义的快速密钥刷新的概念。

7.5.3　IKE 协议的交换过程

IKE 主要通过阶段交换来实现安全联盟 SA 的协商，其协商的过程分为两个阶段来完成。第一个阶段是通信双方彼此之间建立一个 IKE SA，协商的结果为第二阶段的交换提供一个经过身份认证的安全通道；第二阶段是利用这个通过了验证和安全保护的通道来协商 IPsec 通信中使用的算法和密钥，从而建立 IPsec SA。

下面将按照 IKE 这两个阶段详细分析 IKE 的协商过程，其中包括消息的交换、中间密钥的生成以及身份认证的方式等重要因素。

1. IKE 协商的第一阶段

IKE 协商的第一阶段分为主模式(Main Mode)和积极模式(Aggressive Mode)这两种协商模式。主模式交换使用 3 个轮回，包含 6 条消息来建立 IKE SA：第 1 个轮回是 SA 协商，双方协商 IKE SA 参数，并交换 ISAKMP 报头的 Cookie；第 2 个轮回是交换 Diffie-

Hellman 共享密钥和必要的辅助数据(如伪随机数 Nonce)；第 3 个轮回是认证 Diffie-Hellman 交换，双方做彼此的身份认证。积极模式仅进行两次交换，共用 3 条消息来完成：第 1 条消息是发起协商 SA 提案，交换 Diffie-Hellman 公开值及其 IKE 认证身份；第 2 条消息是响应者选择可接受的 SA 提案，并响应协商密钥请求，认证身份；第 3 条消息是发起者根据响应者的返回消息，判断密钥是否生成成功，身份是否正确，以确认交换。如果确认后，并发送正确的消息，这样就和主模式一样建立了一个认证的 IKE SA，然后就可以利用这一可信的信道进行第二阶段交换。无论是主模式还是积极模式，其目的都是在通信双方彼此之间建立一条已通过身份验证和安全保护的通道。

在 IKE 第一阶段的实现中，贯穿于整个交换的关键选择是“认证方法”，认证方法决定了通信双方如何交换载荷以及在何时交换。认证的最主要目的是为了避免与未经过认证的用户建立传输隧道连接。为了通过认证，IKE 通信设备使用标准认证 ID 类型进行认证，如 IPv4 或 IPv6 地址、主机名(完全合格域名(FQDN))、电子邮件地址(UserFQDN)、X.500 识别名(Distinguished Name(DN))。在一个点对点的 VPN 中，认证能及时发现伪装成 VPN 网关的攻击者。在远程访问 VPN 中，认证也能及时禁止伪装成合法用户的入侵者访问。

IKE 可以接受的认证方式包括预共享密钥认证(Authentication with a Pre-Shared Key)、数字签名认证(Authentication with Digital Signatures)、公钥加密认证(Authentication with Public Key Encryption)和修订过的公钥加密认证(Revised Method of Authentication with Public Key Encryption)。不同的认证算法提供的安全强度不同，使得交换消息的内容也各不相同，但达到的目的是完全一致的，最终都是生成安全通道 SA；另外，不管哪一种认证方式，在这第一阶段中，通信双方完成 Diffie-Hellman 交换后，都会根据不同的认证方式分别计算主密钥 ID 即 SKEYID 值。

对于预共享密钥认证方式，主密钥的生成如式(7-1)所示。

$$\text{SKEYID} = \text{prf}(\text{pre-shared-key}, \text{Ni\_b} \mid \text{Nr\_b}) \tag{7-1}$$

对于数字签名认证方式，主密钥的生成如式(7-2)所示。

$$\text{SKEYID} = \text{prf}(\text{Ni\_b} \mid \text{Nr\_b}, \text{g\^{}xy}) \tag{7-2}$$

对于公钥加密和改进的公钥加密认证方式，主密钥的生成如式(7-3)所示。

$$\text{SKEYID} = \text{prf}(\text{hash}(\text{Ni\_b} \mid \text{Nr\_b}), \text{CKY-I} \mid \text{CKY-R}) \tag{7-3}$$

其中，prf 是一个散列函数 prf(A,B)，表示以 A 为密钥，对散列数据 B 使用散列算法计算出散列值；pre-shared-key 是指双方协商好的预共享密钥；Ni_b 或 Nr_b 分别表示发起者或响应者的 Nonce 载荷的数据部分；g^xy 表示通过 KE 载荷传输并经过 Diffie-Hellman 算法获得的共享密钥值；CKY-I 或 CKY-R 表示发起者或响应者产生的 Cookie 值。

不论是主模式还是积极模式，在得到 SKEYID 后，都会以 SKEYID 为基础衍生经过验证的密钥材料，其计算公式如下：

$$\text{SKEYID\_d}=\text{prf}(\text{SKEYID}, \text{g\^{}xy} \mid \text{CKY-I} \mid \text{CKY-R} \mid 0) \tag{7-4}$$

$$\text{SKEYID\_a}=\text{prf}(\text{SKEYID}, \text{SKEYID\_d} \mid \text{g\^{}xy} \mid \text{CKY-I} \mid \text{CKY-R} \mid 1) \tag{7-5}$$

$$\text{SKEYID\_e}=\text{prf}(\text{SKEYID}, \text{SKEYID\_a} \mid \text{g\^{}xy} \mid \text{CKY-I} \mid \text{CKY-R} \mid 2) \tag{7-6}$$

其中，SKEYID_d 是用来衍生其他的密钥材料；SKEYID_a 是用来为 IKE 消息保障数据的完整性和对数据源的身份认证的密钥；SKEYID_e 用于对 IKE 消息进行加密。

最后，为了验证交换中的双方，发起者和响应者都要计算一个只有自己知道的散列值 HASH_I 和 HASH_R。

$$\text{HASH\_I} = \text{prf(SKEYID，g\^{}xi | g\^{}xr | CKY-I | CKY-R | SAi\_b | IDii\_b)} \tag{7-7}$$

$$\text{HASH\_R} = \text{prf(SKEYID，g\^{}xr | g\^{}xi | CKY-R | CKY-I | SAi\_b | IDir\_b)} \tag{7-8}$$

其中，g^xi 或 g^yr 表示发起者或响应者给出的 Diffie-Hellman 的公开值，SAi_b 表示 SA 载荷数据部分，IDii_b 或 IDir_b 是发起者或响应者的身份识别荷载。

在式(7-7)或式(7-8)中，如果采用的是数字签名的认证方式，在还需要对散列值 HASH_I 和 HASH_R 进行数字签名时，其计算公式如式(7-9)或式(7-10)所示。

$$\text{SIG\_i} = \text{Sig}_{\text{PRVKi}}(\text{HASH\_I}) \tag{7-9}$$

$$\text{SIG\_r} = \text{Sig}_{\text{PRVKr}}(\text{HASH\_R}) \tag{7-10}$$

其中，PRVKi 或 PRVKr 是发起者或响应者的私钥；Sig_{key}(msg)表示用私钥对 msg 进行签名；SIG_i 或 SIG_r 为发起者或响应者的数字签名载荷。

下面结合具体的认证方法来分析 IKE 协商的第一阶段的交换过程。

(1) 采用预共享密钥认证方式的交换过程的分析。

所谓预共享密钥认证，是指通信双方通过非密码学的途径创建一个共享密钥，在认证时利用该共享密钥产生中间密钥及认证信息。

图 7.19 显示了主模式下采用预共享密钥认证方式时消息交换的过程。

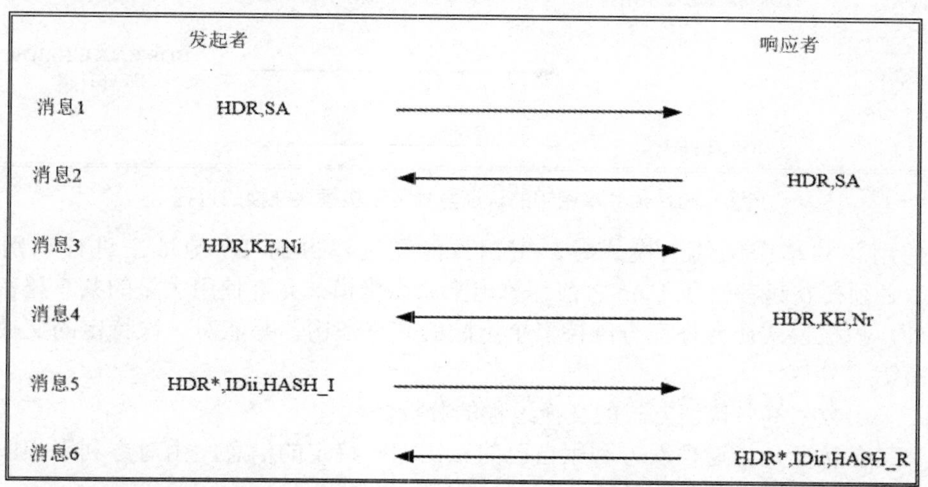

图 7.19 预共享密钥认证方式下主模式交换的过程

对图 7.19 中的符号说明如下。

- HDR 是 ISAKMP 的报头，包括发起者 Cookie、响应者 Cookie、下一个载荷类型、版本等字段。当写成 HDR*时，意味着载荷进行了加密。
- SA 是指用来协商 SA 参数的多级载荷，它包括若干提案，每个提案又包括若干算法。由发起方提供多个提案，响应方按照规定的逻辑运算，选择其中的一种组合返回给发起方。
- KE 是包含了用于 Diffie-Hellman 交换的公共信息的密钥交换载荷。
- Ni 是发起者的当前时间 Nonce 载荷，Nr 为响应者的 Nonce。

在主模式的交换过程中，消息 1 和消息 2 用于协商 SA 的属性，报文以明文传输，没有经过认证。发起者可以建立含有一个或多个提议的 SA，响应者不能修改任何提议的属性，只能选择其中的一个提议作为实际采用的策略，从而完成使用的协议、加密算法、HASH 算法和验证算法等 SA 参数的协商。

消息 3 和消息 4 用于交换 Diffie-Hellman 共享密钥，得到 Nonce 即 Ni 和 Nr、各自的私有值 x 和 y、两个公开值 g^x 和 g^y，进而计算 g^xy。有了这些信息，通信双方就可以建立一个主密钥 SKEYID，如式(7-1)所示。以上 4 条消息交换以后就会生成 3 个密钥：SKEYID_d、SKEYID_a 和 SKEYID_e，分别如式(7-4)、式(7-5)和式(7-6)所示。

消息 5 和消息 6 用于传送相互认证所需的信息。通信双方用 ID 进行身份认证，以式(7-7)和式(7-8)计算各自的 HASH_I 和 HASH_R，并在 SKEYID_e 的加密下传送给对方进行认证。通信双方接收对方传送的加密消息，利用自己计算的 SKEYID_e 解密消息，然后根据自己交换过程中产生或接收的信息，计算对方的 HASH 值，并与加密后获得的值相比较，一致则通过认证，到此，就完成了整个协商的过程。

图 7.20 显示了积极模式下采用“预共享密钥”认证方式时消息交换的过程。

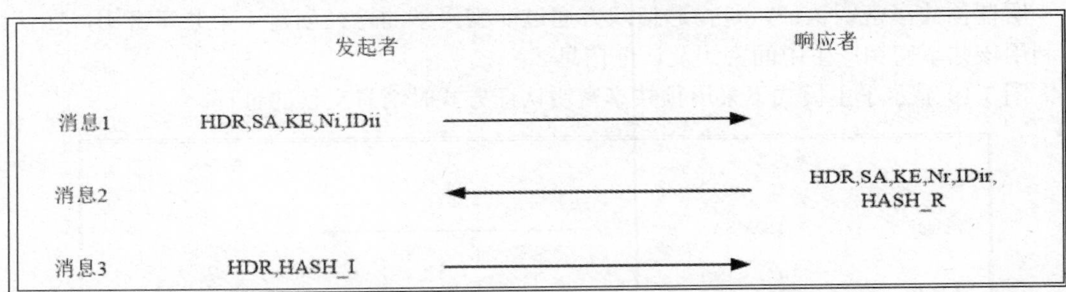

图 7.20 预共享密钥的认证方式下积极模式交换的过程

当使用预共享密钥的主模式时，密钥只能通过双方的 IP 地址来进行识别，因为 HASH_I 必须在发起者处理 IDir 之前计算出来。积极模式允许使用大量的共享秘密的标识符。另外，积极模式还允许双方维持多个不同的共享密钥，并能对一次特定的交换标识出正确的密钥。

(2) 采用数字签名认证方式的交换过程的分析。

数字签名认证是指通信双方利用自己的私钥加密特定的信息，由对方利用相应的公钥解密，从而向对方证实自己的身份。

图 7.21 显示了主模式下采用数字签名认证方式时消息交换的过程。

在主模式下基于数字签名的认证方式的交换过程中，前 4 条消息与预共享密钥认证过程相类似，而最后两条消息与预共享密钥的最后两条消息有区别。通信双方通过消息 5 和消息 6 用数字签名的方式进行双向认证，其中 CERT/CERTr 是证书载荷。数字签名可以采用 DSS 算法或 RSA 算法，公共密钥通常从证书 CERT 中获取，IKE 允许证书的交换，也允许从一个远方通信那里索取证书。为了验证交换中的双方，协议的发起者和响应者要分别产生 HASH_I 和 HASH_R，然后发起者和响应者分别用自己的私钥 PRVKEY 对 HASH 签名，其计算公式如式(7-9)和式(7-10)所示。一方收到对方的 ID 和签名后，就可以用对方的公钥对签名解密，如果解密结果等于原先的 HASH 值，则验证通过。

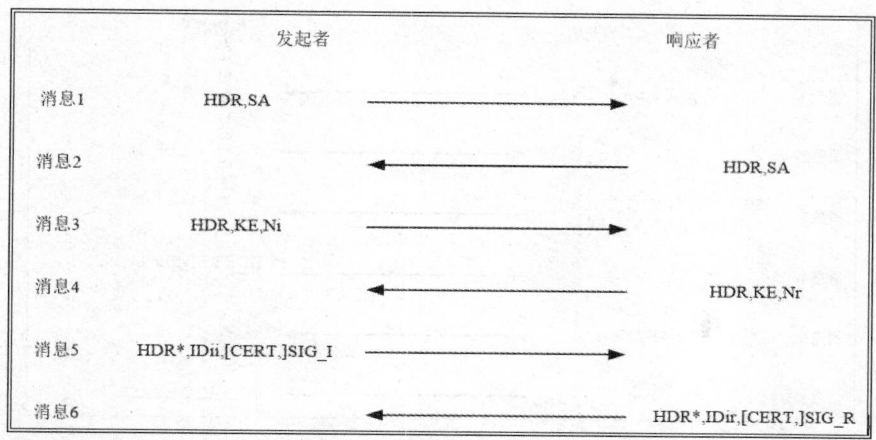

图 7.21　主模式下基于数字签名的认证方式的交换过程

图 7.22 显示了积极模式下采用数字签名认证方式时消息交换的过程。

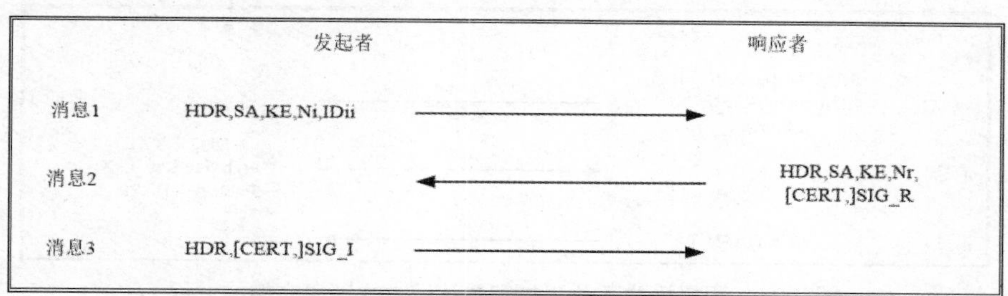

图 7.22　积极模式基于数字签名的认证方式的交换过程

积极模式只用 3 条消息完成协商，积极模式与主模式交换的内容是一致的，载荷的用途也是一致的。消息 1 中只有一种加密验证策略，响应方不能选择其他加密验证策略，否则协商失败。

(3) 采用公钥加密认证方式的交换过程的分析。

所谓公钥加密认证，是指通信双方利用对方的公钥加密特定的信息，同时根据对方返回的结果以确定对方的身份。

图 7.23 显示了主模式采用公钥加密认证方式消息交换的过程。

图 7.23 中，<IDii_b>Pubkey_r 或<IDir_b>PubKey_i、<Ni_b>Pubkey_r 或<Nr_b>PubKey_i 分别代表用对方的公钥加密的自己的身份信息及对应的伪随机数 Nonce。在发起者一方，就是用响应者的公钥对发起者身份信息和 Nonce 信息进行加密。在响应者一方，就是用发起者的公钥对响应者的身份信息和 Nonce 信息进行加密。所以，双方身份信息的交换在这一轮回中完成并得到确认。在第三轮回的交换中，双方交换 HASH_I 值和 HASH_R 值，从而完成对交换的认证。

这种主模式交换存在一些问题：①在第二回合的交换之前，双方必须进行两次独立的开销较大的公钥加密，降低了效率；②存在容易抵赖的特性，即通信双方对某次交换的参与行为均可以否定，其根本原因就是双方对身份信息和随机数 Nonce 的加密都采用了对方的公钥，而公钥对任何人来讲都可以获得；③不允许证书的请求或交换，证书的请求和交换会导致身份保护功能的失效。

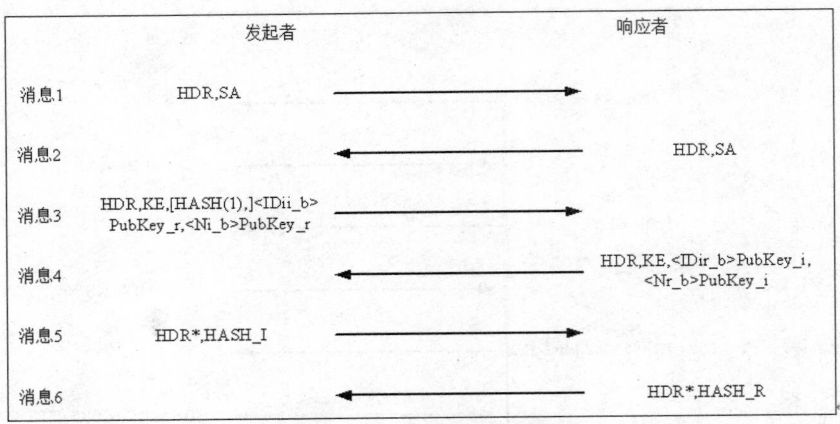

图 7.23　标准的公钥加密的认证方式下主模式交换的过程

图 7.24 显示了积极模式采用公钥加密认证方式消息交换的过程。

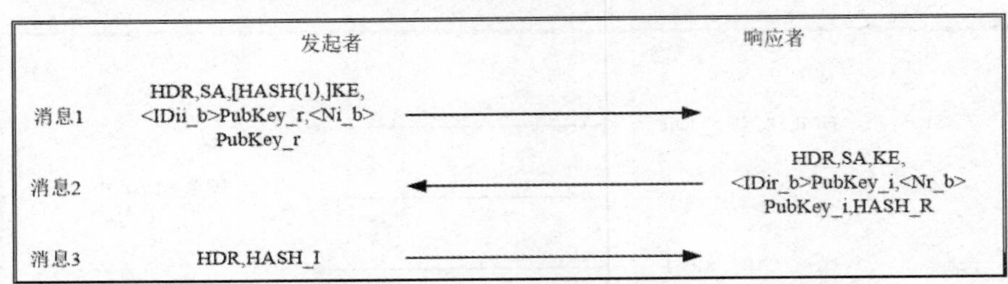

图 7.24　积极模式下公钥加密的认证方式消息交换的过程

(4) 采用修订过的公钥加密认证方式的交换过程的分析。

上述公钥加密认证方式的一个缺点是每一方都要进行 4 次公钥运算，两次公钥加密和两次私钥解密，在改进的公钥加密验证方式中，Nonce 载荷依然使用公钥加密，但是身份载荷和证书载荷等可以使用协商好的对称加密算法进行加密，对称加密算法的密钥从 Nonce 中衍生出来。

图 7.25 显示了主模式采用修订过的公钥加密认证方式消息交换的过程。

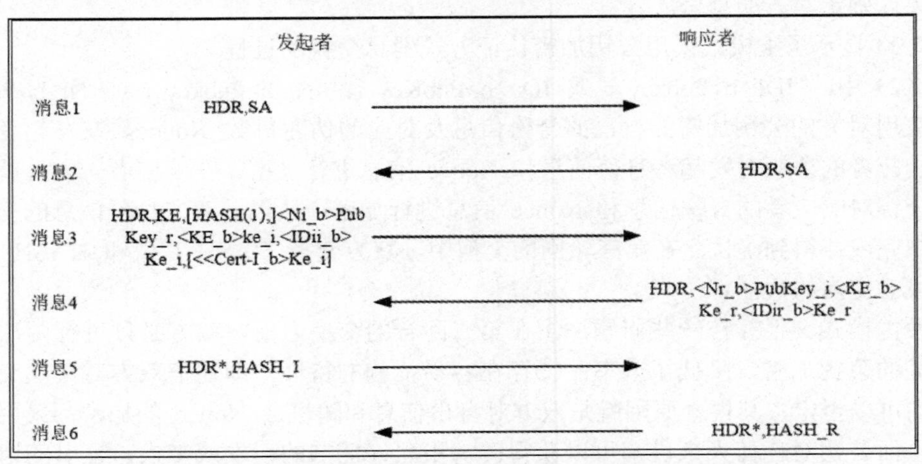

图 7.25　修订过的公钥加密的认证方式下主模式交换的过程

图 7.26 显示了积极模式采用修订过的公钥加密认证方式消息交换的过程。

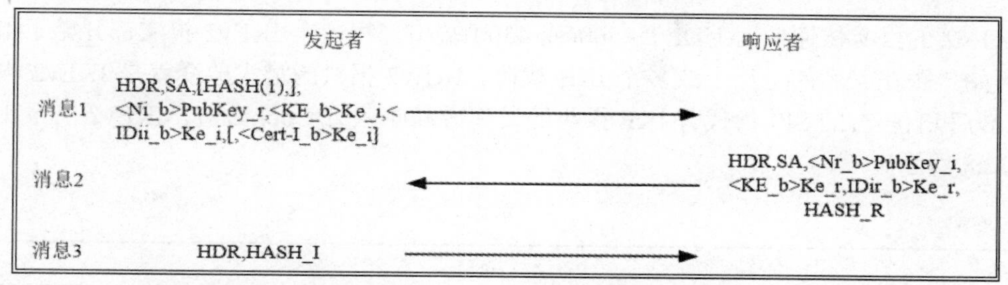

图 7.26　积极模式修订过的公钥加密的认证方式下交换的过程

2. IKE 协商的第二阶段

IKE 协商的第二阶段是通过快速模式来实现的，通过快速模式协商 IPsec SA 以及产生新的密钥材料。这一阶段的交换通过 3 条消息来完成，其中发送的消息都是用第一阶段生成的密钥 SKEYID_e 加密的，接收消息要用 SKEYID_a 解密，因此第二阶段的安全性是以第一阶段安全性为基础的。图 7.27 为 IKE 协商的第二阶段快速模式交换的过程。

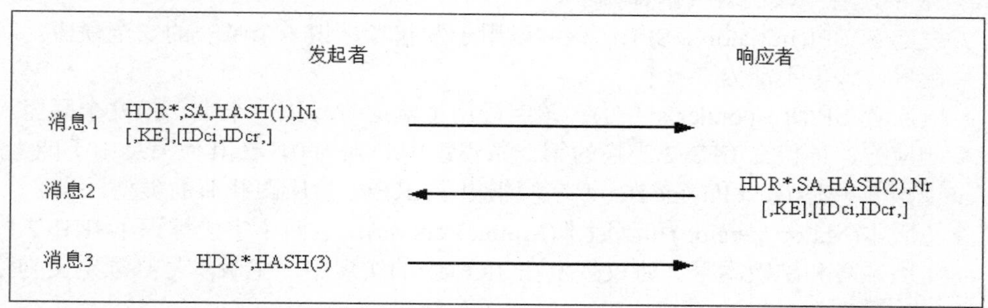

图 7.27　IKE 协商的第二阶段快速模式交换的过程

从图中可知，在快速模式的交换中产生了 3 个散列值，使用 3 个 HASH 载荷对交换的完整性进行保护。它们的计算公式如下：

- HASH(1) = prf(SKEYID_a, M-ID | SA | Ni [| KE] [| IDci | IDcr)
- HASH(2) = prf(SKEYID_a, M-ID | Ni_b | SA | Nr [| KE] [| IDci | IDcr)
- HASH(3) = prf(SKEYID_a, 0 | M-ID | Ni_b | Nr_b)

其中：M-ID 是 ISAKMP 报头的消息 ID。

7.5.4　IKEv2 协议简介

IKE 是目前广泛使用的一种混合型的 Internet 密钥交换协议，它由 RFC2407、RFC2408 和 RFC2409 等多个 RFC 文档进行定义，其内容分散繁杂，这些特点不可避免地带来了一些安全和性能上的缺陷。

为此，IETF 于 2005 年 12 月发布了第 2 版的 IKE 协议标准，相对于以前的 IKE 协议，即称为 IKEv2，其协议用一个文档 RFC4306 定义了完整的协议。

本小节将就 IKEv2 报文格式和交换过程对 IKEv2 协议做一简介。

1. IKEv2 的报文格式

IKEv2 的报文传递使用 UDP 的 500(或 4500)端口。每一个 IKEv2 报文都开始于 IKEv2 报头开始，跟在其后的是一个或多个 IKE 载荷。IKEv2 报头的最大改变就是 IKEv2 报头使用发起方和响应方的 SPI 值代替 IKE 报头的发起方和响应方 Cookie 值，IKEv2 的报头格式如图 7.28 所示。

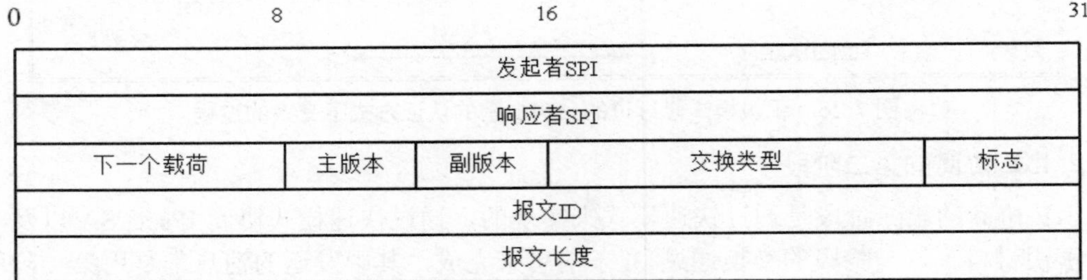

图 7.28　IKEv2 的报文格式

图 7.28 中，各字段的含义解释如下。

- 发起者 SPI(Initiator's SPI)：该字段用于发起者标识一个唯一的安全联盟。对于发起者，该值不能为 0。
- 响应者 SPI(Responder's SPI)：该字段用于响应者标识一个唯一的安全联盟。对于响应方，该值在 IKEv2 交换的第一条消息中必须为 0，在其他消息中不能为 0。
- 下一个载荷(Next Payload)：该字段指出了 IKEv2 后所跟载荷的类型。
- 主版本(Major Version)和副版本(Minor Version)：这两个字段标识了 IKEv2 协议的主版本号和副版本号。协议规定在 IKEv2 的实现中，主版本号必须定义为 2，副版本号必须设为 0。
- 交换类型(Exchange Type)：该字段指明了 IKEv2 协议中正在使用的交换类型。IKEv2 重新定义了新的交换类型，编号 34～37 分别代表 IKE_SA_INIT、IKE_AUTH、CREATE_CHILD_SA 和 INFORMATIONAL，0～33 则为与 IKEv1 兼容而保留，38～239 为 DOI 专用，240～255 与表 7.2 一样，作为私有用途。
- 标志(Flags)：IKEv2 使用标志位的 3～5 位，分别为初始发起者标志(I)、版本标志(V)和响应方标志(R)。0～2 位为 IKE 保留。
- 报文 ID(Message ID)：消息 ID 的作用是匹配对应的请求/响应消息以及标识消息的重传。消息 ID 与标志域中的 I、R 位三者结合起来，可以唯一确定一条消息。
- 报文长度(Length)：包括协议报头和全部载荷在内的整条消息长度的字节数。

2. IKEv2 的交换过程

在 IKEv2 协议中，通信双方协商由 3 个交换来完成，分别为初始交换(Initial Exchange)、建立子 SA 交换(CREATE_CHILD_SA Exchange)和信息交换(Informational Exchange)。

(1) 初始交换。

初始交换由 4 条消息组成，其中前两条消息被称为 IKE_SA_INIT 交换，主要协商加密算法、交换 Nonce 值、完成一次 Diffie-Hellman 交换，从而生成用于加密和验证后续交换的密钥材料。后两条消息被称为 IKE_AUTH 交换，实现对前两条消息的认证，同时交

换身份标识符和证书，并建立第一个 CHILD_SA。IKE_AUTH 交换的两条消息是被加密和认证的，加密和认证使用的密钥是在 IKE_SA_INIT 交换中建立的。

图 7.29 显示了初始交换过程。

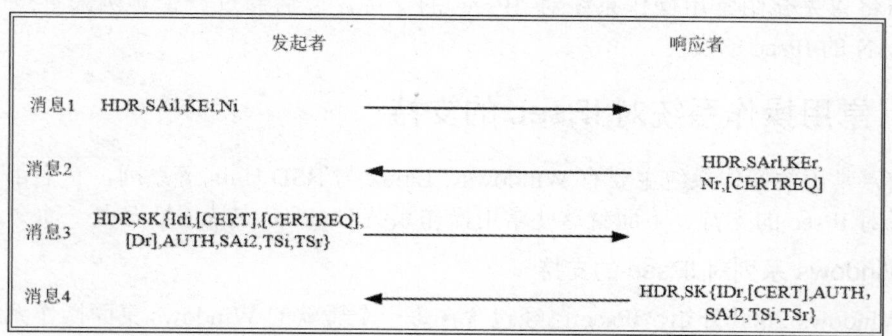

图 7.29　初始交换过程

(2)　建立子 SA 交换。

建立子 SA 交换(CREATE_CHILD_SA)由两条消息组成。在初始交换完成以后，可以由任何一方发起，所以该交换中的发起者和初始交换中的发起者可能是不同的。使用初始交换中协商好的加密和认证算法对消息进行保护。

图 7.30 显示了 CREATE_CHILD_SA 交换的过程。

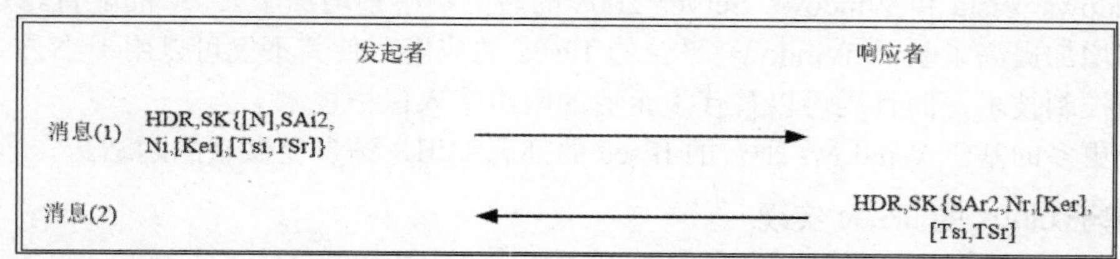

图 7.30　CREATE_CHILD_SA 交换的过程

(3)　信息交换。

通信双方在密钥协商期间，某一方可能希望向对方发送控制消息，通知某些错误或者事件的发生，信息交换(Informational Exchange)就是实现这个功能。

信息交换中的消息包含通知、删除和配置载荷，收到信息消息的一方必须进行响应，响应消息中可能不包含任何载荷，发起消息也可以不包含任何载荷，发起者可以通过这个方法判断对方是否存活。

图 7.31 显示了信息交换的过程。

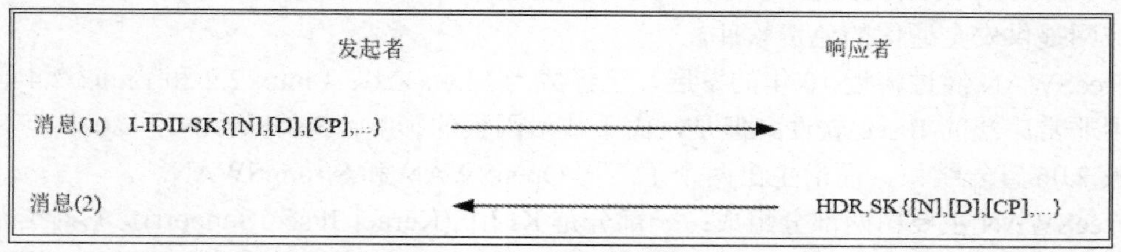

图 7.31　信息交换的过程

7.6 基于 OpenSWAN 的 IPsec 的实现

本节将首先介绍常用操作系统对 IPsec 的支持，然后通过一个实例来重点分析基于 OpenSWAN 的 IPsec 的实现。

7.6.1 常用操作系统对 IPsec 的支持

目前，常用的操作系统主要有 Windows、Linux 与 BSD Unix 等系列，它们都不同程度地实现了对 IPsec 的支持。下面就这些常用操作系统对 IPsec 支持的情况做一简介。

1. Windows 系列对 IPsec 的支持

从 Windows 2000 开始，IPsec 已经包含在每一个微软的 Windows 桌面操作系统和服务器操作系统里面。Windows 系统中的 IPsec 主要包含 3 个组件——策略代理、IKE 模块和 IPsec 驱动。这 3 个模块通过与 Windows 中的 TCP/IP 驱动和微软提供的加密应用程序接口 Crypto API 进行交互，来提供 IPsec 的所有功能。其中策略代理负责 IPsec 策略的获取与分发，IKE 模块在策略代理的驱动下进行安全关联的协商。Windows 系统中采用的认证策略包括 Kerberos、证书与预共享密钥等。

2006 年，微软针对 Windows XP 和 Windows Server 2003 更新了 IPsec 策略，在以后发布的 Windows Vista 和 Windows Server 2008 的防火墙中都增加了 IPsec 的配置。这些功能的更新和增加提高了基于 Windows 平台的 IPsec 的应用，使其不仅可以用于小公司传统的网络访问控制技术，而且还可以替代大企业的网络接入保护技术。

关于更多的基于 Windows 平台的 IPsec 的部署知识，请参见微软的网站。

2. 基于 Linux 的 IPsec 实现

Linux 对 IPsec 的支持，始于内核 2.5.47，但这仅限于对 IPv4 的支持，而且功能和实用性都非常有限。从 Linux 内核 2.6 版本开始，Linux 通过其内核中的协议栈 NETKEY 模块实现了对 IPsec 较好的支持。NETKEY 模块又称为 26sec 或 native 协议栈，它由 Red Hat 公司开发，既支持 IPv4，也支持 IPv6，由于其集成在操作系统中，可以实现无缝的接入，因而会逐渐成为 Linux 操作系统中最稳定的 IPsec 协议栈。

实际上，在 Linux 下 IPsec 的实现最具有代表性的有如下几种。

(1) FreeSWAN。

FreeSWAN 属于美国 John Gilmore 于 1996 年启动的 FreeSWAN(Free Software for Secure Wide Area Network)工程，该工程旨在创建面向 IPv4 环境下的 Linux IPsec 堆栈，是为广域网提供安全通信的免费软件。

FreeSWAN 经过将近 10 年的发展，已经成为 Linux 2.0、Linux 2.2 和 Linux 2.4 等内核下应用非常广泛的 IPsec 软件。但是，由于政治因素的影响，FreeSWAN 于 2004 年 8 月以终结版 2.06 宣告结束，而衍生出两个子工程 OpenSWAN 和 StrongSWAN。

FreeSWAN 主要由两部分组成：一部分是 KLIPS(Kernel IPsec Support)，它对 Linux 内核进行必要的修改，运行于 Linux 操作系统的内核空间，主要负责安全联盟和密钥的管理工作，以及对数据报的加密、解密的处理工作；另一部分是 Pluto，它是一个运行于用户空

间的守护进程，主要负责安全联盟的协商工作。

(2) OpenSWAN。

2003 年夏天，FreeSWAN 项目组部分成员及欧洲的一些志愿者创建了 OpenSWAN。

OpenSWAN 继承了 FreeSWAN 的优点，在用户空间使用的工具是 Pluto；在内核空间，OpenSWAN 继承了 FreeSWAN 的 KLIPS 模块。

目前 OpenSWAN 通过 KLIPS 内核模块良好地支持 Linux 2.4 和 2.6 内核，既可以使用 KLIPS 模块，也可以使用 NETKEY。

OpenSWAN 是 Linux 下 IPsec 的最佳实现方式，其功能强大，最大程度地保证了数据传输中的安全性、完整性问题。

本小节将主要以 OpenSWAN 来介绍 Linux 下 IPsec 的实现。

(3) StrongSWAN。

StrongSWAN 是 Linux 操作系统下 IPsec 实现的开源软件，它建立在已经停止的 FreeSWAN 的基础之上，继承了 FreeSWAN 很多优点，是一个完整的 2.4 和 2.6 的 Linux 内核下的 IPsec 和 IKEv1 的实施，它也完全支持新的 IKEv2 协议的 Linux 2.6 内核，其最大的特点是良好的证书和对智能卡的支持。

(4) IPsec-Tools。

IPsec-Tools 是 KAME Project 开发的针对 Linux Kernel 2.6 的 IPsec 实现工具，以源码方式发布，只需直接编译进 Linux 内核，便可提供高质量的 IPsec 服务。这种集成使 IPsec 成为操作系统内核的一部分，不仅避免了相同功能的重构，还有利于保证 IPsec 的互操作性以及配置上的灵活性和可伸缩性。IPsec-Tools 支持 IPsec 隧道模式和传输模式。

IPsec-Tools 主要由 libIPsec、setkey、racoon 和 racoonctl 等几个部分构成，其中 libIPsec 是 PF_KEY 的实现库；setkey 是操作和管理安全策略数据库(SPD)和安全联盟数据库(SAD)的工具，是 IPsec-Tools 的重要组成部分；racoon 是 IKE(ISAKMP/Oakley)密钥管理进程，建立远程安全联盟，是 IPsec-Tool 的重要组成部分；racoonctl 是 racoon 的命令行控制工具。

3. 基于 BSD 的 IPsec 软件实现

FreeBSD、NetBSD 和 OpenBSD 等操作系统的 IPsec 实现是由 KAME 项目组来完成的。其实现的原理与 FreeS/Wan 是不同的，并不是作为一个单独的 Module，而是修改系统的网络结构或处理模块，所以相对来说其结构要较 FreeSWAN 的设计简单，但实现比较复杂。

7.6.2 基于 OpenSWAN 的 IPsec 的实验

1. 实验环境和网络拓扑结构

该实验的拓扑结构如图 7.32 所示，它由两台安装了 CentOS release 5.3 操作系统和两台安装了 Windows XP 的主机组成。其中，两台安装 CentOS release 5.3 的操作系统主机分别为 Left 和 Right，即分别为左边网关服务器和右边网关服务器，另两台安装 Windows XP 的主机分别为主机 A 和主机 B。

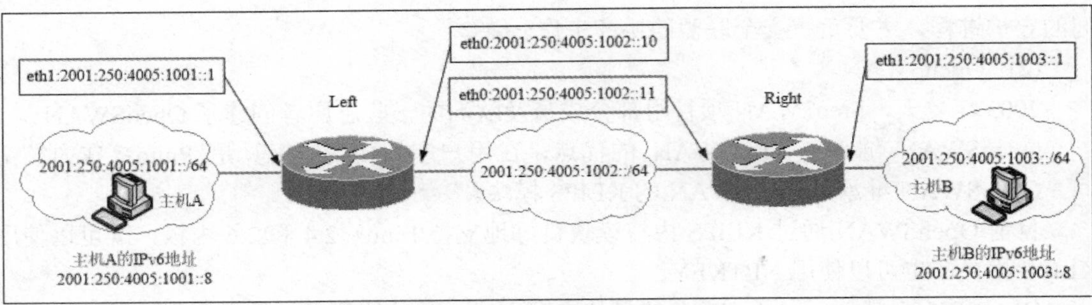

图 7.32 IPsec 实验拓扑结构

CentOS release 5.3 操作系统的内核版本为 Linux 2.6.18-128。Left 和 Right 两个网关服务器还安装了 OpenSWAN 软件。关于 OpenSWAN 的安装过程将在下面详细介绍。

2. OpenSWAN 软件的安装

本次实验 OpenSWAN 软件的安装采用源码包安装。首先必须下载 OpenSWAN 源码包，然后才能进行安装。本次实验选择的 OpenSWAN 软件的版本为 openswan-2.6.23.tar.gz。下面以 Left(左边)网关服务器为例来介绍 OpenSWAN 软件的安装过程：

```
[root@Left usr]# wget http://www.openswan.org/download/openswan-
2.6.23.tar.gz
[root@Left usr]# tar zxvf openswan-2.6.23.tar.gz
[root@Left openswan-2.6.23]# make programs
[root@Left openswan-2.6.23]# make install
```

注意：在安装的过程中，如果出现提示错误，表示可能系统缺少某个模块或文件，此时可以根据提示使用“yum install *”来进行安装，“*”为所缺少的模块或文件。比如，本次实验曾发生安装不成功的情况，根据出现的提示，发现缺少一个名为 xmlto 的模块，通过“yum install xmlto”命令安装此模块后提示就没有了。

安装成功后，可以使用如下命令来查看 IPsec 协议栈的版本：

```
[root@Left openswan-2.6.23]# IPsec --version
Linux Openswan U2.6.23/K2.6.18-128.el5 (netkey)
See 'IPsec --copyLeft' for copyLeft information.
```

上面的信息显示了本次实验所使用的操作系统的内核版本和 OpenSWAN 软件的版本，以及 IPsec 协议栈采用的 NETKEY，而不是使用的 KLIPS 模块。

为了检查 IPsec 安装的环境是否成功，可以使用如下命令：

```
[root@Left ~]# IPsec verify
Checking your system to see if IPsec got installed and started correctly:
1) Version check and IPsec on-path                              [OK]
2) Linux Openswan U2.6.23/K2.6.18-128.el5 (netkey)
3) Checking for IPsec support in kernel                             [OK]
4) NETKEY detected, testing for disabled ICMP send_redirects    [OK]
5) NETKEY detected, testing for disabled ICMP accept_redirects     [OK]
6) Checking for RSA private key (/etc/IPsec.secrets)               [OK]
7) Checking that pluto is running                               [OK]
8) Pluto listening for IKE on udp 500                           [OK]
```

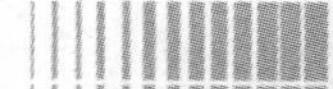


```
9) Pluto listening for NAT-T on udp 4500                                        [OK]
10) Two or more interfaces found, checking IP forwarding                        [OK]
11) Checking NAT and MASQUERADEing                                         [N/A]
12) Checking for 'ip' command                                                [OK]
13) Checking for 'iptables' command                                             [OK]
14) Opportunistic Encryption Support                                      [DISABLED]
```

如果出现上面的信息或类似的信息，表示 IPsec 安装成功。如果不是，可以根据上面的内容进行检查。

在本次的实验过程中，出现过上面的第 4 或第 5 行不是 OK 的情况，这表示 NETKEY 已经检测到 ICMP 协议发送和接收重定向功能是关闭的，需要打开该功能，由于 ICMP 协议发送和接收重定向功能所在的文件不能进行修改，必须使用如下命令语句才可以打开，该命令语句如下：

```
[root@ Left openswan-2.6.23]# sysctl -a|egrep
"ipv4.*(accept|send)_redirects"|awk -F "=" '{print $1 " = 0"}' >>
/etc/sysctl.conf
[root@ Left openswan-2.6.23] sysctl -p
```

使用命令“sysctl -p”是为了使刚才的配置生效。

通过以上步骤就完成了在 Left(左边)网关服务器上安装 openswan-2.6.23 软件的过程。Right(右边)网关服务器与上面的安装过程一样，在此就不再赘述。

注意： 在以上的安装过程中，需要保持两台网关服务器与 Internet 的连接，这样对于直接下载所安装的软件、在线升级系统等都比较方便。

3. IP 地址等的配置

按照图 7.32 的实验拓扑结构来配置网关服务器和主机的 IP 地址，除此之外，还要配置两台主机和两台网关服务器的默认路由以及打开两台网关服务器中 IPv6 数据转发的功能。

主机 A 的默认路由为：

```
C:\>ipv6 rtu ::/0 5/2001:250:4005:1001::1
```

主机 B 的默认路由为：

```
C:\>ipv6 rtu ::/0 5/2001:250:4005:1003::1
```

Left 网关服务器的默认路由和 IPv6 的数据转发功能的命令为：

```
[root@Left ~]# route -A inet6 add default gw 2001:250:4005:1002::11
[root@Left ~]# echo 1 > /proc/sys/net/ipv6/conf/all/forwarding
```

Right 网关服务器的默认路由和 IPv6 的数据转发功能的命令为：

```
[root@right ~]# route -A inet6 add default gw 2001:250:4005:1002::10
[root@right ~]# echo 1 > /proc/sys/net/ipv6/conf/all/forwarding
```

4. OpenSWAN 软件的配置

OpenSWAN 支持许多不同的认证方式，包括 RSA keys、pre-shared keys、XAUTH 和 x.509 证书方式。与此有关的 OpenSWAN 配置文件见表 7.3。

表 7.3　OpenSWAN 配置文件

配置文件的位置	功能说明
/etc/IPsec.secrets	保存 private RSA keys 和 preshared secrets(PSKs)
/etc/IPsec.conf	配置文件(settings, options, defaults, connections)
/etc/IPsec.d/cacerts	存放 X.509 认证证书(根证书，root certificates)
/etc/IPsec.d/certs	存放 X.509 客户端证书(X.509 Client Certificates)
/etc/IPsec.d/private	存放 X.509 认证私钥(X.509 Certificate Private Keys)
/etc/IPsec.d/crls	存放 X.509 证书撤销列表(X.509 Certificate Revocation Lists)
/etc/IPsec.d/ocspcerts	存放 X.500 OCSP 证书(Online Certificate Status Protocol Certificates)
/etc/IPsec.d/passwd	XAUTH 密码文件(XAUTH Password File)
/etc/IPsec.d/policies	存放 Opportunistic Encryption 策略组(Opportunistic Encryption Policy Groups)

本次实验使用 RSA 数字签名(RSA-SIG)的认证方式，涉及的主要配置文件是 IPsec.conf 和 IPsec.secrets 这两个文件。下面是其配置过程。

(1) 在 Left 网关服务器上生成新的 RSA 公钥，命令如下：

```
[root@Left ~]IPsec newhostkey --output /etc/IPsec.secrets
[root@Left ~]IPsec showhostkey --Left >> /etc/IPsec.conf
//将上面所生成的公钥拷贝到左边网关服务器的 IPsec.conf 文件中
[root@Left ~]vi /etc/IPsec.conf   //编辑 IPsec.conf 文件
```

根据图 7.32，IPSec 实验拓扑结构在 IPsec.conf 文件中添加如下内容：

```
#以下是添加的内容
conn ipv6-to-ipv6
type=tunnel
connaddrfamily=ipv6
Left="2001:250:4005:1002::10"
Leftsubnet="2001:250:4005:1001::1/64"
Leftnexthop="2001:250:4005:1002::11"
Leftid="@Left"
# Left security gateway, subnet behind it, nexthop toward Left.
Left="2001:250:4005:1002::11"
Leftsubnet="2001:250:4005:1003::1/64"
Leftid="@Left"
# To authorize this connection, but not actually start it,
# at startup, uncomment this.
auto=add
#以下是通过刚才的命令所获得的密钥
# rsakey AQPMtt9gr
Leftrsasigkey=0sAQPMtt9gr… #比较长，省略
```

(2) 将左边网关服务器的 IPsec.conf 复制到右边网关服务器的/etc/目录下，然后创建右边网关服务器的密钥，命令如下：

```
[root@Right ~]IPsec newhostkey --output /etc/IPsec.secrets
[root@Right ~]IPsec showhostkey --Right >> /etc/IPsec.conf
```

完成以上命令后，就得到了如下左边和右边两个网关服务器的密钥：

```
# rsakey AQPMtt9gr
Leftrsasigkey=0sAQPMtt9gr... #比较长，省略
# rsakey AQO4rYUt7
Leftrsasigkey=0sAQO4rYU... #比较长，省略
```

(3) 将以上的右边网关服务器的/etc/IPsec.conf 文件再复制到左边网关服务的/etc 目录下。通过以上步骤，就完成了两个网关服务器的密钥的交换。

5. OpenSWAN 软件的启动

(1) 在 Left 和 Right 两个网关服务器上启动 OpenSWAN，命令如下：

```
service IPsec restart
```

(2) 在 Left 上将捕获软件 wireshark 打开，捕获数据包，在 Right 上启动 IPsec。命令如下：

```
IPsec auto --up ipv6-to-ipv6
```

执行以上命令后得到类似下面的输出：

```
[root@left ~]# IPsec auto --up ipv6-to-ipv6
1)  104 "ipv6-to-ipv6" #1: STATE_MAIN_I1: initiate
2)  003 "ipv6-to-ipv6" #1: received Vendor ID payload [Openswan (this
version) 2.6.23 ]
3)  003 "ipv6-to-ipv6" #1: received Vendor ID payload [Dead Peer
Detection]
4)  003 "ipv6-to-ipv6" #1: received Vendor ID payload [RFC 3947] method
set to=109
5)  106 "ipv6-to-ipv6" #1: STATE_MAIN_I2: sent MI2, expecting MR2
6)  003 "ipv6-to-ipv6" #1: NAT-Traversal: Result using RFC 3947 (NAT-
Traversal): no NAT detected
7)  108 "ipv6-to-ipv6" #1: STATE_MAIN_I3: sent MI3, expecting MR3
8)  003 "ipv6-to-ipv6" #1: received Vendor ID payload [CAN-IKEv2]
9)  004 "ipv6-to-ipv6" #1: STATE_MAIN_I4: ISAKMP SA established
{auth=OAKLEY_RSA_SIG cipher=aes_128 prf=oakley_sha group=modp2048}
10)  117 "ipv6-to-ipv6" #2: STATE_QUICK_I1: initiate
11)  004 "ipv6-to-ipv6" #2: STATE_QUICK_I2: sent QI2, IPsec SA
established tunnel mode {ESP=>0xa8e8fd86 <0x0508b899 xfrm=AES_128-
HMAC_SHA1 NATOA=none NATD=none DPD=none}
```

上面的输出信息明确地显示了 IPSec 的交换过程，其中第 9 行显示 ISAKMP SA established 即 ISAKMP SA 建立成功，说明左边和右边两个网关服务器已经完成了第一阶段中 SA 的协商，并建立了 IKE SA；第 11 行表示 IPSec SA established，即 IPSec SA 建立成功，采用的是隧道模式，这说明左边和右边两个网关服务器在第二阶段中成功建立了 IPSec SA。从这些信息中充分说明左边和右边两台网关服务器通过隧道模式成功建立了 IPSec 的连接。

与此同时，在捕获软件 wireshark 中可以清楚地观察到所捕获的数据，图 7.33 显示了所捕获的部分数据。

在图 7.33 中清楚地显示了主模式和积极模式的交换过程，其中第 3～8 条显示了主模式的 6 条信息；第 9～11 条显示了快速模式中的 3 条信息。

No.	Time	Source	Destination	Protocol	Info
3	0.000071	2001:250:4005:1002::11	2001:250:4005:1002::10	ISAKMP	Identity Protection (Main Mode)
4	0.000811	2001:250:4005:1002::10	2001:250:4005:1002::11	ISAKMP	Identity Protection (Main Mode)
5	0.013689	2001:250:4005:1002::11	2001:250:4005:1002::10	ISAKMP	Identity Protection (Main Mode)
6	0.045775	2001:250:4005:1002::10	2001:250:4005:1002::11	ISAKMP	Identity Protection (Main Mode)
7	0.117534	2001:250:4005:1002::11	2001:250:4005:1002::10	ISAKMP	Identity Protection (Main Mode)
8	0.025490	2001:250:4005:1002::10	2001:250:4005:1002::11	ISAKMP	Identity Protection (Main Mode)
9	0.014266	2001:250:4005:1002::11	2001:250:4005:1002::10	ISAKMP	Quick Mode
10	0.196681	2001:250:4005:1002::10	2001:250:4005:1002::11	ISAKMP	Quick Mode
11	0.266629	2001:250:4005:1002::11	2001:250:4005:1002::10	ISAKMP	Quick Mode

```
⊟ Internet Protocol Version 6
    Version: 6
    Traffic class: 0x00
    Flowlabel: 0x00000
    Payload length: 600
    Next header: UDP (0x11)
    Hop limit: 64
    Source address: 2001:250:4005:1002::11
    Destination address: 2001:250:4005:1002::10
⊟ User Datagram Protocol, Src Port: isakmp (500), Dst Port: isakmp (500)
    Source port: isakmp (500)
    Destination port: isakmp (500)
    Length: 600 (bogus, should be 3658626367)
    Checksum: 0x5f48 [correct]
⊞ Internet Security Association and Key Management Protocol
```

图 7.33　IPsec 连接时捕获的部分数据包

6. 测试 IPsec 的连接

在 Left(左边)网关服务器上打开 wireshark 数据捕获软件，并在主机 A 上 ping 主机 B，得到如下信息：

```
Pinging 2001:250:4005:1003::8
from 2001:250:4005:1001::8 with 32 bytes of data:
Reply from 2001:250:4005:1003::8: bytes=32 time=3ms
Reply from 2001:250:4005:1003::8: bytes=32 time<1ms
Reply from 2001:250:4005:1003::8: bytes=32 time<1ms
```

以上信息说明主机 A 与主机 B 可以通信了。

在主机 B 上 ping 主机 A，得到如下信息：

```
Pinging 2001:250:4005:1001::8
from 2001:250:4005:1003::8 with 32 bytes of data:
Reply from 2001:250:4005:1001::8: bytes=32 time=2ms
Reply from 2001:250:4005:1001::8: bytes=32 time<1ms
Reply from 2001:250:4005:1001::8: bytes=32 time<1ms
```

以上信息说明主机 B 与主机 A 可以通信了。

从上面所得到的信息，都充分说明主机 A 和主机 B 通过两个网关服务器实现了它们之间的通信。

在执行 ping 过程的同时，可以观察到捕获软件 wireshark 中数据的变化，出现了 ESP 协议的数据包，如图 7.34 所示为这些数据包的一部分。

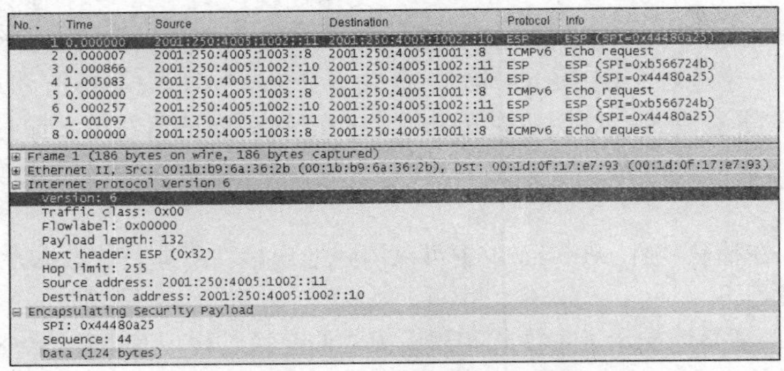

No.	Time	Source	Destination	Protocol	Info
1	0.000000	2001:250:4005:1002::11	2001:250:4005:1002::10	ESP	ESP (SPI=0x44480a25)
2	0.000007	2001:250:4005:1003::8	2001:250:4005:1001::8	ICMPv6	Echo request
3	0.000866	2001:250:4005:1002::10	2001:250:4005:1002::11	ESP	ESP (SPI=0xb566724b)
4	1.005083	2001:250:4005:1002::11	2001:250:4005:1002::10	ESP	ESP (SPI=0x44480a25)
5	0.000000	2001:250:4005:1003::8	2001:250:4005:1001::8	ICMPv6	Echo request
6	0.000257	2001:250:4005:1002::10	2001:250:4005:1002::11	ESP	ESP (SPI=0xb566724b)
7	1.001097	2001:250:4005:1002::11	2001:250:4005:1002::10	ESP	ESP (SPI=0x44480a25)
8	0.000000	2001:250:4005:1003::8	2001:250:4005:1001::8	ICMPv6	Echo request

```
⊞ Frame 1 (186 bytes on wire, 186 bytes captured)
⊞ Ethernet II, Src: 00:1b:b9:6a:36:2b (00:1b:b9:6a:36:2b), Dst: 00:1d:0f:17:e7:93 (00:1d:0f:17:e7:93)
⊟ Internet Protocol Version 6
    Version: 6
    Traffic class: 0x00
    Flowlabel: 0x00000
    Payload length: 132
    Next header: ESP (0x32)
    Hop limit: 255
    Source address: 2001:250:4005:1002::11
    Destination address: 2001:250:4005:1002::10
⊟ Encapsulating Security Payload
    SPI: 0x44480a25
    Sequence: 44
    Data (124 bytes)
```

图 7.34　IPsec 通信时所捕获的部分数据

7. IPsec 的实验中数据包的分析

为了更进一步地了解 IPSec 中两个阶段数据包交换的过程，下面对图 7.33 中的主模式和快速模式进行较为详细的分析。

图 7.35 中显示了 Right(右边)网关服务器向 Left(左边)网关服务器发送的主模式下的第 1 条消息。

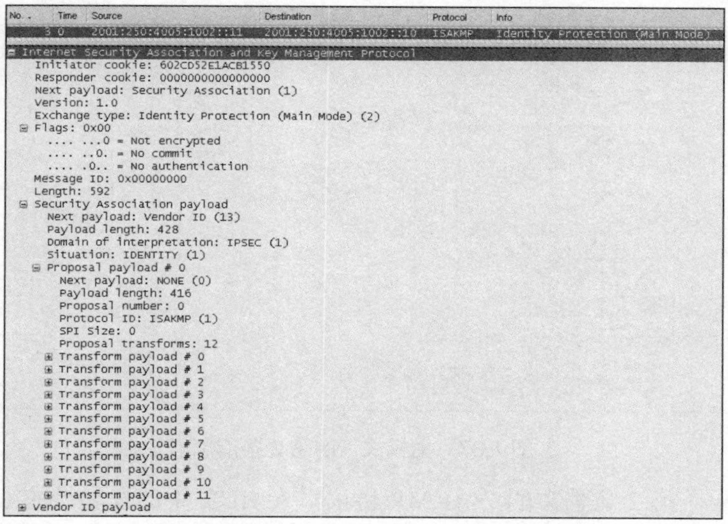

```
No. .  Time  Source                 Destination            Protocol  Info
  3 0        2001:250:4005:1002::11 2001:250:4005:1002::10 ISAKMP    Identity Protection (Main Mode)
⊟ Internet Security Association and Key Management Protocol
    Initiator cookie: 602CD52E1ACB1550
    Responder cookie: 0000000000000000
    Next payload: Security Association (1)
    Version: 1.0
    Exchange type: Identity Protection (Main Mode) (2)
  ⊟ Flags: 0x00
      .... ...0 = Not encrypted
      .... ..0. = No commit
      .... .0.. = No authentication
    Message ID: 0x00000000
    Length: 592
  ⊟ Security Association payload
      Next payload: Vendor ID (13)
      Payload length: 428
      Domain of interpretation: IPSEC (1)
      Situation: IDENTITY (1)
    ⊟ Proposal payload # 0
        Next payload: NONE (0)
        Payload length: 416
        Proposal number: 0
        Protocol ID: ISAKMP (1)
        SPI Size: 0
        Proposal transforms: 12
      ⊞ Transform payload # 0
      ⊞ Transform payload # 1
      ⊞ Transform payload # 2
      ⊞ Transform payload # 3
      ⊞ Transform payload # 4
      ⊞ Transform payload # 5
      ⊞ Transform payload # 6
      ⊞ Transform payload # 7
      ⊞ Transform payload # 8
      ⊞ Transform payload # 9
      ⊞ Transform payload # 10
      ⊞ Transform payload # 11
  ⊞ Vendor ID payload
```

图 7.35　主模式下的第 1 条消息

在图 7.35 中，第 1 条消息中包含有 ISAKMP 协议，协议的报头 HDR 包含有发起者和响应者的 Cookie 值，由于是第 1 条消息，因此，响应者的 Cookie 值为 0；下一个载荷(Next payload)字段为安全联盟载荷，该载荷字段又封装有提案载荷，而提案载荷中又封装了多个转换载荷。转换载荷主要包括转换 ID 号、加密算法、Hash 算法、认证方式等。图 7.36 中显示了图 7.35 中的两个转换载荷的详细字段和值。另外，在 AS 载荷中还封装了厂商 ID 载荷。

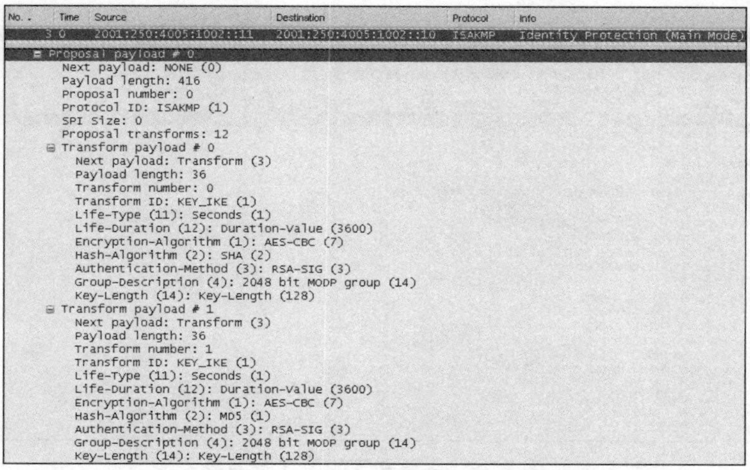

```
No. .  Time  Source                 Destination            Protocol  Info
  3 0        2001:250:4005:1002::11 2001:250:4005:1002::10 ISAKMP    Identity Protection (Main Mode)
    ⊟ Proposal payload # 0
        Next payload: NONE (0)
        Payload length: 416
        Proposal number: 0
        Protocol ID: ISAKMP (1)
        SPI Size: 0
        Proposal transforms: 12
      ⊟ Transform payload # 0
          Next payload: Transform (3)
          Payload length: 36
          Transform number: 0
          Transform ID: KEY_IKE (1)
          Life-Type (11): Seconds (1)
          Life-Duration (12): Duration-Value (3600)
          Encryption-Algorithm (1): AES-CBC (7)
          Hash-Algorithm (2): SHA (2)
          Authentication-Method (3): RSA-SIG (3)
          Group-Description (4): 2048 bit MODP group (14)
          Key-Length (14): Key-Length (128)
      ⊟ Transform payload # 1
          Next payload: Transform (3)
          Payload length: 36
          Transform number: 1
          Transform ID: KEY_IKE (1)
          Life-Type (11): Seconds (1)
          Life-Duration (12): Duration-Value (3600)
          Encryption-Algorithm (1): AES-CBC (7)
          Hash-Algorithm (2): MD5 (1)
          Authentication-Method (3): RSA-SIG (3)
          Group-Description (4): 2048 bit MODP group (14)
          Key-Length (14): Key-Length (128)
```

图 7.36　主模式下的第 1 条消息中的转换载荷报文结构

图 7.37 中显示了 Left(左边)网关服务器向 Right(右边)网关服务器发送的主模式下的第 2 条消息。

```
No. .  Time  Source                  Destination             Protocol  Info
  4 0        2001:250:4005:1002::10  2001:250:4005:1002::11  ISAKMP    Identity Protection (Main Mode)

⊟ Internet Security Association and Key Management Protocol
    Initiator cookie: 602CD52E1ACB1550
    Responder cookie: 5C12925C9108C25B
    Next payload: Security Association (1)
    Version: 1.0
    Exchange type: Identity Protection (Main Mode) (2)
  ⊟ Flags: 0x00
      .... ...0 = Not encrypted
      .... ..0. = No commit
      .... .0.. = No authentication
    Message ID: 0x00000000
    Length: 140
  ⊟ Security Association payload
      Next payload: Vendor ID (13)
      Payload length: 56
      Domain of interpretation: IPSEC (1)
      Situation: IDENTITY (1)
    ⊟ Proposal payload # 0
        Next payload: NONE (0)
        Payload length: 44
        Proposal number: 0
        Protocol ID: ISAKMP (1)
        SPI Size: 0
        Proposal transforms: 1
      ⊟ Transform payload # 0
          Next payload: NONE (0)
          Payload length: 36
          Transform number: 0
          Transform ID: KEY_IKE (1)
          Life-Type (11): Seconds (1)
          Life-Duration (12): Duration-Value (3600)
          Encryption-Algorithm (1): AES-CBC (7)
          Hash-Algorithm (2): SHA (2)
          Authentication-Method (3): RSA-SIG (3)
          Group-Description (4): 2048 bit MODP group (14)
          Key-Length (14): Key-Length (128)
  ⊞ Vendor ID payload
```

图 7.37　主模式下的第 2 条消息

在图 7.37 中，第 2 条消息的 ISAKMP 协议报头 HDR 中的发起者的 Cookie 值填入了第 1 条消息的发起者的 Cookie 值，响应者按照一定的方式产生一个 Cookie 值并将其填充到第 2 条消息的响应者 Cookie 值中。除此以外，响应者根据收到的发起者的报文，选择了提案载荷所封装的转换载荷中的一个，如图 7.37 中的“Transform payload # 0”，而此载荷中的 SA 属性是第 1 条消息众多变换载荷中的一个，响应者以此作为 SA 载荷发送给发起者，即右边的网关服务器，这样完成了 ISAKMP SA 属性的协商。

图 7.38 中显示了 Right(右边)网关服务器向 Left(左边)网关服务器发送的主模式下的第 3 条消息。ISAKMP 协议的报头 HDR 中包含密钥交换(Key Exchange)载荷、Nonce 载荷等。

```
No. .  Time  Source                  Destination             Protocol  Info
  5 0        2001:250:4005:1002::11  2001:250:4005:1002::10  ISAKMP    Identity Protection (Main Mode)

⊞ Frame 5 (418 bytes on wire, 418 bytes captured)
⊞ Ethernet II, Src: 00:1b:b9:6a:36:2b (00:1b:b9:6a:36:2b), Dst: 00:1d:0f:17:e7:93 (00:1d:0f:17:e7:93)
⊞ Internet Protocol Version 6
⊞ User Datagram Protocol, Src Port: isakmp (500), Dst Port: isakmp (500)
⊟ Internet Security Association and Key Management Protocol
    Initiator cookie: 602CD52E1ACB1550
    Responder cookie: 5C12925C9108C25B
    Next payload: Key Exchange (4)
    Version: 1.0
    Exchange type: Identity Protection (Main Mode) (2)
  ⊟ Flags: 0x00
      .... ...0 = Not encrypted
      .... ..0. = No commit
      .... .0.. = No authentication
    Message ID: 0x00000000
    Length: 356
  ⊟ Key Exchange payload
      Next payload: Nonce (10)
      Payload length: 260
      Key Exchange Data (256 bytes / 2048 bits)
  ⊟ Nonce payload
      Next payload: NAT-D (RFC 3947) (20)
      Payload length: 20
      Nonce Data
  ⊞ NAT-D (RFC 3947) payload
  ⊞ NAT-D (RFC 3947) payload
```

图 7.38　主模式下的第 3 条消息

图 7.39 中显示了 Left(左边)网关服务器向 Right(右边)网关服务器发送的主模式下的第 4 条消息。该条消息是响应者对第 3 条消息的响应。

```
No. .  Time  Source                   Destination              Protocol  Info
   6 0       2001:250:4005:1002::10   2001:250:4005:1002::11   ISAKMP    Identity Protection (Main Mode)
⊞ Frame 6 (418 bytes on wire, 418 bytes captured)
⊞ Ethernet II, Src: 00:1d:0f:17:e7:93 (00:1d:0f:17:e7:93), Dst: 00:1b:b9:6a:36:2b (00:1b:b9:6a:36:2b)
⊞ Internet Protocol Version 6
⊞ User Datagram Protocol, Src Port: isakmp (500), Dst Port: isakmp (500)
⊟ Internet Security Association and Key Management Protocol
    Initiator cookie: 602CD52E1ACB1550
    Responder cookie: 5C12925C9108C25B
    Next payload: Key Exchange (4)
    Version: 1.0
    Exchange type: Identity Protection (Main Mode) (2)
  ⊟ Flags: 0x00
      .... ...0 = Not encrypted
      .... ..0. = No commit
      .... .0.. = No authentication
    Message ID: 0x00000000
    Length: 356
  ⊟ Key Exchange payload
      Next payload: Nonce (10)
      Payload length: 260
      Key Exchange Data (256 bytes / 2048 bits)
  ⊟ Nonce payload
      Next payload: NAT-D (RFC 3947) (20)
      Payload length: 20
      Nonce Data
  ⊞ NAT-D (RFC 3947) payload
  ⊞ NAT-D (RFC 3947) payload
```

图 7.39　主模式下的第 4 条消息

图 7.40 中显示了 Right(右边)网关服务器向 Left(左边)网关服务器发送的主模式下的第 5 条消息。该消息中的 ISAKMP 协议报头中的下一个载荷字段是身份认证载荷，标志字段的值为 0x01，表示紧跟协议报头之后的载荷都已经加密(Encrypted)。从 Left 左边网关服务器向 Right 右边网关服务器发送的主模式下的第 6 条消息是对第 5 条消息的响应，其报文结构与第 5 条的相似，ISAKMP 协议报头后的载荷也都已经加密，因而观察不到更详细的信息。

```
No. .  Time  Source                   Destination              Protocol  Info
   7 0       2001:250:4005:1002::11   2001:250:4005:1002::10   ISAKMP    Identity Protection (Main Mode)
   8 0       2001:250:4005:1002::10   2001:250:4005:1002::11   ISAKMP    Identity Protection (Main Mode)
⊞ Frame 7 (394 bytes on wire, 394 bytes captured)
⊞ Ethernet II, Src: 00:1b:b9:6a:36:2b (00:1b:b9:6a:36:2b), Dst: 00:1d:0f:17:e7:93 (00:1d:0f:17:e7:93)
⊞ Internet Protocol Version 6
⊞ User Datagram Protocol, Src Port: isakmp (500), Dst Port: isakmp (500)
⊟ Internet Security Association and Key Management Protocol
    Initiator cookie: 602CD52E1ACB1550
    Responder cookie: 5C12925C9108C25B
    Next payload: Identification (5)
    Version: 1.0
    Exchange type: Identity Protection (Main Mode) (2)
  ⊟ Flags: 0x01
      .... ...1 = Encrypted
      .... ..0. = No commit
      .... .0.. = No authentication
    Message ID: 0x00000000
    Length: 332
    Encrypted payload (304 bytes)
```

图 7.40　主模式下的第 65 条消息

以上是对第一阶段主模式数据包结构的分析。通过第一阶段的 6 条消息就完成了 ISAKMP SA 的建立。

第二阶段快速模式包含 3 条消息。图 7.41 显示了第二阶段中 Right(右边)网关服务器向 Left(左边)网关服务器发送的第 1 条消息。其 ISAKMP 协议中下一个载荷为 HASH 载荷，标志字段表示已经对 ISAKMP 协议报头后面的载荷进行了加密。

快速模式下的第 2 条和第 3 条消息的报文结构与第 1 条的类似，其下一个载荷都是 HASH 载荷，且 ISAKMP 协议报头后面的载荷都已经进行了加密。

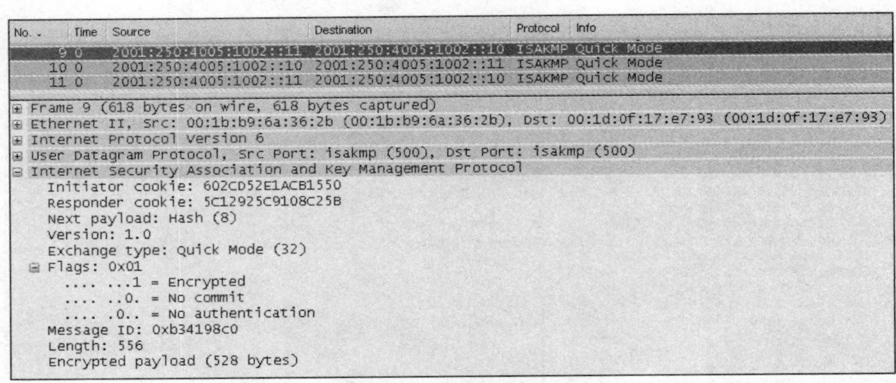

图 7.41 快速模式下的第 1 条消息

习题与实验

一、选择题

1. IPv6 使用了(　　)协议并已将其标准化，在 IP 层可实现数据源验证、数据完整性验证、数据加密、抗重播保护等功能。

　A. AH　　B. ESP　　C. IPsec　　D. IKE

2. IPv6 的特点不包括(　　)。

　A. 更大的地址空间　　B. 精简的报头结构
　C. 较低的安全性　　D. 增加可扩展性

3. 以下哪种情况应当删除 SA？(　　)

　A. SA 生存时间过期或 SA 所使用的密钥遭破解
　B. 使用该 SA 加/解密或者验证的字节数已经超过安全策略设定的最大值(阈值)
　C. 通信的另一方要求删除该 SA(如会话结束时)
　D. 以上皆是

4. 常用支持 IPsec 的操作系统有(　　)。

　A. Windows　　B. Linux　　C. Unix　　D. 以上皆是

5. 以下哪个不是 IPv6 的扩展报头？(　　)

　A. 传输层报头　　B. 分片报头　　C. 认证报头　　D. 逐跳选项报头

6. 在构建可信任下一代互联网时面临的一个严重的问题是：攻击者假冒源地址进行攻击，让管理员很难防范并且发现问题后难以追踪。为了解决这一问题，需要研发实现(　　)技术。

　A. IPv6 真实源地址验证技术　　B. IPv6 主机防火墙技术
　C. 漏洞扫描技术　　D. 攻击检测技术

7. IPv6 中避免局域网内地址假冒可以采用以下哪个方法？(　　)

　A. IPsec 协议　　B. 真实源地址方案 SAVI
　C. 使用加密方式　　D. 及时升级补丁

二、填空题

1. IPsec 提供了_______，_______，_______，_______，_______，_______的网络安全服务。

2. 安全联盟由 3 个参数标识，它们是______，______，______。

3. IPsec 可在以下几种情况进行布置实施：______，______，______。

4. IKE 协议提供了 4 种不同的服务模式，分别为______，______，______，______。

三、简答题

Internet 密钥交换协议是建立在哪些协议之上的混合型协议？请简述这些协议。

第 8 章
移动 IPv6

随着移动通信技术的迅猛发展，手机、掌上电脑和笔记本电脑等便携式移动设备被广泛应用，生活节奏的加快使得人们需要在移动过程中办公，希望在任何时候、任何地点无须更改计算机配置就能方便地访问互联网。移动 IP 技术正是应这样的需求而产生的一种新的支持移动用户和因特网连接的互联技术。

本章将重点阐述移动 IPv6 协议和移动 IPv6 的基本原理，并进行基于 MIPL 移动 IPv6 的实现。

8.1 移动 IPv6 概述

1992 年 6 月，由 IETF 下的移动 IP 工作组(IP Routing for Wireless/Mobile Hosts)开始制定并于 1996 年 11 月公布了移动 IP 的建议标准(Proposed Standard)，主要包括 RFC2002、RFC2003、RFC2004、RFC2005 和 RFC2006 等 RFC 文档。RFC2002 定义了移动 IP 协议；RFC1701、RFC2003 和 RFC2004 定义了移动 IP 中用到的 3 种隧道技术；RFC2005 叙述了移动 IP 的应用；RFC2006 定义了移动 IP 的管理信息库 MIB。该草案文档的发表，推动了移动 IP 技术的研究和应用。

随着 IPv6 已成为下一代互联网协议，IETF 于 2004 年 6 月正式推出了 RFC3775 和 RFC3776，分别定义了移动 IPv6 及其安全性标准，它吸取了移动 IP 的设计经验，并利用了 IPv6 的许多新的特性，提供了比移动 IPv4 更多、更好的特点，成为 IPv6 的重要组成部分，也为 MIPv6 的实用化迈出了关键的一步。2007 年 4 月，IETF 对 RFC3776 文档进行了更新，发布了 RFC4877，2011 年 7 月，废除了 RFC3775，发布了更新的移动 IPv6 标准。

移动 IPv6 的突出优点在于，即使移动节点正在改变它的位置和地址，移动 IPv6 也仍然会保持移动节点赖以通信的现有连接。移动 IPv6 不是通过修改面向连接的协议(如 TCP 协议)来保持移动节点的现有连接的，而是通过处理 IP 层的地址变化来实现这一点，其具体的实现是移动节点同时使用两个地址，即家乡地址(Home Address)和转交地址(Care of Address，CoA)，在网络层使用转交地址，使得报文能够路由至移动节点的当前位置，以保证报文的可达性；在传输层及以上的应用层使用家乡地址，用于唯一地标志移动节点，以保证 TCP 连接不被中断，传输层协议完全不知道移动节点的地址已经发生了变化。移动 IPv6 使用移动节点的特定地址来建立连接，并且不管移动节点多少次改变它的位置和地址，连接依然会保持。

本节将介绍移动 IPv6 的组成、基本术语和移动 IPv6 的工作原理等内容。

8.1.1 移动 IPv6 的组成及其基本术语

移动 IPv6 主要由移动节点、家乡代理、通信节点和路由器这 4 个重要的实体组成。图 8.1 是移动 IPv6 的组成示意图。

下面针对图 8.1 中所涉及的移动 IPv6 有关的专业术语进行说明。

(1) 移动节点(Mobile Node，MN)：指移动 IPv6 中能够从一个链路的连接点移动到另一个链路的连接点，仍能通过其家乡地址被访问的节点。

(2) 通信节点(Correspondent Node，CN)：指所有与移动节点通信的节点，通信节点可以是静止的，也可以是移动的。

(3) 家乡代理(Home Agent，HA)：指移动节点家乡链路上的一个路由器。当移动节点离开家乡时，家乡代理允许移动节点向其注册当前的转交地址。

(4) 家乡地址(Home Address)：指分配给移动节点的 IPv6 地址，它属于移动节点的家乡链路，标准的 IP 路由机制会把发给移动节点家乡地址的分组发送到其家乡链路。

(5) 转交地址(Care of Address，CoA)：指移动节点访问外地链路时获得的 IPv6 地

址，这个 IP 地址的子网前缀是外地子网前缀。移动节点同时可得到多个转交地址，其中注册到家乡代理的转交地址称为主转交地址。

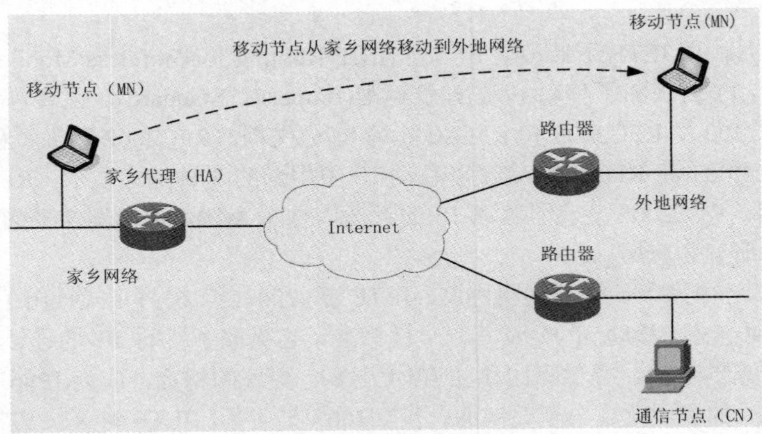

图 8.1　移动 IPv6 的组成

(6) 家乡链路(Home Link)：对应于移动节点家乡子网前缀的链路。标准 IP 路由机制会把目的地址是移动节点家乡地址的分组转发到移动节点的家乡链路。

(7) 外地链路(Foreign Link)：对于一个移动节点而言，指除了其家乡链路之外的任何链路。

(8) 移动(Movement)：指移动节点改变其网络接入点的过程。如果移动节点当前不在它的家乡链路上，则称为离开家乡。

(9) 子网前缀(Subnet Prefix)：指同一网段上的所有地址中前面的相同部分。子网前缀是前缀路由技术的基础，IPv6 中子网前缀的概念与 IPv4 中的子网掩码的概念类似。

(10) 家乡子网前缀(Home Subnet Prefix)：指对应于移动节点家乡地址的 IP 子网前缀。

(11) 外地子网前缀(Foreign Subnet Prefix)：对于一个移动节点而言，指除了其家乡链路之外的任何 IP 子网前缀。

(12) 绑定(Binding)：绑定也称为注册，是指移动节点的家乡地址和转交地址之间建立的对应关系。家乡代理通过这种关联把发送到家乡链路的属于移动节点的分组转发到其当前位置，通信节点通过这种关联也可以知道移动节点的当前接入点，从而实现通信的路由优化。

8.1.2　移动 IPv6 的工作原理

移动 IPv6 借鉴了移动 IPv4 的许多概念和术语，充分吸取了移动 IPv4 的设计经验，为节点的移动性提供了良好的支持。移动 IPv6 使得移动节点在移动过程中能够从不同的位置透明地、不间断地访问 Internet，其工作原理如下。

(1) 每个移动节点都有一个永久的家乡地址，通过这个家乡地址，移动节点总是可以被访问的。

(2) 当移动节点在家乡网络的时候，其工作方式如同固定位置的主机和路由器一样，发往移动节点的数据包采用常规的路由机制路由到其家乡网络，由于移动节点在家乡网络

中，因此移动节点可以正确地接收数据包；同理，移动节点发送数据包也采用常规的路由机制。总之，此种情况下移动 IPv6 协议不执行特别的操作。

(3) 当移动节点从家乡网络移动到外地网络时，它将采用 IPv6 定义的地址分配方法确定其当前链路上的转交地址。其地址分配方法主要有无状态的地址自动配置、有状态的地址自动配置(如 DHCPv6)和手动配置 3 种，到底采用何种方式，由移动节点接收的路由器广播中的 M 位决定。如果 M 位为 0，那么移动节点采用被动的地址自动配置；否则(M 位为 1)移动节点采用主动的地址自动配置。但在移动 IPv6 中，绝大多数情况下使用无状态的地址自动配置。

(4) 移动节点获得转交地址后，它将向家乡代理注册其转交地址，为移动节点的家乡地址与转交地址在家乡代理建立绑定。绑定过程是通过绑定更新和绑定确认报文实现的，它们被封装在目的地址选项中。确认是对绑定更新的响应，是否需要向移动节点发送该消息是由绑定更新中的标志 A 来决定的。如果 A 为 1，则需要向移动节点发送绑定更新，否则不需要。绑定确认有两个作用，一是告诉移动节点绑定更新已经收到；二是绑定更新已被正确接收。

(5) 当通信节点知道移动节点当前的转交地址时，通信节点可以利用 IPv6 路由报头，其目的地址设置为移动节点的转交地址，直接将数据包发送出去，这些包不需要经过移动节点的家乡代理，它们经过的是一条优化的路由。当通信节点不知道移动节点的转交地址时，它就像向其他任何固定节点发送数据一样向移动节点发送数据包。这样的数据包将被送往移动节点的家乡链路，在家乡链路上，由于家乡代理有移动节点的转交地址，因此家乡代理将截获这些数据包，然后通过隧道将数据包转发到移动节点的当前位置。

(6) 在反方向上，如果移动节点没有向通信节点注册过其转交地址，即通信节点不能处理家乡地址目的地选项，则移动节点先将数据包通过隧道发送到家乡网络，在家乡网络处剥去最外层的 IP 报头，然后通过正常的路由从家乡网络运送到通信节点。如果通信节点能处理家乡地址目的地选项，即绑定缓存中存在家乡地址与转交地址的绑定，则移动节点直接将数据包发送给通信节点。

(7) 当移动节点移动到外地网络时，在安全的情况下，它可能还要向通信节点注册其转交地址。移动节点判断接收到的数据包，如果数据包中有选项包含了家乡地址，则表明移动节点已经向该通信节点注册过其转交地址，否则移动节点要向该通信节点发送绑定更新。

(8) 移动节点离开家乡网络后，家乡网络可能进行了重新配置，原来的家乡代理被其他路由器取代或者家乡代理发生了故障。此时，如果不做相应的处理，则移动 IPv6 的某些功能将失效。由于移动 IPv6 提供了动态代理地址发现机制，允许移动节点发现家乡代理的 IP 地址，从而能正确注册其主转交地址。

关于移动 IPv6 具体的通信过程，将在 8.3 节进行详细的讲解。

8.1.3　移动 IPv6 的数据结构

为了保存移动节点和家乡代理的当前信息，在移动 IPv6 中，定义了 3 种数据结构，分别为绑定缓存、绑定更新列表和家乡代理列表。

1. 绑定缓存

绑定缓存(Binding Cache)是每个通信节点和家乡代理都维护的一张表，保存了移动节点的家乡地址和与其当前转交地址之间的对应关系，每一个绑定缓存中包含以下信息：

- 移动节点的家乡地址。
- 移动节点的转交地址。
- 有效时间——实时记录当前绑定缓存条目的剩余生存时间。
- 标志域——表示该缓存条目是否是家乡注册条目。
- 从移动节点的家乡地址接收到的绑定更新中序号域的最大值。
- 绑定缓存条目近来的使用信息。

当一个离开家乡链路的移动节点收到家乡代理通过隧道方式转发的数据包以后，它就会向这个数据包内层的源地址发送一个绑定更新，收到这个绑定更新的节点就在它的绑定缓存中增加一条对应此移动节点的条目。

当一个节点有数据包需要发送到某个地址时，它先检查绑定缓存，如果其中有对应此地址的条目，它就把数据包直接发送到缓存条目中记录的转交地址；若没有对应此地址的缓存条目，则按正常方式发送。

除上述内容之外，由于移动节点在通信节点上执行一般注册前，还需要执行返回可路由过程(Return Routability Procedure)，因此，通信节点还需要记录与返回可路由过程的当前状态相关信息。

绑定缓存的优先级大于邻居缓存和目的缓存，在家乡代理或通信节点发送数据前，首先需要查询绑定缓存，确定当前数据传送的目的地址后，再查询目的缓存、邻居缓存，直至进行地址解析后，才能把数据发送出去。

注意： 每个节点对任何一个家乡地址，仅保留一个绑定缓存条目；同时，每个节点绑定缓存的容量都是有限的，如果满了，则其他节点就不能继续在它上面进行绑定了。

2. 绑定更新列表

移动节点采用绑定更新列表(Binding Update List)记录其在家乡代理上的家乡注册信息和在通信节点上的一般注册信息。移动节点向一个通信节点或者家乡代理发送一条绑定更新报文后，它就会把相应的信息，包括接收方地址、剩余有效时间等记录在绑定更新列表中，同时随时更改每一个列表条目的剩余有效时间。如果某一条的剩余有效时间为零，移动节点就应该从列表中删除此条目。

绑定更新列表中的每一个条目包含以下一些信息：

- 被发送绑定更新的节点的 IP 地址。
- 绑定更新所发向的家乡地址。
- 在此绑定更新中的转交地址。
- 在此绑定更新中的生存期域的初始值。
- 绑定更新所剩的生存时间。
- 移动 IPv6 网络结构。
- 发送到该目的地的先前的绑定更新的序列号的最大值。

- 发送最近一个绑定更新到该目的地的时间。
- 标志位(A)，如果绑定更新需要中转，则该位置为 1。
- 标志位，当为 1 时表示以后再没有绑定更新发往此目的地。

移动节点中维护绑定更新列表的作用如下。

(1) 当移动节点回到家乡链路以后，移动节点会根据此列表中每一条目记录的地址信息，在其上面解除绑定。

(2) 当移动节点再次发生移动时，移动节点会根据此列表中每一条目记录的地址信息，在其上面重新绑定。

3. 家乡代理列表

每一个移动节点和家乡代理都要维护一个家乡代理列表(Home Agent List)。当一个节点收到标识支持家乡代理功能的路由通告报文时，会把这个路由器加入到其家乡代理列表中。当一个节点离开家乡链路以后，会从它所保留的家乡代理列表中选择一个家乡代理进行家乡注册；如果家乡代理列表为空，或者注册失败，移动节点会启动动态家乡代理地址发现机制，这时在家乡链路上的某一个家乡代理就会把它保留的家乡代理列表发送给移动节点。

家乡代理列表的表项中包含以下信息。

- 链路上路由器的链路本地地址。它是从接收到的路由器通告报文的源地址字段中获得的。
- 家乡代理的全局单播地址。它是从路由器标志(R)已置位的路由器通告报文的前缀信息选项的前缀字段中获得的。
- 家乡代理列表条目的剩余生存时间。初始值是从路由器通告报文中的家乡代理信息选项的家乡代理生存期字段或路由器通告报文的路由器生存期字段中获得的。当生存时间耗尽时，表项会从家乡代理列表中删除。
- 家乡代理的优先级。从家乡代理信息选项的家乡代理优先级字段中获得。如果路由器通告报文中没有包含家乡代理信息选项，则优先级的值为 0。根据家乡代理优先级字段的定义，0 是中等优先级。移动节点根据优先级来选择家乡代理。在家乡代理地址发现过程中，家乡代理会根据优先级，对将发送给移动节点的家乡代理列表进行排序。移动节点在接收到家乡代理列表后，会选择列表中的第一个家乡代理。

8.2　移动 IPv6 的报头扩展

移动 IPv6 通过对 IPv6 协议进行扩展，使 IPv6 实现了对移动 IPv6 全面的支持。在 RFC6275 文档中定义了新的扩展报头、几个新的类型和选项。主要包括移动报头、移动选项、家乡地址选项等。下面将详细地加以介绍。

8.2.1　移动报头

移动 IPv6 定义了一个移动报头，其实质是一个新的 IPv6 扩展报头，主要作用是承载移动节点、通信节点和家乡代理间在绑定管理过程中使用的移动 IP 消息，这些消息都是封装在 IPv6 的扩展报头之中进行传送的。移动报头是通过前一个扩展报头的“下一个扩展报头”字段值 135 进行标识的，其格式如图 8.2 所示。

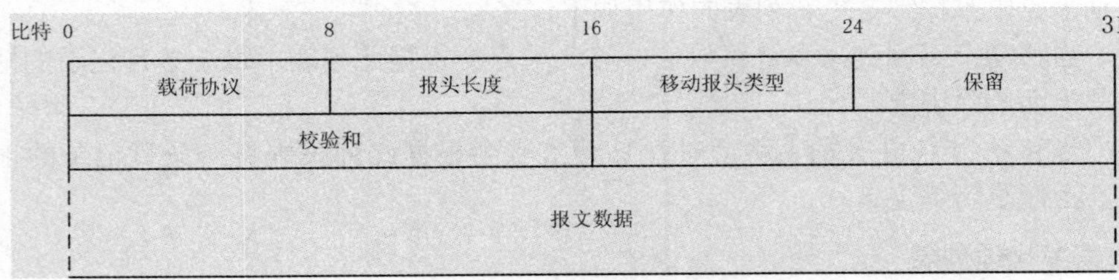

图 8.2 移动报头的格式

下面是移动报头中各个字段含义的解释。

- 载荷协议(Payload Protocol)：占 8 位，表示紧跟在移动报头之后的报头类型，与 IPv6 下一个报头字段中的取值相同。该字段还可用于未来扩展。根据 RFC6275 所进行的实现，其值应该设置为 IPPROTO_NONE (十进制的值是 59)。
- 报头长度(Header Len)：占 8 位，值为无符号整数，指定了以 8 字节为单位表示的移动报头的长度，不包括前 8 个字节。移动报头的长度必须是 8 位的整数倍。
- 移动报头类型(MH Type)：占 8 位，指明了移动报头的报文类型，不能识别的移动报头类型会导致返回一个错误标识。目前，在 RFC 6275 的规定中，定义了 8 种移动报头的类型，如表 8.1 所示。

表 8.1 移动报头的类型

类 型	描 述
1	绑定刷新请求报文(Binding Refresh Request message，BRR)：请求一个移动节点再发送一个绑定更新报文来更新绑定信息
2	家乡测试初始报文(Home Test Init message，HTI)：移动节点启动返回可路由过程，从通信节点获取 Home Keygen Token
3	转交测试初始报文(Care-of Test Init，CoTI)：移动节点启动返回可路由过程，从通信节点获取 Care-of Keygen Token
4	家乡测试报文(Home Test message，HT)：通信节点对 HTI 的响应，携带 Home Keygen Token
5	转交测试报文(Care-of Test message，CoT)：移动节点对 CoT 的响应，携带 Care-of Keygen Token
6	绑定更新报文(Binding Update message，BU)：移动节点向家乡代理/通信节点通告其新的转交地址
7	绑定确认报文(Binding Acknowledgment message，BA)：家乡代理/通信节点对收到和处理 BU 的响应
8	绑定错误报文(Binding Error message，BE)：家乡代理/通信节点通告与移动处理相关的错误信息

- 保留(Reserved)：占 8 位，用于将来扩充使用。发送方必须将该值初始化为 0，接收方必须忽略该字段。

- 校验和(Checksum)：占 16 位，该字段包含移动报头的校验和。校验和是以整个移动报头之前的以载荷协议字段开始的伪报头(Pseudo-header)为基础进行计算的。
- 报文数据(Message Data)：长度可变，包含对应移动报头类型(MH Type)值的移动选项。

下面对表 8.1 中移动报头类型所定义的 8 种报文进行介绍。

1. 绑定刷新请求报文

绑定刷新请求报文(Binding Refresh Request message，BRR)用于请求移动节点的绑定。当移动节点收到一个包含绑定刷新请求的消息 BRR 后，如果发现对于绑定刷新请求报文 BRR 的源已经存在绑定更新列表项，并且认为与通信节点的通信需要路由优化时，可以启动返回路由过程。BRR 消息数据字段的格式如图 8.3 所示。

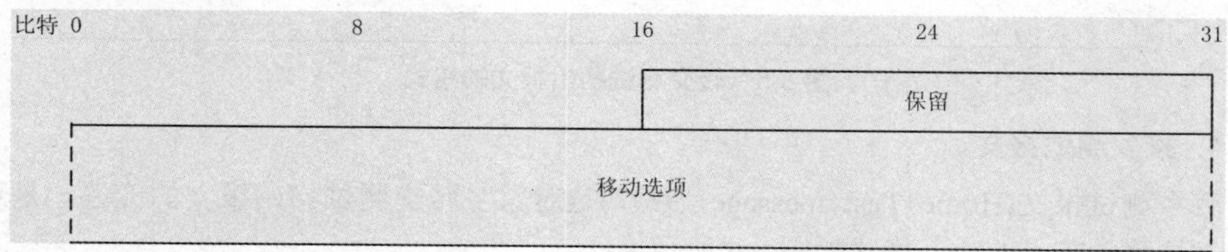

图 8.3　绑定刷新请求报文的格式

图 8.3 中，两个字段的含义如下。

- 保留(Reserved)：占 16 位，发送方必须将其初始化为 0，接收方必须忽略该字段。
- 移动选项(Mobility Options)：该字段包含 0 个或更多 TVL 编码的移动选项。

2. 家乡测试初始报文

移动节点通过发送家乡测试初始报文(Home Test Init message，HoTI)启动返回可路由过程，向通信节点请求家乡密钥生成令牌。其格式如图 8.4 所示。

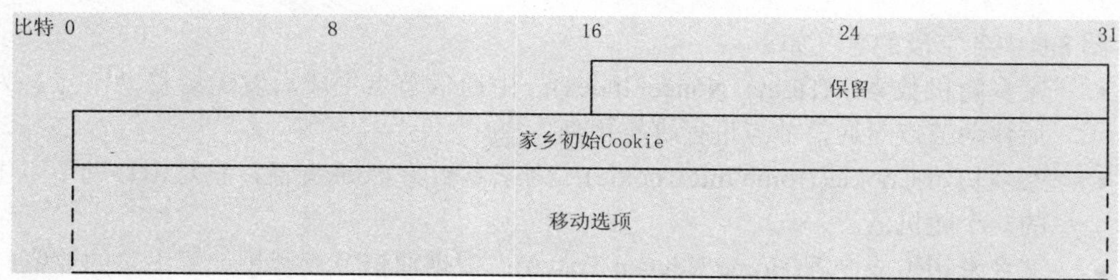

图 8.4　家乡测试初始报文的格式

图 8.4 中，各字段的含义如下。

- 保留(Reserved)：占 16 位，发送方必须将其初始化为 0，接收方必须忽略该字段。
- 家乡初始 Cookie(Home Init Cookie)：由移动节点生成的一个随机值。
- 移动选项(Mobility Options)：依照报头长度的要求，移动选项的长度必须是 8 字节的整数倍。

3. 转交测试初始报文

移动节点通过发送转交测试初始报文(Care-of Test Init，CoTI)启动返回可路由过程，向通信节点请求转交密钥生成令牌。CoTI 报文的格式同 HoTI 的几乎一样，不同的只是把“家乡初始 Cookie”替换为“转交初始 Cookie”。转交测试初始报文的格式如图 8.5 所示。

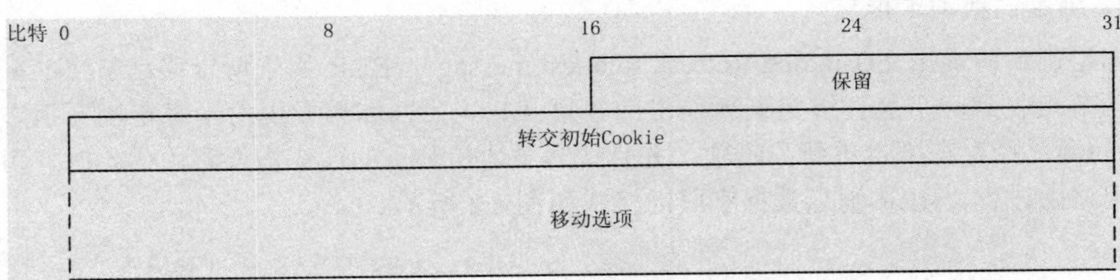

图 8.5 转交测试初始报文的格式

4. 家乡测试报文

家乡测试报文(Home Test message，HoT)是对家乡转交测试初始报文的应答，是通信节点发往移动节点的。其格式如图 8.6 所示。

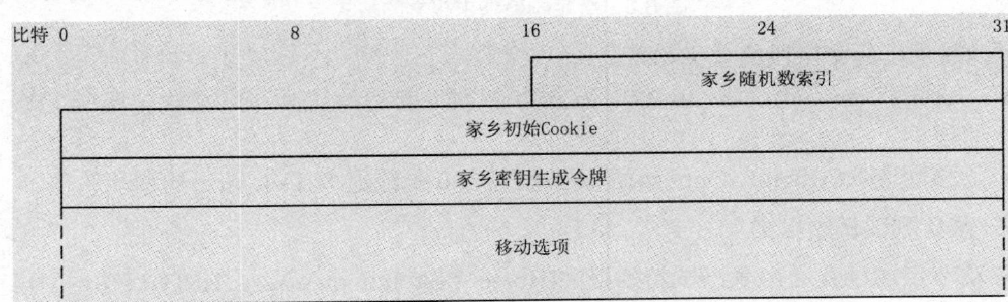

图 8.6 家乡测试报文的格式

图 8.6 中各字段的含义如下。

- 家乡随机数索引(Home Nonce Index)：由通信节点生成后发送给移动节点，为以后移动节点对通信节点进行绑定更新。
- 家乡初始 Cookie(Home Init Cookie)：为家乡初始 Cookie 值，它是由移动节点生成的一个随机值。
- 家乡密钥生成令牌(Home Keygen Token)：根据通信节点密钥计算出来的数值。
- 移动选项(Mobility Options)：依照报头长度的要求，移动选项的长度必须是 8 字节的整数倍。

5. 转交测试报文

转交测试报文(Care-of Test message，CoT)是对转交测试初始报文的响应，从通信节点发往移动节点。其格式如图 8.7 所示。

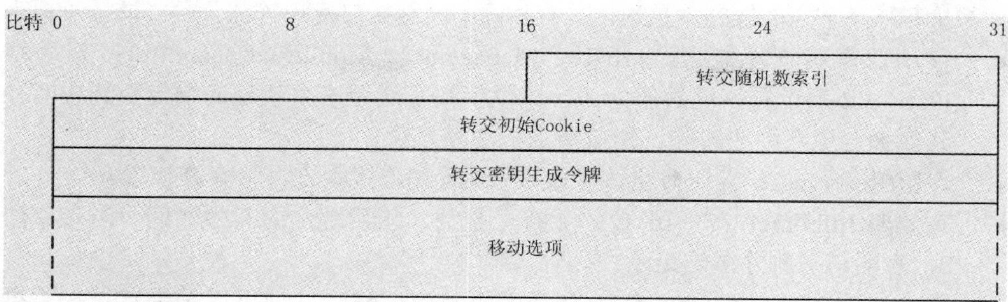

图 8.7　转交测试报文的格式

图 8.7 中，各字段的含义如下。

- 转交随机数索引(Care-of Nonce Index)：为以后移动节点对通信节点的绑定更新。
- 转交初始 Cookie(Care-of Init Cookie)：为转交初始 Cookie 值，由移动节点生成的一个随机值。
- 转交密钥生成令牌(Care-of Keygen Token)：根据通信节点密钥计算出来的数值。
- 移动选项(Mobility Options)：依照报头长度的要求，移动选项的长度必须是 8 字节的整数倍。

6. 绑定更新报文

绑定更新报文(Binding Update message，BU)是移动节点使用绑定更新报文通知其他节点(主要是通信节点或家乡代理)它自己新获得的转交地址。

移动节点发送绑定更新报文到家乡代理或通信节点，在含有绑定更新报文的 IPv6 报文中，源地址是移动节点的转交地址，目的地址是家乡代理或通信节点的地址。绑定更新报文数据字段的格式如图 8.8 所示。

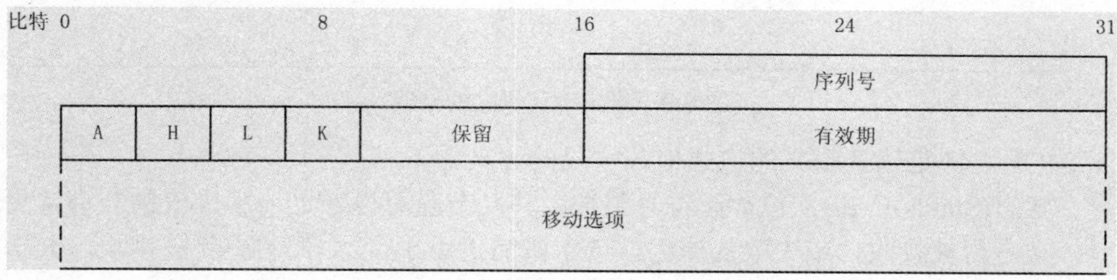

图 8.8　绑定更新报文的格式

对图 8.8 中绑定更新报文各个字段的含义解释如下。

- 序列号(Sequence)：占 16 位，为无符号整数，接收方用于排序绑定更新，发送方用于匹配绑定确认和绑定更新。
- 确认比特位 A(Acknowledgement)：移动节点设置此位，该位置 1，表示移动节点请求家乡代理或者通信节点在收到绑定更新后返回一个绑定确认。
- 家乡注册比特位 H(Home Registration)：移动节点设置此位，该位置 1，表示移动节点请求接收者提供家乡代理服务，此时数据报的目的地址必须与移动节点的家乡地址具有相同的网络前缀。
- 链路本地地址兼容比特位 L(Link-Local Address Compatibility)：移动节点的家乡地

址和移动节点的链路本地地址具有相同的网络接口标识符部分时，该位设置为 1。

- 移动性密钥管理能力位 K(Key Management Mobility Capability)：若手动设置 IPsec，必须设置该位的值为 0。该位仅在发送至家乡代理的绑定更新中有效，在其他绑定更新中应清除。通信节点应忽略该位。
- 保留(Reserved)：发送方将该字段设置为全 0，接收方将忽略该字段。
- 有效期(Lifetime)：占 16 位，无符号整数。指明绑定的有效时间。若该字段值为 0，表明请求删除绑定记录。
- 移动选项(Mobility Options)：在绑定更新中，移动选项可以是绑定授权数据选项(Binding Authorization Data Option)、随机数索引选项(Nonce Indices Option)和备用转交地址选项(Alternate Care-of Address Option)。

7. 绑定确认报文

绑定确认报文(Binding Acknowledgment message，BA)用于对收到来自于移动节点的绑定更新报文进行回复，以确认是否收到该绑定更新报文。一条绑定确认报文是从家乡代理或通信节点发送到移动节点。绑定确认报文的源地址是家乡代理或通信节点的地址，而目的地址是移动节点的转交地址。

为了传递一条绑定确认报文到位于外地网络移动节点的家乡地址，必须有一个包含移动节点家乡地址的第二类路由报头。绑定确认报文的格式如图 8.9 所示。

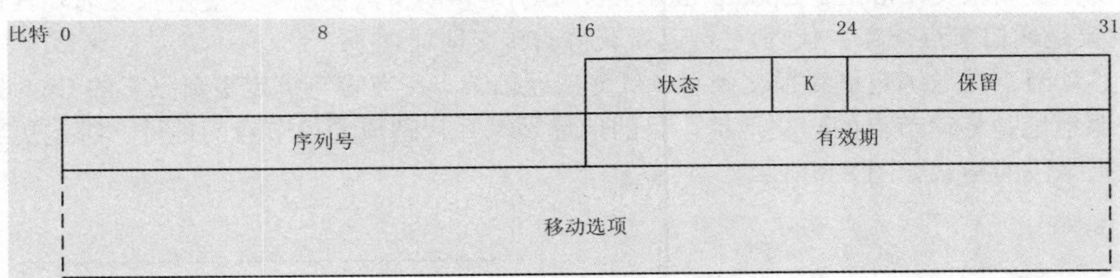

图 8.9　绑定确认报文的格式

图 8.9 中，绑定确认报文的格式中各字段的含义如下。

- 状态(Status)：占 8 位，无符号整数。移动节点可以通过该字段值判断绑定更新报文是否被接收，或失败的原因。该字段的值小于 128 表明更新被接收，大于等于 128 表明被拒绝。状态值编码的含义见表 8.2。

表 8.2　绑定确认报文中的状态值列表

状态字段编码	含　义
0	接收的绑定更新
1	接收但需要前缀发现
128	未指定原因
129	管理层禁止
130	资源不足
131	不支持家乡注册

续表

状态字段编码	含　义
132	无家乡子网
133	无该移动节点的家乡代理
134	重复地址检测失败
135	序列号溢出
136	过期的 Home Nonce Index
137	过期的 Care-of Nonce Index
138	过期的 Nonces
139	未允许的注册类型改动
174	无效或非法的转交地址

- 移动性密钥管理能力位 K(Key Management Mobility Capability)：用于家乡代理向移动节点发送绑定确认，涉及 IPsec 的处理，通信节点必须将其设为 0。
- 保留(Reserved)：发送方将该字段设置为 0，接收方必须忽略该字段。
- 序列号(Sequence)：占 16 位，为无符号整数，从绑定更新请求中复制。移动节点用它来匹配绑定更新请求和绑定确认。
- 有效期(Lifetime)：占 16 位，无符号整数。指明绑定的有效时间。若该字段值为 0，表明请求删除绑定记录。
- 移动选项(Mobility Options)：在绑定确认报文中，移动选项可以是绑定授权数据选项(Binding Authorization Data Option)、绑定刷新建议选项(Binding Refresh Advice Option)。

8. 绑定错误报文

通信节点使用绑定错误报文(Binding Error message，BE)把与移动性相关的错误信息传达给移动节点。例如，当移动节点向尚未建立绑定的通信节点发送携带家乡地址选项的数据包时，通信节点需要给移动节点回复绑定错误报文。绑定错误报文总是发送到引起这个错误的数据包的源地址，即转交地址。绑定错误报文的格式如图 8.10 所示。

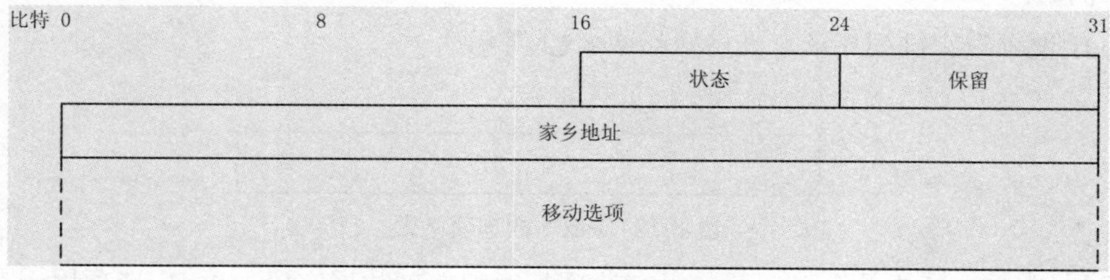

图 8.10　绑定错误报文的格式

图 8.10 中，绑定错误报文中部分字段的含义如下。

- 状态(Status)：值为 1 时表示在没有绑定的情况下使用了家乡地址选项；值为 2 时表示通信对端接收到的消息中含有未知的移动报头类型。
- 家乡地址(Home Address)：这个地址给出了引发这个错误消息的移动节点的家乡地址。

8.2.2 移动选项

移动 IPv6 定义了一些移动选项，这些移动选项用于移动报头的消息数据，用以形成更加丰富的移动消息。目前定义的移动选项主要有以下 6 种：

- Pad1。
- PadN。
- 绑定刷新建议选项。
- 备用转交地址选项。
- 随机数索引选项。
- 绑定授权数据选项。

移动选项在移动报文数据字段编码中，使用了类型-长度-值(Type-Length-Value，TLV)的格式，如图 8.11 所示。

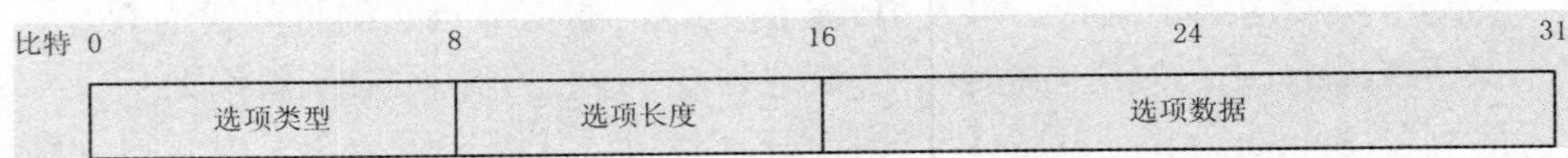

图 8.11 移动选项的格式

移动选项格式有 3 个字段，含义解释如下。

- 选项类型(Option Type)：占 8 位，当处理包含移动选项的移动报头时，若选项类型无法识别，接收方必须跳过并忽略该选项，继续处理剩下的选项。
- 选项长度(Option Length)：占 8 位，无符号整数，以字节为单位，表示移动选项的长度，不包括选项类型和选项长度。
- 选项数据(Option Data)：对应指定选项的数据。执行时必须忽略任何无法解析的移动选项。

移动选项可能会有长度排列的要求。例如，宽度为 n byte 的字段从报头开始以 n byte 的整数倍放置，n=1、2、3 或 9。

下面对目前所定义的 6 种移动选项进行说明。

1. Pad1

Pad1 选项没有排列要求，其格式如图 8.12 所示。

图 8.12 Pad1 的选项格式

Pad1 选项的格式是个特例，它没有选项长度和选项数据字段。Pad1 选项用于在移动报头的移动选项区域中插入 1 字节的填充。如果要求多个填充，应该使用接下来介绍的 PadN。

2. PadN

PadN 选项没有排列要求，其格式如图 8.13 所示。

PadN 选项用于在移动报头的移动选项区域中插入两个或多个字节的填充。对于 N 个字节的填充，选项长度字段包含值 N−2，选项数据由 N−2 个零值字节组成。接收方必须忽

略 PadN 选项数据。

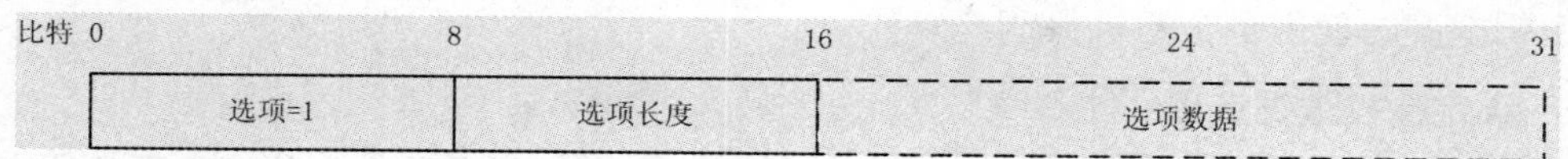

图 8.13　PadN 选项格式

3. 绑定刷新建议选项

绑定刷新建议选项(Binding Refresh Advice Option)具有 2n 的排列要求，其格式如图 8.14 所示。

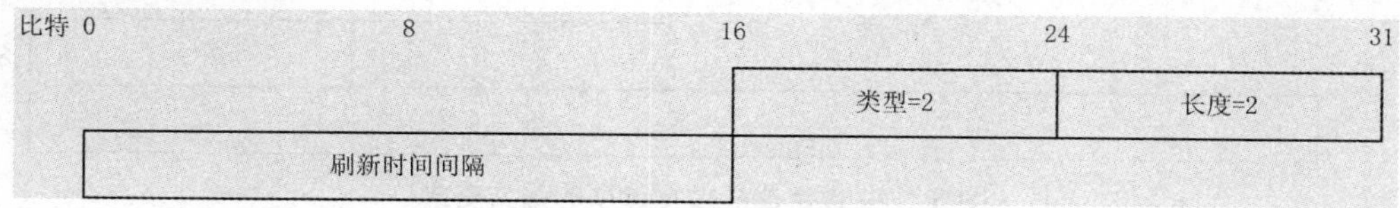

图 8.14　绑定刷新建议选项的格式

绑定刷新建议选项仅在绑定确认中有效，且仅位于从移动节点的家乡代理回复移动节点的家乡注册的确认中，“刷新时间间隔”字段(Refresh Interval)以 4s 为单位，表示家乡代理建议移动节点发送新的家乡注册至家乡代理的剩余时间。

刷新时间间隔必须小于绑定确认中的有效值。

4. 备用转交地址选项

备用转交地址选项(Alternate Care-of Address Option)，需要 8n+6 的长度排列，其格式如图 8.15 所示。

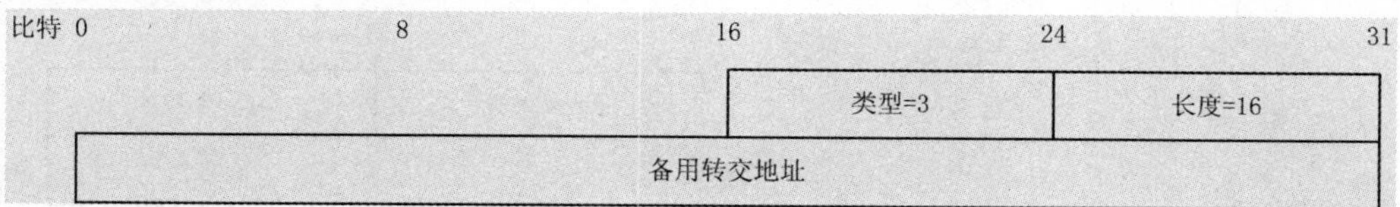

图 8.15　备用转交地址选项

一般来说，绑定更新以 IPv6 报头的源地址作为转交地址。但是，在一些情况下，比如，未使用安全机制保护的 IPv6 报头时，使用 IPv6 报头的源地址作为转交地址并不合适。对于这些情况，移动节点可以使用备用转交地址选项，该选项只在绑定刷新中有效。

5. 随机数索引选项

随机数索引选项(Nonce Indices Option)，需要 2n 的长度排列，其格式如图 8.16 所示。

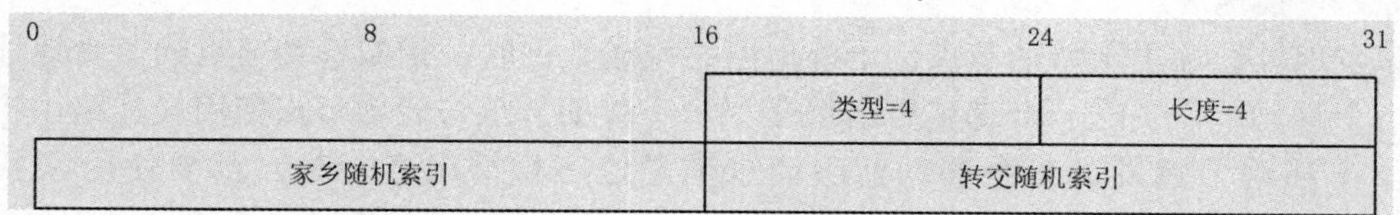

图 8.16　随机数索引选项的格式

随机数索引选项仅在发送至通信节点的绑定更新报文中存在，且仅与绑定授权数据选项一同出现。通信节点在授权绑定更新时，需要由其存储的移动节点的 Cookie 来生成家乡和转交密钥生成令牌(Keygen Token)。家乡随机数索引(Home Nonce Index)告诉通信节点在生成密钥令牌时使用哪个随机数值。

6. 绑定授权数据选项

绑定授权数据选项(Binding Authorization Data Option)保存着一个从绑定更新或绑定确认报文计算出的散列值，它没有任何排列对齐要求，但是该选项必须位于报文的末端，是最后一个移动选项，因而隐式地规定绑定授权数据选项有 8n+2 个字节的对齐长度。绑定授权数据选项的格式如图 8.17 所示。

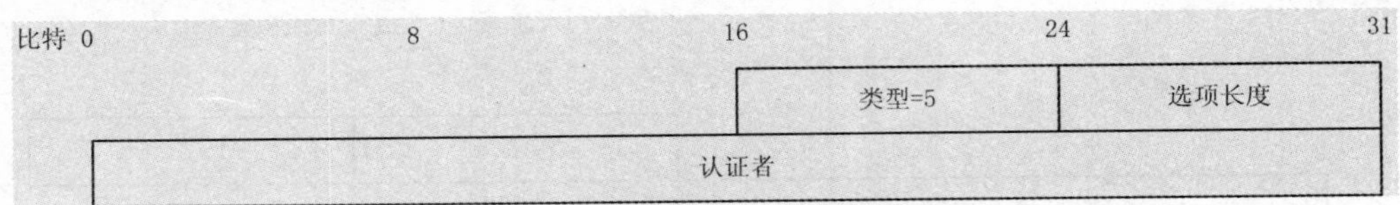

图 8.17　绑定授权数据选项的报文格式

图 8.17 中，“选项长度”字段以字节为单位，包含认证者字段的长度。“认证者”字段用于保证报文来源的可靠性，该字段内容包含可用于确认正在讨论的报文是否来自正确的认证者的加密值，计算加密值的规则依赖于所使用的授权程序。

8.2.3　家乡地址选项

家乡地址选项(Home Address Option)是一个新定义的目的选项，包含在 IPv6 扩展报头的目的地选项扩展报头(Destination Options Header)中，用于表示移动节点的家乡地址。家乡地址选项采用了 TLV 格式编码。其格式如图 8.18 所示。

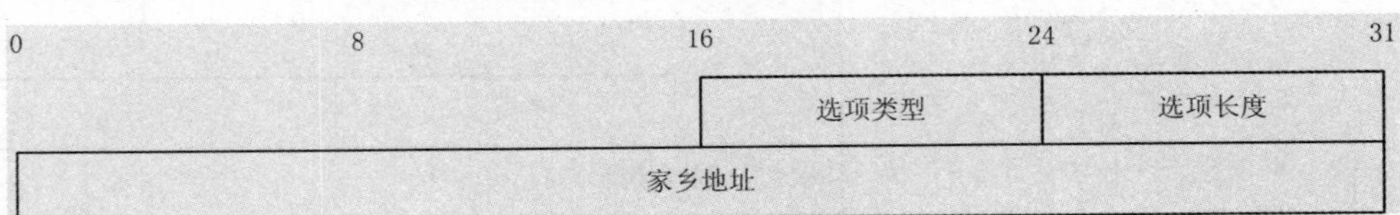

图 8.18　家乡地址选项的格式

家乡地址选项中各字段的含义如下。

- 选项类型(Type)：取值为 201(16 进制值为 0xC9)。
- 选项长度(Length)：8 位无符号整数。以 byte 为单位的选项长度，不包括选项类型和选项长度字段。该字段必须设置为 16。
- 家乡地址(Home Address)：发送数据报的移动节点的家乡地址，必须是可路由的单播地址。

家乡地址选项用于移动节点位于外地网络发送数据时，指明移动节点的家乡地址。当出现一个移动节点发送一个绑定更新报文、一个移动节点与通信节点使用最佳路由机制通信或一个移动节点发送一个移动前缀请求消息这三种情况之一时，都要使用家乡地址选项。

一个移动节点处在外地网络时，它不会直接使用家乡地址作为源地址发送 IPv6 数据报。因为如果这个 IPv6 报头中的源地址字段的值为家乡地址，那么它与移动节点所在的链

路上的前缀不匹配，外地链路上的路由器就会丢弃这些与网络拓扑结构不符的源地址的数据包。事实上，当移动节点离开家乡，向通信节点或家乡代理发送数据包时，其 IPv6 报头中的源地址字段的值为转交地址，并包含家乡地址选项。外地链路上的路由器会将已转交地址作为源地址(外地链路上符合网络拓扑的地址)，并把包含家乡地址目的选项的数据包转发到它的目的节点。在目的节点接收到数据包后，通信节点会处理目的选项报头，并且在向上层协议传送有效载荷之前，用家乡地址选项中的地址从逻辑上替换掉数据包中的源地址。对上层协议来说，数据包是从移动节点的家乡地址发出的。通信节点在处理时使用家乡地址选项的信息把转交地址和家乡地址互换，保证了在通信节点上转交地址的使用对于上层协议和应用的透明。

8.2.4　第二类路由报头

移动 IPv6 定义了第二类路由报头(Type 2 Routing Header)，它是一个新的路由报头类型，也是一个新的 IPv6 扩展报头，该路由报头用于当家乡代理或通信节点发送数据报到移动节点时，指明家乡代理或通信节点所携带的移动节点的家乡地址。其格式如图 8.19 所示。

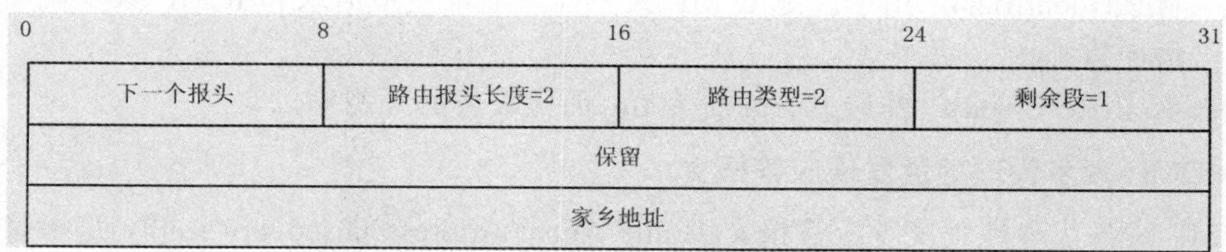

图 8.19　第二类路由报头的格式

对图 8.19 中各个字段解释如下。

- 下一个报头(Next Header)：占 8 位，表示紧跟该报头之后的下一个报头的类型，使用 IPv6 下一个报头字段中的相同值。
- 路由报头长度(Hdr Ext Len)：占 8 位，表示不包括前 8 个字节的路由报头的长度，取值为 2。
- 路由类型(Routing Type)：占 8 位，值为 2。
- 剩余段(Segments Left)：占 8 位，值为 1。
- 保留(Reserved)：长度为 32 位，这个值必须初始为 0。
- 家乡地址(Home Address)：移动节点的家乡地址。

第二类路由报头主要用于通信节点与移动节点直接通信的情况。通信节点使用第二类路由报头直接发送数据包到移动节点，并将移动节点的转交地址放在 IPv6 报头的目的地址字段，而把移动节点的家乡地址放在第二类路由头中。当数据包到达转交地址时，移动节点从第二类路由头提取出家乡地址，作为这个数据包的最终目的地址。

8.2.5　对 ICMP 的扩展

为了支持家乡代理地址的自动发现和移动配置，移动 IP 也引入了一些新的 ICMP 报文，包括 ICMP 家乡代理地址发现请求报文、ICMP 家乡代理地址发现应答报文、ICMP 移

动前缀请求报文和 ICMP 移动前缀应答报文。下面分别对这些 ICMP 消息加以介绍。

1. ICMP 家乡代理地址发现请求报文

ICMP 家乡代理地址发现请求(Home Agent Address Discovery Request)报文是指移动节点用来动态地初始化其家乡代理。移动节点发送该请求至其家乡代理的任播地址。报文格式如图 8.20 所示。

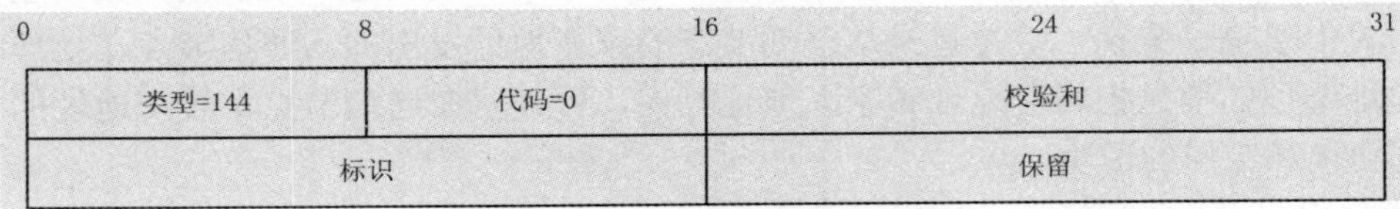

图 8.20 ICMP 家乡代理地址发现请求报文

对图 8.20 中各个字段解释如下。

- 类型(Type)：取值 146。
- 代码(Code)：取值 0。
- 校验和(Checksum)：ICMP 校验和。
- 标识(Identifier)：用于匹配 ICMP 家乡代理地址发现请求和 ICMP 家乡代理地址发现应答。
- 保留(Reserved)：发送方必须置为 0，而接收方必须忽略。

2. ICMP 家乡代理地址发现应答报文

ICMP 家乡代理地址发现应答报文(Home Agent Address Discovery Reply)是指家乡代理使用该报文响应移动节点发送的 ICMP 家乡代理地址发现请求报文。其报文格式如图 8.21 所示。

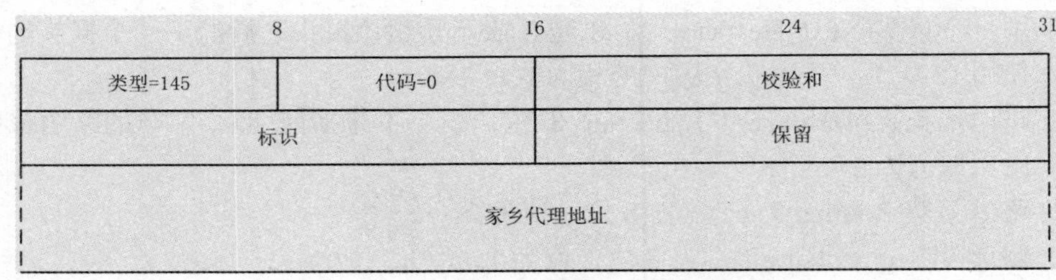

图 8.21 ICMP 家乡代理地址发现应答报文

对图 8.21 中各个字段解释如下。

- 类型(Type)：取值 145。
- 代码(Code)：取值 0。
- 校验和(Checksum)：ICMP 校验和。
- 标识(Identifier)：用于匹配 ICMP 家乡代理地址发现请求和 ICMP 家乡代理地址发现应答。复制对应的 ICMP 家乡代理地址发现请求报文中的标识。
- 保留(Reserved)：发送方必须置为 0，而接收方必须忽略。
- 家乡代理地址(Home Agent Addresses)：移动节点家乡网络链路上的家乡代理地址列表。列表中的地址数量由携带家乡代理地址发现应答报文的 IPv6 数据报的剩余

长度标识。

3. ICMP 移动前缀请求报文

ICMP 移动前缀请求报文(Mobile Prefix Solicitation)是指当移动节点离开其家乡时，发送该报文至其家乡代理请求家乡链路的子网前缀。其报文格式如图 8.22 所示。

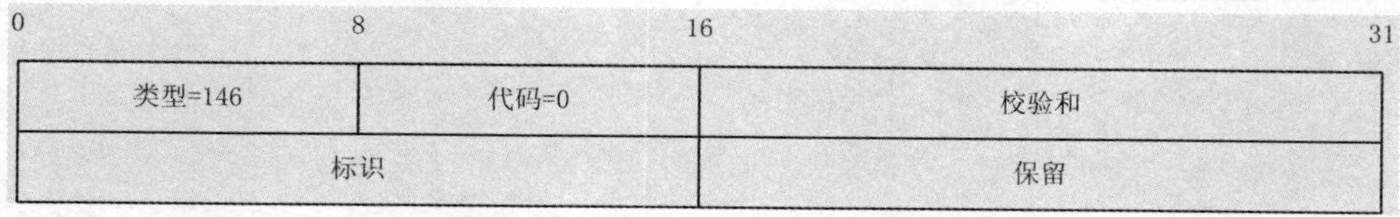

图 8.22　ICMP 移动前缀请求消息

对图 8.22 中的各个字段解释如下。

- 类型(Type)：取值 146。
- 代码(Code)：取值 0。
- 校验和(Checksum)：ICMP 校验和。
- 标识(Identifier)：用于匹配 ICMP 家乡代理地址发现请求和 ICMP 家乡代理地址发现应答。
- 保留(Reserved)：发送方必须置为 0，而接收方必须忽略。

4. ICMP 移动前缀通告报文

ICMP 移动前缀通告报文(Mobile Prefix Advertisement)是指当移动节点离开其家乡网络时，家乡代理通过该报文告诉移动节点家乡链路的前缀消息。其报文格式如图 8.23 所示。

对图 8.23 中的各个字段解释如下。

- 类型(Type)：取值 144。
- 代码(Code)：取值 0。
- 校验和(Checksum)：ICMP 校验和。
- 标识(Identifier)：用于匹配 ICMP 家乡代理地址发现请求和 ICMP 家乡代理地址发现应答。
- 保留(Reserved)：发送方必须置为 0，而接收方必须忽略。

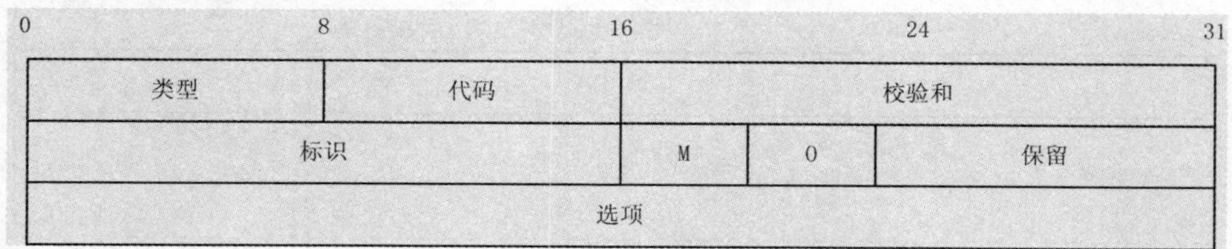

图 8.23　ICMP 移动前缀请求消息

8.2.6　对邻居发现报文和选项的修改

移动 IPv6 对邻居发现协议中的路由器通告报文和前缀信息选项进行了修改，并定义了新的通告间隔选项和新的家乡代理信息选项。下面将对这些做一介绍。

1. 对路由通告报文的修改

移动 IPv6 在路由通告报文的修改中，主要是定义了一个新的家乡代理标志 H，如图 8.24 所示。

0	8				16	31
类型=134	代码=0				校验和	
当前跳数限制	M	O	H	保留字	路由器生命期	
可达时间						
重新传输定时器						
选项						

8.24　修改的路由器通告消息

图 8.24 中，除新定义的 H 标志外，保留字从 6 位减少到 5 位，让出的 1 位用于新增的家乡代理标志 H，而其他字段的含义已在本书的 2.2.1 小节的路由通告报文中进行了解释，这里就不再重复。

新定义的家乡代理 H 标志，表示了发布通告的路由器是否具有成为家乡代理的能力，其目的是支持家乡链路上由家乡代理和移动节点共同完成的家乡代理的发现过程。

家乡链路上的每个家乡代理在发送路由通告报文时，都会将此标志置位，而家乡链路上的每个家乡代理和移动节点都可以接收路由通告报文。因而，它们可以根据报文的内容来编辑可能的家乡代理列表。

2. 对前缀信息选项的修改

移动 IPv6 对前缀信息选项的修改主要是定义了一个新的路由地址标志位 R，如图 8.25 所示。

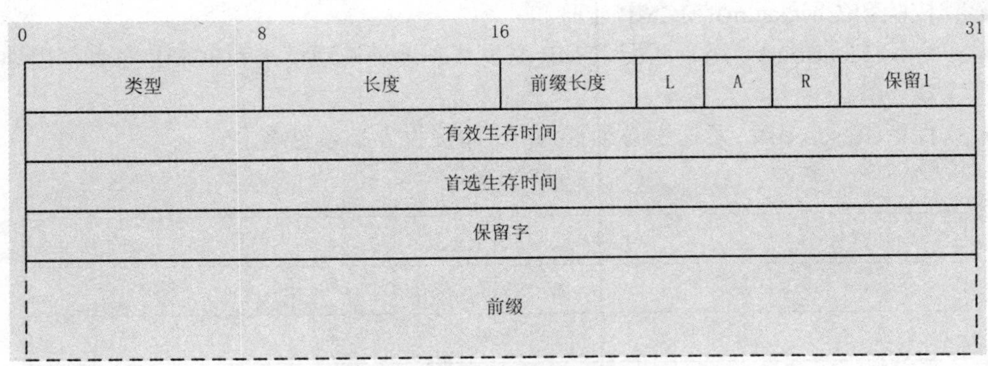

图 8.25　修改的前缀信息选项的报文格式

图 8.25 中，除新定义的 R 标志外，保留 1 从 6 位减少到 5 位，让出的 1 位用于新增的路由地址标志位 R，而其他字段的含义已在本书的 2.2.1 节的前缀信息选项中进行了解释，这里就不再重复。

在前缀信息选项中，如果设置了 R 标志，那么前缀字段就包含了家乡代理的完整 IPv6 地址，而不仅仅是前缀部分。

接收到带有 R 标志的这种选项的节点，就能发现该网络中家乡代理的地址。当每个家乡代理都生成了家乡代理地址列表时，就会用到这个标志信息。

3. 通告时间间隔选项

移动 IPv6 在路由器通告报文中定义了新的通告时间间隔选项，用于表示路由器发送非请求的多播路由器通告报文的时间间隔。移动节点在接收到含有通告时间间隔选项的路由器通告报文后，会按照选项中规定的通告时间间隔来检测它是否移动到了其他链路。新的通告时间间隔选项的格式如图 8.26 所示。

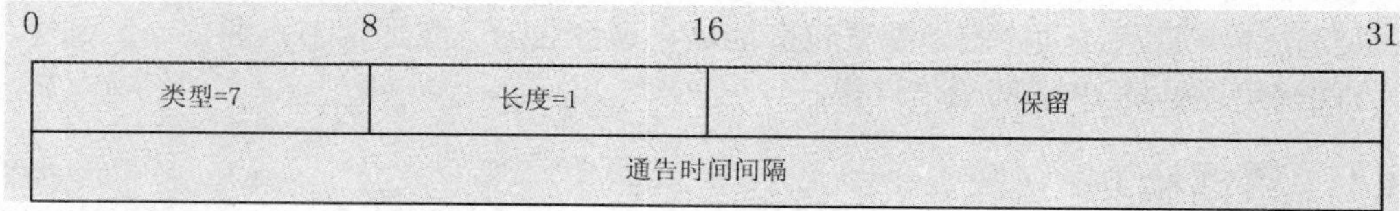

图 8.26　通告时间间隔选项的报文格式

对图 8.26 中的各个字段解释如下。

- 类型(Type)：取值为 7。
- 长度(Length)：选项长度，取值必须为 1。
- 保留(Reserved)：发送方必须置为 0，而接收方必须忽略。
- 通告时间间隔(Advertisement Interval)：指路由器在该网络接口上所发出的连续的非请求多播路由器通告报文之间的最大时间间隔，单位为毫秒。

4. 家乡代理信息选项

移动 IPv6 定义了新的家乡代理信息选项。家乡代理发送的路由器通告报文中使用该选项来通告该路由器作为一个家乡代理的信息。家乡代理信息选项的格式如图 8.27 所示。

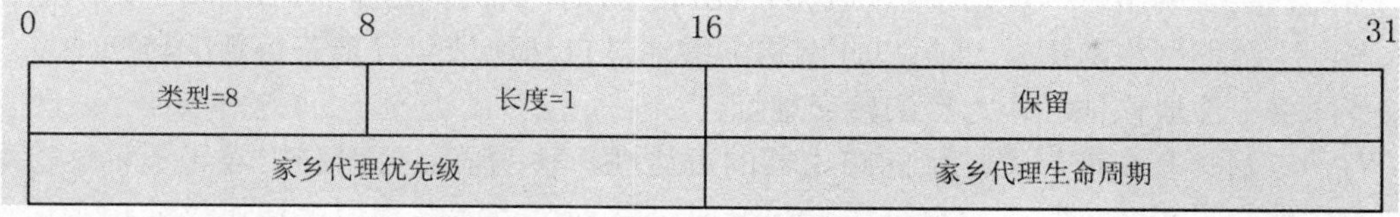

图 8.27　家乡代理信息选项的报文格式

对图 8.27 中的各个字段解释如下。

- 类型(Type)：取值为 8。
- 长度(Length)：选项长度，取值必须为 1。
- 保留(Reserved)：发送方必须置为 0，而接收方必须忽略。
- 家乡代理优先级(Home Agent Preference)：指定了发送该选项的家乡代理的优先级的值。该值越大表示家乡代理优先程度越高。这个值用来对由家乡代理网络中的各个家乡代理维护的家乡代理列表中的地址进行排序。当移动节点请求最新的家乡列表时，家乡代理列表就被发送给该移动节点。
- 家乡代理生命周期(Home Agent Lifetime)：表示家乡代理的寿命，以秒为单位，它指定的是路由器能够提供家乡代理服务的时间长度。如果家乡代理没有发送任

何家乡代理信息选项，那么就认为其优先级是 0 并且家乡代理寿命和该路由器寿命取值相等。

8.3 移动 IPv6 的通信过程

在移动 IPv6 整个通信的过程中，都是围绕移动节点而展开的，移动节点是移动 IPv6 通信的主体。从移动节点的位置来看，其位置状态只有两种可能，即位于家乡网络或离开家乡网络处于外地网络。无论是处在家乡网络还是处于外地网络，都必须与通信节点进行相互通信。本节将从移动检测、配置转交地址、家乡注册、与通信节点通信、回到家乡链路等方面来论述移动 IPv6 的通信过程。

8.3.1 移动检测

在移动 IPv6 中，移动节点发生“移动”是指移动节点连接到网络的接入点发生了改变。移动节点可以利用任何可用的机制来检测是否移动到了另一个链路。在移动 IPv6 中定义的移动检测机制主要是利用 IPv6 的邻居发现机制，但并不排斥移动节点使用其他机制，例如使用低层协议提供的信息等。

在 IPv6 中，邻居发现协议主要包括路由器发现和邻居不可达检测，是移动节点用来检测移动性的主要机制。

移动节点利用路由器发现协议来发现新的路由器，并获得该链路上的网络前缀，它或者主动发起路由器请求报文 RS 以得到路由器的应答，或者监听路由器周期性发送的路由器通告 RA。根据所接收到的路由器广播消息，移动节点生成和维护包含所有发送广播消息的路由器的路由表，以及相对应的每一个链路的网络前缀。

当离开家乡网络时，移动节点从它的路由表中选择默认路由器和对应的网络前缀(由该路由器所广播的网络前缀)，然后以此网络前缀通过自动地址配置来获得新的转交地址，并在家乡网络中注册该地址作为新的转交地址。

为了检测具有当前转交地址的路由器的可达性，移动节点可以利用邻居不可达检测机制。当移动节点正在向默认路由器发送报文时，移动节点能够利用上层协议的指示信息来检测可达性，例如在等待一个响应消息，经过多次重传之后，TCP 计时器超时，或者在多次发送路由器请求报文之后，没有从默认路由器接收到相应的路由器通告报文等。

虽然邻居不可达检测协议可以检测路由器的可达性，但是在移动节点没有数据传送时，往往需要发送显式的路由器请求报文，这将占用网络的资源。为了避免以上问题，移动节点如果当前可以接收到任何来自默认路由器的报文，那么它可以认为路由器可达。

8.3.2 配置转交地址

通过使用邻居发现协议，移动节点可以判断自己位置的变化。而一旦移动节点离开家乡网络接入外地网络，就会获得一个转交地址。移动节点可以通过两种方法来获得其转交地址：有状态地址自动配置和无状态地址自动配置。通过 ICMPv6 路由器通告报文中定义的 M 位的取值可选择采用哪种方法。

当 M=0 时，采用有状态地址自动配置。该方法是通过 DHCPv6 和 PPP 的 IPv6 配置协议由服务器向移动主机提供转交地址。

当 M=1 时，采用无状态地址自动配置。该方法是移动节点从 ICMPv6 路由器通告报文中得到外地链路的网络前缀，再加上移动节点与外地链路的接口标记(48 位的物理地址或 MAC 地址)相连，形成自己的转交地址。具体过程如下。

(1) 移动节点首先形成一个接口标记，这是一个与链路有关的标记，用来标识移动节点上与外地链路相连的接口。接口标记常取移动节点在那个接口上的数据链路层地址。

(2) 移动节点检查路由器通告报文中的前缀信息选项，以决定当前链路上有效的网络前缀。

(3) 移动节点将一个有效的网络前缀和接口标记相连，形成自己的转交地址。

(4) 自动地址配置包含一种检查机制，移动节点可用它来检查得到的地址是否被链路上的其他节点使用。如果有这样的地址重复出现，那么自动配置协议还定义了节点得到唯一地址的方法。

移动节点可以同时拥有一个或多个转交地址，但仅有一个转交地址被注册为“主转交地址”。转交地址的子网前缀是移动节点正访问的外地链路的子网前缀。只要移动节点一直连接到这个外地链路，目的地址是这个转交地址的数据包都被转发到移动节点。

8.3.3　家乡注册

移动节点在外地网络获得转交地址后，首先向家乡代理发送一个绑定更新报文通告其自己当前所位于的网络。该报文的源地址是从可用的转交地址列表中获得的转交地址，目的地址是家乡代理地址，报文还包含家乡地址选项，这一选项中包含移动节点的家乡地址，所发送的这一绑定更新报文必须受到 IPsec ESP 机制的保护。

当家乡代理收到这一绑定更新报文后，它在内部数据库中增加这一信息。该信息保存在家乡代理中，称为绑定缓存。家乡代理用绑定确认报文来应答绑定更新报文。如果移动节点没有收到确认报文，它会重发绑定更新报文，直到它得到一个确认报文为止。这个过程称为家乡注册。图 8.28 是这一过程的示意。

绑定更新报文中包括 IPv6 报头和目的选项报头，如图 8.28 中所标记的(1)。在 IPv6 报头中，源地址是移动节点的转交地址，目的地址是家乡代理的地址。通过使用转交地址而不是本地地址，外地链路上的路由器所进行的准入过滤就不能阻止数据包的转发。

在目的选项扩展报头中包含两个选项：家乡地址选项和绑定更新选项。家乡地址选项中包含了移动节点的家乡地址。家乡地址选项向家乡代理指示了此绑定的家乡地址。在绑定更新选项中，家乡注册(H)标志被置位，它表示发送方请求接收方作为这个移动节点的家乡代理。确认(A)标志也同时被置位，表示请求家乡代理发送绑定确认。另外，如果启用了绑定更新的安全机制，并且存在身份验证报头，则报文中会有两个不同的目的选项报头，第一个目的选项报头中包含家乡地址选项，第二个目的选项报头中包含绑定更新选项。

绑定确认报文中包括 IPv6 报头、路由报头和目的选项报头，如图 8.28 中所标记的(2)。在 IPv6 报头中，源地址是家乡代理的地址，目的地址是移动节点的转交地址。

在路由扩展报头中，路由类型字段的值为 0，剩余报文段字段的值为 1，地址 1 字段

(数据包的最终目的地址)的值为移动节点的家乡地址。移动节点在接收到数据包后，会处理数据包中的路由报头，并注意到下一个目的地址(地址 1 字段中的地址)就是自己的家乡地址。然后移动节点去掉路由报头，并且从逻辑上将位于 IPv6 报头的目的地址字段中的转交地址替换为家乡地址。

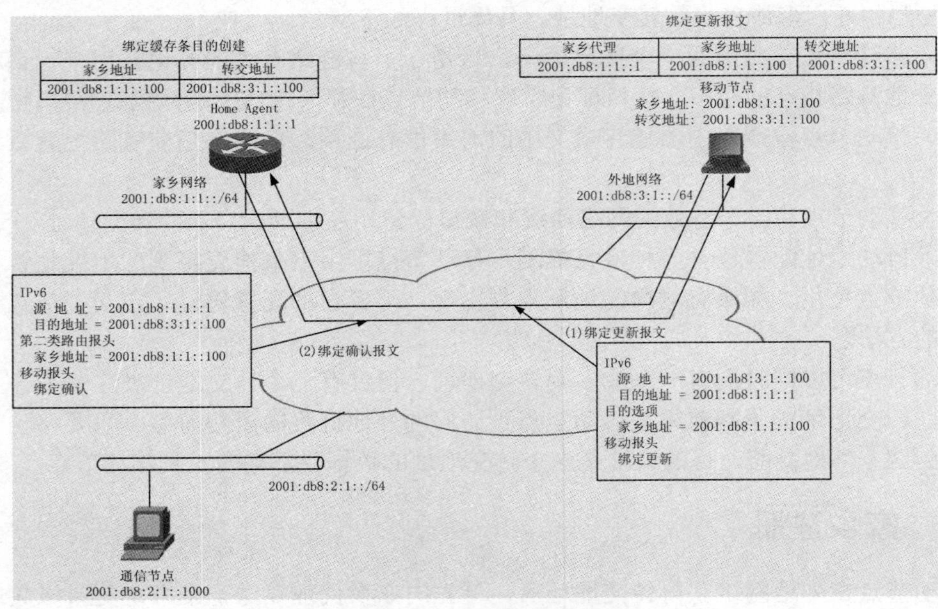

图 8.28　家乡注册过程

在目的选项扩展报头中会包含绑定确认选项(如果接收到确认(A)标志已置位的绑定更新)或绑定请求选项。如果绑定更新的安全机制已启用，则在绑定确认的路由报头和目的选项报头之间会有一个身份验证报头。

8.3.4　与通信节点通信

移动节点在进行家乡注册后，就可以与通信节点进行通信。移动 IPv6 提供了两种基本的通信模式，即双向隧道模式和路由优化模式。

1. 双向隧道模式

当移动节点和家乡代理完成绑定信息的交换时，在它们之间就建立了一条隧道。移动节点和家乡代理之间的数据转发就是通过这条隧道完成的。

采用双向隧道转发的过程如图 8.29、图 8.30 所示。

在图 8.29 中，移动节点利用移动节点和家乡代理之间建立的这条隧道发送数据包，数据包的源地址是移动节点的家乡地址，目的地址是通信节点的地址，该数据包被另外一个 IPv6 报头封装，这个报头的源地址是移动节点的转交地址，目的地址是移动节点的家乡代理地址。该封装过的数据包通过隧道被转发到家乡代理，家乡代理通过解封装，获得到达下一跳的目的地址即通信节点，然后利用常规的路由机制将该数据包转发到最终目的地即通信节点。至此，移动节点就完成了与通信节点之间的通信。

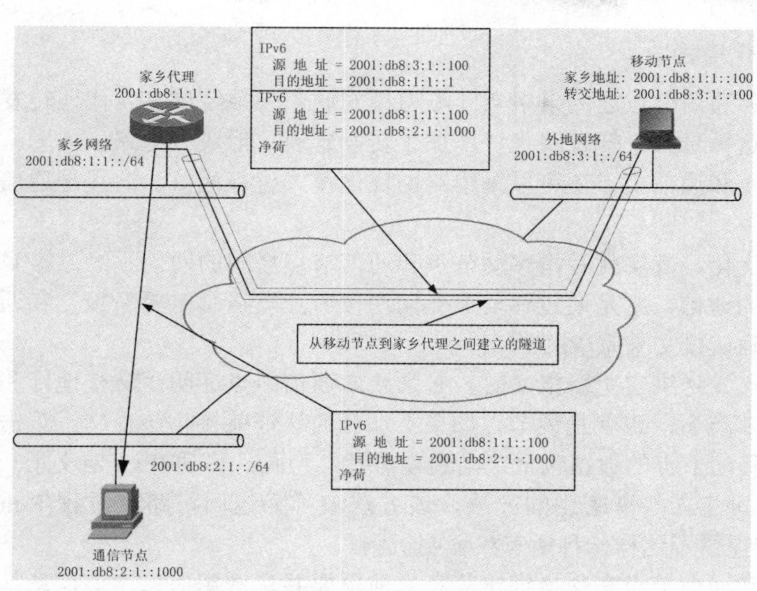

图 8.29　从移动节点到家乡代理之间建立的隧道(1)

当通信节点向移动节点发送数据包时，如图 8.30 所示，通信节点发送的数据包经过常规的路由到达移动节点的家乡链路后，被家乡代理截获。家乡代理再对该数据包进行封装，也就是将整个数据包作为数据装入新的数据包中。此时，原来的数据包的源地址是通信节点的地址，目的地址是移动节点的家乡地址；隧道数据包的源地址是家乡代理将转发该包的接口的地址(隧道入口)，目的地址是移动节点的转交地址(隧道出口)。移动节点接收到从隧道发送过来的数据包，将外层数据包拆封得到原始的数据包后交给上层处理。这样对于上层应用来说，节点的移动是透明的。通信节点无须提供移动性支持就能与移动节点通信。

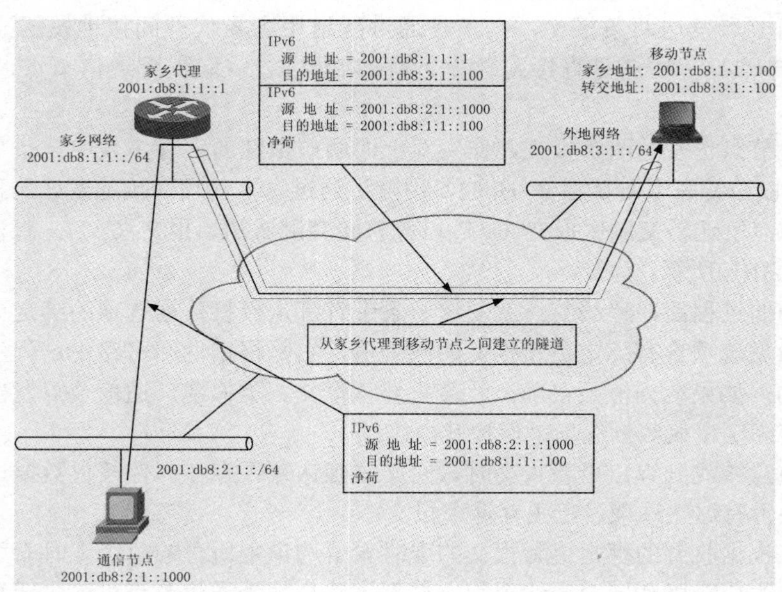

图 8.30　从移动节点到家乡代理之间建立的隧道(2)

2. 路由优化模式

移动节点和通信节点之间采用双向隧道模式通信必须经过家乡代理转发而不能直接路由到目的地，这样延长了转发路径，增加了转发延迟，形成三角路由问题。为了解决这个问题，移动节点和通信节点还可以采用路由优化模式进行通信，前提是通信节点必须能支持移动 IPv6。

所谓路由优化，其实就是指移动节点和通信节点之间的通信不经过家乡代理，而是直接进行相互间的通信，它是通过移动节点向通信节点发送绑定更新报文和通信节点向移动节点发送绑定确认报文来完成的。

在移动节点发送绑定更新报文时，必须要向通信节点证明“转交地址和家乡地址都同属于一个移动节点”，也就是说节点如果不加任何认证就接收该报文，攻击者就可以很容易地把发送给移动节点的数据包重定向到攻击者。为此，移动 IPv6 定义了一种在移动节点和通信节点之间建立共享密钥的方法，该方法被称为返回可路由过程(Return Routability Procedure)，它提供了这样一种所有权证明机制。

移动节点和通信节点在交换绑定信息之前需要共享密钥信息，该信息是由返回可路由过程生成的。

当移动节点需要经过路由优化通信时，它就发送两条报文：一条是家乡测试初始报文(HoTI)和转交测试初始报文(CoTI)，前者用它的家乡地址，后者用它的转交地址。通信节点分别对这两个报文进行回复，第一个报文采用家乡测试报文(HT)回复，第二个报文采用转交测试(CoT)报文回复。这些回复报文包含若干令牌值。这些令牌值是通过移动节点的地址和只有通信节点自己保存的密钥信息计算出来的。移动节点根据令牌生成一个共享的密钥，并采用这个共享密钥为绑定更新报文加上签名，这样就确保了家乡地址和转交地址分配给同一个移动节点。

图 8.31 为返回可路由过程的示意。整个返回可路由过程如下。

(1) 移动节点发送两条报文，一条是通过隧道用家乡代理间接地发送家乡测试报文 HoTI 到通信节点；另一条是直接发送转交测试初始报文 CoTI 到通信节点，如图 8.31(a)所示。

(2) 通信节点也发送两条报文，作为对上面两条报文的应答，其中一条是发送家乡测试报文 HoT 以应答家乡测试报文 HoTI，用隧道通过家乡代理间接地发送到移动节点；另一条是通信节点发送转交测试报文 CoT 以应答转交测试初始报文 CoTI，直接发送到移动节点，如图 8.31(b)所示。

完成上面的过程后，移动节点就发送一条带有绑定授权数据选项的绑定更新报文。这个绑定授权数据选项含有绑定更新报文的散列值，它是根据返回可路由过程生成的共享密钥计算出来的。如果散列值不正确，就会丢弃该报文。类似地，通信节点发出的绑定确认报文必须含有绑定授权数据选项来保护其内容。

当通信节点接收到绑定更新报文时，它必须确认是否存在绑定授权数据选项和现时索引选项。如果没有这些选项，就丢弃这个报文。

通信节点根据收到的绑定更新报文的现时索引选项中所含的两个现时索引值，分别计算家乡密钥，生成令牌和转交密钥令牌。根据这些令牌，通信节点可以生成移动节点创建

绑定更新报文时使用的共享密钥。通信节点采用与上述算法相同的方式计算报文散列值，以对报文进行验证。如果计算结果与移动节点计算出的绑定授权数据选项的散列值不一致，那么就丢弃收到的报文。

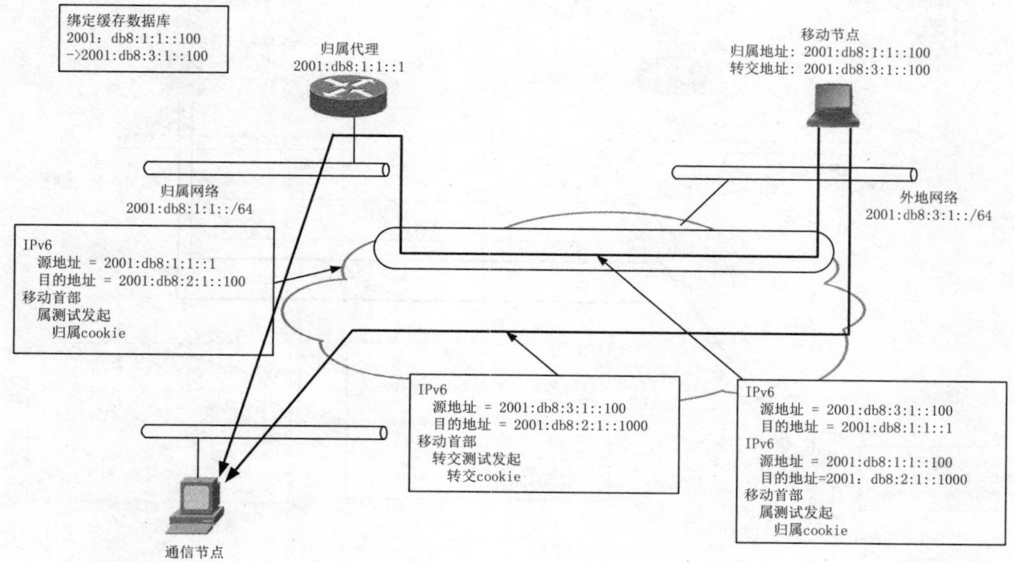

(a) 家乡测试初始和转交测试初始报文

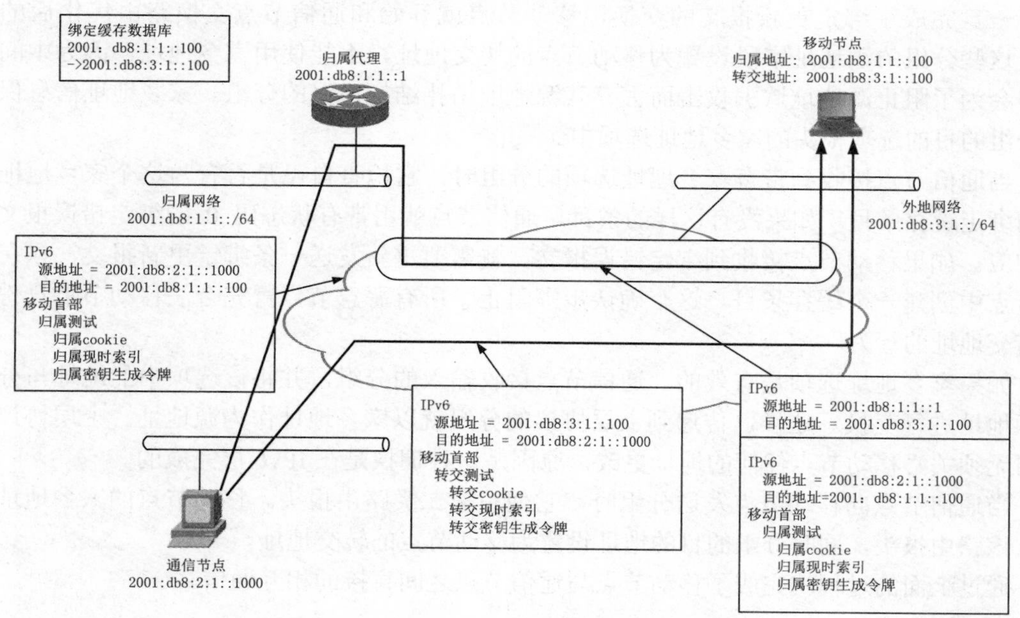

(b) 家乡测试和转交测试报文

图 8.31　返回可路由过程示意图

如果收到的报文是有效的，那么通信节点就为移动节点创建一条绑定缓存条目，而且，如果绑定更新报文中设置了 A 标志，那么同时回复绑定确认报文。绑定确认报文也将

绑定授权数据选项和现时索引选项包含在内，以保护报文。移动节点和通信节点之间绑定更新报文和绑定确认报文的通信过程如图 8.32 所示。

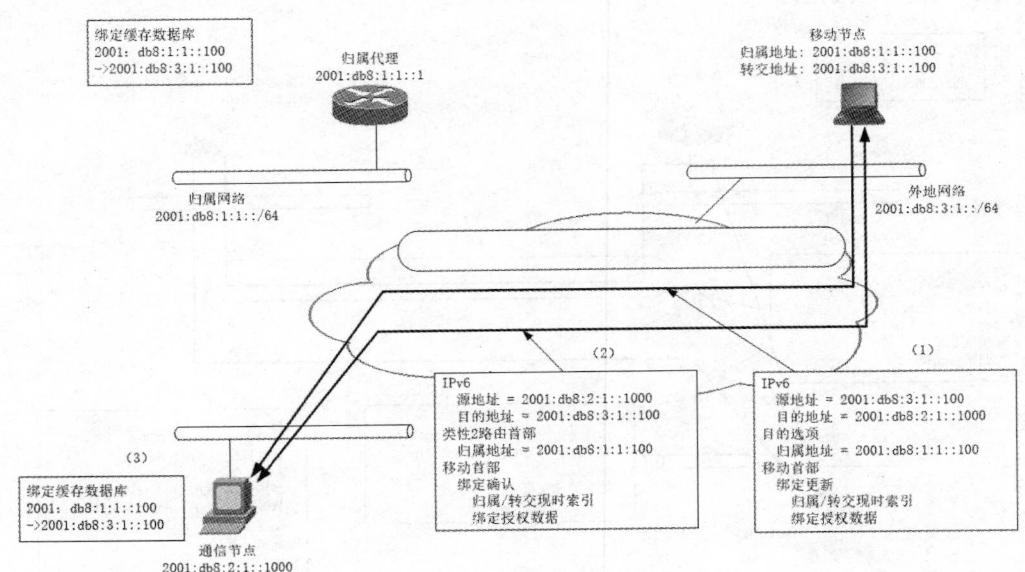

图 8.32　移动节点和通信节点之间绑定更新报文和绑定确认报文的通信

一旦完成了绑定更新报文的交换，移动节点就开始和通信节点交换路由优化后的分组。这些分组的源地址字段设置为移动节点的转交地址，不能使用家乡地址，因为中间路由器会为了阻止源地址欺骗攻击而丢弃其源地址拓扑结构错误的分组。家乡地址信息保存在分组的目的选项报头的家乡地址选项中。

当通信节点接收到带有家乡地址选项的分组时，它检查自己是否有与这个家乡地址相关的绑定缓存条目。如果没有这样的条目，通信节点就用带有状态码 0 的绑定错误报文进行响应。如果移动节点接收到绑定错误报文，就需要重新发送一条绑定更新报文，以在通信节点中创建一个缓存条目。这个确认步骤阻止了所有恶意节点冒充合法移动节点身份伪造转交地址的行为。

如果家乡地址选项是有效的，通信节点接收输入的分组，并将该选项中的地址与分组的源地址进行交换。这样，传递到上层协议的分组就以家乡地址作为源地址。上层协议和应用无须关心移动节点任何的地址更改，原因是这种调换是在 IPv6 层完成的。

当通信节点向移动节点发送分组时，它使用第二类路由报头。移动节点的家乡地址被放入该路由报头，同时分组的目的地址设置为移动节点的转交地址。

通过上面的过程就完成了移动节点与通信节点之间直接的相互通信。

8.3.5　回到家乡链路

当移动节点收到链路上的路由器通告时，会把路由器通告的网络前缀与家乡地址的网络前缀相比较，如果相等，则说明移动节点已回到了家乡链路上。此时，移动节点应立即

向家乡代理发送一个请求注销的绑定更新报文，在这个绑定更新报文中，目的地址为家乡代理的地址，源地址为移动节点的家乡地址，其中的确认位 A 和家乡注册位都设置为 1，时间设置为 0。如果移动节点没有收到绑定确认报文，就持续重传这个绑定更新报文，直到收到一个匹配的绑定确认报文。

家乡代理在收到这个绑定更新报文后，就从绑定缓存中删除相应的绑定表项，并向链路发送邻居通告。在这个邻居通告中，把家乡地址放在目标地址中，把收到的移动节点的链路层地址放在目标链路层地址，这样就修改了同一链路上其他节点中的 MAC 地址缓存，家乡代理就不再拦截发往移动节点家乡地址的数据包了。移动节点在收到匹配的绑定确认报文后，也向同一链路发送邻居通告。

8.4 移动 IPv6 中切换技术简介

移动节点从一个链路移动至另一个链路并保持连通性，这一过程称为切换。在这一切换过程中，移动节点首先要检测到网络层的移动，然后执行转交地址配置和检测、家乡注册和绑定更新等操作，这些操作都需要时间，加之无线链路的高误码率和无线通信信号强度的动态变化等多方面的原因，因此，切换可能导致移动节点在某个时间内不能发送和接收数据分组，从而引起通信节点与移动节点之间的通信暂时中断。这种中断引起的切换时延及丢包对实时业务和非实时业务等都会产生一些影响，有的甚至是不可接受的。为了减少切换对移动 IPv6 通信效率和质量的影响，实现快速平滑的切换，移动 IPv6 的研究者提出很多的切换方法，这其中以快速切换和层次移动更具代表性，也更成熟。目前，它们已经成为 IETF RFC 标准。

本节将对 IPv6 移动切换技术进行一些简单的介绍。

8.4.1 快速切换

快速切换于 2005 年 7 月成为 IETF 发布的“移动 IPv6 的快速切换(Fast Handover for Mobile IPv6，FMIPv6)”协议标准，定义在 RFC4068 中，其核心思想是有移动节点预测网络层的移动，在断开当前链路前，能够发现新的路由器和网络前缀并进行切换预处理。快速切换的工作过程如图 8.33 所示。图中的切换过程包括以下操作。

(1) 移动节点发送路由代理请求报文(Router Solicitation for Proxy，RtSolPr)去发现邻居接入路由器。当移动节点发现新的接入点(Access Point，AP)时，它预测到自己将要进行切换，于是发送 RtSolPr 消息给旧的接入路由器(Previous Access Router，PAR)。RtsolPr 包含新发现 AP 的标识符，以查询与其对应的新的接入路由器(New Access Router，NAR)的相关信息。

(2) 移动节点收到代理路由通告报文(Proxy Router Advertisement，PrRtAdv)，该报文由 PAR 发送给移动节点，作为对 RtSo1Pr 报文的响应。PrRtAdv 提供了与新发现 AP 相对应的 NAR 的子网前缀或者 IP 地址信息。移动节点使用这些信息配置新的转交地址(New Care-of Address，NCoA)。

(3) 移动节点发送快速绑定更新报文(Fast Binding Update，FBU)到旧的接入路由器。

这样，PAR 就可以建立移动节点旧的转交地址(Previous Care-of Address，PCoA)与 NCoA 的绑定以及它到 NAR 的分组转发隧道。

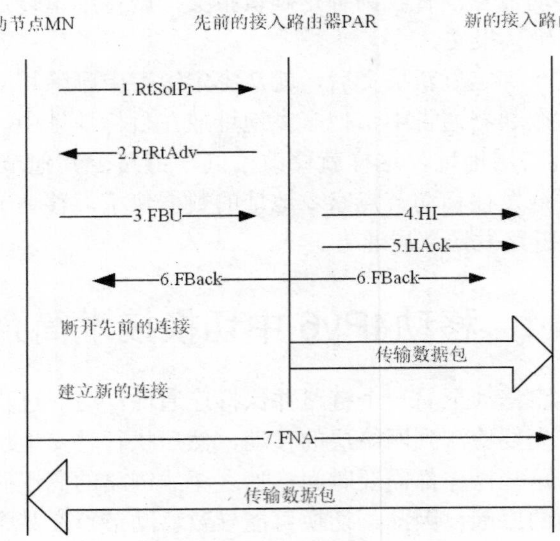

图 8.33　移动 IPv6 的快速切换技术

(4) 旧的接入路由器发送切换初始化报文(Handover Initiate，HI)给新的接入路由器。在收到 FBU 消息之后，PAR 发送该报文给 NAR。HI 报文包含移动节点的 PCoA 和 NCoA，使得 NAR 可以通过重复地址检测过程检查 NCoA 的合法性。HI 报文的另一个作用是建立 NAR 到 PAR 的反向隧道，该隧道将移动节点发送的分组转发给 PAR，新的接入路由器发送切换确认报文给旧的接入路由器。

(5) 旧的接入路由器发送快速绑定确认报文((Handover Acknowledgement，HAck)给处于新链路上的移动节点，同时这个报文也发送到生成绑定更新报文的链路。该报文由 NAR 发送给 PAR，作为对 HI 报文的确认。它指示 NCoA 是合法的，或者提供另一个合法的 NCoA 给移动节点。

(6) 移动节点 MN 连接到新的链路后，发送快速邻居通告报文(Fast Binding Acknowledgement，FBack)给新的接入路由器。该报文由 PAR 发送给移动节点，指示 FBU 报文是否成功。否定的确认报文指明是因为 NCoA 不合法还是其他原因导致 FBU 失败。

(7) 移动节点 MN 连接到新的链路后，发送快速邻居通告报文(Fast Neighbor Advertise- ment，FNA)，该报文由移动节点发送给 NAR，通告它的到达。FNA 报文同时触发一个路由器通告作为响应，指示 NCoA 是否合法。

2008 年 6 月，IETF 废除了以上介绍的 RFC4068 文档，发布了 RFC5268，并将名称改为 Mobile IPv6 Fast Handovers，2009 年 7 月，IETF 对 RFC5268 进行了修订，发布了 RFC 5568 协议标准，该协议标准的改进主要表现在两个方面：①通过及时获取 L2 触发信息，实现预先注册，即在移动节点进入新网络之前，对新网络的链路信息进行预配置，将 L3 的切换步骤提前至 L2 切换之前，减少切换时延；②加强新旧网络接入路由器之间的协作，通过在它们之间建立临时隧道减少移动切换过程中的数据丢包。

关于 RFC5568 的详细内容，在此不再赘述。

8.4.2　层次移动 IPv6

快速切换不能很好地解决移动 IPv6 所造成的大量控制信令在网络中的传输，也不能缩短绑定更新过程所造成的切换延迟，为此，IETF 于 2006 年 8 月发布了“层次移动 IPv6 管理技术(Hierarchical Mobile IPv6 Mobility Management，HMIPv6)”的协议标准，该标准最早定义在 RFC4140 中，2008 年 10 月，IETF 对 RFC 4140 进行了修订，发布了 HMIPv6 的协议标准 RFC5380。HMIPv6 其核心思想是将移动节点的切换本地化，让移动节点的切换只在某个区域内发生，并通过引入一种新的实体移动锚点(Mobility Anchor Point，MAP)，由它负责处理移动节点在本地域内移动。发生域内移动时，移动节点只需向 MAP 发送绑定更新进行家乡注册即可。这种方法不但避免了移动节点在同一域内因为移动所引发的对家乡代理及相关通信节点的绑定更新过程，减少了注册所消耗的时间；还可以降低移动节点与家乡代理及相关通信节点之间的信令。

图 8.34 是层次移动 IPv6 的示意图。MAP 可以帮助移动节点在与通信节点进行通信的过程中无缝地从接入路由器 AR1 移动到 AR2。MAP 可以在图中的位置实现，也可以在接入路由器 AR1 或 AR2 上实现。这样，移动节点就可以根据需要选择合适的 MAP。

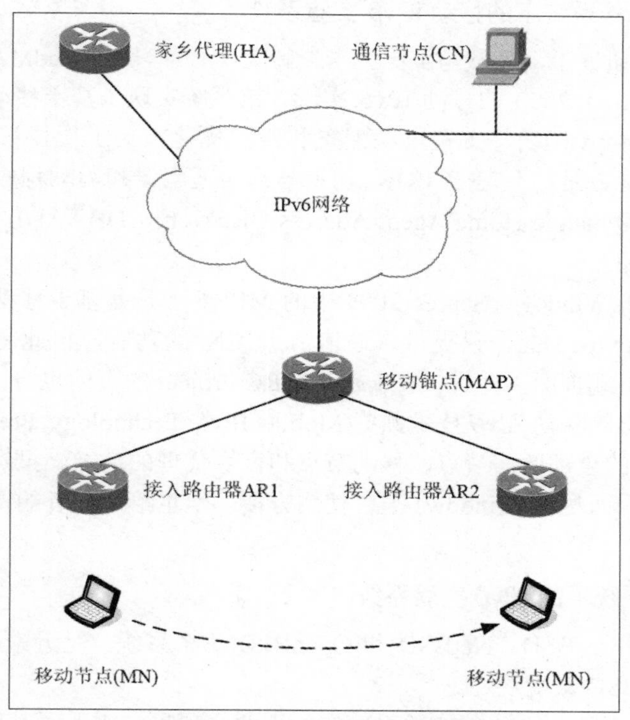

图 8.34　层次移动 IPv6 的示意图

在 HMIPv6 中，当移动节点进入一个 MAP 域时，它会收到包含一个或多个 MAP 选项的路由器通告。移动节点从中选择一个为自己服务，并形成新的区域转交地址(Regional Care-of Address，RCoA)和链路转交地址(On-Link CoA，LCoA)；之后，移动节点先向

MAP 发送本地绑定更新报文(Local Binding Update，LBU)以注册 RCoA 和 LCoA 的绑定，然后向家乡代理和通信节点注册 RCoA。这样，MAP 就会代替移动节点接收来自通信节点的数据分组，并通过隧道将它们转发到移动节点的 LCoA。如果移动节点在域内移动，它只需要向 MAP 注册新配置的 LCoA，而 RCoA 保持不变。

每一次检测到移动，移动节点都会检查原来的 MAP 选项是否被包含在新接收到的路由器通告中，以判断自己是否还在原来的 MAP 区域内。如果原 MAP 不再有效，移动节点必须重新选择一个 MAP、配置新的 RCoA 和 LCoA，并向新的 MAP 注册。此外，移动节点还要向家乡代理和通信节点注册新的 RCoA。

8.5 移动 IPv6 的实现

目前常用的操作系统都已经实现了对移动 IPv6 的支持，本节将在介绍这些常用的操作系统对移动 IPv6 的支持的基础上，重点讲解基于 Linux 操作系统的 MIPL 移动 IPv6 实验系统的实现。

8.5.1 移动 IPv6 实验系统简介

1. Windows 操作系统下的移动 IPv6 实验系统

在移动 IPv6 的研究上，微软与英国兰卡斯特大学合作，在 LandMARC Project 的基础上推出了基于 Windows 2000 的移动 IPv6 实现。该系统实现了基于移动 IPv6 草案的第 12 版(draft-ietf-mobileip-ipv6-12)，支持自动配置和路由优化，对上层协议也实现了透明的移动支持。其不足的地方是：不支持 IKE，切换与网络适配器和驱动程序密切相关，不支持动态家乡代理发现(Dynamic Home Agent Address Discovery，DHAAD)，不支持用先前的转发地址建立转发路径。

Windows XP 和 Windows Server 2003 中的 MIPv6 实现是基于移动 IPv6 草案第 13 版(draft-ietf-mobileip-ipv6-13)的，只提供了通信节点 CN 的功能，自此之后，微软公司已经关闭了相应程序的下载页面，并且，在 LandMARC Project 的页面也一直没有更新。

目前，微软推出的移动 IPv6 技术预览(Mobile IPv6 Technology Preview)支持 RFC3775 和 RFC3776 所描述的全部通信节点、移动节点和家乡代理的功能。虽然如此，由于微软公司不开放源代码，因而尽管 Windows 平台使用方便，但也给研究者的进一步开发带来了一些困难。

2. FreeBSD 系统下的 IPv6 实验系统

BSD 系统分为 FreeBSD、NetBSD 和 OpenBSD 三个系统，是近来新兴的 Unix 操作系统。其中，以 FreeBSD 最受欢迎。

在 FreeBSD 下，移动 IPv6 的实验系统在如下两个项目中实现了对移动 IPv6 的支持。

(1) The CMU Monarch Project 项目：该项目主要集中研究支持无线和移动节点的网络，内容包括协议设计、实现、性能评估等。移动 IPv4/IPv6 是该项目的一个子项目，已经发行了移动 IPv4 软件包和移动 IPv6 软件包。但目前该子项目一直没有更新。

(2) KAME Project 项目：该项目是由日本的 Widely Integrated Distributed Environment

(WIDE)组织从事 IPv6、IPsec 和 Mobile IPv6 协议栈开发的项目组开发的，目的是提供 BSD 操作系统下免费的 IPv6、IPsec 和 Mobile IPv6 协议栈的应用。针对 KAME 移动 IPv6 方面的应用，最初 NEC、Keio 大学和爱立信都分别提供了它们的源码，各有其特性、优缺点和 API。因此，KAME 吸收了这几个应用的长处，重新构造了一个 KAME 的移动 IPv6 编码。由于 KAME 更新及时，并且有完整的说明文档和例子，所以是研究者进行移动 IPv6 开发和研究最理想的实验方案之一。

3. Linux 系统下的 IPv6 实验系统

在 Linux 系统下，移动 IPv6 的实验系统有以下几个。

(1) Lancaster 移动 IPv6 系统：该系统是由英国兰卡斯特大学(Lancaster University)计算机系的 IPv6 小组开发的，它符合移动 IPv6 草案 05 的要求，运行在 Linux 2.1.9x 内核上，支持路由不可达和路由优化，支持 UDP、TCP 和 ICMP 协议应用及 MAC 层漫游。但该系统从 1998 年 3 月 6 日以来，就一直未更新。

(2) USAGI(Univer SAI play Ground for IPv6)项目由一群志愿者管理，其目的是免费提供更好的 Linux 下的 IPv6 环境。USAGI 通过与 WIDE、KAME 和 TAHI 等项目的紧密合作，致力于提高 Linux 内核、IPv6 协议栈及其应用。该项目还在不断地更新，其最新的版本可以从 http://www.linux-ipv6.org 下载。

(3) MIPL 移动 IPv6 系统：该系统最早是芬兰赫尔辛基技术大学的一个软件专业课程的项目。该项目组最早开发过基于 Linux 和 Windows 实现的移动 IP 系统，在同类系统中，其功能完善且性能优越。MIPL 现在由赫尔辛基大学的通信与多媒体实验室的 GO/Core 项目组负责后续的开发工作，完全遵循移动 IPv6 的标准 RFC3775 规范，是目前 Linux 系统下支持移动 IPv6 协议栈最完整的实验系统，它无论从实现上，还是从方便研究及改进上，都是理想的选择，因而本书的实验也采用 MIPL 进行移动 IPv6 的实验。

UMIP 是在 Linux 操作系统下有关移动 IPv6 和 NEMO Basic Support 的一个开源的实现，遵循 GPLv2 license 协议，是基于最新的 MIPv6 标准编写的，它支持 IETF RFC: RFC6275 (Mobile IPv6), RFC3963 (NEMO), RFC3776 和 RFC4877 (IPSec and IKEv2)。

网络情景设定为：MN 为移动节点，AR1 为接入路由器 1，AR2 为接入路由器 2，HA 为家乡代理，CN 为与 MN 通信的通信对端。MN 从 AR1 到 AR2 移动，并使用转交地址。

8.5.2 实验环境和拓扑结构图

该实验环境主要由两台路由器、两台交换机(Switch1 和 Switch2)，一台笔记本电脑和一台台式计算机组成，其中两台路由器分别为家乡代理 HA 和外地网络 FN，它们实际上是两台安装了双网卡的计算机，操作系统采用了 RedHat 9.0，内核为 Linux 2.4.20-8，并配置了路由转发功能，家乡代理 HA 安装了移动 IPv6 的 MIPL 实验软件，使其支持移动 IPv6。笔记本电脑作为实验的移动节点 MN，台式计算机作为实验的通信节点 CN，移动节点 MN 和通信节点 CN 也安装了 RedHat 9.0 和 MIPL。

实验需要的软件如下：

- RedHat 9.0，内核为 Linux 2.4.20-8。

- linux-2.4.26.tar.gz。
- mipv6-1.1-v2.4.26.tar.gz(即 MIPL)。
- radvd-1.5.tar.gz。

后面三个软件包可以从 ftp://ftp.jcut.edu.cn/incoming/MobileIPv6.rar 下载。第 2 个软件包用于将移动节点 MN、家乡代理 HA 和通信节点 CN 的内核由 2.4.20-8 升级到 2.4.26。第 4 个软件包 radvd-1.5 安装在家乡代理 HA 和外地网络 FN 上，以实现其路由转发的功能。

整个实验环境的网络拓扑结构如图 8.35 所示。

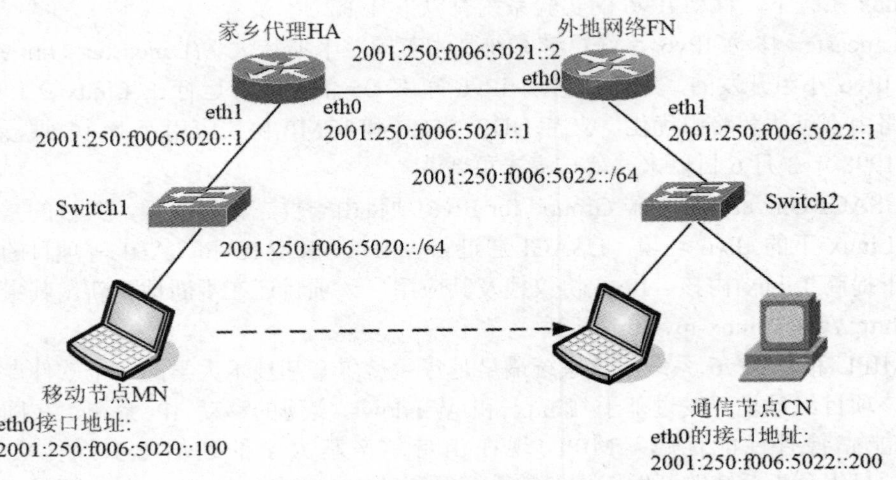

图 8.35 基于 MIPL 移动 IPv6 实验的网络拓扑结构

> **注意：** 关于 RedHat 9.0、mipv6-1.1-v2.4.26.tar.gz(即 MIPL)和 radvd-1.5.tar.gz 的安装以及 RedHat 9.0 的内核 Linux 2.4.20-8 升级到 linux-2.4.26，限于篇幅以及网上资料比较多等原因，没有进行较为详细的安装介绍。在此需要引起注意的是，在进行 linux-2.4.26 内核配置时，需要将网络选项、IPv6 以及有关移动 IPv6 的项目选择上。

8.5.3 实验中 MN、HA、CN 和 FN 的配置

为了完成基于 MIPL 的移动 IPv6 的实验，需要对移动节点 MN、家乡代理 HA、通信节点 CN 和外地网络 FN 进行配置。其配置的过程和参数如下。

1. 配置 MN

(1) 将/etc/sysconfig 下面的 network-mip6.conf 文件按如下修改：

```
FUNCTIONALITY=mn
DEBUGLEVEL=1
TUNNEL_SITELOCAL=yes
MIN_TUNNEL_NR=1
MAX_TUNNEL_NR=3
HOMEDEV=mip6mnhal
HOMEADDRESS=2001:250:f006:5020::100/64
HOMEAGENT=2001:250:f006:5020::1/64
```

(2) 通过修改/etc/rc.d 下面的 rc.local 文件来进行 IPv6 启动、路由转发等的配置。具体如下：

```
touch /var/lock/subsys/local(系统自带)
modprobe ipv6(启动 IPv6 地址)
ifconfig eth0 inet6 add 2001:250:f006:5020::100/64(配置 eth0 口 IPv6 地址)
echo "0" >/proc/sys/net/ipv6/conf/eth0/forwarding(禁止转发)
echo "1" >/proc/sys/net/ipv6/conf/eth0/autoconf(允许地址自动配置)
echo "1" >/proc/sys/net/ipv6/conf/eth0/accept_ra(接受路由广播)
echo "1" >/proc/sys/net/ipv6/conf/eth0/accept_redirects(接受自动重定向)
route -A inet6 add ::/0 gw 2001:250:f006:5020::1(路由设定)
service mobile-ip6 start(启动移动 IPv6)
```

2. 配置 HA

(1) network-mip6.conf 文件的内容如下

```
FUNCTIONALITY=ha
DEBUGLEVEL=1
TUNNEL_SITELOCAL=yes
MIN_TUNNEL_NR=1
MAX_TUNNEL_NR=3
```

(2) radvd.conf 的生成与修改。使用命令生成 radvd.conf 文件，具体如下：

```
cp /usr/src/mi*/ra* /etc/radvd.conf
```

修改 radvd.conf 文件内容如下：

```
interface eth1
{
   AdvSendAdvert on;
   MaxRtrAdvInterval 3;
   MinRtrAdvInterval 1;
   AdvIntervalOpt off;
   AdvHomeAgentFlag on;
   HomeAgentLifetime 10000;
   HomeAgentPreference 20;
   AdvHomeAgentInfo on;
      prefix 2001:250:f006:5020::/64
      {
         AdvRouterAddr on;
         AdvOnLink on;
         AdvAutonomous on;
         AdvPreferredLifetime 10000;
         AdvValidLifetime 12000;
      };
};
```

文件中其余的地方全部用*注释掉。

(3) rc.local 文件的内容如下：

```
touch /var/lock/subsys/local
modprobe ipv6
ifconfig eth1 inet6 add 2001:250:f006:5020::1/64
```

```
ifconfig eth0 inet6 add 2001:250:f006:5021::2/64
echo "1" > /proc/sys/net/ipv6/conf/all/forwarding
echo "0" > /proc/sys/net/ipv6/conf/all/autoconf
echo "0" > /proc/sys/net/ipv6/conf/all/accept_ra)
echo "0" > /proc/sys/net/ipv6/conf/all/accept_redirects
route -A inet6 add 2001:250:f006:5022::/64 gw 2001:250:f006:5021::1
/usr/local/radvd/sbin/radvd  -C /etc/radvd.conf
service mobile-ip6 start
```

3. 配置 CN

(1) network-mip6.conf 文件的内容如下：

```
FUNCTIONALITY=cn
DEBUGLEVEL=1
TUNNEL_SITELOCAL=yes
MIN_TUNNEL_NR=1
MAX_TUNNEL_NR=3
```

(2) rc.local 文件的内容如下：

```
touch /var/lock/subsys/local
modprobe ipv6
ifconfig eth0 inet6 add 2001:250:f006:5022::200/64
echo "0" > /proc/sys/net/ipv6/conf/eth0/forwarding
echo "1" > /proc/sys/net/ipv6/conf/eth0/autoconf
echo "1" > /proc/sys/net/ipv6/conf/eth0/accept_ra)
echo "1" > /proc/sys/net/ipv6/conf/eth0/accept_redirects
route -A inet6 add ::/0 gw 2001:250:f006:5022::1
service mobile-ip6 start
```

4. 配置 FN

(1) 生成和修改 radvd.conf 与配置 HA 一样。其中 radvd.conf 文件内容修改如下：

```
interface eth0
{
    AdvSendAdvert on;
    MinRtrAdvInterval 3;
    MaxRtrAdvInterval 10;
    AdvDefaultPreference low;
    AdvHomeAgentFlag off;
    prefix 2001:250:f006:5022::/64
    {
        AdvOnLink on;
        AdvAutonomous on;
        AdvRouterAddr off;
    };
}
```

文件中其余的地方也全部用*注释掉。

(2) rc.local 文件的内容如下：

```
touch /var/lock/subsys/local
modprobe ipv6
ifconfig eth1 inet6 add 2001:250:f006:5021::1/64
```

```
ifconfig eth0 inet6 add 2001:250:f006:5022::1/64
echo "1" > /proc/sys/net/ipv6/conf/all/forwarding
echo "0" > /proc/sys/net/ipv6/conf/all/autoconf
echo "0" > /proc/sys/net/ipv6/conf/all/accept_ra)
echo "0" > /proc/sys/net/ipv6/conf/all/accept_redirects
route -A inet6 add 2001:250:f006:5020::/64 gw 2001:250:f006:5021::2
/usr/local/radvd/sbin/radvd  -C /etc/radvd.conf
```

完成以上配置，重启所有计算机后，就可以开始进行移动 IPv6 的实验了。

8.5.4　实验过程及其数据报文的分析

1. 移动节点位于家乡网络的情况

在移动节点 MN 位于家乡网络时，打开数据捕获软件 Ethereal，在移动节点 MN 上 ping 通信节点 CN 的接口地址 2001:250:f006:5022::200，再查看移动节点的接口信息。

(1) ping 通信节点的接口地址：

```
[root@MobileMN root]# ping6 2001:250:f006:5022::200
PING 2001:250:f006:5022::200(2001:250:f006:5022::200) 56 data bytes
64 bytes from 2001:250:f006:5022::200: icmp_seq=1 ttl=62 time=0.495 ms
64 bytes from 2001:250:f006:5022::200: icmp_seq=2 ttl=62 time=0.445 ms
64 bytes from 2001:250:f006:5022::200: icmp_seq=3 ttl=62 time=0.444 ms
64 bytes from 2001:250:f006:5022::200: icmp_seq=4 ttl=62 time=0.449 ms
```

这说明移动节点 MN 与通信节点 CN 是相通的。

(2) 查看移动节点的接口信息。在移动节点 MN 上使用 ifconfig 命令查看接口地址的信息，在出现的信息中有下面一条信息：

```
mip6mnha1 Link encap:UNSPEC HWaddr 00-00-00-00-00-00-00-00-00-00-00-
00-00-00-00
```

这是移动 IPv6 创建的一条伪接口 mip6mnha1。如果查看家乡代理 HA，在它上面也创建了一条 IPv6 隧道的伪接口 ip6tnl1，这实际上是一个空闲的隧道，当 MN 切换到外地链路并进行家乡注册后，移动 IPv6 会占用这个隧道并新建一个空闲隧道。每一个 MN 家乡地址和转交地址的绑定都会在 HA 中占用一个隧道。

(3) 分析捕获的数据包。停止数据捕获，分析所捕获的数据包，有没有出现有关移动 IPv6 的数据包，其中图 8.36 是所捕获的数据包中的 4 条数据，图中的下部是一条 ICMPv6 请求报文的详细结构。

图 8.36 说明移动节点 MN 在家乡网络时，移动节点 MN 与和通信节点 CN 的通信是按照正常的路由方式进行通信的，不需要移动 IPv6 的支持。

2. 移动节点移动到外地网络并且通信节点 CN 的移动 IPv6 服务是关闭的情况

首先移动节点 MN 位于家乡网络，打开数据捕获软件 Ethereal，在移动节点 MN 上 ping 通信节点 CN 的接口地址 2001:250:f006:5022::200，然后将移动节点移动到外地网络上，在这一过程查看移动节点和家乡代理的一些变化情况，并分析捕获的数据包。具体如下。

```
No.  Time        Source                    Destination               Protocol  Info
  8  5.693687    2001:250:f006:5020::100   2001:250:f006:5022::200   ICMPv6    Echo request
  9  5.694073    2001:250:f006:5022::200   2001:250:f006:5020::100   ICMPv6    Echo reply
 10  6.703669    2001:250:f006:5020::100   2001:250:f006:5022::200   ICMPv6    Echo request
 11  6.704056    2001:250:f006:5022::200   2001:250:f006:5020::100   ICMPv6    Echo reply
⊟ Internet Protocol Version 6
    Version: 6
    Traffic class: 0x00
    Flowlabel: 0x00000
    Payload length: 64
    Next header: ICMPv6 (0x3a)
    Hop limit: 64
    Source address: 2001:250:f006:5020::100
    Destination address: 2001:250:f006:5022::200
⊟ Internet Control Message Protocol v6
    Type: 128 (Echo request)
    Code: 0
    Checksum: 0x55ae [correct]
    ID: 0x780c
    Sequence: 0x0003
    Data (56 bytes)
```

图 8.36　移动节点位于家乡网络所捕获的部分数据包

(1) ping 通信节点的接口地址。在移动节点 MN 上 ping 通信节点 CN 的接口地址 2001:250:f006:5022::200，ping 通后，保持这一状态，然后将移动节点移动到外地网络 2001:250:f006:5022::/64，接在交换机 Switch 2 上，可以观察到经过短暂的中断之后，马上会恢复到连通的状态。这说明移动节点 MN 移动到外地网络后与通信节点 CN 仍然是相通的。

(2) 查看移动节点的绑定更新条目。在移动节点上利用命令 mipdiag -l 查看移动节点的绑定更新条目。当移动节点位于家乡网络的时候，没有显示的数据；但当移动节点移动到外地网络之后不久，就显示出了数据。具体如下：

```
[root@MobileMN root]# mipdiag -l
Mobile IPv6 Binding update list
Recipient CN: 2001:250:f006:5022::200
BINDING home address: 2001:250:f006:5020::100 care-of address:
2001:250:f006:5022:20a:ebff:fe8e:a803
       expires: 588 sequence: 0 state: 4
       delay: 1 max delay 32 callback time: 588
Recipient CN: 2001:250:f006:5020::1
BINDING home address: 2001:250:f006:5020::100 care-of address:
2001:250:f006:5022:20a:ebff:fe8e:a803
       expires: 987 sequence: 0 state: 1
       delay: 2 max delay 32 callback time: 787
```

上面的数据显示了两条信息，绑定的移动节点的家乡地址是 2001:250:f006:5020::100，移动节点的转交地址是 2001:250:f006:5022:20a:ebff:fe8e:a803。这说明，当移动节点移动到外地网络后，就获得了其转交地址。

(3) 查看家乡代理的绑定缓存条目：

```
[root@MobileHA root]# mipdiag -c
Mobile IPv6 Binding cache
Home Address            Care-of Address                        Lifetime  Type
2001:250:f006:5020::100 2001:250:f006:5022:20a:ebff:fe8e:a803  924       2
```

上面的数据显示，在家乡代理上可以看到绑定缓存的信息，这说明移动节点在移动到外地网络后，向家乡代理进行了注册，形成了绑定缓存。

(4) 分析捕获的数据包。

停止数据捕获，分析所捕获的数据包，图 8.37 显示了移动节点 MN 从家乡网络移动到

外地网络所捕获的部分数据包。

No.	Time	Source	Destination	Protocol	Info
38	20	2001:250:f006:5020::100	2001:250:f006:5022::200	ICMPv6	Echo request
39	21	2001:250:f006:5020::100	2001:250:f006:5022::200	ICMPv6	Echo request
40	22	2001:250:f006:5020::100	2001:250:f006:5022::200	ICMPv6	Echo request
41	22	fe80::20a:ebff:fe8e:a803	ff02::2	ICMPv6	Router solicitation
42	22	fe80::2e0:4cff:fea6:5393	ff02::1	ICMPv6	Router advertisement
43	22	::	ff02::1:ff8e:a803	ICMPv6	Neighbor solicitation
44	22	::	ff02::1:ff8e:a803	ICMPv6	Neighbor solicitation
45	23	2001:250:f006:5020::100	ff02::1:ff00:200	ICMPv6	Neighbor solicitation
46	23	2001:250:f006:5022::200	2001:250:f006:5020::100	ICMPv6	Neighbor advertisement
47	23	2001:250:f006:5020::100	2001:250:f006:5022::200	ICMPv6	Echo request
48	23	fe80::20a:ebff:fe8e:a803	ff02::2	ICMPv6	Router solicitation
49	23	2001:250:f006:5022:20a:ebff:fe8e:a803	2001:250:f006:5020::1	MIPv6	Binding Update
50	24	2001:250:f006:5022:20a:ebff:fe8e:a803	2001:250:f006:5022::200	ICMPv6	Echo request
51	24	2001:250:f006:5022::200	ff02::1:ff8e:a803	ICMPv6	Neighbor solicitation
52	24	2001:250:f006:5022:20a:ebff:fe8e:a803	2001:250:f006:5022::200	ICMPv6	Neighbor advertisement
53	24	2001:250:f006:5022::200	2001:250:f006:5022:20a:ebff:fe8e:a803	ICMPv6	Echo reply
54	24	fe80::2e0:4cff:fea6:5393	ff02::1:ff8e:a803	ICMPv6	Neighbor solicitation
55	24	2001:250:f006:5022:20a:ebff:fe8e:a803	fe80::2e0:4cff:fea6:5393	ICMPv6	Neighbor advertisement
56	24	2001:250:f006:5020::1	2001:250:f006:5022:20a:ebff:fe8e:a803	MIPv6	Binding Acknowledgement
57	25	2001:250:f006:5020::100	2001:250:f006:5022::200	ICMPv6	Echo request
58	25	2001:250:f006:5022::200	2001:250:f006:5020::100	ICMPv6	Echo reply
59	25	2001:250:f006:5020::100	2001:250:f006:5022::200	MIPv6	Home Test Init
60	25	2001:250:f006:5022:20a:ebff:fe8e:a803	2001:250:f006:5022::200	MIPv6	Care-of Test Init
61	25	2001:250:f006:5022::200	2001:250:f006:5022:20a:ebff:fe8e:a803	ICMPv6	Parameter problem (Next
62	25	2001:250:f006:5022::200	2001:250:f006:5020::100	ICMPv6	Parameter problem (Next
63	25	fe80::2e0:4cff:fea6:5393	ff02::1	ICMPv6	Router advertisement
64	26	2001:250:f006:5020::100	2001:250:f006:5022::200	ICMPv6	Echo request
65	26	2001:250:f006:5022::200	2001:250:f006:5020::100	ICMPv6	Echo reply

图 8.37　通信节点没开启 MIPv6 时移动节点移动到外地网络所捕获的部分数据包

图 8.37 中，第 38～40 条是移动节点 MN 向通信节点所发送的 ICMPv6 请求报文，因为其处于移动过程的中断状态，所以没有收到响应的 ICMPv6 应答报文；第 41～48 条数据包分别为路由请求、路由通告、邻居请求、邻居通告、ICMPv6 请求和路由请求等报文，其目的是进行地址解析等任务，使移动节点移动到外地网络后获得其转交地址，详细的分析过程不再赘述，读者可参见 2.4 节。

第 49 条是移动 IPv6 中的一条绑定更新报文，其详细结构如图 8.38 所示。

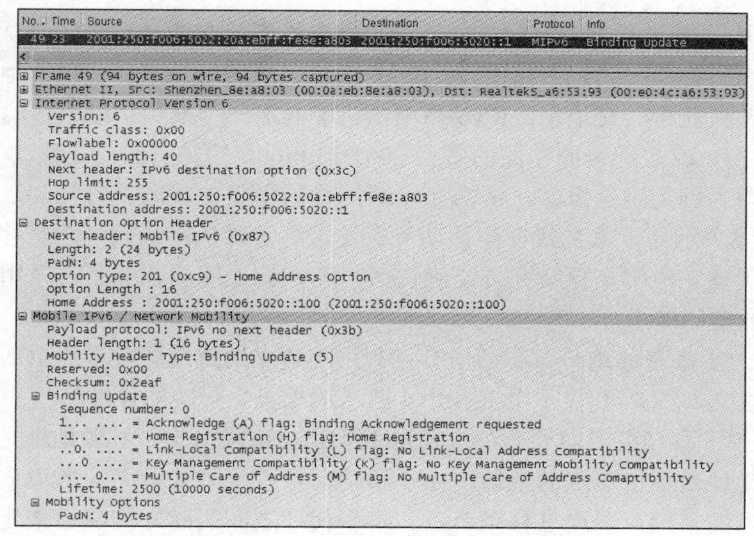

No.	Time	Source	Destination	Protocol	Info
49	23	2001:250:f006:5022:20a:ebff:fe8e:a803	2001:250:f006:5020::1	MIPv6	Binding Update

```
⊞ Frame 49 (94 bytes on wire, 94 bytes captured)
⊞ Ethernet II, Src: Shenzhen_8e:a8:03 (00:0a:eb:8e:a8:03), Dst: RealtekS_a6:53:93 (00:e0:4c:a6:53:93)
⊟ Internet Protocol Version 6
    Version: 6
    Traffic class: 0x00
    Flowlabel: 0x00000
    Payload length: 40
    Next header: IPv6 destination option (0x3c)
    Hop limit: 255
    Source address: 2001:250:f006:5022:20a:ebff:fe8e:a803
    Destination address: 2001:250:f006:5020::1
⊟ Destination Option Header
    Next header: Mobile IPv6 (0x87)
    Length: 2 (24 bytes)
    PadN: 4 bytes
    Option Type: 201 (0xc9) - Home Address Option
    Option Length : 16
    Home Address : 2001:250:f006:5020::100 (2001:250:f006:5020::100)
⊟ Mobile IPv6 / Network Mobility
    Payload protocol: IPv6 no next header (0x3b)
    Header length: 1 (16 bytes)
    Mobility Header Type: Binding Update (5)
    Reserved: 0x00
    Checksum: 0x2eaf
  ⊟ Binding Update
      Sequence number: 0
      1... .... = Acknowledge (A) flag: Binding Acknowledgement requested
      .1.. .... = Home Registration (H) flag: Home Registration
      ..0. .... = Link-Local Compatibility (L) flag: No Link-Local Address Compatibility
      ...0 .... = Key Management Compatibility (K) flag: No Key Management Mobility Compatibility
      .... 0... = Multiple Care of Address (M) flag: No Multiple Care of Address Comaptibility
      Lifetime: 2500 (10000 seconds)
  ⊟ Mobility Options
      PadN: 4 bytes
```

图 8.38　移动 IPv6 中绑定更新报文的详细结构

在图 8.38 中，位于外地网络的移动节点 MN 在获得其转交地址之后，向家乡代理发送一条绑定更新报文。在该报文中，IPv6 报文中的下一个报头字段为 IPv6 目的选项报头，源地址为位于外地网络的移动节点 MN 所获得的转交地址，目的地址为家乡代理的地址；目的选项报头中的下一个报头字段为移动 IPv6，选项类型为家乡地址选项，家乡地址的字段的值为 2001:250:f006:5020::100；在移动 IPv6 报文中，移动报头的类型为绑定更新报

文，值为 5，绑定更新报文中主要的字段确认位 A 和家乡注册位均为 1，表示移动节点请求绑定确认和在家乡代理进行注册；最后一个是移动选项。

第 50～55 条用于移动节点和通信节点之间的地址解析，其详细分析过程不再展开说明。

第 56 条是移动 IPv6 中的一条绑定确认报文，其详细结构如图 8.39 所示。

```
No. . Time  Source                  Destination               Protocol  Info
56 24   2001:250:f006:5020::1   2001:250:f006:5022:20a:  MIPv6   Binding Acknowledgement

⊞ Frame 56 (94 bytes on wire, 94 bytes captured)
⊞ Ethernet II, Src: Realteks_a6:53:93 (00:e0:4c:a6:53:93), Dst: Shenzhen_8e:a8:03 (00:0a:eb:8e:a8:03)
⊟ Internet Protocol Version 6
    Version: 6
    Traffic class: 0x00
    Flowlabel: 0x00000
    Payload length: 40
    Next header: IPv6 routing (0x2b)
    Hop limit: 254
    Source address: 2001:250:f006:5020::1
    Destination address: 2001:250:f006:5022:20a:ebff:fe8e:a803
⊟ Routing Header, Type 2
    Next header: Mobile IPv6 (0x87)
    Length: 2 (24 bytes)
    Type: 2
    Segments left: 1
    Home Address : 2001:250:f006:5020::100 (2001:250:f006:5020::100)
⊟ Mobile IPv6 / Network Mobility
    Payload protocol: IPv6 no next header (0x3b)
    Header length: 1 (16 bytes)
    Mobility Header Type: Binding Acknowledgement (6)
    Reserved: 0x00
    Checksum: 0xf679
  ⊟ Binding Acknowledgement
      Status: Binding Update accepted (0)
      0... .... = Key Management Compatibility (K) flag: No Key Management Mobility Compatibility
      Sequence number: 0
      Lifetime: 250 (1000 seconds)
  ⊟ Mobility Options
      PadN: 4 bytes
```

图 8.39　移动 IPv6 中绑定确认报文的详细结构

在图 8.39 中，家乡代理对移动节点发送了绑定更新报文的一条绑定确认报文。在该报文中，IPv6 报文中的下一个报头字段为 IPv6 路由，源地址为家乡代理的地址，目的地址为移动节点 MN 所获得转交地址；IPv6 路由报头中的下一个报头字段为移动 IPv6，类型为 2，为第二类路由，家乡地址的字段的值为 2001:250:f006:5020::100；在移动 IPv6 报文中，移动报头的类型为绑定确认报文，值为 5，绑定确认报文中状态字段为 0，表示是接收绑定更新，K 字段表示用于家乡代理向移动节点发送绑定确认；最后一个是移动选项。当移动节点和家乡代理完成绑定更新和绑定确认后，在它们之间就建立了一条用于移动节点和家乡代理之间通信的隧道。

第 57 和第 58 条是移动节点和通信节点利用刚建立的隧道所发送的 ICMPv6 回送请求和回送应答的报文，图 8.40 显示了 ICMPv6 回送请求报文封装的详细结构。

在图 8.40 中，移动节点向通信节点发送 ICMPv6 请求报文，其源地址是移动节点的家乡地址，目的地址是通信节点的地址，由于移动节点位于外地网络，所以该报文是无法被路由到通信节点的，但可以通过移动节点和家乡代理之间所建立的隧道来完成，为了使该数据包能通过这个隧道，必须将此数据包封装于另外一个 IPv6 数据包中，即图 8.40 中的第 1 个数据包，这个数据包的源地址是移动节点的转交地址，目的地址是移动节点的家乡代理地址，这样封装过的数据包通过隧道被转发到家乡代理，家乡代理通过解封装，获得到达下一跳的目的地址(是通信节点)，然后利用常规的路由机制将该数据包转发到最终目的地，即通信节点。

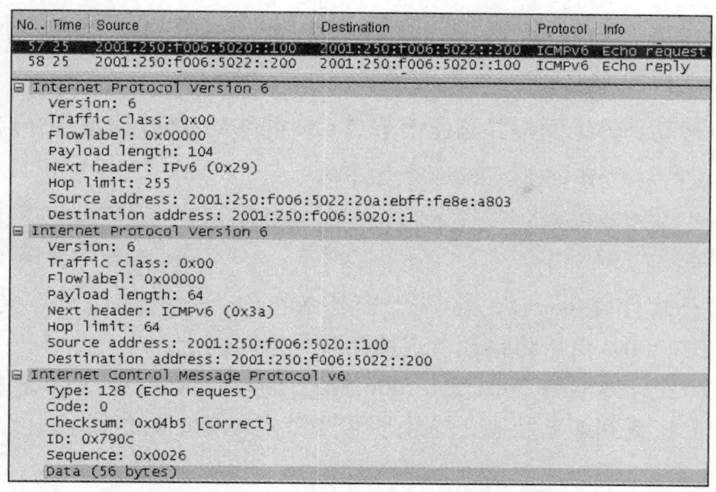

图 8.40　移动 IPv6 中 ICMPv6 回送请求报文封装的详细结构

至此，移动节点就完成了与通信节点之间的通信。

上面所分析的是移动节点利用隧道与通信节点通信的过程，通信节点与移动节点通信的过程与此类似，只不过是反方向的，因而把这样的一种通信称为双向隧道模式。图 8.41 显示了 ICMPv6 回送应答报文封装的详细结构，其详细过程不再赘述。

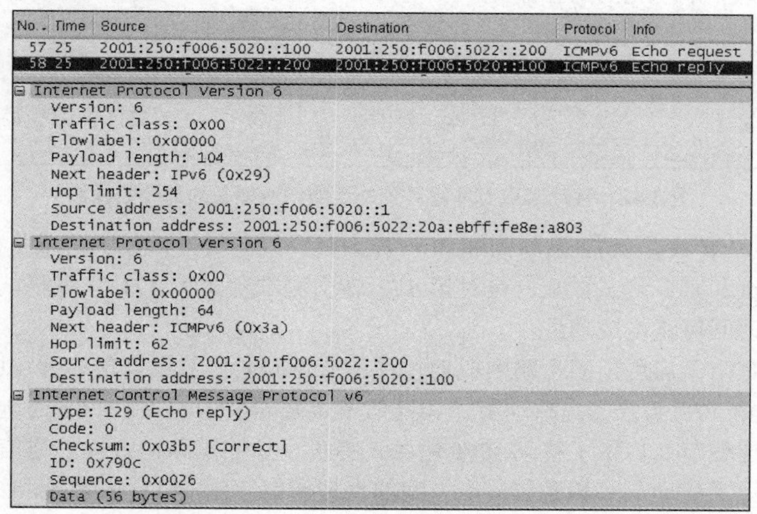

图 8.41　移动 IPv6 中 ICMPv6 回送应答报文封装的详细结构

第 59 和第 60 条分别是家乡初始和转交初始报文，均用于启动返回可路由过程，向通信节点请求家乡或转交初始化 Cookie。

第 61 和第 62 条是通信节点对前面第 59 和第 60 条报文的应答，由于通信节点没有启用移动 IPv6 服务，所以不能对第 59 和第 60 条报文中有关移动 IPv6 字段进行处理，因而产生了 ICMPv6 的参数问题报文，即第 61 和第 62 条报文。

第 64 和第 65 条是移动节点和通信节点利用双向隧道模式发送的 ICMPv6 回送请求和回送应答报文，由于通信节点没有启用移动 IPv6 服务，因而不能提供返回可路由过程的通信机制，所以移动节点和通信节点之间仍然采用双向隧道模式通信，其报文封装结构与图 8.40、图 8.41 相同。

3. 移动节点移动到外地网络并且通信节点 CN 的移动 IPv6 服务是开启的情况

启用通信节点的移动 IPv6 服务的命令如下：

```
[root@MobileCN root]# service mobile-ip6 start
Starting Mobile IPv6:                                    [ 确定 ]
```

打开数据捕获软件 Ethereal，在移动节点 MN 上 ping 通信节点 CN 的接口地址 2001:250:f006:5022::200，然后将移动节点移动到外地网络上。

移动节点移动到外地网络 2001:250:f006:5022::/64，接在交换 Switch 机 2 上，经过短暂中断之后，马上恢复到连通状态，这说明移动节点 MN 移动到外地网络后与通信节点 CN 是相通的。

等稳定之后，停止并保存所捕获的数据。图 8.42 显示了移动节点 MN 从家乡网络移动到外地网络所捕获的部分数据包。

No.	Time	Source	Destination	Protocol	Info
161	57	2001:250:f006:5022:20a:ebff:fe8e:a803	2001:250:f006:5020::1	MIPv6	Binding Update
162	57	2001:250:f006:5022:20a:ebff:fe8e:a803	2001:250:f006:5022::200	ICMPv6	Echo request
163	57	2001:250:f006:5022::200	ff02::1:ff8e:a803	ICMPv6	Neighbor solicitation
164	57	2001:250:f006:5022:20a:ebff:fe8e:a803	2001:250:f006:5022::200	ICMPv6	Neighbor advertisement
165	57	2001:250:f006:5022::200	2001:250:f006:5022:20a:ebff:fe8e:a803	ICMPv6	Echo reply
166	58	fe80::2e0:4cff:fea6:5393	ff02::1:ff8e:a803	ICMPv6	Neighbor solicitation
167	58	2001:250:f006:5022:20a:ebff:fe8e:a803	fe80::2e0:4cff:fea6:5393	ICMPv6	Neighbor advertisement
168	58	2001:250:f006:5020::1	2001:250:f006:5022:20a:ebff:fe8e:a803	MIPv6	Binding Acknowledgement
169	58	2001:250:f006:5020::100	2001:250:f006:5022::200	ICMPv6	Echo request
170	58	2001:250:f006:5022::200	2001:250:f006:5020::100	ICMPv6	Echo reply
171	58	2001:250:f006:5020::100	2001:250:f006:5022::200	MIPv6	Home Test Init
172	58	2001:250:f006:5022:20a:ebff:fe8e:a803	2001:250:f006:5022::200	MIPv6	Care-of Test Init
173	58	2001:250:f006:5022::200	2001:250:f006:5022:20a:ebff:fe8e:a803	MIPv6	Care-of Test
174	58	2001:250:f006:5022::200	2001:250:f006:5020::100	MIPv6	Home Test
175	58	2001:250:f006:5022:20a:ebff:fe8e:a803	2001:250:f006:5022::200	MIPv6	Binding Update
176	58	fe80::2e0:4cff:fea6:5393	ff02::1	ICMPv6	Router advertisement
177	59	2001:250:f006:5022:20a:ebff:fe8e:a803	2001:250:f006:5022::200	ICMPv6	Echo request
178	59	2001:250:f006:5022::200	2001:250:f006:5022:20a:ebff:fe8e:a803	ICMPv6	Echo reply

图 8.42　移动节点 MN 移动到外地网络所捕获的部分数据包

图 8.42 中，第 161～172 条与图 8.37 一样，其详细分析过程就不再重复，第 173～174 分别是转交测试和家乡测试报文，是对第 172 转交测试初始和 171 家乡测试初始报文的响应，表示启用返回可路由成功。

第 175 条是由于启用返回可路由成功，移动节点向通信节点发送的绑定更新报文。

第 177 和第 178 条报文是移动节点和通信节点之间发送的 ICMPv6 回送请求和回送应答报文，由于通信节点启用了移动 IPv6 服务，提供了返回可路由过程的通信机制及路由优化的模式，实现了移动节点和通信节点之间的直接通信，图 8.43 和图 8.44 显示了采用路由优化模式下报文的详细结构。

图 8.43 中，第 177 条报文是移动节点 MN 向通信节点发送 ICMPv6 请求报文，其 IPv6 报文中下一个报头字段是目的地选项扩展报头，源地址是移动节点 MN 的转交地址，目的地址是通信节点的地址，目的地选项扩展头里面放置的是含有 MN 家乡地址的家乡地址选项。

图 8.44 中，第 178 条报文是通信节点 CN 向移动节点 MN 发送的回送应答报文，是对第 177 条报文的应答。该报文的 IPv6 报文中的下一个报头字段是第二类路由报头，源地址是通信节点的地址，目的地址是移动节点 MN 的转交地址。

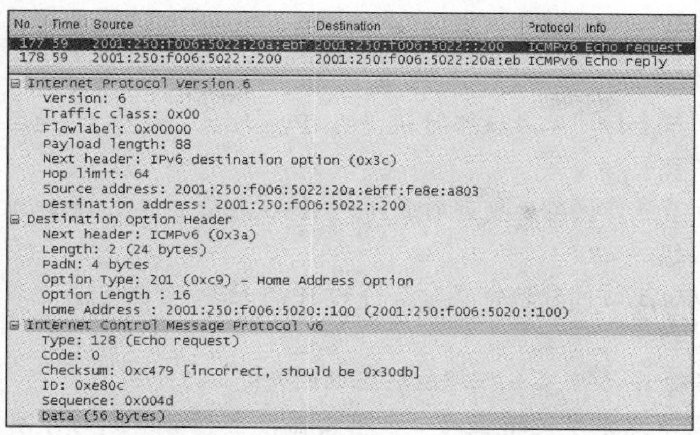

图 8.43　路由优化模式下 ICMPv6 请求报文的详细结构

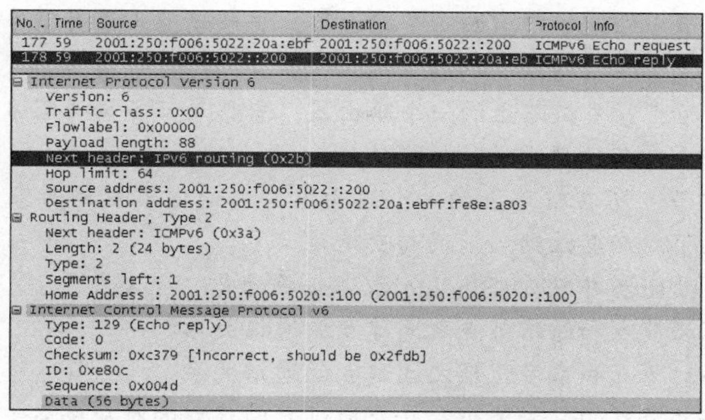

图 8.44　路由优化模式下 ICMPv6 应答报文的详细结构

对比图 8.40 与图 8.43、图 8.41 与图 8.44，可以发现它们之间的报文结构是不同的，前者采用的是双向隧道模式，后者采用的是路由优化的模式，实现了移动节点和通信节点之间的直接通信。

注意： 在为 MN、HA 和 CN 配置 MIPL 之前，必须先安装一个有关 MIPL 的伪设备，具体命令如下：

```
mknod /dev/mipv6_dev c 0xf9 0
```

习题与实验

一、选择题

1. 下面关于移动 IPv6 中家乡地址叙述正确的是(　　)。
   A. 指分配给通信节点的 IPv6 地址，它属于移动节点的家乡链路
   B. 指分配给移动节点的 IPv6 地址，它属于移动节点的外地链路
   C. 指分配给通信节点的 IPv6 地址，它属于移动节点的外地链路
   D. 指分配给移动节点的 IPv6 地址，它属于移动节点的家乡链路
2. 下面关于移动 IPv6 中转交地址叙述正确的是(　　)。

A. 指通信节点访问外地链路时获得的 IPv6 地址，这个 IP 地址的子网前缀是外地子网前缀

B. 指移动节点访问家乡链路时获得的 IPv6 地址，这个 IP 地址的子网前缀是外地子网前缀

C. 指移动节点访问外地链路时获得的 IPv6 地址，这个 IP 地址的子网前缀是外地子网前缀

D. 指移动节点访问外地链路时获得的 IPv6 地址，这个 IP 地址的子网前缀是家乡子网前缀

3. 下面关于移动 IPv6 中家乡代理叙述正确的是(　　)。

A. 指移动节点家乡链路上的一个路由器。当移动节点离开家乡时，家乡代理允许移动节点向其注册当前的转交地址

B. 指通信节点外地链路上的一个路由器。当移动节点离开家乡时，家乡代理允许移动节点向其注册当前的转交地址

C. 指通信节点家乡链路上的一个路由器。当移动节点离开家乡时，家乡代理允许移动节点向其注册当前的转交地址

D. 指通信节点所在链路上的一个路由器。当通信节点离开家乡时，家乡代理允许移动节点向其注册当前的转交地址

4. 下面关于移动 IPv6 中绑定(Binding)叙述正确的是(　　)。

A. 是指移动节点和通信节点之间建立的通信关系

B. 是指移动节点和家乡代理之间建立的通信关系

C. 是指移动节点的家乡地址和转交地址之间建立的对应关系

D. 是指通信节点的地址和转交地址之间建立的对应关系。

5. 每个移动节点都有(　　)家乡地址，通过(　　)，移动点总是可以被访问的。

A. 一个　永久的家乡地址　　B. 零个　转交地址

C. 一个　永久的转交地址　　D. 零个　家乡地址

6. 在移动 IPv6 中，移动节点用于检测移动性的主要机制是(　　)。

A. ICMP 协议

B. UDP 协议

C. 邻居发现协议中的路由发现和邻居不可达检测

D. TCP 协议

7. 移动报头是通过前一个扩展报头的“下一个扩展报头”字段值(　　)进行标识的。

A. 127　　B. 135　　C. 128　　D. 136

8. 移动节点发送绑定更新报文到家乡代理或通信节点，在含有绑定更新报文的 IPv6 报文中，(　　)是移动节点的转交地址，(　　)是家乡代理或通信节点的地址。

A. 目的地址 源地址　　B. 源地址 目的地址

C. 源地址 源地址　　D. 目的地址 目的地址

9. 绑定确认报文的(　　)是家乡代理或通信节点的地址，而(　　)是移动节点的转交地址。

A. 目的地址 源地址　　B. 源地址 目的地址

C. 源地址 源地址　　　　D. 目的地址 目的地址

10. 移动节点离开家乡网络接入外地网络，就会获得一个转交地址。该转交地址可以通过如下方法获得，其中说法错误的是(　　)。

A. 有状态地址自动配置　　　　B. 无状态地址自动配置

C. 手动配置　　　　D. 以上都不是

11. 通过 ICMPv6 路由器通告报文中定义的 M 位的取值来选择地址配置的方法，下面说法错误的是(　　)。

A. 当 M=0 时，采用有状态地址自动配置

B. 当 M=1 时，采用无状态地址自动配置

C. 当 M=0 或 1 时，分别采用有状态地址自动配置，无状态地址自动配置

D. 以上都不是

12. 移动 IPv6 提供了两种基本的通信模式，即双向隧道模式和路由优化模式。其中双向隧道模式是指(　　)。

A. 移动节点与通信节点之间建立的隧道

B. 通信节点与家乡代理之间建立的隧道

C. 家乡代理与通信节点之间建立的隧道

D. 家乡代理和移动节点之间建立的隧道

二、实验题

(1) 在 GNS3 环境下绘制如图 8.45 所示的拓扑结构图。

(2) 配置移动节点和通信节点的双向隧道。

(3) 通过任意移动节点 PCping 任意通信节点 PC，证明移动节点和通信节点是相通的，提交截图。

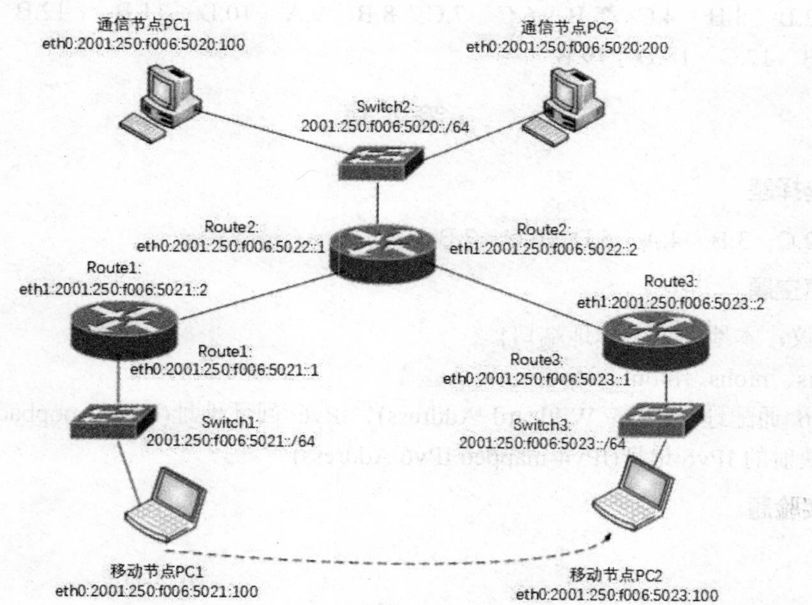

图 8.45 实验拓扑结构图

习题与实验参考答案

第 1 章

一、选择题

1.B 2.B 3.D 4.A 5.C 6.A 7.B 8.D 9.D 10.A

二、实验题

略

第 2 章

一、选择题

1.B 2.B 3.C 4.A 5.D 6.B 7.C 8.C 9.A 10.A 11.A 12.D 13.AB 14.B 15.C

二、实验题

略

第 3 章

选择题

1.C 2.B 3.B 4.C 5.B 6.C 7.C 8.B 9.A 10.D 11.B 12.B 13.A 14.A 15. B 16.B 17.C 18.D 19.B

第 4 章

一、选择题

1.D 2.C 3.B 4.A 5.D 6.C 7.B

二、填空题

1. {协议，本地地址，本地端口}

2. htons、ntohs、htonl、ntohl

3. IPv6 通配地址(IPv6 Wildcard Address)、IPv6 回环地址(IPv6 Loopback Address)和 IPv4 地址映射的 IPv6 地址(IPv4-mapped IPv6 Address)

三、实验题

略

第5章

一、选择题

1.A 2.D 3.B 4.A 5.B 6.C 7.A

二、简答题

1. 第一个阶段：IPv4“海洋”与 IPv6“小岛”。这一阶段的网络以 IPv4 协议为主要的网络协议，随着 IPv6 协议技术的提出，在全球范围内出现了很多 IPv6 试验网，但是规模都很小，分布在 IPv4 网络的各个角落，就像在 IPv4“海洋”中的一个个“小岛”。如何将这些分隔的 IPv6“小岛”互连起来，是这个阶段需要解决的问题。目前的过渡状况就是处于这一阶段。

第二个阶段：IPv4“海洋”与 IPv6“海洋”。随着越来越多的 IPv6“小岛”实现互连，加上较大规模的 IPv6 网络的建设，这些“小岛”逐渐地汇集成了一个 IPv6“海洋”，规模同 IPv4“海洋”不相上下。

第三个阶段：IPv6“海洋”与 IPv4“小岛”。随着 IPv6 技术的进一步发展，IPv6 网络协议逐渐替代 IPv4 网络协议，成为下一代互联网的主要通信协议；相反，IPv4 技术随着 IPv6 的广泛应用，规模不断缩小，就形成 IPv6“海洋”和 IPv4“小岛”的局面。

第四个阶段：纯 IPv6“海洋”。当网络中的 IPv4 协议完全被 IPv6 协议取代时，也就完成了 IPv4 网络向 IPv6 网络的完全过渡。

2. 6over4、IPv4 兼容 IPv6 自动隧道技术、6to4、ISATAP、隧道代理。

3.

(1) 双协议栈(Dual Stack, RFC2893)。

主机同时运行 IPv4 和 IPv6 两套协议栈，同时支持两套协议。

(2) 隧道技术(Tunnel, RFC2893)。

这种机制用来在 IPv4 网络之上连接 IPv6 的站点，站点可以是一台主机，也可以是多个主机。隧道技术将 IPv6 的分组封装到 IPv4 的分组中，封装后的 IPv4 分组将通过 IPv4 的路由体系传输，分组报头的“协议”域设置为 41，指示这个分组的负载是一个 IPv6 的分组，以便在适当的地方恢复出被封装的 IPv6 分组并传送给目的站点。

(3) NAT-PT(Network Address Translation - Protocol Translation，RFC2766)

利用转换网关在 IPv4 和 IPv6 网络之间转换 IP 报头的地址，同时根据协议不同对分组做相应的语义翻译，从而使纯 IPv4 和纯 IPv6 站点之间能够透明通信。

第6章

一、选择题

1.B 2.D 3.C 4.B 5.A

二、填空题

1. IP 2. FTP 3. 请求、响应

三、简答题

1. 答：DNS 是计算机域名系统(Domain Name System 或 Domain Name Service)的缩写，它是由解析器和域名服务器组成的。域名服务器是指保存有该网络中所有主机的域名和对应 ip 地址，并具有将域名转换为 IP 地址功能的服务器。

其主要功能是将域名解析为 IP 地址，将 IP 地址解析为域名。

2. 答：超文本传输协议 HTTP(HyperText Transfer Protocol)是客户端浏览器或其他程序与 Web 服务器之间的应用层通信协议，用以实现客户端和服务器端的信息传输。

超文本标记语言(HyperText Mark-up Language，即 HTML 语言)，是目前网络上应用最为广泛的语言，也是构成网页文档的主要语言。HTML 是网络的通用语言，是一种简单、通用的标签语言，是专门为 HTTP 协议设计的，当然也可用于其他用途。

四、实验题

略

第 7 章

一、选择题

1.C　　2.C　　3.D　　4.D　　5.A　　6.A　　7.B

二、填空题

1. 基于无连接的数据完整性，数据机密性，数据源认证，访问控制，抗重播，有限业务流机密性

2. 安全参数索引、IP 目的地址或源地址、IPsec 安全协议

3. 主机之间、网络安全网关(如路由器或防火墙)、主机与安全网关之间

4. 主模式、积极模式、快速模式、新群模式

三、简答题

IKE(Internet 密钥交换协议)是建立在 ISAKMP、OAKLEY 和 SKEM 这三种协议基础之上的混合型协议。

Internet 安全联盟与密钥管理协议(Internet Security Association and Key Management Protocol，ISAKMP)是 IPsec 体系结构中的一种主要协议，在 RFC2408 文档中给出了详细的定义和描述。ISAKMP 协议定义了一套程序和信息包格式，用于建立、协商、修改和删除安全联盟 SA，提供了传输密钥和认证数据的统一框架，但没有详细定义一次特定的密钥交换是如何完成的，也未说明建立安全联盟所需要的属性，而是把这方面的定义留给了其他标准，如 RFC2407 所定义的解释域和 RFC2409 所描述的密钥交换。ISAKMP 协议由一个定长的报头和不定数量的有效载荷组成，定长的报头包含着协议，用来保持并处理有效载荷所必需的信息。

OAKLEY 协议在 RFC2412 中进行了详细的定义，其主要目的就是要使需要保密通信的双方能够通过这个协议证明自己的身份、认证对方的身份、确定采用的加密算法和通信密钥，从而建立起安全的通信连接。OAKLEY 协议的核心技术就是 Diffie-Hellman 密钥交

换算法，它提供了建立安全连接的基本框架，允许通信双方在不加密的情况下协商并共享一个秘密的数值，而这个数值在后面的会话中就可以用作密钥。Diffie-Hellman 密钥交换算法保证了即使在受到积极攻击的情况下，这个密钥仍然是安全的，从而为协议的安全性提供了基本的必要条件。

Hugo Krawczik 提出的“安全密钥交换机制(Secure Key Exchange Mechanism，SKEME)”描述了通用密钥交换技术，提供匿名性、防抵赖和快速刷新。其中，通信各方利用公共密钥加密实现相互间的验证，同时共享交换的组件。每一方都要用到对方的公共密钥来加密一个随机数字，两个随机数都会对最终的密钥产生影响。IKE 在它的公共密钥加密验证中直接借用了 SKEME 的这种技术，同时也借用了它定义的快速密钥刷新的概念。

第 8 章

一、选择题

1.D　2.C　3.A　4.C　5.A　6.C　7.B　8.B　9.B　10.C　11.C　12.A

二、实验题

略

参 考 文 献

[1] 赵新胜，陈美娟. 路由与交换技术[M]. 北京：人民邮电出版社，2018

[2] (美)杜里，(美)鲁尼. IPv6 部署和管理[M]. 北京：机械工业出版社，2015

[3] 王相林. IPv6 网络基础、安全、过渡与部署[M]. 北京：电子工业出版社，2015

[4] (美)CiprianPopoviciu，(美)EricLevy-Abegnoli，(美)PatrickGrossetete . 部署 IPv6 网络[M]. 北京：人民邮电出版社，2013

[5] 戴源著. 下一代互联网 IPv6 过渡技术与部署实例[M]. 北京：人民邮电出版社，2014

[6] Ali Ksimi,Cherkaoui Leghirs. A New Mechanism to Secure IPv6 Networks Using Symmetric Cryptography[M]. Springer International Publishing，2019

[7] Qing Li，Tatuya Jinmei，Keiichi Shima. IPv6 详解，第 1 卷，核心协议实现. 陈涓，赵振平，译. 北京：人民邮电出版社，2009

[8] Qing Li，Tatuya Jinmei，Keiichi Shima. IPv6 CORE PROTOCOLS IMPLEMEN TATION(英文影印版). 北京：人民邮电出版社，2009

[9] Qing Li，Tatuya Jinmei，Keiichi Shima. IPv6 详解，第 2 卷，高级协议实现. 王嘉祯，彭德云，文家福，刘晓芹，译. 北京：人民邮电出版社，2009

[10] Qing Li，Tatuya Jinmei，Keiichi Shima. IPv6 详解，第 2 卷，高级协议实现(英文影印版). 北京：人民邮电出版社，2009

[11] 王相林. IPv6 核心技术[M]. 北京：科学出版社，2009

[12] 徐宇杰. IPv6 深入分析[M]. 北京：清华大学出版社，2009

[13] Joseph Davies. 深入解析 IPv6[M]. 2 版. 杨铁，苏啸鸣，吴超，译. 北京：人民邮电出版社，2009

[14] 张玉军. 可信的移动 IPv6 网络及协议[M]. 北京：科学出版社，2008

[15] Neil Matthew，Richard Stones. Linux 程序设计[M]. 3 版. 陈健，宋健建，译. 北京：人民邮电出版社，2007

[16] 李振强，赵晓宇，马严. IPv6 技术揭秘[M]. 北京：人民邮电出版社，2006

[17] 张宏科，苏伟. IPv6 路由协议栈原理与技术[M]. 北京：北京邮电大学出版社，2006

[18] 周贤伟. IPsec 解析[M]. 北京：国防工业出版社，2006

[19] 孙琼. 嵌入式 Linux 应用程序开发详解[M]. 北京：人民邮电出版社，2006

[20] 张宏科，张思东，苏伟. 路由器原理与技术[M]. 北京：国防工业出版社，2005

[21] 钱德沛. 计算机网络实验教程[M]. 北京：高等教育出版社，2005

[22] 蒋亮，郭健，等. 下一代网络移动 IPv6 技术[M]. 北京：机械工业出版社，2005

[23] 罗军舟，黎波涛，等. TCP/IP 协议及网络编程技术[M]. 北京：清华大学出版社，2004

[24] 华为 3COM 技术有限公司. IPv6 技术[M]. 北京：清华大学出版社，2004

[25] Joseph Davies. 理解 IPv6[M]. 张晓彤，晏国晟，曾庆峰，译. 北京：清华大学出版社，2004

[26] Warren W. Gay. 实战 Linux Socket 编程[M]. 詹俊鹄，于卫，译. 西安：西安电子科技大学出版社，2002

[27] W. Richard Stevens. TCP/IP 详解 卷 1：协议. 范建华，等，译. 北京：机械工业出版社，2000

[28] Joseph Davies. Understanding IPv6, Second Edition. Birmingham: Microsoft Press, 2008
[29] Silvia Hagen. IPv6 Essentials, Second Edition. O'Reilly Media, 2006
[30] Koodli Rajeevs. Mobile Internet working with IPv6. John Wiley & Sons Inc, 2005
[31] Stockebrand, Benedikt. IPv6 in Practice. Springer-Verlag New York Inc, 2005
[32] JUN-ICHIRO ITOJUN HAGINO. IPv6 Network Programming. Elsevier Science & Technology Bo, 2004
[33] Davies J. Understanding IPv6. Birming ham: Microsoft Press, 2003
[34] Hagen S. IPv6 Essentials. Sebastopol: O'Reilly, 2002